Nachrichtentechnik
Herausgegeben von H. Marko
Band 22

Jens Johann

Modulationsverfahren

Grundlagen analoger und digitaler Übertragungssysteme

Mit 164 Abbildungen

Springer-Verlag
Berlin Heidelberg NewYork
London Paris Tokyo
Hong Kong Barcelona Budapest

Dr.-Ing. JENS JOHANN

Flughafenstraße 3 c
W-6103 Griesheim

Dr.-Ing., Dr.-Ing. E. h. HANS MARKO
Universitätsprofessor, Lehrstuhl für Nachrichtentechnik
Technische Universität München

ISBN-13:978-3-540-55769-2   e-ISBN-13:978-3-642-84817-9
DOI: 10.1007/978-3-642-84817-9

Die Deutsche Bibliothek – CIP-Einheitsaufnahme
Johann, Jens:
Modulationsverfahren: Grundlagen analoger und digitaler
Übertragungssysteme / Jens Johann.
Berlin; Heidelberg; New York; London; Paris; Tokyo;
Hong Kong; Barcelona; Budapest, 1992
  (Nachrichtentechnik; Bd. 22)
  ISBN-13:978-3-540-55769-2

NE: GT

Satz: Reproduktionsfertige Vorlage vom Autor

62/3020-543210 – Gedruckt auf säurefreiem Papier

Zur Buchreihe „Nachrichtentechnik"

Die Nachrichten- oder Informationstechnik befindet sich seit vielen Jahrzehnten in einer stetigen, oft sogar stürmisch verlaufenden Entwicklung, deren Ende derzeit noch nicht abzusehen ist. Durch die Fortschritte der Technologie wurden ebenso wie durch die Verbesserung der theoretischen Methoden nicht nur die vohandenen Anwendungsgebiete ausgeweitet und den sich stets ändernden Erfordernissen angepaßt, sondern auch neue Anwendungsgebiete erschlossen.

Zu den klassischen Aufgaben der Nachrichtenübertragung und der Nachrichtenvermittlung sind die Nachrichtenverarbeitung und die Datenverarbeitung hinzugekommen, die viele Gebiete des beruflichen und des privaten Lebens in zunehmendem Maße verändern. Die Bedürfnisse und Möglichkeiten der Raumfahrt haben gleichermaßen neue Perspektiven eröffnet wie die verschiedenen Alternativen zur Realisierung breitbandiger Kommunikationsnetze. Neben die analoge ist die digitale Übertragungstechnik, neben die klassische Text-, Sprach- und Bildübertragung ist die Datenübertragung getreten. Die Nachrichtenvermittlung im Raumvielfach wurde durch die elektronische zeitmultiplexe Vermittlungstechnik ergänzt. Satelliten- und Glasfasertechnik haben zu neuen Übertragungsmedien geführt. Die Realisierung nachrichtentechnischer Schaltungen und Systeme ist durch den Einsatz von Elektronenrechnern sowie durch die digitale Schaltungstechnik erheblich verbessert und erweitert worden. Die rasche Entwicklung der Halbleitertechnologie zu immer höheren Integrationsgraden erschließt neue Anwendungsgebiete besonders auf dem Gebiet der digitalen Technik.

Die Buchreihe „Nachrichtentechnik" trägt dieser Entwicklung Rechnung und bietet eine zeitgemäße Darstellung der wichtigsten Themen der Nachrichtentechnik an. Die einzelnen Bände werden von Fachleuten geschrieben, die auf den jeweiligen Gebieten kompetent sind. Jedes Buch soll in ein bestimmtes Teilgebiet einführen, die wesentlichen heute bekannten Ergebnisse darstellen und eine Brücke zur weiterführenden Spezialliteratur bilden. Dadurch soll es sowohl dem Studierenden bei der Einarbeitung in die jeweilige Thematik als auch dem im Beruf stehenden Ingenieur oder Physiker als Grundlagen- oder Nachschlagewerk dienen. Die einzelnen Bände sind in sich abgeschlossen, ergänzen einander jedoch innerhalb der Reihe. Damit ist eine gewisse Überschneidung unvermeidlich, ja sogar erforderlich.

Die derzeitige Planung der Reihe umfaßt die mathematischen Grundlagen, die Baugruppen und Systeme sowie die Technik der Signalverarbeitung und der Signalübertragung; eine Ergänzung bildet die Meßtechnik (siehe Schema nächste Seite).

Herausgeber und Verlag danken für alle Anregungen zur weiteren Ausgestaltung dieser Reihe. Die freundliche Aufnahme in der Fachwelt hat die Richtigkeit der Idee, das sich schnell entwickelnde Gebiet der Nachrichtentechnik oder Informationstechnik in einer Buchreihe darzustellen, bestätigt.

München, im Sommer 1992   H. Marko

Bisher erschienene Bände der Buchreihe »Nachrichtentechnik«

Mathematische Grundlagen	Band 1:	Methoden der Systemtheorie (H. Marko)
	Band 4:	Numerische Berechnung linearer Netzwerke und Systeme (H. Kremer)
	Band 7:	Grundlagen digitaler Filter (R. Lücker)
	Band 10:	Grundlagen der Theorie statistischer Signale (E. Hänsler)
	Band 15:	Übungsbeispiele zur Systemtheorie (J. Hofer-Alfeis)
	Band 20:	Mehrdimensionale lineare Systeme (R. Bamler)
Baugruppen und Systeme	Band 3:	Bau hybrider Mikroschaltungen (E. Lüder, vergriffen)
	Band 8:	Nichtlineare Schaltungen (R. Elsner)
Signal-verarbeitung	Band 5:	Prozeßrechentechnik (G. Färber)
	Band 12:	Sprachverarbeitung und Sprachübertragung (K. Fellbaum)
	Band 13:	Digitale Bildsignalverarbeitung (F. Wahl)
	Band 19:	Wissensbasierte Bildverarbeitung (C.-E. Liedtke, M. Ender)
Signal-übertragung	Band 2:	Fernwirktechnik der Raumfahrt (P. Hartl)
	Band 6:	Nachrichtenübertragung über Satelitten (E. Herter, H. Rupp)
	Band 11:	Bildkommunikation (H. Schönfelder)
	Band 14:	Digitale Übertragungssysteme (G. Söder, K. Tröndle
	Band 16:	Lichtwellenleiter für die optische Nachrichtenübertragung (S. Geckler)
	Band 17:	Optische Übertragungssysteme mit Überlagerungsempfang (J. Franz)
	Band 18:	Radartechnik (J. Detlefsen)
	Band 21:	Trelliscodierung (J. Huber)
	Band 22:	Modulationsverfahren (J. Johann)
Ergänzung	Band 9:	Nachrichten-Meßtechnik (E. Schuon, H. Wolf)

Vorwort

Die Intention, ein Buch über Modulationsverfahren zu verfassen, wurde durch Fragen von Kollegen geweckt, die für ihre Arbeit auf dem Gebiet der Bildverarbeitung Auskünfte über das Verhalten verschiedener Modulationsverfahren haben wollten. Bei der Beantwortung der dabei auftretenden Fragen fiel mir auf, daß ich dazu meist auf englischsprachige Literatur zurückgreifen mußte, wobei noch Rechenarbeit zu leisten war, um verschiedene Teilaspekte in einer einheitlichen Nomenklatur beantworten zu können. Deshalb erstellte ich ein Manuskript, in dem die gängigen analogen und digitalen Modulationsverfahren beschrieben werden und der Einfluß von Rauschstörungen auf die Demodulierbarkeit des Empfangssignals berücksichtigt wird. Es wurde Wert darauf gelegt, die Berechnungen zu den einzelnen Themengebieten mathematisch nachvollziehbar zu halten.

Das Buch soll einem Leser, der naturwissenschaftlich vorgebildet ist, aber nicht unbedingt Nachrichtentechniker zu sein braucht, einen Überblick über die verschiedenen Modulationsverfahren geben. Es kann auch als Lehrbuch für Studenten der Elektrotechnik nach dem Vordiplom benutzt werden.

Bei Herrn Prof. Dr.-Ing. H. Marko möchte ich mich für die Aufnahme dieses Buches in die Reihe „Nachrichtentechnik" bedanken. Mein Dank gilt auch dem Springer-Verlag für die gute Zusammenarbeit bei der Herausgabe des Buches.

Griesheim, im Frühjahr 1992

J. Johann

Inhaltsverzeichnis

1 Einleitung

Überall, wo Organismen in einer gesellschaftlichen Struktur zusammenleben, existieren neben dem für das Überleben des Individuums notwendigen Austausch von Materie und Energie mit seiner Umgebung auch Techniken der Nachrichtenübertragung. Bekannte Beispiele aus der Tierwelt sind der Schwänzeltanz der Bienen und die Drohgebärden der Affen. Der Mensch besitzt durch die Ausbildung einer differenzierten Sprache eine wirkungsvolle Möglichkeit zur Nachrichtenübertragung. So unterschiedlich diese Beispiele auch sind, der Sinn der Nachrichtenübertragung wird an ihnen sichtbar. Er liegt in der Vermittlung von Erfahrungen und Wissen von einem Individuum oder einer Gruppe zu einem anderen Individuum (Nachrichtenübermittlung) oder einer anderen Gruppe (Nachrichtenverbreitung).

Im folgenden soll unter dem Begriff „Nachricht" alles verstanden werden, was den Kenntnisstand des Nachrichtenempfängers vermehrt oder ihn zu einer bestimmten Reaktion veranlaßt. Somit läßt sich eine Nachricht folgendermaßen charakterisieren:

- Sie veranlaßt den Empfänger zu einem spezifischen Verhalten,
- sie beinhaltet für den Empfänger neues Wissen,
- physikalisch wird sie als Signal repräsentiert,
- sie ist invariant gegenüber einem Wechseln der physikalischen Repräsentation.

Die Nachrichtentechnik als Teilgebiet der Elektrotechnik befaßt sich mit der Erzeugung, Übertragung und Verarbeitung von Signalen. Im Laufe der Zeit hat sich ihr Aufgabengebiet beträchtlich erweitert, da durch die technische Entwicklung die Möglichkeit gegeben wurde, eine Nachricht durch mehrere, unterschiedliche Signalformen darstellen zu können. Über einen langen Zeitraum hinweg beschäftigte sich die Nachrichtentechnik ausschließlich mit Signalen, insbesondere mit der Signalübertragung. Erst die von Shannon 1948 begründete Informationstheorie, die sich mit den statistischen Gesetzmäßigkeiten der Übertragung und Verarbeitung von Nachrichten befaßt, erlaubte es, Nachrichten unabhängig von den Signalen quantitativ und strukturell zu erfassen. Sie stellt damit ein Bindeglied zwischen Nachrichtenübertragung und Nachrichtenverarbeitung dar. Ihre Aussagen beeinflussen zunehmend die Arbeitsweise der Nachrichtentechnik. In diesem Buch werden nur kurz diejenigen Ergebnisse der Informationstheorie angegeben, die für die Behandlung nachrichtentechnischer Gesichtspunkte von Interesse sind.

Die Übertragungstechnik als wichtiges und umfangreiches Teilgebiet der Nachrichtentechnik behandelt die theoretischen Möglichkeiten und deren technische Realisierungen, mit denen Nachrichten einem Empfänger zugänglich gemacht werden können.

Hierbei kann es sich um eine Übertragung der Nachricht von einem Ort zu einem zweiten Ort oder auch um eine Speicherung der Nachricht handeln, um diese zu einem anderen Zeitpunkt verfügbar zu haben. Werden zur Nachrichtenübertragung elektromagnetische Wellen eingesetzt, die über eine Antenne abgestrahlt werden, wird auch die Bezeichnung Hochfrequenztechnik als Synonym benutzt. Geschieht die Übertragung leitungsgebunden, wird oft von Fernmeldetechnik gesprochen. Im Gegensatz dazu ist für die drahtlose Nachrichtenübertragung auch die Bezeichnung Funktechnik üblich.

Bei der Gliederung des Buches wurde berücksichtigt, daß viele zur mathematischen Beschreibung eines Modulationsverfahrens benutzte Ausdrücke und Zusammenhänge auch für andere Modulationsverfahren angewendet werden können. Nach einer Beschreibung des Einsatzgebietes von Modulationsverfahren und ihrer Klassifizierung in Kapitel 2.1 werden aus diesem Grund zunächst in Kapitel 3 die aus der Netzwerktheorie stammenden Zusammenhänge zur Darstellung eines Signals im Zeit- und Frequenzbereich wiedergegeben, womit sowohl das zu übertragende Signal als auch die Übertragungsstrecke charakterisiert werden können. Die mathematische Behandlung einer Abweichung des Kanalverhaltens vom Idealverhalten beschließt dieses Kapitel.

Es liegt im Wesen eines Nachrichtensignals, daß es nicht exakt vorhersagbare Elemente enthält. Darum spielt die mathematische Darstellung von Zufallssignalen bei der Nachrichtenübertragung eine wichtige Rolle. Eine Einführung in dieses Gebiet findet man in Kapitel 4. Unter Zuhilfenahme der Definition einer Zufallsvariablen wird der Begriff des Zufallsprozesses eingeführt. Er erlaubt es, ein Nachrichtensignal als Realisierung eines derartigen Prozesses anzusehen. Mit der Beschreibung der Gaußverteilung, die zur Charakterisierung von Rauschsignalen eingesetzt wird, endet dieses Kapitel.

Die Verfahren zur Amplituden-, Frequenz- und Phasenmodulation werden im Kapitel 5 beschrieben. In jedem Abschnitt wird zunächst das entsprechende Modulationsverfahren vorgestellt, es werden Möglichkeiten zur Demodulation aufgezeigt, und anschließend wird der Einfluß von thermischem Rauschen auf die Demodulierbarkeit untersucht. Ein Vergleich der Geräuschspannungsabstände am Eingang und am Ausgang des Demodulators dient als Gütekriterium für das jeweilige Modulationsverfahren.

Für die Behandlung der restlichen Verfahren ist es sinnvoll, sich den Zusammenhang zwischen einem kontinuierlichen und einem diskreten Signal im Zeit- und im Frequenzbereich zu verdeutlichen. Ausführungen hierzu findet man in Kapitel 6.

Im Kapitel 7 werden die Pulsamplituden-, die Pulsphasen- und die Pulsdauermodulation vorgestellt. Sie besitzen als eigenständige Übertragungsverfahren keine große Bedeutung, wenn auch die Pulsamplitudenmodulation in der Vorverarbeitung zur Pulscodemodulation eingesetzt werden kann, die im folgenden Kapitel behandelt wird.

Im Kapitel 8 werden die Generierung und die Kompandierung eines pulscodemodulierten Signals beschrieben, bevor auf die Übertragung derartiger Signale eingegangen wird. Zwei Varianten dieses Modulationsverfahrens, die Differenzpulscodemodulation und die Deltamodulation, werden vorgestellt. Einige grundlegende Gedanken zu der bei diesen Verfahren notwendigen Synchronisation auf der Empfängerseite schliessen dieses Kapitel ab.

Die Modulationsverfahren Amplitudenumtastung, Frequenzumtastung und Phasenumtastung sind Inhalt des Kapitels 9. Die Abschnitte beschreiben primär die Modulation von Binärsignalen, geben aber auch einen Ausblick auf mehrstufige Modulationsverfahren, die es erlauben, ein mehrstufiges Codewort durch eine Signalform zu repräsentieren. Als Gütekriterien bei der Demodulation eines rauschbehafteten Empfangssignals werden Bitfehlerwahrscheinlichkeit und Symbolfehlerwahrscheinlichkeit benutzt.

Das Buch schließt mit einer Darstellung der für die Nachrichtenübertragung wichtigen Ergebnisse aus der Informationstheorie, die einen Vergleich der verschiedenen Übertragungsverfahren mit dem Verhalten eines idealen Übertragungssystems erlauben.

2 Nachrichtenübertragung

2.1 Das Übertragungssystem

Die Aufgabe der Nachrichtenübertragung besteht darin, Signale von ihrem Entstehungs-
ort, der Nachrichtenquelle, zu dem Empfangsort, der Nachrichtensenke oder Nachrich-
tensinke, zu leiten. Dieser Zusammenhang ist in Abb. 2.1 dargestellt. Das Nachrichtenübertragungssystem besteht dabei aus Sender, Übertragungsstrecke und Empfänger.
Das von der Nachrichtenquelle gelieferte Signal wird dem Sender zugeführt, der es in
ein für die Übertragungsstrecke geeignetes Signal umwandelt, wobei die Eigenschaften
des Übertragungskanals berücksichtigt werden müssen. Im Empfänger wird das Signal
in eine für die Nachrichtensenke geeignete Form umgewandelt.

Für die Arbeit mit dem in Abb. 2.1 gezeigten Modell hat es sich als sinnvoll her-
ausgestellt, daß für jede frei wählbare Schnittstelle der vor dieser Schnittstelle liegende
Teil als Nachrichtenquelle bezeichnet werden darf. Entsprechend kann man den hinter
jeder beliebig wählbaren Schnittstelle liegenden Teil des Übertragungssystems als Nachrichtensenke bezeichnen. Beschäftigt man sich zum Beispiel mit den Eigenschaften des
Übertragungskanals, so wird man die Blöcke „Nachrichtenquelle" und „Sender" unter

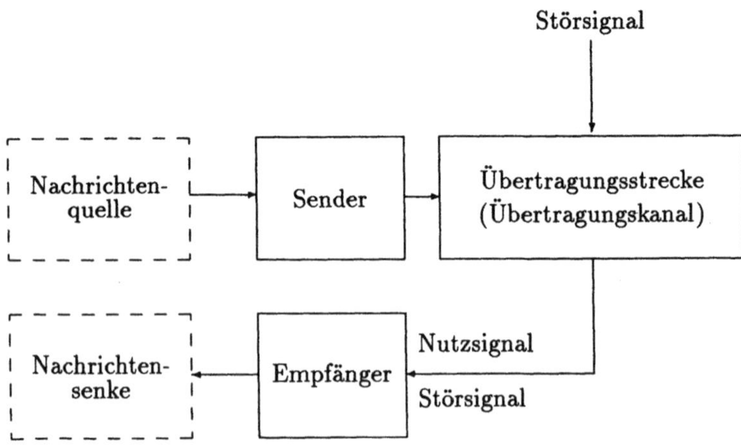

Abb. 2.1: Blockschaltbild eines Übertragungssystems

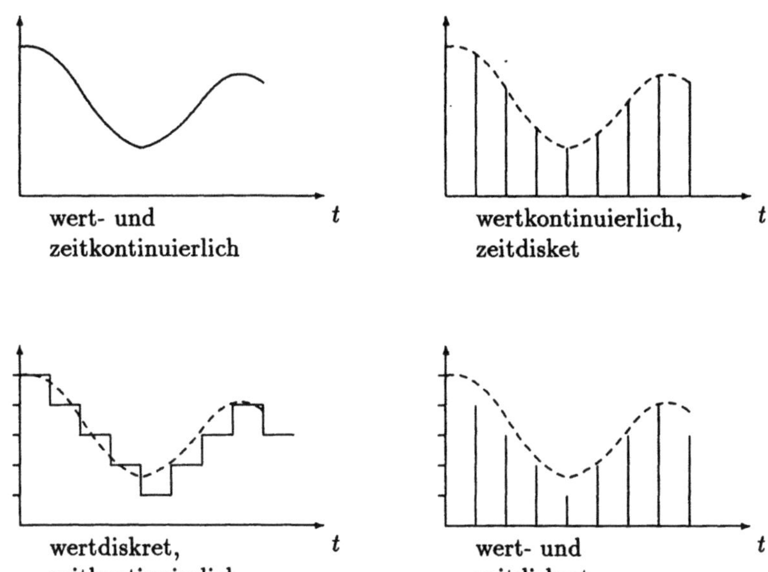

Abb. 2.2: Signaleinteilung

dem Begriff „Nachrichtenquelle" und die Blöcke „Empfänger" und „Nachrichtensenke" unter der Bezeichnung „Nachrichtensenke" zusammenfassen.

Die zur Nachrichtenübertragung benutzten Signale lassen sich im allgemeinen als Funktionen der Zeit beschreiben. Wie man aus Abb. 2.1 erkennen kann, ist das Nutzsignal das die Nachricht beinhaltende Signal. Die zur Darstellung einer Nachricht benutzte Größe nennt man Signalparameter. Die physikalische Erscheinungsform des Nutzsignals läßt sich in Abhängigkeit von der Zeit und dem Signalparameter in eine der vier in Abb. 2.2 gezeigten Klassen einordnen. Hinsichtlich der Zeit spricht man von einem zeitkontinuierlichen oder von einem zeitdiskreten Signal, hinsichtlich des Signalparameters von einem wertkontinuierlichen oder wertdiskreten Signal. Ein wertdiskretes Signal entsteht aus einem wertkontinuierlichen durch Quantisierung , ein zeitdiskretes Signal aus einem zeitkontinuierlichen durch Abtastung. Die Ordinate in allen vier Fällen in Abb. 2.2 ist der jeweilige Signalparameter.

Die obige Definition beschreibt die physikalische Repräsentation einer Nachricht ohne Bezug auf deren Inhalt. Dieser Bezug wird durch die Begriffe „Analogsignal" und „Digitalsignal" hergestellt.   Ein Analogsignal bildet einen kontinuierlichen Vorgang kontinuierlich ab und besitzt deswegen einen kontinuierlichen Wertebereich, dem zu jedem beliebigen Zeitpunkt eine unterschiedliche Nachricht zugeordnet werden kann. Bei einem Digitalsignal hingegen dient der Signalparameter zur Darstellung einer Nachricht, die nur aus Zeichen eines endlichen Zeichenvorrats besteht.

Wie schon in Abb. 2.1 angedeutet, treten in der Praxis bei einem Übertragungssystem neben dem Nutzsignal unerwünschte Signale auf, die die Nachrichtenübertragung

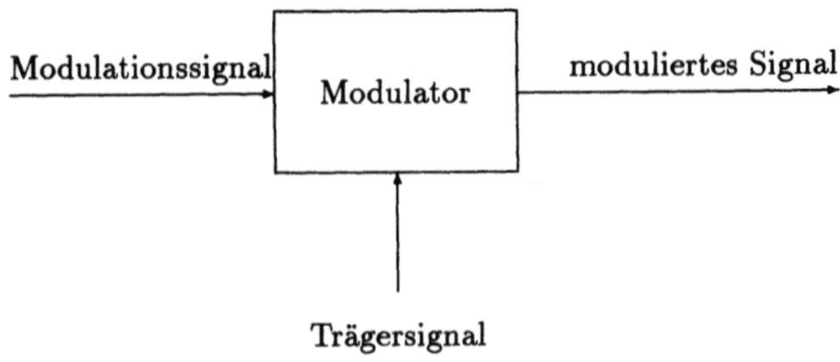

Abb. 2.3: Modulation

stören und damit häufig die Übertragungsmöglichkeiten einschränken. Diese Störsignale können sowohl deterministischer (Sinusstörer) als auch stochastischer (Rauschen)
Natur sein. Da der zeitliche Verlauf deterministischer Störsignale bekannt ist, lassen
sich im Empfänger Maßnahmen zur Störminderung oder Störbefreiung durchführen.
Diese Vorgehensweise wird bei stochastischen Störsignalen häufig erschwert, da sich
Nutzsignal und Störsignal derart überlagern können, daß sie im Empfänger nur noch
mit großem technischen Aufwand oder sogar überhaupt nicht mehr voneinander getrennt werden können. Analogsignale sind gegenüber solchen Störungen anfälliger als
Digitalsignale. Bei diesen läßt sich der zur Darstellung der Nachricht vorhandene,
endliche Zeichenvorrat erweitern mit dem Ziel, der Nachrichtensenke keine zusätzliche
Nachricht zu übermitteln, sondern nur die zu übertragende Nachricht störresistent zu
machen. Dieser Vorgang wird als Einfügen von Redundanz bezeichnet, das Umsetzen
der Digitalsignale, die nur den ursprünglich vorhandenen Zeichenvorrat beschreiben, in
solche, die einen erweiterten Zeichenvorrat repräsentieren, als Leitungscodierung. Dieses Themengebiet wird in diesem Buch nicht behandelt. Eine ausführliche Einleitung
findet man in [1, 2].

2.2 Modulation

Das von der Nachrichtenquelle in Abb. 2.1 gelieferte Nutzsignal wird im Sender in eine
für die Übertragung über den Kanal geeignete Form umgewandelt. Die Eigenschaften
des zur Verfügung stehenden Kanals und seine Empfindlichkeit gegenüber Störeinflüssen
müssen hierbei berücksichtigt werden. Die Umwandlung im Sender kann sowohl durch
die in Kapitel 2.1 bereits angesprochene Leitungscodierung als auch durch Modulation
erfolgen, falls das Signal nicht in seiner ursprünglichen Form übertragen werden kann.
Die hierbei gebräuchlichen Modulationsverfahren werden in diesem Buch vorgestellt
und unter Zuhilfenahme unterschiedlicher Kriterien miteinander verglichen.

Bei der Modulation wird einem sich gleichförmig periodisch wiederholenden Trägersignal das zu übertragende Nutzsignal als Modulationssignal aufgeprägt, wodurch ein
moduliertes Signal entsteht. Dieser Vorgang ist schematisch in Abb. 2.3 wiedergegeben.
Das Modulationssignal wird häufig auch als Basisbandsignal bezeichnet, da sein Spek-

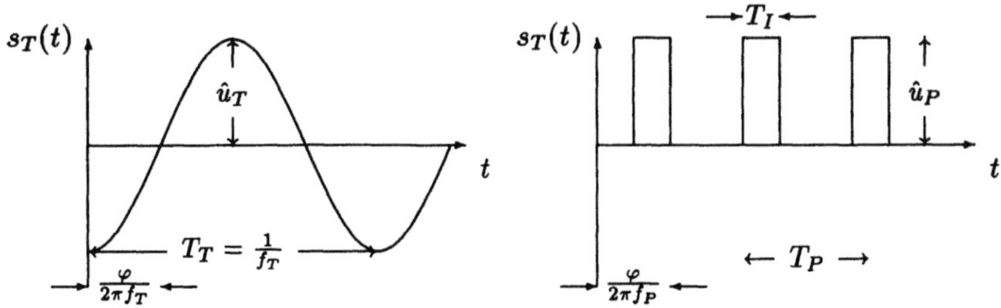

Abb. 2.4: Trägersignale und ihre Signalparameter

trum im allgemeinen niederfrequentere Komponenten enthält als das Spektrum des modulierten Signals.

Prinzipiell kann das Trägersignal eine beliebige Form aufweisen, in der Praxis werden jedoch fast ausschließlich nur Sinusschwingungen und Pulse eingesetzt, da diese mathematisch leicht beschreibbar und technisch einfach realisierbar sind. Unter einem Puls versteht man dabei eine periodische Folge gleichartiger Impulse, deren Dauer meist kurz ist im Vergleich zu ihrem zeitlichen Abstand. Demzufolge lassen sich zwei Hauptgruppen von Modulationsverfahren unterscheiden. Diese arbeiten mit unterschiedlichen Trägersignalen, entweder durch Modulation eines Sinusträgers oder durch Modulation eines Pulses. Die Signalparameter, die dabei in Abhängigkeit vom Modulationssignal geändert werden können, sind aus Abb. 2.4 ersichtlich. Bei einem Sinusträger können Amplitude $\hat{u}_T$, Frequenz f_T und Phasenwinkel φ moduliert werden. Bei einem Pulsträger stehen dafür die Amplitude $\hat{u}_P$, die Periodendauer T_P, der Phasenwinkel φ und die Impulsdauer T_I zur Verfügung.

Eine weitere Klassifizierung der Modulationsverfahren berücksichtigt, ob es sich bei dem Basisbandsignal um ein Analog- oder ein Digitalsignal handelt. Diejenigen Verfahren, die in diesem Buch vorgestellt werden, sind in Abhängigkeit von Modulations- und Trägersignal in Abb. 2.5 zusammengestellt. Bevor darauf näher eingegangen wird, sollen noch einige wichtige Ergebnisse aus der Netzwerktheorie und der Statistik vorgestellt werden, die später die mathematische Behandlung der Modulationsverfahren erleichtern und außerdem eine Beschreibungsmöglichkeit für die Eigenschaften der Übertragungstrecke liefern.

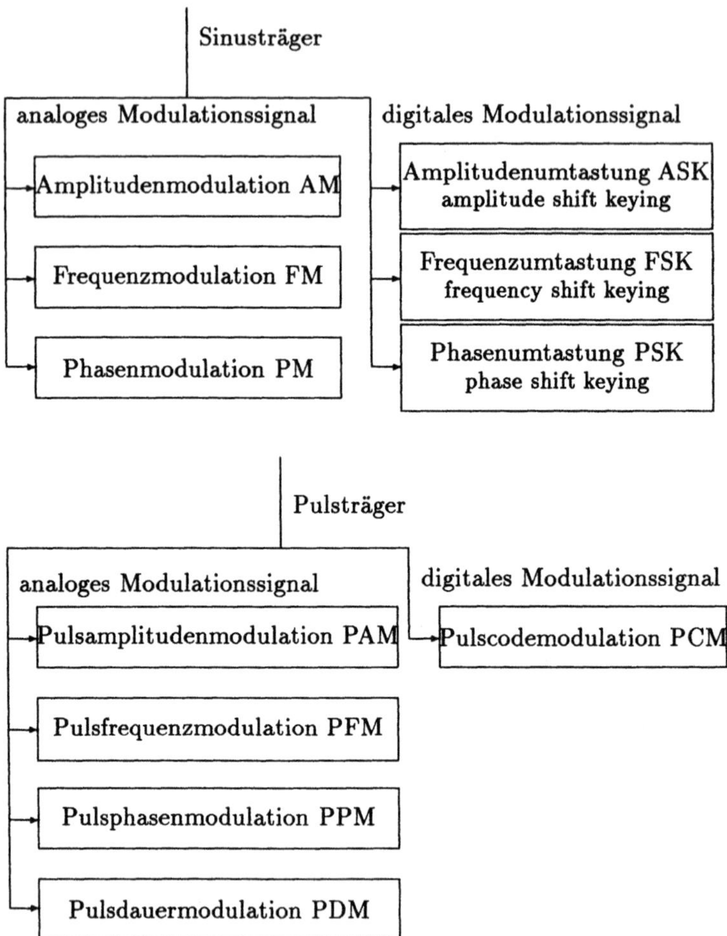

Abb. 2.5: Klassifizierung der Modulationsverfahren

3 Signalbeschreibung im Zeit- und Frequenzbereich

Die meisten der in der Nachrichtentechnik gebräuchlichen Signale lassen sich als Funktion der Zeit mathematisch darstellen. Es ist insofern naheliegend, nach einer Möglichkeit zu suchen, das Signal sowohl im Zeitbereich als auch im Frequenzbereich gleichwertig beschreiben zu können. Ein Verfahren hierzu ist die Fourierreihe und die Fouriertransformation, durch die eine Signalbeschreibung im Zeit- und im Frequenzbereich ermöglicht wird. Dabei wird ein Signal durch eine Summe sinusförmiger Schwingungen unterschiedlicher Amplitude, Frequenz und Phase dargestellt. Dieser als Frequenzanalyse bezeichnete Vorgang spielt bei der Charakterisierung linearer, zeitinvarianter Netzwerke eine wichtige Rolle. Das Verhalten eines Übertragungskanals kann durch solch ein Netzwerk dargestellt werden, wobei die mathematische Beschreibung mit Hilfe eines Systems linearer, gewöhnlicher oder partieller Differentialgleichungen erfolgt. Regt man solch ein Netzwerk mit einer linearen Summe sinusförmiger Schwingungen an, so produziert es ein Ausgangssignal, das die gleichen Frequenzen wie das Eingangssignal enthält, nur Amplitude und Phase der einzelnen Sinusschwingungen haben sich im Vergleich zum Eingangssignal verändert (zur Einführung siehe z. B. [3]). Dieses charakteristische Verhalten linearer, zeitinvarianter Netzwerke rechtfertigt diese Art der Frequenzanalyse. Obwohl noch viele weitere Darstellungsmöglichkeiten einer Zeitfunktion existieren [4, 5, 6], besitzt nur diese Analysemethode das oben geschilderte Verhalten bei der Beschreibung eines linearen, zeitinvarianten Systems.

Im folgenden wird als Grundlage der Frequenzanalyse zunächst die harmonische Schwingung behandelt, bevor die Fourierreihe zur spektralen Darstellung periodischer Signale und die Fouriertransformation zur Frequenzanalyse aperiodischer Signale vorgestellt wird. Ein Überblick über die Gesetzmäßigkeiten der Fouriertransformation beschließt dieses Kapitel.

3.1 Die harmonische Schwingung

Ein zeitabhängiges Signal der Form

$$u(t) = A \cdot \sin(\omega t + \varphi) \tag{3.1}$$

bezeichnet man als Sinussignal, seine zeitabhängige Änderung als harmonische Schwingung. Es ist eindeutig beschrieben durch die Amplitude A, den Nullphasenwinkel φ und die Kreisfrequenz ω, aus der sich die Periodendauer T ergibt zu

$$T = \frac{2\pi}{\omega} \quad . \tag{3.2}$$

Wendet man das Additionstheorem für Sinusschwingungen an, so erhält man

$$\begin{aligned} u(t) &= A \cdot \sin\varphi \cdot \cos\omega t + A \cdot \cos\varphi \cdot \sin\omega t \\ &= B \cdot \cos\omega t + C \cdot \sin\omega t \quad . \end{aligned} \tag{3.3}$$

Ein Koeffizientenvergleich in Gl. (3.3) liefert

$$B = A \cdot \sin\varphi \quad \text{und} \tag{3.4}$$
$$C = A \cdot \cos\varphi \quad . \tag{3.5}$$

Ein beliebiges sinusförmiges Signal läßt sich also als Summe einer Cosinusschwingung mit der Amplitude B und einer Sinusschwingung mit der Amplitude C darstellen.

Sind dagegen die Amplituden B und C bekannt, so erhält man durch Quadrieren und Addieren der Gleichungen 3.4 und 3.5

$$A = \sqrt{B^2 + C^2} \quad , \tag{3.6}$$

dividiert man Gl. (3.4) durch Gl. (3.5) und löst nach φ auf, so ergibt sich

$$\varphi = \arctan\frac{B}{C} \quad . \tag{3.7}$$

Demzufolge sind die Darstellungsmöglichkeiten nach Gl. (3.1) und Gl. (3.3) gleichwertig und ineinander umrechenbar.

Eine dritte Darstellungsmöglichkeit ist durch die Einführung einer komplexen Zeitfunktion $\underline{u}(t)$ gegeben, die mit Hilfe der natürlichen Exponentialfunktion (e-Funktion) beschrieben wird. Bei der Lösung linearer Differentialgleichungen, durch die unter anderem auch lineare Netzwerke beschrieben werden, vereinfacht sich der Rechenaufwand durch Benutzen der Exponentialfunktion, da diese Funktion beim Integrieren und Differenzieren sich selbst reproduziert. Mit Hilfe der Eulerschen Formel

$$e^{jx} = \cos x + j\sin x \tag{3.8}$$

erhält man

$$\sin x = \frac{1}{2} \cdot j\left(e^{-jx} - e^{jx}\right) \quad . \tag{3.9}$$

Einsetzen in Gl. (3.1) liefert sofort

$$\begin{aligned} u(t) &= \frac{jA}{2}\left(e^{-j\varphi} \cdot e^{-j\omega t} - e^{j\varphi} \cdot e^{j\omega t}\right) \tag{3.10} \\ &= \frac{A}{2}e^{j(\frac{\pi}{2}-\varphi)} \cdot e^{-j\omega t} + \frac{A}{2}e^{-j(\frac{\pi}{2}-\varphi)} \cdot e^{j\omega t} \quad . \tag{3.11} \end{aligned}$$

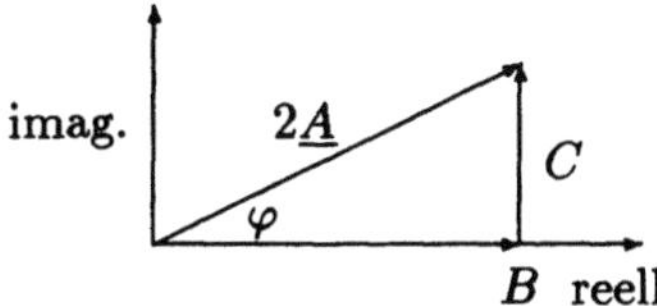

Abb. 3.1: Bestimmung des komplexen Zeigers $\underline{A}$ aus den reellen Signalparametern

Mit dem komplexen Koeffizienten

$$\underline{A} = \frac{A}{2}e^{j(\frac{\pi}{2}-\varphi)} = \frac{1}{2}(B+jC) \tag{3.12}$$

und dem dazugehörenden, konjugiert komplexen Koeffizienten

$$\underline{A}^* = \frac{A}{2}e^{-j(\frac{\pi}{2}-\varphi)} = \frac{1}{2}(B-jC) \tag{3.13}$$

ergibt sich die kürzere Schreibweise

$$u(t) = \underline{A}e^{-j\omega t} + \underline{A}^*e^{j\omega t} \quad . \tag{3.14}$$

Die komplexe Amplitude $\underline{A}$ wird vollständig durch die reellen Koeffizientenpaare A und φ bzw. B und C bestimmt. Der Zusammenhang zwischen allen Koeffizienten läßt sich aus dem Zeigerdiagramm in Abb. 3.1 ablesen. Für $C = 0$ ist $\underline{A} = \underline{A}^* = \frac{B}{2}$, das heißt der komplexe Koeffizient $\underline{A}$ ist reell, und die harmonische Schwingung besteht aus einer reinen Cosinusschwingung. Gilt hingegen $B = 0$ und damit $\underline{A} = -\underline{A}^* = \frac{jC}{2}$, so ist $\underline{A}$ imaginär, und es handelt sich um eine reine Sinusschwingung.

In der komplexen Schreibweise wird die harmonische Schwingung $u(t)$ durch zwei komplexe Summanden $\underline{A}e^{-j\omega t}$ und $\underline{A}^*e^{j\omega t}$ beschrieben. Jeder der beiden Terme ist in der komplexen Ebene durch einen Zeiger der Länge $|\underline{A}| = |\underline{A}^*|$ darstellbar, der mit der Winkelgeschwindigkeit ω bzw. $-\omega$ rotiert. Da beide Zeiger für alle Zeitpunkte konjugiert komplex zueinander sind, ist ihre Summe reell und gleich dem Momentanwert der reellen harmonischen Schwingung $u(t)$.

Für $u(t)$ besitzt man demzufolge drei gleichwertige Darstellungsmöglichkeiten, die in Abb. 3.2 zusammengestellt sind. Die linke Darstellung ergibt sich unmittelbar aus Gl. (3.1), die untere aus Gl. (3.14). Da sie jedoch umständlich zu handhaben ist, begnügt man sich häufig mit einer Projektion auf die komplexe Ebene und erhält damit die Darstellung rechts oben. Sie wird gerne bei der Beschreibung verschiedener Modulationsverfahren benutzt, wenn der Einfluß additiver Störterme berücksichtigt werden soll. Diese Störsignale addieren sich zu den komplexen Zeigern, und man erhält eine anschauliche Darstellung, auf welche Weise die Störsignale die Amplitude und die Phase des modulierten Signals verändern. Hier erkennt man außerdem, daß die harmonische Schwingung die zwei Frequenzen ω und $-\omega$ besitzt. Die Frequenz ω hat im Zusammenhang mit den komplexen Zeigern die Bedeutung einer Winkelgeschwindigkeit, wohingegen bei der reellen Darstellung die Frequenz als Kehrwert der Periodendauer definiert wird. Je nachdem, ob sich der komplexe Zeiger in Abb. 3.2 mit einer positiven oder einer negativen Winkelgeschwindigkeit dreht, gehört dazu eine positive oder negative Kreisfrequenz.

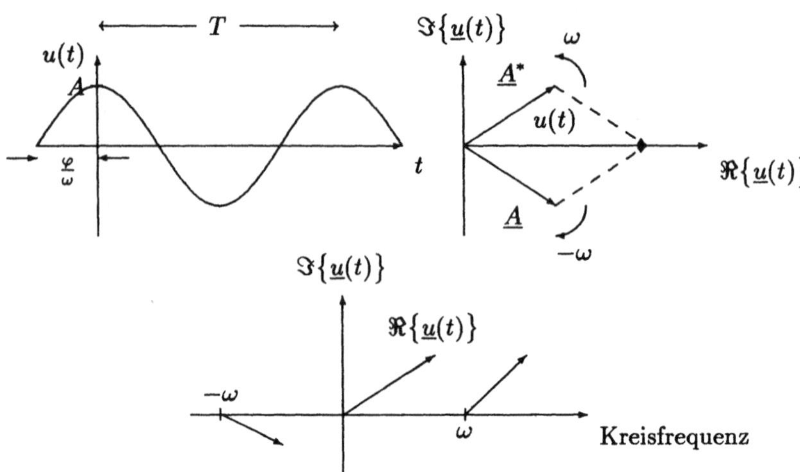

Abb. 3.2: Darstellungsmöglichkeiten für eine harmonische Schwingung

Die auf den vorhergehenden Seiten vorgenommenen Rechnungen erlauben die Einführung einer komplexen Zeitfunktion $\underline{u}(t)$, die man als

$$\underline{u}(t) = 2 \cdot \underline{A} \mathrm{e}^{-j\omega t} \tag{3.15}$$

definiert. Hieraus erhält man wiederum die reelle Zeitfunktion durch Realteilbildung

$$u(t) = \frac{1}{2} \cdot \left(\underline{u}^*(t) + \underline{u}(t) \right) = \Re\{\underline{u}(t)\} \quad . \tag{3.16}$$

Wie oben schon erwähnt wurde, läßt sich mit der komplexen Zeitfunktion $\underline{u}(t)$ bei der Lösung linearer Differentialgleichungen leichter rechnen. Nach Durchführung der zur Lösung notwendigen Rechnungen erhält man die gesuchte reelle Lösung nach Gl. (3.16) durch Realteilbildung der komplexen Lösung.

3.2   Das Spektrum einer periodischen Zeitfunktion

Jean Baptiste Fourier[1] fand zu Beginn des 19. Jahrhunderts heraus, daß sich eine periodische Funktion mit der Periodendauer T_P durch eine lineare Summe harmonischer Schwingungen unterschiedlicher Amplitude und Phase darstellen läßt, wobei die Kreisfrequenzen der in dieser Reihenentwicklung auftretenden Schwingungen durch ganzzahlige Vielfache des Reziprokwertes der Periodendauer T_P gegeben sind. Als Grundfrequenz ω_0 bezeichnet man dabei den Wert

$$\omega_0 = \frac{2\pi}{T_P} \quad . \tag{3.17}$$

---

[1] frz. Mathematiker und Physiker (1768–1830)

Diese Beschreibungsmöglichkeit wurde ursprünglich von Fourier zur Analyse von Wärmeleitungsvorgängen in Körpern entwickelt. Sie wurde dann jedoch sehr bald auch in weiteren Gebieten der Physik eingesetzt, unter anderem auch in der Elektrotechnik.

Eine periodische Zeitfunktion $f(t)$ kann demzufolge durch die Fourierreihe

$$f(t) = \sum_{n=-\infty}^{\infty} \underline{A}_n e^{jn\omega_0 t} \tag{3.18}$$

repräsentiert werden. Mit Hilfe der Fourieranalyse werden nun bei vorgegebener Funktion $f(t)$ und Grundfrequenz ω_0 die komplexen Fourierkoeffizienten $\underline{A}_n$ bestimmt. Das hierbei benutzte Kriterium minimiert den mittleren quadratischen Fehler, d. h. die über eine Periode T_P integrierte, quadratische Differenz zwischen $f(t)$ und der Reihendarstellung aus Gl. (3.18). Man stellt demzufolge für den Fehler e die Forderung auf:

$$e = \int_{T_P} \left(f(t) - \sum_{n=-\infty}^{\infty} \underline{A}_n e^{jn\omega_0 t} \right)^2 dt \overset{!}{=} \text{Min.} \tag{3.19}$$

Das Ausrufungszeichen über dem zweiten Gleichheitszeichen soll ausdrücken, daß es sich hierbei um eine mathematische Forderung handelt. Die Minimierung des Fehlers e kann nur durch die richtige Wahl der Fourierkoeffizienten $\underline{A}_n$ erfolgen. Aus der Optimierungsrechnung [7] ist bekannt, daß als notwendige Bedingung bei der Fehlerminimierung durch die Variable $\underline{A}_i$ folgendes erfüllt werden muß:

$$\frac{de}{d\underline{A}_i} = \int_{T_P} -2 \cdot \left(f(t) - \sum_{n=-\infty}^{\infty} \underline{A}_n e^{jn\omega_0 t} \right) \cdot \left(e^{ji\omega_0 t} \right) dt = 0 \quad . \tag{3.20}$$

Hieraus ergibt sich als weitere Gleichung

$$\int_{T_P} f(t) e^{ji\omega_0 t} dt = \int_{T_P} \sum_{n=-\infty}^{\infty} \underline{A}_n e^{j(i+n)\omega_0 t} dt \quad . \tag{3.21}$$

Da die in der Fourierreihenentwicklung benutzten e-Funktionen Orthogonalfunktionen sind, gilt für die Integration über eine Periodendauer

$$\int_{T_P} e^{jk\omega_0 t} \cdot e^{-jl\omega_0 t} dt = \begin{cases} 0 & \text{für } k \neq l \\ T_P & \text{für } k = l \end{cases} \quad . \tag{3.22}$$

Damit liefert nur noch ein Summand der Reihe einen Beitrag zum Integral, so daß sich Gl. (3.21) vereinfacht zu:

$$\int_{T_P} f(t) e^{ji\omega_0 t} dt = \underline{A}_{-i} T_P \quad . \tag{3.23}$$

Da Gl. (3.23) das gleiche Aussehen für alle Fourierkoeffizienten hat, ergibt sich als Bestimmungsgleichung für die Koeffizienten $\underline{A}_n$

$$\underline{A}_n = \frac{1}{T_P} \int_{T_P} f(t) e^{-jn\omega_0 t} dt \quad . \tag{3.24}$$

Anschaulich betrachtet, bedeutet dies, daß durch die Multiplikation von $f(t)$ mit $e^{-jn\omega_0 t}$ die Winkelgeschwindigkeit aller komplexen Zeiger, aus denen sich $f(t)$ zusammensetzen läßt, sich um den Wert $-n\omega_0$ ändert. Dies hat zur Folge, daß der Zeiger mit der Winkelgeschwindigkeit $n\omega_0$ zum Stillstand kommt, während alle anderen Zeiger sich mit veränderter Winkelgeschwindigkeit weiterdrehen. Das Ergebnis der Integration über eine Periodendauer wird daher nur von der Amplitude des Zeigers $\underline{A}_n$ bestimmt. Demzufolge hängt der Wert jedes Fourierkoeffizienten nicht von den Werten der restlichen Koeffizienten ab. Benutzt man zur Beschreibung von $f(t)$ die Fourierreihendarstellung, so bedeutet dies, daß durch die Hinzunahme weiterer Koeffizienten die Werte der schon vorhandenen Koeffizienten nicht verändert werden.

Die Fourierreihe konvergiert gegen $f(t)$, wenn $f(t)$ innerhalb einer Periode eine kontinuierliche Funktion ist. An Sprungstellen konvergiert sie gegen den arithmetischen Mittelwert aus links- und rechtsseitigem Grenzwert. Das Spektrum einer periodischen Zeitfunktion $f(t)$ wird auch als Linienspektrum bezeichnet, da es nur Anteile bei Vielfachen der Grundfrequenz ω_0 enthält.

Eine Fourierreihendarstellung für eine Funktion $f(t)$ existiert, wenn die Dirichlet-Bedingungen[2] erfüllt sind:

- Die Integration des Absolutwertes von $f(t)$ über eine Periode liefert ein endliches Ergebnis:

$$\int_{T_P} |f(t)|\, dt < \infty \quad .$$

- Innerhalb einer Periode besitzt das Signal $f(t)$ eine endliche Anzahl von Sprungstellen.

- Innerhalb einer Periode besitzt das Signal $f(t)$ eine endliche Anzahl von Extremwertstellen.

Eine andere Formulierung für die Existenz einer Fourierreihendarstellung, die sich aus den Dirichlet-Bedingungen ergibt, lautet, daß das Integral der Betragsquadratfunktion von $f(t)$ über eine Periodendauer ein endliches Ergebnis liefert:

$$\int_{T_P} |f(t)|^2\, dt < \infty \quad . \tag{3.25}$$

Da der Fourierkoeffizient $\underline{A}_n$ die komplexe Amplitude der harmonischen Schwingung mit der Frequenz $n\omega_0$ angibt, läßt sich die Fourierreihe aus Gl. (3.18) auch in eine Summe von Sinus- und Cosinusschwingungen mit reellen Koeffizienten umschreiben:

$$f(t) = \frac{B_0}{2} + \sum_{n=1}^{\infty} B_n \cos n\omega_0 t + \sum_{n=1}^{\infty} C_n \sin n\omega_0 t \quad . \tag{3.26}$$

Führt man für diese Darstellungsmöglichkeit der Fourierreihe die Optimierung im Sinne des kleinsten quadratischen Fehlers durch, so erhält man als Bestimmungsgleichung für die Koeffizienten:

$$B_n \;=\; \frac{2}{T_P} \int_{T_P} f(t) \cos n\omega_0 t\, dt \qquad n = 0, \dots, \infty \quad \text{und} \tag{3.27}$$

---

[2] P. Dirichlet, dt. Mathematiker (1805–1859)

$$C_n = \frac{2}{T_P} \int\limits_{T_P} f(t) \sin n\omega_0 t \, dt \qquad n = 1, \ldots, \infty \quad . \tag{3.28}$$

Der komplexe Fourierkoeffizient $\underline{A}_n$ ergibt sich hieraus wieder mit

$$\underline{A}_n = \frac{1}{2}(B_n - jC_n) \quad \text{bzw.} \tag{3.29}$$

$$\underline{A}_{-n} = \frac{1}{2}(B_n + jC_n) \quad . \tag{3.30}$$

Da eine zeichnerische Darstellung der komplexen Fourierkoeffizienten wie in Abb. 3.2 schnell unübersichtlich wird, benutzt man dazu gewöhnlich zwei Zeichnungen, die Betrag und Phasenwinkel der Fourierkoeffizienten als Funktion der Frequenz wiedergeben. Ist $f(t)$ eine gerade Funktion, so gilt $C_n = 0$. Ist $f(t)$ ungerade, so läßt sich die Fourierreihe nur durch Sinusschwingungen beschreiben und $B_n = 0$.

3.2.1 Leistungsdichtespektrum für periodische Signale

Periodische Signale besitzen eine unendliche Energie, aber eine endliche mittlere Leistung, gemittelt über eine Periodendauer. Diese Leistung berechnet sich als

$$P = \frac{1}{T_P} \int\limits_{T_P} |f(t)|^2 \, dt \quad . \tag{3.31}$$

Setzt man in Gl. (3.31) den konjugiert komplexen Ausdruck von Gl. (3.18) ein, so ergibt sich

$$\begin{aligned}
P &= \frac{1}{T_P} \int\limits_{T_P} f(t) \sum_{n=-\infty}^{\infty} \underline{A}_n^* e^{-jn\omega_0 t} \, dt \\
&= \sum_{n=-\infty}^{\infty} \underline{A}_n^* \cdot \frac{1}{T_P} \int\limits_{T_P} f(t) e^{-jn\omega_0 t} \, dt \\
&= \sum_{n=-\infty}^{\infty} |\underline{A}_n|^2 \quad .
\end{aligned} \tag{3.32}$$

Ein Vergleich mit Gl. (3.31) zeigt:

$$P = \frac{1}{T_P} \int\limits_{T_P} |f(t)|^2 \, dt = \sum_{n=-\infty}^{\infty} |\underline{A}_n|^2 \quad . \tag{3.33}$$

Der in Gl. (3.33) aufgezeigte Zusammenhang wird als Parsevals Theorem[3] für Signale endlicher Leistung bezeichnet. Die Größe $|\underline{A}_n|^2$ repräsentiert die Leistung der n-ten harmonischen Komponente des Signals $f(t)$. Die gesamte mittlere Leistung des Signals $f(t)$ entspricht der Summe über die Leistungsanteile der einzelnen Frequenzkomponenten. Ein Diagramm, aus dem die Leistungsverteilung über die verschiedenen

---

[3]M. A. Parseval des Chênes, frz. Mathematiker (1755–1836)

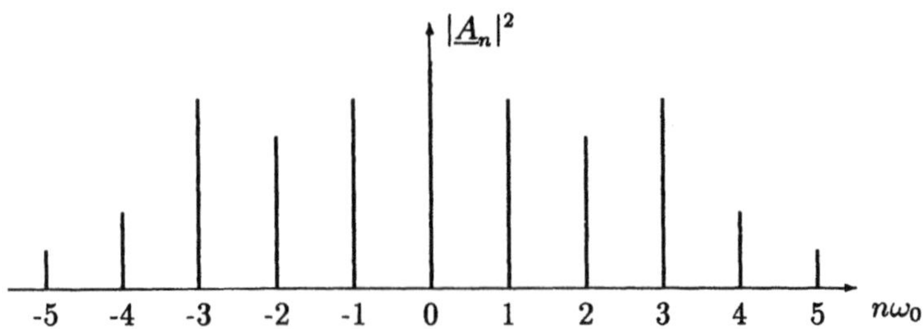

Abb. 3.3: Leistungsdichtespektrum eines periodischen Zeitsignals

Frequenzkomponenten hervorgeht, bezeichnet man als Leistungsdichtespektrum der periodischen Funktion $f(t)$.

Ist das Signal $f(t)$ reell, so sind die beiden zu einer Kreisfrequenz $n\omega_0$ gehörenden Fourierkoeffizienten konjugiert komplex zueinander. Dann gilt natürlich

$$|\underline{A}_n|^2 = |\underline{A}_{-n}|^2 \quad , \tag{3.34}$$

also ist das Leistungsdichtespektrum einer reellen Funktion $f(t)$ eine symmetrische Funktion der Frequenz, so wie es in Abb. 3.3 skizziert ist. Da das Leistungsdichtespektrum nur noch die Betragsquadrate der Fourierkoeffizienten enthält, läßt sich aus ihm wegen der fehlenden Phaseninformation das Signal $f(t)$ nicht mehr rekonstruieren.

3.3 Das Spektrum einer aperiodischen Zeitfunktion

Nachdem in Kapitel 3.2 die Fourierreihendarstellung einer periodischen Zeitfunktion hergeleitet wurde, soll nun das Spektrum einer aperiodischen Zeitfunktion berechnet werden.

Eine periodische Zeitfunktion besitzt ein Linienspektrum , wobei der Frequenzabstand zwischen aufeinanderfolgenden Spektrallinien umgekehrt proportional zur Periodendauer T_P ist. Vergrößert man die Periodendauer, so wird der Abstand zwischen den Spektrallinien gegen Null streben. Führt man einen Grenzübergang durch, durch den die Periodendauer unendlich groß wird, so wird dadurch das Signal aperiodisch und das dazugehörige Frequenzspektrum kontinuierlich. Diese Überlegung legt nahe, daß das Spektrum eines aperiodischen Signals sich ergibt als die Einhüllende eines Linienspektrums eines entsprechenden periodischen Signals, das daraus entsteht, daß man das aperiodische Signal im Abstand der Periodendauer T_P wiederholt.

Damit liegt die Vorgehensweise zur Spektralberechnung einer aperiodischen Zeitfunktion fest. Man gibt sich eine zeitbegrenzte aperiodische Funktion $f(t)$ vor und erzeugt daraus eine periodische Funktion $f_P(t)$ mit einer Periodendauer T_P, wie es in

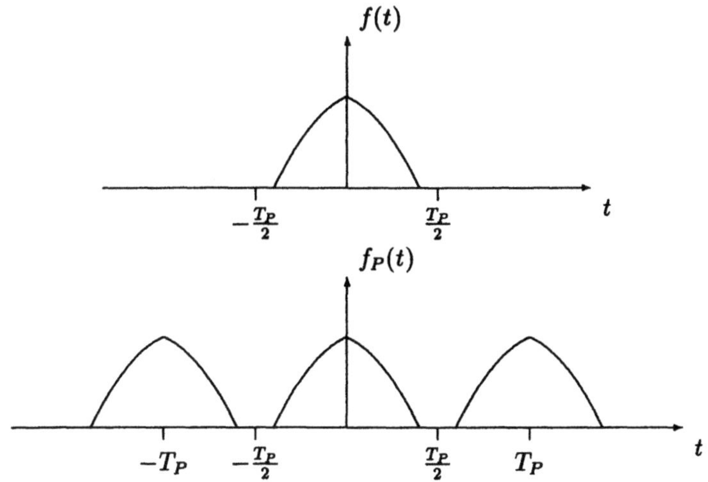

Abb. 3.4: Periodische Fortsetzung einer zeitbegrenzten aperiodischen Funktion

Abb. 3.4 skizziert ist. Das Spektrum von $f(t)$ ergibt sich dann aus dem Spektrum von $f_P(t)$ durch den Grenzübergang $T_P \to \infty$. Die Fourierreihendarstellung von $f_P(t)$ lautet

$$f_P(t) = \sum_{n=-\infty}^{\infty} \underline{A}_n e^{jn\omega_0 t} \tag{3.35}$$

mit

$$\omega_0 = \frac{2\pi}{T_P} \tag{3.36}$$

und

$$\underline{A}_n = \frac{1}{T_P} \int_{T_P} f_P(t) e^{-jn\omega_0 t}\, dt \quad . \tag{3.37}$$

Da es zur Bestimmung der komplexen Fourierkoeffizienten erlaubt ist, über jedes beliebige Periodendauerintervall zu integrieren, kann man auch schreiben:

$$\underline{A}_n = \frac{1}{T_P} \int_{T_P} f(t) e^{-jn\omega_0 t}\, dt \quad . \tag{3.38}$$

Da $f(t)$ zeitbegrenzt ist auf ein Intervall der Periodendauer T_P, gilt weiterhin:

$$\underline{A}_n = \frac{1}{T_P} \int_{-\infty}^{\infty} f(t) e^{-jn\omega_0 t}\, dt \quad . \tag{3.39}$$

Definiert man nun eine komplexe Funktion $\underline{F}(\omega)$, die sogenannte Fouriertransformierte von $f(t)$, durch

$$\underline{F}(\omega) = \int_{-\infty}^{\infty} f(t) e^{-j\omega t}\, dt \quad , \tag{3.40}$$

so ergibt ein Vergleich zwischen Gl. (3.39) und Gl. (3.40)

$$\underline{A}_n = \frac{1}{T_P}\underline{F}(n\omega_0) \quad . \tag{3.41}$$

Die Fourierkoeffizienten sind demzufolge Abtastwerte der kontinuierlichen Funktion $\underline{F}(\omega)$, die im Abstand der Grundfrequenz ω_0 genommen und mit $1/T_P$ skaliert werden. Nun lassen sich zur Bestimmung des Grenzwertes $T_P \to \infty$ die Fourierkoeffizienten durch die Fouriertransformierte ausdrücken, und somit erhält man

$$f_P(t) = \frac{1}{T_P}\sum_{n=-\infty}^{\infty}\underline{F}(\frac{2\pi n}{T_P})e^{jn\omega_0 t} \quad . \tag{3.42}$$

Definiert man nun

$$\frac{1}{T_P} = \frac{\Delta\omega}{2\pi} \quad , \tag{3.43}$$

ergibt sich

$$f_P(t) = \frac{1}{2\pi}\sum_{n=-\infty}^{\infty}\underline{F}(n\Delta\omega)e^{jn\Delta\omega t}\Delta\omega \quad . \tag{3.44}$$

Nach Ausführen des Grenzübergangs $T_P \to \infty$ gilt:

$$\begin{aligned} f_P(t) &= f(t) \quad , \\ n\Delta\omega &= \omega \quad , \\ \Delta\omega &= d\omega \end{aligned} \tag{3.45}$$

und aus der Summe in Gl. (3.44) entsteht das Integral

$$f(t) = \frac{1}{2\pi}\int_{-\infty}^{\infty}\underline{F}(\omega)e^{j\omega t}\,d\omega \quad . \tag{3.46}$$

Eine ausführliche Herleitung findet man u. a. in [8, 9].

Man nennt die komplexe Variable $\underline{F}(\omega)$ die spektrale Amplitudendichte des Signals $f(t)$. Gleichung 3.40 wird als Fouriertransformationsgleichung und Gleichung 3.46 als Fourierrücktransformationsgleichung bezeichnet.

Die Fouriertransformierte einer aperiodischen Zeitfunktion $f(t)$ existiert dann, wenn das Signal $f(t)$ eine endliche Energie besitzt:

$$\int_{-\infty}^{\infty}|f(t)|^2\,dt < \infty \quad . \tag{3.47}$$

Alternativ hierzu gibt es auch wieder die Formulierung von drei Dirichlet-Bedingungen, die erfüllt sein müssen, um die Existenz einer Fouriertransformierten zu gewährleisten:
• Die Zeitfunktion $f(t)$ ist absolut integrierbar:

$$\int_{-\infty}^{\infty}|f(t)|\,dt < \infty \quad .$$

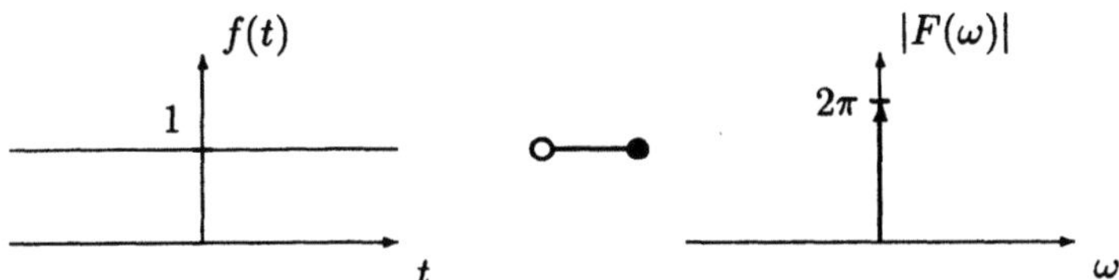

Abb. 3.5: Fouriertransformierte einer konstanten Zeitfunktion

- $f(t)$ besitzt eine endliche Anzahl von Sprungstellen.
- $f(t)$ besitzt eine endliche Anzahl von Extremwertstellen.

Diese Bedingungen sind hinreichend, aber nicht notwendig für die Existenz einer Fouriertransformierten. Es können also demzufolge Signale existieren, die die Dirichlet-Bedingungen nicht erfüllen, zu denen aber trotzdem eine Fouriertransformierte existiert. Hierzu gehören insbesondere stationäre Anteile innerhalb der aperiodischen Funktion $f(t)$. Eine Berücksichtigung dieser Anteile durch die Fouriertransformation ist möglich durch die Diracsche Impulsfunktion[4] $\delta(t)$, die die Eigenschaften

$$\int\limits_{-\infty}^{\infty} \delta(t)\,\mathrm{d}t = 1 \quad \text{und} \tag{3.48}$$

und

$$\delta(t) = 0 \qquad \forall\, t \neq 0 \tag{3.49}$$

besitzt. Diese Eigenschaften sind das Ergebnis einer Grenzwertbetrachtung, die z. B. in [10, 9] nachgelesen werden kann. Als Ergebnis ist dabei wichtig, daß eine stationäre Komponente im Zeitsignal $f(t)$, die die Kreisfrequenz ω besitzt, im Fourierspektrum durch einen Diracimpuls bei der Kreisfrequenz ω dargestellt werden kann. So ergibt sich beispielsweise für das konstante Signal $f(t) = 1$ die Spektraldarstellung $\underline{F}(\omega) = 2\pi\delta(\omega)$. In Diagrammen wird der Diracimpuls durch einen Pfeil dargestellt, dessen Höhe die Größe des Vorfaktors beschreibt (s. Abb. 3.5). Als Korrespondenzzeichen zwischen Zeit- und Frequenzbereich wird hier und im folgenden das Zeichen $f(t)$o———•$\underline{F}(\omega)$ benutzt.

Zusammenfassend läßt sich sagen, daß mit Hilfe der Fouriertransformation sich sowohl zeitlich veränderliche als auch stationäre Funktionen darstellen lassen, wobei man zur Beschreibung stationärer Signalanteile die Diracsche Impulsfunktion einsetzt. Sie ist damit das Äquivalent zu der bei der Fourierreihenentwicklung auftretenden diskreten Spektrallinie.

3.3.1 Energiedichtespektrum für aperiodische Signale

Die Energie eines Signals $f(t)$ mit der Fouriertransformierten $\underline{F}(\omega)$ ist gegeben durch

$$E = \int\limits_{-\infty}^{\infty} |f(t)|^2\,\mathrm{d}t \tag{3.50}$$

---

[4]P. Dirac, brit. Physiker (1902–1984)

als zeitliches Integral über die Augenblicksleistung $|f(t)|^2$. Gleichung (3.50) läßt sich umschreiben in

$$
\begin{aligned}
E &= \int\limits_{-\infty}^{\infty} f(t) \cdot f^*(t)\,\mathrm{d}t \\
&= \int\limits_{-\infty}^{\infty} f(t)\,\mathrm{d}t \cdot \left(\frac{1}{2\pi} \int\limits_{-\infty}^{\infty} \underline{F}^*(\omega)\mathrm{e}^{-j\omega t}\,\mathrm{d}\omega\right) \\
&= \int\limits_{-\infty}^{\infty} \frac{1}{2\pi}\underline{F}^*(\omega)\,\mathrm{d}\omega \int\limits_{-\infty}^{\infty} f(t)\mathrm{e}^{-j\omega t}\,\mathrm{d}t \\
&= \int\limits_{-\infty}^{\infty} \frac{1}{2\pi}|\underline{F}(\omega)|^2\,\mathrm{d}\omega \quad .
\end{aligned}
\tag{3.51}
$$

Daraus ergibt sich

$$
E = \int\limits_{-\infty}^{\infty} |f(t)|^2\,\mathrm{d}t = \frac{1}{2\pi} \int\limits_{-\infty}^{\infty} |\underline{F}(\omega)|^2\,\mathrm{d}\omega \quad .
\tag{3.52}
$$

Diese Gleichung wird als Parsevals Theorem für aperiodische, energiebegrenzte Signale bezeichnet. Es charakterisiert das Prinzip der Energieerhaltung im Zeit- und im Frequenzbereich. Da sich die Gesamtenergie als Integral über den Frequenzbereich ergibt, kennzeichnet der Integrand $|\underline{F}(\omega)|^2$ die spektrale Energiedichte des Signals $f(t)$. $|\underline{F}(\omega)|^2$ repräsentiert also die Energieverteilung des Signals als Funktion der Frequenz ω. Deshalb bezeichnet man ein Diagramm, in dem $|\underline{F}(\omega)|^2$ als Funktion von ω aufgetragen ist, als Energiedichtespektrum. Es enthält keine Phaseninformationen mehr, weswegen aus ihm das Signal $f(t)$ nicht wiedergewonnen werden kann. Ist $f(t)$ eine reelle Funktion, so ist- vergleichbar mit der Leistungsdichtedarstellung einer periodischen Funktion -das Energiedichtespektrum eine symmetrische Funktion der Frequenz.

3.4　Eigenschaften der Fouriertransformation

In diesem Kapitel sollen einige Gesetzmäßigkeiten der Fouriertransformation angegeben werden, die später die Beschreibung verschiedener Modulationsverfahren im Zeit- und im Frequenzbereich erlauben, ohne daß die Fouriertransformation nach den Gleichungen (3.40) und (3.46) durchgeführt werden muß. Die hier beschriebenen Eigenschaften lassen sich aber mit Hilfe dieser Gleichungen herleiten.

Superposition

Gilt $f_1(t)\!\circ\!\!-\!\!\!-\!\!\bullet\underline{F}_1(\omega)$ und $f_2(t)\!\circ\!\!-\!\!\!-\!\!\bullet\underline{F}_2(\omega)$, so gilt auch

$$
f_1(t) + f_2(t)\!\circ\!\!-\!\!\!-\!\!\bullet\underline{F}_1(\omega) + \underline{F}_2(\omega) \quad .
\tag{3.53}
$$

Hieraus ist der wichtige Schluß zu ziehen, daß auch zu komplexen Zeitfunktionen, wie sie durch Gl. (3.15) eingeführt wurden, Fouriertransformierte existieren, da diese Funktionen durch zwei reelle Terme beschrieben werden. Der Zusammenhang zwischen den Funktionsbeschreibungen im Zeit- und im Frequenzbereich ist durch Gl. (3.58) gegeben.

Multiplikation mit konstantem Faktor

Gilt $\underline{f}(t)\circ\!\!-\!\!-\!\!\bullet\underline{F}(\omega)$, so existiert auch die Transformierte zur Funktion $a\underline{f}(t)$ mit

$$a\underline{f}(t)\circ\!\!-\!\!-\!\!\bullet a\underline{F}(\omega) \quad , \tag{3.54}$$

wobei a eine Konstante ist.

Ähnlichkeitssatz

Mit $\underline{f}(t)\circ\!\!-\!\!-\!\!\bullet\underline{F}(\omega)$ gilt auch

$$\underline{f}(kt)\circ\!\!-\!\!-\!\!\bullet\frac{1}{|k|}\underline{F}(\frac{\omega}{k}) \quad , k \text{ reell} \quad . \tag{3.55}$$

Belegt ein zeitbegrenztes Signal $f(t)$ eine Bandbreite B, d. h. es existiert im Frequenzbereich ein Intervall der Größe B, in dem der Betrag der Fouriertransformierten deutlich größer ist als außerhalb dieses Intervalls, so ist das Zeitsignal $f(kt)$ um den Faktor k zeitkomprimiert, das dazugehörige Spektrum jedoch um den Faktor k gedehnt. Hieraus ergibt sich der als „Zeitgesetz der Nachrichtentechnik" bekannte Zusammenhang, daß das Produkt aus Zeitdauer T und Bandbreite B für ein vorgegebenes Signal konstant ist:

$$B \cdot T = \text{const.} \tag{3.56}$$

Für $k = -1$ wird das Signal im Zeitnullpunkt gespiegelt, und entsprechend spiegelt sich auch die Fouriertransformierte, was auf den Zusammenhang

$$\underline{f}(-t)\circ\!\!-\!\!-\!\!\bullet\underline{F}(-\omega) \tag{3.57}$$

führt.

Zuordnung zwischen Zeit- und Spektralfunktion

Geht man von einer komplexen Zeitfunktion $\underline{f}(t)$ aus, wie sie in Gl. (3.15) beschrieben ist, so lassen sich die Zeitfunktion und das Spektrum in Real- und Imaginärteil aufspalten und diese wiederum in einen geraden und einen ungeraden Anteil. Damit läßt sich jede Funktion aus vier Summanden zusammensetzen, die durch folgende Indizes gekennzeichnet werden: R_g für den reell geraden Anteil, R_u für den reell ungeraden Anteil, I_g für den imaginär geraden Anteil und I_u für den imaginär ungeraden Anteil. Es existiert dann folgende Korrespondenz:

$$\underline{f}(t) = f_{R_g} + f_{R_u} + jf_{I_g} + jf_{I_u}$$
$$\underline{F}(t) = F_{R_g} + F_{R_u} + jF_{I_g} + jF_{I_u} \quad . \tag{3.58}$$

Zu geraden Zeitfunktionen gehören gerade Spektralfunktionen, zu ungeraden Zeitfunktionen ungerade Spektralfunktionen.

Verschiebung im Zeitbereich

Gilt $\underline{f}(t)\circ\!\!-\!\!-\!\!\bullet\underline{F}(\omega)$, so gilt für eine um t_0 zeitverschobene Funktion

$$\underline{f}(t - t_0)\circ\!\!-\!\!-\!\!\bullet\underline{F}(\omega)e^{-j\omega t_0}\quad. \tag{3.59}$$

Verschiebung im Frequenzbereich

Gilt $\underline{f}(t)\circ\!\!-\!\!-\!\!\bullet\underline{F}(\omega)$, so gilt bei einer Frequenzverschiebung von $\underline{F}(\omega)$ um ω_0

$$\underline{f}(t)e^{j\omega_0 t}\circ\!\!-\!\!-\!\!\bullet\underline{F}(\omega - \omega_0)\quad. \tag{3.60}$$

Durch Einsetzen der Eulerschen Formel aus Gl. (3.8) ergeben sich zwei sehr häufig benutzte Korrespondenzen:

$$\underline{f}(t)\cdot\cos\omega_0 t\circ\!\!-\!\!-\!\!\bullet\frac{1}{2}\left(\underline{F}(\omega - \omega_0) + \underline{F}(\omega - \omega_0)\right) \tag{3.61}$$

und

$$\underline{f}(t)\cdot\sin\omega_0 t\circ\!\!-\!\!-\!\!\bullet\frac{1}{2j}\left(\underline{F}(\omega - \omega_0) - \underline{F}(\omega - \omega_0)\right) \tag{3.62}$$

Die Transformierte einer konjugiert komplexen Zeitfunktion

Gilt $\underline{f}(t)\circ\!\!-\!\!-\!\!\bullet\underline{F}(\omega)$, so gilt für die konjugiert komplexe Zeitfunktion

$$\underline{f}^*(t)\circ\!\!-\!\!-\!\!\bullet\underline{F}^*(-\omega)\quad. \tag{3.63}$$

Vertauschungssatz

Gilt $\underline{f}(t)\circ\!\!-\!\!-\!\!\bullet\underline{F}(\omega)$, so gilt ebenso

$$\underline{F}^*(t)\circ\!\!-\!\!-\!\!\bullet 2\pi\underline{f}^*(\omega)\quad. \tag{3.64}$$

Hiermit soll ausgedrückt werden, daß man in der ursprünglichen Spektralfunktion ω durch t ersetzt und damit eine neue Zeitfunktion entsteht. Ersetzt man dann in der ursprünglichen Zeitfunktion t durch ω, so entsteht eine neue Korrespondenz, wenn von den beiden neuen Funktionen noch die konjugiert komplexen Funktionen gebildet werden.

Differentiation

Existiert zu $\underline{f}(t)$ die Fouriertransformierte $\underline{F}(\omega)$, so gilt für die Ableitung der Zeitfunktion

$$\frac{\mathrm{d}\underline{f}(t)}{\mathrm{d}t}\circ\!\!-\!\!-\!\!\bullet j\omega\underline{F}(\omega)\quad. \tag{3.65}$$

Integration

Für die Integration einer fouriertransformierbaren Funktion gilt

$$\int\limits_{-\infty}^{t}\underline{f}(t)\,\mathrm{d}t\circ\!\!-\!\!-\!\!\bullet\frac{\underline{F}(\omega)}{j\omega} + \pi\underline{F}(0)\cdot\delta(\omega)\quad. \tag{3.66}$$

Faltungssatz

Der Faltungssatz bezieht sich auf das Produkt zweier Zeit- bzw. Spektralfunktionen und liefert die jeweilige Korrespondenz im Spektral- bzw. Zeitbereich.

Faltung im Zeitbereich

Existieren die beiden Fouriertransformierten $\underline{F}_1(\omega)$ und $\underline{F}_2(\omega)$, so gilt für deren Produkt

$$\underline{f}_1(t) \star \underline{f}_2(t) = \int\limits_{-\infty}^{\infty} \underline{f}_1(\tau) \cdot \underline{f}_2(t-\tau)\, \mathrm{d}\tau \circ\!\!\!-\!\!\!-\!\!\!-\!\!\bullet \underline{F}_1(\omega) \cdot \underline{F}_2(\omega) \quad . \qquad (3.67)$$

Das Zeichen $\star$ ist dabei das Symbol für die Faltungsoperation. Der Zusammenhang zwischen Zeit- und Frequenzbereich ergibt sich durch Einsetzen des Faltungsintegrals in die Fouriertransformation:

$$\underline{F}_1(\omega) \cdot \underline{F}_2(\omega) = \int\limits_{-\infty}^{\infty} \int\limits_{-\infty}^{\infty} \underline{f}_1(\tau)\underline{f}_2(t-\tau)\, \mathrm{d}\tau\, \mathrm{e}^{-j\omega t}\, \mathrm{d}t \quad . \qquad (3.68)$$

Die Reihenfolge der Integrationen darf vertauscht werden und man erhält mit Hilfe der Verschiebung im Zeitbereich

$$\begin{aligned}
\underline{F}_1(\omega) \cdot \underline{F}_2(\omega) &= \int\limits_{-\infty}^{\infty} \underline{f}_1(\tau) \Big(\int\limits_{-\infty}^{\infty} \underline{f}_2(t-\tau)\mathrm{e}^{-j\omega t}\, \mathrm{d}t \Big)\, \mathrm{d}\tau \\
&= \int\limits_{-\infty}^{\infty} \underline{f}_1(\tau) \cdot \underline{F}_2(\omega)\mathrm{e}^{-j\omega\tau}\, \mathrm{d}\tau \\
&= \underline{F}_1(\omega) \cdot \underline{F}_2(\omega) \quad .
\end{aligned}$$

Erwähnt soll hier noch werden, daß die Faltung kommutativ ist:

$$\underline{f}_1(t) \star \underline{f}_2(t) = \underline{f}_2(t) \star \underline{f}_1(t) \quad . \qquad (3.69)$$

Faltung im Frequenzbereich

Eine ähnliche Rechnung wie bei der Herleitung der Faltung im Zeitbereich kann mit Hilfe von Gl. (3.46) durchgeführt werden. Man erhält dann als Fouriertransformation des Produktes zweier Zeitfunktionen

$$\underline{f}_1(t) \cdot \underline{f}_2(t) \circ\!\!\!-\!\!\!-\!\!\!-\!\!\bullet \frac{1}{2\pi}\underline{F}_1(\omega) \star \underline{F}_2(\omega) = \frac{1}{2\pi} \int\limits_{-\infty}^{\infty} \underline{F}_1(y) \cdot \underline{F}_2(\omega-y)\, \mathrm{d}y \quad . \qquad (3.70)$$

Wie später noch gezeigt werden wird, besitzt die Faltung im Zeitbereich eine große Bedeutung bei der Beschreibung linearer, zeitinvarianter Systeme, wohingegen die Faltung im Frequenzbereich bei der Beschreibung von Modulatoren eingesetzt wird.

3.5 Die Übertragungsfunktion

Bereits in Kapitel 3 wurde angedeutet, daß die Eigenschaften der Übertragungsstrecke durch ein lineares, zeitinvariantes Netzwerk beschrieben werden können, wobei die Darstellung im Zeitbereich im allgemeinen durch ein System linearer Differentialgleichungen mit konstanten Koeffizienten gegeben ist. Aufgrund der Linearität des Netzwerks erzeugt jede Linearkombination von Eingangssignalen eine entsprechende Linearkombination von Ausgangssignalen. Es gilt also an Ein- und Ausgang des Netzwerks der Superpositionssatz. Wegen der Zeitinvarianz des Übertragungskanals ist außerdem die Form des Ausgangssignals unabhängig von einer zeitlichen Verschiebung des Eingangssignals.

Legt man an den Eingang eines linearen, zeitinvarianten Netzwerks ein komplexes Eingangssignal mit der Kreisfrequenz ω_n

$$\underline{s}_1(t) = \underline{A}_1(\omega_n)e^{j\omega_n t} \tag{3.71}$$

an, so entsteht am Ausgang das komplexe Signal

$$\underline{s}_2(t) = \underline{A}_2(\omega_n)e^{jn\omega_n t} \quad . \tag{3.72}$$

Das Verhältnis

$$\underline{H}(\omega_n) = \frac{\underline{s}_2(t)}{\underline{s}_1(t)} = \frac{\underline{A}_2(\omega_n)}{\underline{A}_1(\omega_n)} \tag{3.73}$$

bezeichnet man als komplexe Übertragungsfunktion. Da sich die e-Funktion hier herauskürzt, hängt $\underline{H}(\omega_n)$ nur von der Frequenz und nicht von der Zeit ab. Die komplexe Amplitude des Ausgangssignals $\underline{A}_2(\omega_n)$ entsteht demzufolge durch Multiplikation der Eingangssignalamplitude $\underline{A}_1(\omega_n)$ mit der Übertragungsfunktion $\underline{H}(\omega_n)$:

$$\underline{A}_2(\omega_n) = \underline{H}(\omega_n) \cdot \underline{A}_1(\omega_n) \quad . \tag{3.74}$$

Diese Gleichung gilt für alle Frequenzkomponenten, aus denen sich das Eingangssignal zusammensetzt. Wegen der Gültigkeit des Superpositionsgesetzes können diese Anteile mathematisch unabhängig voneinander behandelt werden. Da die Fourieranalyse es ermöglicht, beliebige Zeitfunktionen durch ihre Frequenzkomponenten darzustellen, läßt sich Gl. (3.74) erweitern zu

$$\underline{F}_2(\omega) = \underline{H}(\omega) \cdot \underline{F}_1(\omega) \quad , \tag{3.75}$$

wobei die Größen $\underline{F}_1(\omega)$ und $\underline{F}_2(\omega)$ die Fouriertransformierten des Eingangssignals $\underline{f}_1(t)$ bzw. $\underline{f}_2(t)$ sind.

Da nach Gl. (3.67) die Multiplikation im Frequenzbereich durch eine Faltung im Zeitbereich ersetzt werden kann, bestehen nun zwei Möglichkeiten, die Eigenschaften eines Netzwerks zu beschreiben. Dies geschieht entweder im Zeitbereich oder durch Verwendung der Fouriertransformierten im Frequenzbereich, so daß man als mathematischen Ausdruck

$$\begin{aligned}\underline{f}_2(t) &= \underline{h}(t) \star \underline{f}_1(t) \quad \text{bzw.} \\ \underline{F}_2(\omega) &= \underline{H}(\omega) \cdot \underline{F}_1(\omega)\end{aligned} \tag{3.76}$$

erhält. Die Fourierrücktransformierte zur Übertragungsfunktion $\underline{H}(\omega)$ bezeichnet man als Impulsantwort, da sie am Ausgang eines linearen, zeitinvarianten Netzwerks anliegt, wenn als Eingangsfunktion die Diracsche Impulsfunktion $\delta(t)$ benutzt wird.

Die komplexe Übertragungsfunktion läßt sich sowohl durch Real- und Imaginärteil als auch durch Betrag und Phase darstellen. Ein sinusförmiges Eingangssignal mit der Kreisfrequenz ω_n läßt sich nach Gl. (3.14) beschreiben durch

$$f_1(t) = \underline{A}_1 \mathrm{e}^{-j\omega_n t} + \underline{A}_1^* \mathrm{e}^{j\omega_n t} \quad . \tag{3.77}$$

Nach Gl. (3.74) gilt dann für das Ausgangssignal

$$f_2(t) = \underline{A}_1 \cdot \underline{H}(-\omega_n)\mathrm{e}^{-j\omega_n t} + \underline{A}_1^* \cdot \underline{H}(\omega_n)\mathrm{e}^{j\omega_n t} \quad . \tag{3.78}$$

Da das Ausgangssignal wiederum reell sein muß, müssen die beiden Summanden in Gl. (3.78) konjugiert komplex zueinander sein, woraus

$$\underline{H}(\omega_n) = \underline{H}^*(-\omega_n) \tag{3.79}$$

folgt. Somit erhält man für die Darstellung

$$\underline{H}(\omega) = |\underline{H}(\omega)|\mathrm{e}^{-jb(\omega)} \tag{3.80}$$

für eine reelle Impulsantwort die Beziehungen

$$|\underline{H}(\omega)| = |\underline{H}(-\omega)| \tag{3.81}$$

und

$$b(\omega) = -b(-\omega) \quad . \tag{3.82}$$

Die Betragsfunktion $\underline{H}(\omega)$ ist demzufolge eine gerade Funktion, die Phase $b(\omega)$ eine ungerade Funktion der Kreisfrequenz ω. An dieser Stelle sollen zwei weitere Größen, die bei der Beschreibung von Kanaleigenschaften eingesetzt werden, angegeben werden. Es handelt sich hierbei um die Phasenlaufzeit

$$t_p = \frac{b(\omega)}{\omega} \tag{3.83}$$

und die Gruppenlaufzeit

$$t_g = \frac{\mathrm{d}b(\omega)}{\mathrm{d}\omega} \quad . \tag{3.84}$$

Die Bedeutung beider Größen wird später bei der Behandlung des idealen Übertragungskanals deutlich werden.

Die Aufteilung der Übertragungsfunktion in Betrag und Phase ist deshalb von praktischer Bedeutung, weil eine beliebige Übertragungsfunktion immer als Produkt eines Minimalphasensystems und eines Allpaßsystems angegeben werden kann. Das Allpaßsystem besitzt einen konstanten Betrag der Übertragungsfunktion, und der Zusammenhang zwischen Betrag und Phase des Minimalphasensystems ist durch die Hilberttransformation[5] gegeben. Demzufolge können bei der praktischen Realisierung eines Netzwerks Betrag und Phase der Übertragungsfunktion nicht unabhängig voneinander vorgegeben werden. In [9] findet man zu diesem Themenkomplex eine ausführliche Betrachtung.

---

[5] D. Hilbert, dt. Mathematiker (1862–1943)

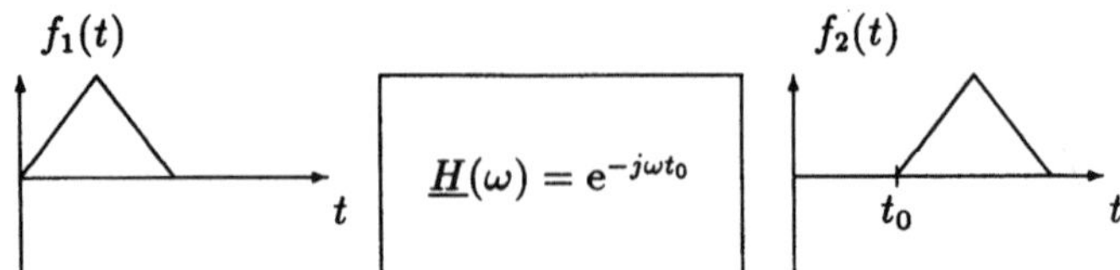

Abb. 3.6: Verhalten eines verzerrungsfreien Übertragungssystems

3.6   Der Übertragungskanal

In diesem Kapitel soll die Wirkung eines Übertragungssystems, das spezielle, noch
zu definierende Eigenschaften besitzt, auf die Übertragung eines Eingangssignals $f_1(t)$
betrachtet werden. Die Übertragungsfunktion wird dabei durch Betrag und Phase
beschrieben. Mit Hilfe der Fouriertransformation läßt sich die Impulsantwort des Kanals
berechnen. Der einfacheren Schreibweise wegen wird künftig der Unterstrich unter der
komplexen Übertragungsfunktion weggelassen.

3.6.1   Systeme mit linearer Phase

Als Idealfall wird man bei einer Nachrichtenübertragung fordern, daß das Ausgangssignal $f_2(t)$ gleich dem Eingangssignal $f_1(t)$ ist. Dies bedeutet, daß die Übertragungsfunktion $H(\omega)$ für alle Frequenzen konstant sein muß. Diese Forderung kann allerdings
in der Praxis nicht erfüllt werden, da sich Betrag und Phase der Übertragungsfunktion
immer gegenseitig beeinflußen (vgl. Kapitel 3.5).

Ist jedoch der Phasenverlauf $b(\omega)$ proportional zur Frequenz, so ergibt sich die Übertragungsfunktion

$$H(\omega) = e^{-j\omega t_0} \tag{3.85}$$

und damit das Ausgangssignal $f_2(t)$ mit Hilfe des Verschiebungssatzes aus Gl. (3.59)
zu

$$f_2(t) = f_1(t - t_0) \quad . \tag{3.86}$$

Das Eingangssignal wird bei der Übertragung um die Zeitdauer t_0 verzögert, aber nicht
verzerrt. Dieses Verhalten ist in Abb. 3.6 dargestellt. Die lineare Phase bewirkt eine
konstante Phasen- und Gruppenlaufzeit; man bezeichnet ein System mit dieser Eigenschaft als verzerrungsfrei. Wird darüberhinaus der Frequenzbereich scharf bei der
Frequenz ω_g begrenzt, so spricht man von einem idealen Tiefpaß . Im deutschen Sprach-
raum findet man dafür auch häufig die Bezeichnung Küpfmüller-Tiefpaß. Er besitzt die
Übertragungsfunktion

$$H_{TP}(\omega) = \begin{cases} 1 \cdot e^{-j\omega t_0} & |\omega| < \omega_g \\ 0 & \text{sonst} . \end{cases} \tag{3.87}$$

Seine Impulsantwort berechnet sich zu

$$h_{TP}(t) = \frac{\omega_g}{\pi} \cdot \frac{\sin\left(\omega_g(t - t_0)\right)}{\omega_g(t - t_0)} \quad . \tag{3.88}$$

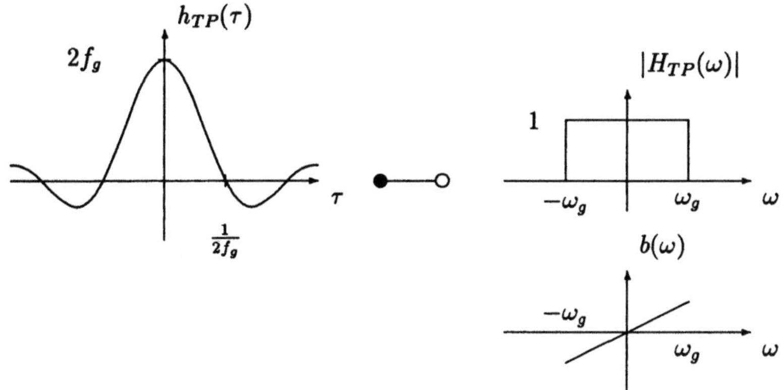

Abb. 3.7: Impulsantwort und Übertragungsfunktion eines idealen Tiefpasses

Übertragungsfunktion und Impulsantwort als Funktion der Variablen $\tau = t - t_0$ sind in Abb. 3.7 dargestellt. Es fällt auf, daß die Impulsantwort bereits bei $t = -\infty$ beginnt, obwohl der Dirac-Impuls erst zum Zeitpunkt $t = 0$ am Eingang des Systems anliegt. Es handelt sich hier demzufolge um ein nichtkausales System, das höchstens näherungsweise realisiert werden kann, indem die Zeitverzögerung t_0 so groß gewählt wird, daß die Faltung des Eingangssignals mit der Impulsantwort für $\tau < 0$ keinen nennenswerten Beitrag zum Ausgangssignal liefert. Die Nichtkausalität rührt in diesem Fall daher, daß bei solch einem idealen Tiefpaß Betrag und Phase unabhängig voneinander festgelegt werden. Für grundsätzliche Betrachtungen sind solche Systeme allerdings gut geeignet, da sie häufig klare Aussagen über die Auswirkungen von Betrags- und Phasenverlauf auf das Eingangssignal liefern.

Als Beispiel sollen mit Hilfe einer idealen Tiefpaßübertragungsfunktion die Bandbreite und die Zeitdauer eines allgemeinen Tiefpaßsystems mit linearer Phase abgeschätzt werden. Seine Impulsantwort ergibt sich zu

$$h(t) = \frac{1}{2\pi} \int\limits_{-\infty}^{\infty} |H(\omega)| e^{j\omega(t-t_0)} \, d\omega \quad , \tag{3.89}$$

woraus nach Einführung der Variablen $\tau = t - t_0$ der Ausdruck

$$h(\tau) = \frac{1}{2\pi} \int\limits_{-\infty}^{\infty} |H(\omega)| e^{j\omega\tau} \, d\omega \tag{3.90}$$

entsteht. Da der Betrag der Übertragungsfunktion eine gerade Funktion der Frequenz ist, läßt sich $h(\tau)$ auch berechnen durch

$$h(\tau) = \frac{1}{2\pi} \int\limits_{-\infty}^{\infty} |H(\omega)| \cos \omega\tau \, d\omega \quad . \tag{3.91}$$

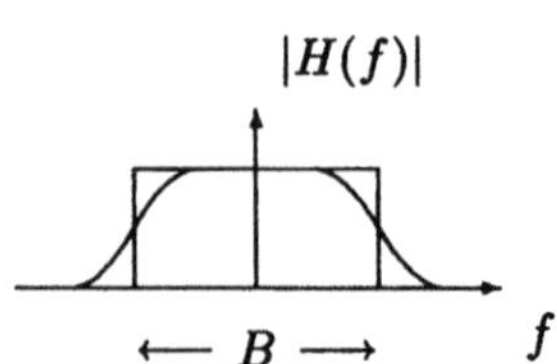
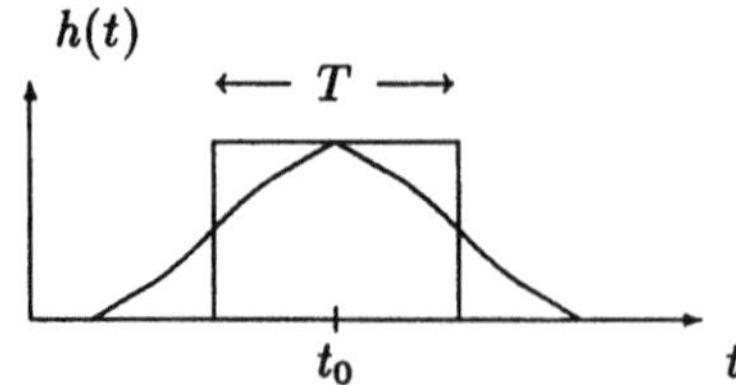

Abb. 3.8: Bandbreiten- und Zeitdauerbestimmung eines allgemeinen Tiefpaßsystems

Hier erkennt man, daß die Impulsantwort bezüglich $\tau = 0$ eine gerade Funktion ist und
der Maximalwert der Impulsantwort bei $h(0)$ liegt. Somit ergibt sich die in Abb. 3.8
gezeigte Korrespondenz zwischen Frequenz- und Zeitbereich. Die für ein allgemeines
Tiefpaßsystem äquivalente Bandbreite B wird nun im Frequenzbereich mit Hilfe der
Übertragungsfunktion eines idealen Tiefpasses bestimmt. Der Betrag dieser Funktion
ist gleich dem Funktionswert $|H(0)|$, und die Bandbreite wird so gewählt, daß die
Rechteckfläche gleich dem Integral über den Betrag der Übertragungsfunktion $H(f)$
ist:

$$B \cdot |H(0)| = \int\limits_{-\infty}^{\infty} |H(f)| \, \mathrm{d}f = h(0) \quad . \tag{3.92}$$

Eine entsprechende Vorgehensweise im Zeitbereich liefert einen Ausdruck für die äquivalente Zeitdauer T:

$$T \cdot h(\tau = 0) = \int\limits_{-\infty}^{\infty} h(\tau) \, \mathrm{d}\tau = |H(0)| \quad . \tag{3.93}$$

Aus beiden Gleichungen erhält man

$$\frac{|H(0)|}{h(0)} = T = \frac{1}{B} \quad . \tag{3.94}$$

Bandbreite B und Zeitdauer T sind reziprok zueinander. Ist die Bandbreite B bekannt
oder nach Gl. (3.92) berechnet worden, kann die Zeitdauer T daraus bestimmt werden
und umgekehrt. Die Zeitdauer T kann auch mit Hilfe der Sprungantwort

$$s(t) = \int\limits_{-\infty}^{t} h(x) \, \mathrm{d}x \tag{3.95}$$

durch Integration über die Impulsantwort definiert werden. Hier ergibt sich dann, daß
die Zeitdauer T der Anstiegszeit des Systems entspricht, so daß mit Hilfe von Gl. (3.94)
die Anstiegszeit oder die Bandbreite eines Übertragungssystems abgeschätzt werden
können. Die Anstiegszeit ist ein Maß dafür, wie stark die unendlich steile Flanke eines
sprungförmigen Eingangssignals durch das Übertragungssystem verschliffen wird. Aus
Gl. (3.94) erkennt man, daß Anstiegszeit und Bandbreite nicht unabhängig voneinander
gewählt werden können. Eine Verringerung der Anstiegszeit ist nur durch Vergrößerung

der Bandbreite erreichbar. Umgekehrt führt eine Verringerung der Bandbreite B zu einer längeren Zeitdauer bzw. Anstiegszeit T. Dieser Zusammenhang ist bereits aus dem Ähnlichkeitssatz der Fouriertransformation (vgl. Gl. (3.55)) bekannt.

Zusammenfassend gilt für eine verzerrungsfreie Übertragung eines Eingangssignals: Der Betrag der Kanalübertragungsfunktion und die Gruppenlaufzeit müssen im Frequenzbereich des Eingangssignals konstant sein. Ist dies nicht der Fall, so treten im Ausgangssignal lineare Verzerrungen auf.

3.6.2 Systeme mit nichtlinearer Phase

Bei Abweichungen des Phasenverlaufs vom linearen Idealverlauf sind im allgemeinen keine direkten Aussagen über den Kurvenverlauf des Ausgangssignals mehr möglich. Einige Bemerkungen sollen jedoch hier als qualitative Beschreibung zum Aussehen der Impulsantwort gemacht werden. Ausgangspunkt der Betrachtung ist der ideale Tiefpaß nach Abb. 3.7. Abweichungen von dessen Betrags- und Phasenverlauf führen zu charakteristischen Änderungen der Kurvenform des Ausgangssignals. Einige davon mit ihren Auswirkungen sind im folgenden aufgezählt:

1. Eine scharfe Bandbegrenzung bei $\omega = \omega_g$ führt zu Überschwingern in der Impulsantwort. Beim idealen Tiefpaß beträgt die Amplitude des ersten Nebenmaximums 22% des Hauptmaximums.

2. Eine um $\omega = \omega_g$ sanft abfallende Betragsfunktion reduziert die Überschwinger, eine Verstärkung im Bereich $\omega = \omega_g$ vergrößert sie.

3. Eine zur Grenzfrequenz hin ansteigende Gruppenlaufzeit verzögert in der Impulsantwort die Signalanteile mit höheren Frequenzen, die zur Bildung des Ausgangssignals beitragen. Umgekehrt beschleunigt eine zur Grenzfrequenz hin abfallende Gruppenlaufzeit diese Anteile.

Für eine Abschätzung, welche Auswirkungen kleine Abweichungen vom linearen Phasenverlauf verursachen, spaltet man die Phase des Übertragungssystems in einen linearen Anteil und einen Störterm auf. Somit geht man von folgender Übertragungsfunktion aus:

$$H(\omega) = \begin{cases} |H(\omega)|\mathrm{e}^{-j(\omega t_0 + \Delta b(\omega))} & |\omega| < \omega_g \\ 0 & \text{sonst .} \end{cases} \tag{3.96}$$

Es ergibt sich im Frequenzbereich $|\omega| < \omega_g$ die Darstellung

$$H(\omega) = |H(\omega)|\mathrm{e}^{-j\omega t_0} \cdot \mathrm{e}^{-j\Delta b(\omega)} \quad . \tag{3.97}$$

Entwickelt man den Ausdruck $\mathrm{e}^{-j\Delta b(\omega)}$ in eine Potenzreihe, die nach dem linearen Glied abgebrochen wird, so erhält man

$$H(\omega) \approx |H(\omega)|\mathrm{e}^{-j\omega t_0}(1 - j\Delta b(\omega)) \quad . \tag{3.98}$$

Außerhalb des Frequenzbereiches $|\omega| < \omega_g$ läßt sich nun die Störfunktion $\Delta b(\omega)$ periodisch fortsetzen. Dies besitzt keinen Einfluß mehr auf $H(\omega)$, da die Übertragungsfunktion identisch Null ist in diesem Bereich, erlaubt aber die Entwicklung von $\Delta b(\omega)$ im Bereich $|\omega| < \omega_g$ in eine Fourierreihe mit dem Ansatz

$$\Delta b(\omega) = \sum_{n=-\infty}^{\infty} \underline{A}_n \mathrm{e}^{jn\pi\frac{\omega}{\omega_g}} \quad , \tag{3.99}$$

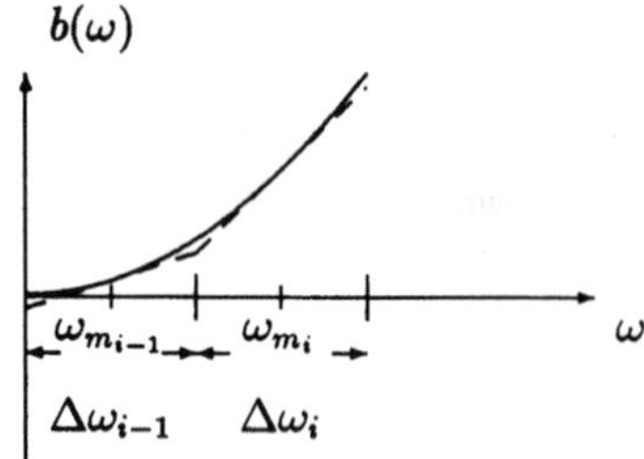

Abb. 3.9: Approximation eines nichtlinearen Phasenverlaufs

was zur Darstellung

$$H(\omega) \approx |H(\omega)| e^{-j\omega t_0} \Big(1 - j \sum_{n=-\infty}^{\infty} \underline{A}_n e^{jn\pi \frac{\omega}{\omega_g}} \Big) \tag{3.100}$$

führt. Nach Gl. (3.59) hat dies ein Ausgangssignal zur Folge, das durch die Überlagerung von Impulsantworten, die einen zeitlichen Abstand von $\frac{1}{2f_g}$ zueinander haben, gebildet wird.

Eine etwas anschaulichere Darstellung ergibt sich, wenn man berücksichtigt, daß für ein reelles Ausgangssignal der Störterm $\Delta b(\omega)$ eine ungerade Funktion der Frequenz sein muß. Demzufolge sind die Fourierkoeffizienten $\underline{A}_n$ rein imaginär, konjugiert komplex zueinander und der Term $\underline{A}_0$ verschwindet. Als Impulsantwort erhält man nach Anwendung der Fourierrücktransformation auf Gl. (3.100)

$$h(t-t_0) = h_{id}(t-t_0) - \sum_{n=1}^{\infty} |\underline{A}_n| h_{id}(t-t_0+\frac{n}{2f_g}) + \sum_{n=1}^{\infty} |\underline{A}_n| h_{id}(t-t_0-\frac{n}{2f_g}) \quad , \tag{3.101}$$

wobei die Korrespondenz

$$|H(\omega)| e^{-j\omega t_0} \circ\!\!-\!\!\!-\!\!\bullet h_{id}(t-t_0)$$

benutzt wurde. Die Impulsantwort setzt sich aus der eines verzerrungsfreien Systems zusammen, von der Vorechos subtrahiert und zu der Nachechos addiert werden.

Eine andere Vorgehensweise zur näherungsweisen Bestimmung der Impulsantwort eines Kanals mit nichtlinearer Phase läßt sich durchführen, wenn der Betrag der Übertragungsfunktion konstant ist, aber die Phase einen nichtlinearen Verlauf aufweist. Man teilt dazu die Frequenzachse der Übertragungsfunktion in nichtüberlappende Intervalle der Bandbreite $\Delta\omega_i$ ein und setzt somit die Übertragungsfunktion aus Bandpässen zusammen, deren Phasenverlauf allerdings nocht nichtlinear ist. Diese Vorgehensweise ist in Abb. 3.9 skizziert. Jeder Bandpaß wird dabei durch seine Bandbreite $\Delta\omega_i$ und seine Mittenfrequenz ω_{m_i} charakterisiert. Nun entwickelt man die Phase in jedem Intervall um die Mittenfrequenz in eine Taylorreihe, die nach dem linearen Glied abgebrochen wird. Somit gilt für das i-te Intervall:

$$\begin{aligned} b_i(\omega) &\approx b(\omega_{m_i}) + \frac{db}{d\omega}\Big|_{\omega_{m_i}} \cdot (\omega - \omega_{m_i}) \\ &\approx b(\omega_{m_i}) + t_g(\omega_{m_i}) \cdot (\omega - \omega_{m_i}) \quad . \end{aligned} \tag{3.102}$$

Die Impulsantwort der Gesamtübertragungsfunktion ergibt sich dann durch die Superposition aller Teilintervallimpulsantworten. Hierzu muß zunächst die Impulsantwort eines Bandpasses der Bandbreite $\Delta\omega$ und der Mittenfrequenz ω_m bestimmt werden. Diese ergibt sich aus der Impulsantwort des idealen Tiefpasses, dessen Betragsfunktion um die Mittenfrequenz ω_m sowohl in positiver als auch in negativer Richtung auf der Frequenzachse verschoben wurde zu

$$h_{BP}(t) = \frac{\Delta\omega}{\pi}\text{si}\left(\frac{\Delta\omega}{2}(t - t_0)\right) \cdot \cos\left(\omega_m(t - t_0)\right) \quad . \tag{3.103}$$

Hierbei wurde die häufig benutzte Abkürzung

$$\text{si}\,x = \frac{\sin x}{x} \tag{3.104}$$

eingesetzt, die als si-Funktion bezeichnet wird. Aus der Darstellung nach Gl. (3.103) erhält man dann für die Impulsantwort des i-ten Frequenzintervalls bei linearisierter Phase

$$h_{BP_i}(t) = \frac{\Delta\omega_i}{\pi}\text{si}\left(\frac{\Delta\omega_i}{2}(t - t_g(\omega_{m_i}))\right) \cdot \cos\left(\omega_{m_i}t - b(\omega_{m_i})\right) \quad . \tag{3.105}$$

3.6.3 Systeme mit Dämpfungsverzerrung

Nachdem zuvor Methoden besprochen wurden, mit denen die Impulsantwort eines Übertragungssystems angenähert beschrieben werden kann bei einem nichtlinearen Phasenverhalten, soll zum Abschluß dieses Kapitels noch eine Methode zur Bestimmung der Impulsantwort eines Systems mit linearer Phase angegeben werden, wenn Dämpfungsverzerrungen - z. B. durch ungenaue Realisierung - zu einer Abweichung vom gewünschten Betragsverlauf $|H_{id}(\omega)|$ innerhalb des Frequenzbereiches $|\omega| < \omega_g$ führen. Die Vorgehensweise ist ähnlich der, die oben benutzt wurde, um die Auswirkung einer Phasenabweichung vom idealen Phasenverlauf auf die resultierende Impulsantwort abzuschätzen.

Die Übertragungsfunktion sei gegeben durch

$$H(\omega) = \begin{cases} \left(H_{id}(\omega) \cdot (1 + \Delta H(\omega))\right)\mathrm{e}^{-j\omega t_0} & |\omega| < \omega_g \\ 0 & \text{sonst} \, . \end{cases} \tag{3.106}$$

Der Störterm $\Delta H(\omega)$ läßt sich aufgrund der vorgegebenen Übertragungsfunktion aus Gl. (3.106) periodisch fortsetzen. Dies erlaubt wiederum, ihn im Frequenzbereich $-\omega_g \ldots \omega_g$ in eine Fourierreihe zu entwickeln. Da der Betrag der Gesamtübertragungsfunktion eine gerade Funktion der Frequenz sein muß, muß auch der Störterm $\Delta H(\omega)$ eine gerade Funktion sein. Damit ist folgender Ansatz zur Fourierreihendarstellung sinnvoll:

$$\Delta H(\omega) = \sum_{n=1}^{\infty} B_n \cos\left(\frac{n\pi\omega}{\omega_g}\right) = \sum_{n=1}^{\infty} \frac{B_n}{2} \cdot \left(\mathrm{e}^{j\frac{n\pi\omega}{\omega_g}} + \mathrm{e}^{-j\frac{n\pi\omega}{\omega_g}}\right) \quad . \tag{3.107}$$

Ein eventuell vorhandener Gleichanteil wird nach dieser Darstellung nicht im Störterm, sondern in der Übertragungsfunktion $H_{id}(\omega)$ berücksichtigt. Mit der aus dem Zeitverschiebungssatz Gl. (3.59) resultierenden Fourierkorrespondenz

$$H_{id}(\omega)e^{-j\omega t_0} \circ\!\!-\!\!-\!\!\bullet\, h_{id}(t - t_0) \tag{3.108}$$

ergibt sich eine zu dem Frequenzgang nach Gl. (3.106) gehörende Impulsantwort von

$$h(t - t_0) = h_{id}(t - t_0) + \sum_{n=1}^{\infty} \frac{B_n}{2} \cdot h_{id}(t - t_0 + \frac{n}{2f_g}) + \sum_{n=1}^{\infty} \frac{B_n}{2} \cdot h_{id}(t - t_0 - \frac{n}{2f_g}) \quad . \tag{3.109}$$

Die Gesamtimpulsantwort besteht aus der Impulsantwort des unverzerrten Übertragungssystems, zu der sich Vorechos und Nachechos addieren.   Die Echosignale besitzen, abgesehen von der Gewichtung mit den Fourierkoeffizienten, die gleiche Kurvenform wie die Impulsantwort des unverzerrten Systems.   Je höher die Frequenz der Dämpfungsschwankungen ist, desto weiter sind die Echos vom Hauptsignal entfernt.

Hiermit sollen die Beispiele zur näherungsweisen Berechnung von Impulsantworten bei verzerrten Übertragungssystemen abgeschlossen werden.   Mit Hilfe verschiedener Approximationsverfahren lassen sich auch Impulsantworten bei kombinierter Phasen- und Dämpfungsverzerrung angeben.   Die hierbei entstehenden mathematischen Ausdrücke sind jedoch recht umfangreich und erlauben keine übersichtliche Aussage mehr über die Kurvenform der Impulsantwort $h(t)$ als Funktion einer idealen, vorgegebenen Impulsantwort $h_{id}(t)$.   Durch den Einsatz von Digitalrechnern ist es jedoch einfacher, durch Anwendung der diskreten Fouriertransformation [9, 11, 10] die Impulsantwort eines verzerrten Übertragungssystems zu bestimmen.

In Bezug auf Modulationsverfahren ist anzumerken, daß diese nur durch nichtlineare Baugruppen beschrieben werden können, da das modulierte Signal Frequenzanteile enthält, die im Modulationssignal nicht enthalten sind.

4 Das Zufallssignal

In den vorangegangenen Kapiteln wurden Signale dargestellt, die eine definierte Kurvenform besitzen, so daß es immer möglich ist, den Funktionswert des Signals zu einem beliebigen Zeitpunkt ohne Unsicherheit angeben zu können. Solche Signale werden als deterministisch bezeichnet. Im Gegensatz dazu spricht man von einem Zufallssignal, wenn dessen Signalwert nicht für jeden beliebigen Zeitpunkt spezifizierbar ist. Damit ist es auch unmöglich, den zukünftigen Kurvenverlauf mit Sicherheit aus den Funktionswerten der Vergangenheit vorherzusagen.

Zunächst könnte man annehmen, daß eine solche Klasse von Signalen für die Nachrichtenübertragung kaum eine Rolle spielt; aber das Gegenteil ist der Fall. Das in Abb. 2.1 dargestellte Nutzsignal muß, zumindest teilweise, ein Zufallssignal sein, wenn es eine Nachricht transportieren soll. Wäre dies nicht der Fall, so wäre die Übertragung nicht nötig, da der Empfänger dann keine neue, ihm unbekannte Information aus dem Signal ableiten könnte. Genau dies muß aber nach Kapitel 1 erfüllt sein, wenn das Signal zum Nachrichtentransport eingesetzt wird. In diesem Fall ist also das Zufallssignal ein Nutzsignal. Weiterhin kann der Empfang von Nachrichten nach Abb. 2.1 durch Störsignale erschwert werden. Eine häufig auftretende Störquelle ist das thermische Rauschen, dessen Ursache in der zufälligen Bewegung von Ladungsträgern in leitenden Materialien liegt. Es entsteht hierdurch ein Rauschsignal, dessen Kurvenform nicht determiniert ist.

Ein Zufallssignal ist zwar nicht exakt vorhersagbar, seine Eigenschaften können jedoch durch bestimmte Erwartungswerte beschrieben werden, so daß es dadurch möglich ist, das künftige Verhalten mit einer gewissen Wahrscheinlichkeit vorherzusagen. Im folgenden soll eine kurze Einführung in die Methoden der Wahrscheinlichkeitstheorie gegeben werden, mit deren Hilfe die Eigenschaften von Zufallssignalen, die auch als stochastische Signale bezeichnet werden, mathematisch beschrieben werden. Ausführliche Einleitungen, die auch unterschiedliche mathematische Darstellungen behandeln, findet man in [12, 13, 14, 15].

4.1 Wahrscheinlichkeit

Der Begriff der Wahrscheinlichkeit, wie er hier eingeführt werden soll, geht von folgender Betrachtung aus: Vorgegeben ist eine Menge von unbeschränkt wiederholbaren Expe-

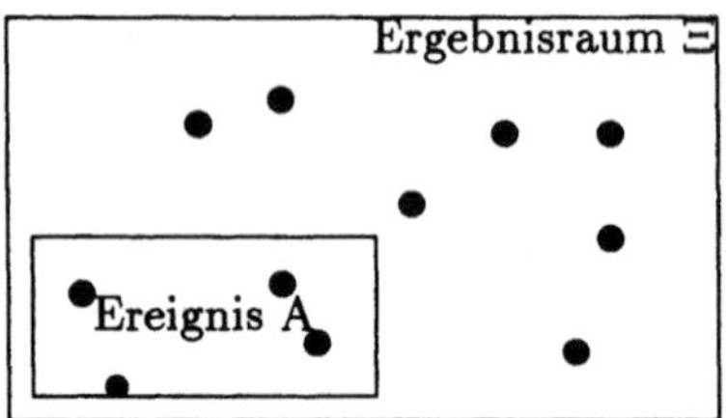

Abb. 4.1: Definition des Wahrscheinlichkeitsbegriffs mit Hilfe des Ergebnisraums Ξ

rimenten, die alle unter gleichen physikalischen Bedingungen ablaufen. Die möglichen Ergebnisse dieser Experimente nennt man Elementarereignisse. Gewisse Mengen von Elementarereignissen werden, in Abhängigkeit von der Fragestellung des Experimentators an das Experiment, als Ereignis A bezeichnet, über dessen Auftretenswahrscheinlichkeit eine Aussage getroffen werden soll. Bei der Durchführung von M Experimenten tritt das Ereignis A M_A mal auf. Man bildet als mathematisches Maß nun das Verhältnis M_A/M, das die relative Häufigkeit des Ereignisses A wiedergibt. Bei genügend großem M weicht dieser Quotient nur unwesentlich von einer Konstanten ab, durch die dem Ereignis A eine statistische Wahrscheinlichkeit $P(A)$ zugeordnet wird. Für $M \rightarrow \infty$ läuft der Quotient M_A/M gegen den Wert $P(A)$. Somit gilt folgende Grenzwertbetrachtung:

$$P(A) = \lim_{M \to \infty} \frac{M_A}{M} \quad . \tag{4.1}$$

Diese Definition der Wahrscheinlichkeit ist mathematisch korrekt, liefert in der Praxis aber nur eine Abschätzung für $P(A)$, weil keine unendliche Anzahl von Experimenten ausgeführt werden kann. Deswegen führen die Mathematiker die Wahrscheinlichkeit auf axiomatischer Basis ein. Danach bilden alle möglichen Ereignisse eines Wahrscheinlichkeitsexperimentes den Ergebnisraum Ξ, so wie in Abb. 4.1 angedeutet. Die Punkte repräsentieren die möglichen Ergebnisse; ein Teil davon wird durch das Rechteck zum Ereignis A zusammengefaßt. Man führt nun ein Maß ein, das Wahrscheinlichkeit genannt wird und den Ereignissen im Ergebnisraum Ξ zugeordnet werden kann. Die Eigenschaften dieses Wahrscheinlichkeitsmaßes müssen dabei so gestaltet sein, daß die Ergebnisse, die durch Anwendung der Axiome entstehen, mit denen aufgrund eines Experimentes beobachtbaren Ergebnissen in Einklang zu bringen sind. Folgende Axiome genügen dieser Forderung:

1. $P(A) \geq 0$ für ein Ereignis A im Ergebnisraum.

2. Die Wahrscheinlichkeit über alle möglichen Ereignisse ist 1.

$$P(\Xi) = 1$$

3. Schliessen sich zwei Ereignisse A und B gegenseitig aus, so ist die Wahrscheinlichkeit, daß A oder B auftritt

$$P(A \, \text{oder} \, B) = P(A) + P(B) \quad .$$

4. Die Wahrscheinlichkeit, daß zwei Ereignisse A und B gleichzeitig auftreten, ist

$$P(A \, \text{und} \, B) = P(A|B) \cdot P(B) \quad ,$$

Ereignis ξ_i	Zufallsvariable $X(\xi_i)$	Zufallsvariable $Y(\xi_i)$
ξ_1 = Zahl	$X(\xi_1) = 1$	$Y(\xi_1) = \sqrt{3}$
ξ_2 = Wappen	$X(\xi_2) = -1$	$Y(\xi_2) = \pi$

Tabelle 4.1: Zuordnung von Zufallsvariablen in einem Zufallsexperiment

wobei $P(A|B)$ die bedingte Wahrscheinlichkeit ausdrückt, daß das Ereignis A auftritt unter der Voraussetzung des Auftretens von Ereignis B.

5. Die Wahrscheinlichkeit, daß zwei gegenseitig unabhängige Ereignisse gleichzeitig auftreten, ist

$$P(A \,\text{und}\, B) = P(A) \cdot P(B) \quad .$$

Dies folgt direkt aus Axiom 4, da durch die gegenseitige Unabhängigkeit die bedingte Wahrscheinlichkeit $P(A|B)$ nicht mehr von B abhängt, so daß der Zusammenhang $P(A|B) = P(A)$ gilt.

Mit dieser mathematischen Definition der Wahrscheinlichkeit ist jedoch keine Vorschrift verbunden, auf welche Art der numerische Wert von $P(A)$ zu bestimmen ist. Hierzu kann Gl. (4.1) angewendet werden.

4.1.1 Die Zufallsvariable

Für die mathematische Behandlung von Zufallsexperimenten wird der Begriff der Zufallsvariablen eingeführt. Hierbei wird jedem möglichen Ereignis eines Zufallsexperimentes ξ_i ein numerischer Wert $X(\xi_i)$ zugeordnet. Diese Zuordnung, die durch das Symbol X repräsentiert wird, bezeichnet man als Zufallsvariable, wobei dieser Ausdruck unglücklich gewählt ist, da die Zufallsvariable weder zufällig noch variabel ist; sie stellt vielmehr eine vollständig definierte Funktion dar.

Im folgenden werden die Zufallsvariablen durch große Buchstaben gekennzeichnet, die Werte, die sie annehmen können, durch die korrespondierenden kleinen Buchstaben.

Als Beispiel sei hier das Werfen einer Münze aufgeführt. Die beiden möglichen Ereignisse, die betrachtet werden sollen, geben an, ob auf der nach oben liegenden Seite der Münze Wappen oder Zahl zu liegen kommt. Mögliche Zuordnungen von Zufallsvariablen zu diesem Experiment sind in Tabelle 4.1 angegeben. Sie sind Beispiele für diskrete Zufallsvariablen. Eine kontinuierliche Zufallsvariable wird man dagegen bei folgendem Zufallsexperiment benutzen: Ein drehbar gelagerter Zeiger wird auf einer Scheibe mit einer Gradeinteilung von $0° - 360°$ in Rotation versetzt. Das Ergebnis dieses Experimentes ist der Winkel, den der Zeiger mit der $0°$-Markierung einschließt, nachdem er zum Stillstand gekommen ist. Der Einfachheit halber wird man hier eine Zufallsvariable definieren, die Werte im Bereich $[0, 360)$ annehmen kann in Abhängigkeit vom Ausgang des Experimentes.

4.1.2 Die Wahrscheinlichkeitsverteilungsfunktion

Um die Zufallsvariablen mathematisch handhaben zu können, führt man eine Wahrscheinlichkeitsverteilungsfunktion (auch Verteilungsfunktion genannt) ein. Ausgangspunkt hierzu ist wiederum ein Zufallsexperiment, dessen Ereignissen die Zufallsvariable

X zugeordnet ist. Die Verteilungsfunktion gibt dann die Wahrscheinlichkeit dafür an, daß das Ergebnis des Zufallssexperimentes eines der Ereignisse ist, für die $X(\xi) \leq x$ gilt, wobei x eine vorgegebene Schranke ist. Die Verteilungsfunktion ist eine Funktion von x, das Ergebnis hängt aber auch von der gewählten Zuordnung durch die Zufallsvariable X ab. Infolgedessen definiert man

$$F_X(x) \stackrel{\text{def}}{=} P\big[X(\xi) < x\big] \quad . \tag{4.2}$$

Für eine andere Zufallsvariable Y würde sich für dieselbe numerische Schranke x $F_X(x)$ von $F_Y(x)$ unterscheiden. Interessiert man sich nur für die Wahrscheinlichkeitsverteilungsfunktion in Abhängigkeit von einer Zufallsvariablen, so wird häufig der Index X weggelassen und man benutzt das Symbol $F(x)$. Die Verteilungsfunktion besitzt folgende Eigenschaften:

$$0 \leq F(x) \leq 1 \quad , \tag{4.3}$$

$$F(-\infty) = 0 \qquad F(\infty) = 1 \quad \text{und} \tag{4.4}$$

$$F(x_1) \leq F(x_2) \quad \text{für } x_1 \leq x_2 \quad . \tag{4.5}$$

Gleichung (4.3) ist direkt ersichtlich, da $F(x)$ die Eigenschaften einer Wahrscheinlichkeit besitzen muß. Die Gleichung ergibt sich aus den Axiomen 1 und 2 in Kapitel 4.1. Die Eigenschaft in Gl. (4.4) folgt aus der Tatsache, daß $F(-\infty)$ kein mögliches Ereignis beinhaltet, während $F(\infty)$ alle möglichen Ereignisse berücksichtigt. Gl. (4.5) ergibt sich aus der Überlegung, daß sich für $x_1 \leq x_2$ die Ereignisse $X \leq x_1$ und $x_1 < X \leq x_2$ gegenseitig ausschliessen. Weiterhin muß für $X \leq x_2$ gelten: $X \leq x_1$ oder $x_1 < X \leq x_2$. Demzufolge gilt nach Axiom 3:

$$\begin{aligned} P(X \leq x_2) &= P(X \leq x_1) + P(x_1 < X \leq x_2) \quad \text{oder} \\ P(x_1 < X \leq x_2) &= F(x_2) - F(x_1) \quad . \end{aligned} \tag{4.6}$$

Da Wahrscheinlichkeiten immer nichtnegativ sind, ergibt sich daraus Gl. (4.5).

Für die Verteilungsfunktion diskreter Zufallsvariablen sei noch erwähnt, daß $F(x)$ einen rechtsseitigen kontinuierlichen Grenzübergang besitzt, so daß

$$\lim_{x \to x_0^+} F(x) = F(x_0) \tag{4.7}$$

gilt. Diese Eigenschaft rührt daher, daß ein Ereignis $X = x_0$ für $x < x_0$ nicht berücksichtigt wird. Erst bei $x = x_0$ wird das Ereignis, das mit einer gewissen Wahrscheinlichkeit P_0 auftritt, in der Rechnung berücksichtigt. Die Verteilungsfunktion $F(X \leq x_0)$ führt an der Stelle $x = x_0$ einen Sprung der Größe P_0 aus.

4.1.3 Die Wahrscheinlichkeitsverteilungsdichtefunktion

Die in Kapitel 4.1.2 eingeführte Wahrscheinlichkeitsverteilungsfunktion beschreibt vollständig die Wahrscheinlichkeit eines Zufallsexperimentes. Für die Berechnung von

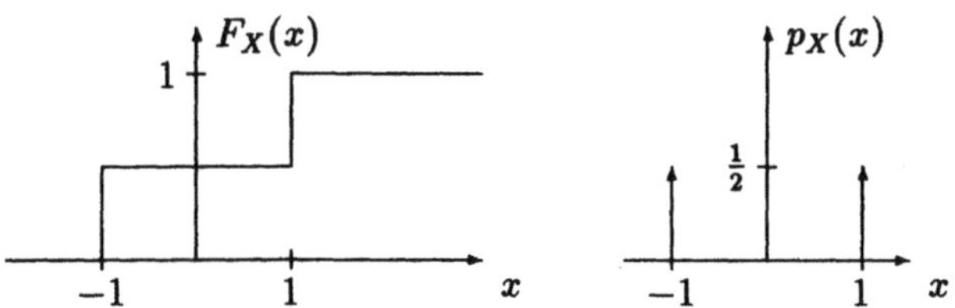

Abb. 4.2: Verteilungsfunktion und Verteilungsdichtefunktion für die Zufallsvariable X aus Tabelle 4.1

Erwartungswerten, wie sie zur Charakterisierung solcher Experimente eingesetzt werden, ist es jedoch einfacher, mit der Wahrscheinlichkeitsverteilungsdichtefunktion (auch Verteilungsdichtefunktion genannt) zu arbeiten. Sie ist definiert als

$$p(x) = \frac{\mathrm{d}F(x)}{\mathrm{d}x} \tag{4.8}$$

und ist somit die Ableitung der Verteilungsfunktion $F(x)$. Sie besitzt folgende Eigenschaften:

$$p(x) \geq 0 \quad \forall\, x \quad \text{und} \tag{4.9}$$

$$\int\limits_{-\infty}^{\infty} p(x)\,\mathrm{d}x = F(\infty) - F(-\infty) = 1 - 0 = 1 \quad , \tag{4.10}$$

woraus sich als Verallgemeinerung

$$\int\limits_{x_1}^{x_2} p(x)\,\mathrm{d}x = F(x_2) - F(x_1) \tag{4.11}$$

ergibt. Diese Eigenschaften lassen sich direkt aus jenen der Verteilungsfunktion herleiten. Die Ableitung eines Sprunges der Größe P_0 in der Wahrscheinlichkeitsverteilungsfunktion einer diskreten Zufallsvariablen wird durch die Diracsche Impulsfunktion dargestellt, deren Vorfaktor die Größe P_0 besitzt.

Für das in Kapitel 4.1 erwähnte Zufallsexperiment, bei dem eine Münze geworfen wird, erhält man bei gleichwahrscheinlichem Auftreten von Zahl oder Wappen bei Wahl der Zufallsvariablen X die in Abb. 4.2 gezeigte Verteilungsfunktion, zu der die rechts im Bild skizzierte Verteilungsdichtefunktion gehört.

Sollte es sich als notwendig erweisen, ein Zufallsexperiment durch mehr als eine Zufallsvariable beschreiben zu müssen, so kann das Konzept der Verteilungsfunktion und ihrer Ableitung auf Verbundwahrscheinlichkeiten erweitert werden. Eine ausführliche Anleitung dazu findet man in [12]. Ein Ergebnis für zwei statistisch unabhängige Zufallsvariable X und Y soll hier jedoch angegeben werden, da die Berechnung der Verbundwahrscheinlichkeit in diesem Fall besonders einfach ist. Die beiden Zufallsvariablen beeinflussen sich in diesem Fall nicht gegenseitig. Deswegen gilt

$$P(X \leq x \;\text{und}\; Y \leq y) = P(X \leq x) \cdot P(Y \leq y) \tag{4.12}$$

und somit für die Verteilungsfunktion

$$F_{XY}(x,y) = F_X(x) \cdot F_Y(y) \quad . \tag{4.13}$$

Die Verbundwahrscheinlichkeit bzw. die Verteilungsfunktion ergibt sich in diesem Spezialfall durch die Multiplikation der Einzelwahrscheinlichkeiten bzw. der einzelnen Verteilungsfunktionen.

4.1.4 Erwartungswerte einer Zufallsvariablen

Durch die Verteilungsfunktion und die Verteilungsdichtefunktion ist zwar die maximal mögliche Information über eine Zufallsvariable gegeben, oft jedoch benötigt man keine derart komplette Beschreibung eines Zufallsexperimentes. In diesem Fall begnügt man sich mit der teilweisen Beschreibung der Zufallsvariablen durch die Angabe von Erwartungswerten. Bei jeder Erwartungswertbildung wird eine Integration über eine entsprechend gewichtete Verteilungsdichtefunktion ausgeführt. Der lineare Erwartungswert oder Mittelwert der Zufallsvariablen X ergibt sich durch

$$E\{X\} = \int\limits_{-\infty}^{\infty} x p(x) \, dx \quad . \tag{4.14}$$

Der Mittelwert ist ein Maß für den Schwerpunkt der Verteilungsdichtefunktion. Durch den Ausdruck $E\{\ \}$ wird die Erwartungswertbildung symbolisiert.

Der quadratische Erwartungwert ist definiert als

$$E\{X^2\} = \int\limits_{-\infty}^{\infty} x^2 p(x) \, dx \quad . \tag{4.15}$$

Allgemein gilt für den Erwartungswert über eine Funktion $g(X)$:

$$E\{g(X)\} = \int\limits_{-\infty}^{\infty} g(x) p(x) \, dx \quad . \tag{4.16}$$

Für den Sonderfall $g(X) = X^n$ bezeichnet man den Erwartungswert $E\{X^n\}$ als n-tes Moment der Zufallsvariablen X oder als Erwartungswert n-ter Ordnung.

Den statistischen Erwartungswert

$$\sigma^2 = E\{[X - E\{X\}]^2\} \tag{4.17}$$

nennt man die Varianz der Zufallsvariablen X, σ die Standardabweichung. Diese ist ein Maß für die Konzentration der Verteilungsdichtefunktion um den Mittelwert $E\{X\}$. Die Varianz ist demzufolge das zweite Moment des Erwartungswertes $E\{X - E\{X\}\}$. Der lineare Erwartungswert kann hierzu nicht benutzt werden, da er immer identisch gleich Null ist, was sich aus

$$\begin{aligned}
E\{X - E\{X\}\} &= E\{X\} - E\{E\{X\}\} \\
&= E\{X\} - E\{X\} \\
&= 0
\end{aligned} \tag{4.18}$$

ergibt. Hierbei wurde von der Tatsache Gebrauch gemacht, daß der Erwartungswert eine Konstante ist. Bildet man den Erwartungswert über diese Konstante, so erhält man als Ergebnis wiederum diese Konstante.

Die Varianz läßt sich berechnen durch

$$
\begin{aligned}
\sigma^2 &= \int\limits_{-\infty}^{\infty} \left(x - \mathrm{E}\{X\}\right)^2 \cdot p(x)\,\mathrm{d}x \\
&= \int\limits_{-\infty}^{\infty} \left(x^2 + (\mathrm{E}\{X\})^2 - 2x\mathrm{E}\{X\}\right) \cdot p(x)\,\mathrm{d}x \\
&= \mathrm{E}\{X^2\} + (\mathrm{E}\{X\})^2 - 2(\mathrm{E}\{X\})^2 = \mathrm{E}\{X^2\} - (\mathrm{E}\{X\})^2 \quad .
\end{aligned}
\tag{4.19}
$$

Sie ergibt sich demzufolge, indem vom quadratischen Erwartungswert der quadrierte Mittelwert abgezogen wird. Für eine mittelwertfreie Zufallsvariable stimmt die Varianz mit dem quadratischen Erwartungswert überein:

$$
\sigma^2 = \mathrm{E}\{X^2\} \quad \text{für}\ \mathrm{E}\{X\} = 0 \quad .
\tag{4.20}
$$

Je geringer die Varianz ist, desto enger werden sich bei mehrmaligem Ausführen eines Zufallsexperimentes die Ergebnisse um den Mittelwert scharen.

4.2 Der Zufallsprozeß

Um die bei Zufallsexperimenten gewünschte Aussage über die Wahrscheinlichkeit verschiedener Ereignisse treffen zu können, muß das Zufallsexperiment mehrmals wiederholt werden. Bei Zufallssignalen, die eine Funktion der Zeit darstellen, hat man die Möglichkeit, durch mehrmalige Messungen am Zufallssignal statistische Eigenschaften zu ermitteln. Eine zweite Möglichkeit, um zu statistischen Aussagen zu gelangen, besteht darin, simultan Messungen an mehreren identischen Zufallssignalgeneratoren durchzuführen, deren unterschiedliche Zufallssignale als Beispiel in Abb. 4.3 skizziert sind. Es lassen sich nun Aussagen machen über die Schar von Zufallssignalen oder auch über den zeitlichen Verlauf eines Zufallssignals. Das den Messungen zugrundeliegende Zufallsexperiment bezeichnet man als Zufallsprozeß. Bei Benutzung einer Zufallsvariablen entscheidet der Ausgang des Zufallsexperimentes darüber, welchen Wert x die Zufallsvariable X annimmt. Setzt man einen Zufallsprozeß zur Charakterisierung eines Zufallsexperimentes ein, so entscheidet dessen Ausgang darüber, welche Zeitfunktion (Musterfunktion) $X(k,t)$ der Zufallsprozeß $X(t)$ annimmt.

Für einen festen Zeitpunkt $t = t_0$ wird der Zufallsprozeß $X(t)$ zu einer Zufallsvariablen X. Für eine bestimmte Realisierung k des Zufallsprozesses erhält man eine determinierte Zeitfunktion $X(k,t)$, das Zufallssignal. Die Zufälligkeit des Zufallssignals liegt demzufolge nicht in seiner Kurvenform, sondern in der zufälligen Auswahl unter allen möglichen Realisierungen des Zufallsprozesses. Da für einen festen Zeitpunkt $t = t_0$

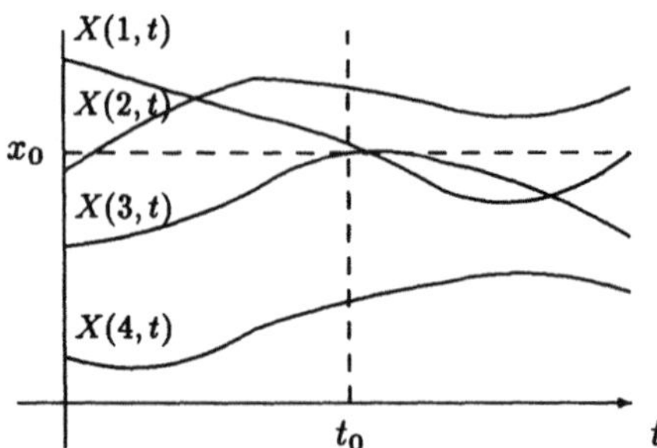

Abb. 4.3: Ausgangssignale mehrerer, statistisch identischer Zufallssignalgeneratoren

der Zufallsprozeß durch eine Zufallsvariable beschrieben werden kann, kann dieser Zufallsvariablen auch eine Wahrscheinlichkeitsverteilungsfunktion zugeordnet werden, die mit Hilfe von Gl. (4.1) berechnet werden kann. Man betrachtet dazu M Realisierungen des Zufallsprozesses. Eine gewisse Anzahl M_0 dieser Realisierungen besitzt zum Zeitpunkt $t = t_0$ einen Wert, der kleiner oder gleich der Schranke x_0 ist. Läuft M gegen Unendlich, so ist der Quotient M_0/M die Wahrscheinlichkeit dafür, daß zum Zeitpunkt $t = t_0$ der Wert $X(t)$ kleiner oder gleich der Schranke x_0 ist. Die Wahrscheinlichkeit $P(X(t_0) \leq x_0)$ hängt vom Zeitpunkt t_0 ab, weswegen man die Wahrscheinlichkeitsverteilungsfunktion in folgender Form schreibt:

$$F(x_0, t_0) = P(X(t_0) \leq x_0) \quad . \tag{4.21}$$

Die Beschreibung des Zufallsprozesses wird umso genauer sein, je größer die Anzahl der Zeitpunkte ist, für die eine Verteilungsfunktion bestimmt wird. Somit erhält man eine Verteilungsfunktion N-ter Ordnung zu

$$F(x_0, \ldots, x_{N-1}, t_0, \ldots, t_{N-1}) = P(X(t_0) \leq x_0, \ldots, X(t_{N-1}) \leq x_{N-1}) \quad . \tag{4.22}$$

Hierdurch wird die Wahrscheinlichkeit angegeben, mit der der Zufallsprozeß zu den Zeitpunkten t_i einen Wert kleiner oder gleich x_i annimmt mit $i = 0, \ldots, N - 1$. Eine Anmerkung zur Schreibweise der Zufallsvariablen soll hier noch angebracht werden. Wie bereits erwähnt, kann der Zufallsprozeß zu festen Zeitpunkten t_i durch Zufallsvariable beschrieben werden. Diese Zufallsvariablen sind im allgemeinen verschieden voneinander, so daß die Bezeichnung $X_i(t_i)$ eine korrekte Schreibweise ist für die Bezeichnung einer Zufallsvariablen zum Zeitpunkt $t = t_i$. Da der Index des Zeitpunktes jedoch mit dem Index der Variablen übereinstimmt, wird der Index der Zufallsvariablen auch künftig der einfacheren Schreibweise wegen weggelassen.

Die Wahrscheinlichkeitsverteilungsdichtefunktion N-ter Ordnung ergibt sich aus Gl. (4.22) zu

$$p(x_0, \ldots, x_{N-1}, t_0, \ldots, t_{N-1}) = \frac{\partial^N F(x_0, \ldots, x_{N-1}, t_0, \ldots, t_{N-1})}{\partial x_0 \ldots \partial x_{N-1}} \quad . \tag{4.23}$$

4.2.1 Scharmittelwerte und Zeitmittelwerte von Zufallsprozessen

Bei der Benutzung eines Zufallsprozesses ist es nicht immer notwendig, eine komplette Beschreibung des Zufallsexperimentes mit Hilfe der Wahrscheinlichkeitsverteilungsfunktion N-ter Ordnung durchzuführen. Man begnügt sich in solch einem Fall mit der Angabe von Scharmittelwerten oder Zeitmittelwerten.

Bei der Scharmittelwertbildung wird über Realisierungen des Zufallsprozesses zu willkürlich gewählten Zeitpunkten $t_0, \ldots, t_{N-1}$ der Erwartungswert gebildet. Man erkennt, daß mit der Anzahl der Zeitpunkte die Anzahl der möglichen Erwartungswertbildungen ansteigt. Diese Werte sind weiterhin abhängig von den gewählten Zeitpunkten. Die wichtigsten Scharmittelwerte werden im folgenden angegeben.

Der lineare Erwartungswert ist definiert als

$$E\{X(t_0)\} = \int\limits_{-\infty}^{\infty} x p(x, t_0) \, dx \quad . \tag{4.24}$$

Der quadratische Erwartungswert ist gegeben durch

$$E\{X^2(t_0)\} = \int\limits_{-\infty}^{\infty} x^2 p(x, t_0) \, dx \quad , \tag{4.25}$$

und für die Varianz gilt

$$\begin{aligned} \sigma^2(t_0) &= E\{[X(t_0) - E\{X(t_0)\}]^2\} \\ &= E\{X(t_0)^2\} - E^2\{X(t_0)\} \quad . \end{aligned} \tag{4.26}$$

Ein wichtiges Maß für die Ähnlichkeit zweier Zufallsvariablen zu den Zeitpunkten t_0 und t_1 ist die Autokorrelationsfunktion

$$R_{XX}(t_0, t_1) = E\{X(t_0) \cdot X(t_1)\} = \int\limits_{-\infty}^{\infty} \int\limits_{-\infty}^{\infty} xy \, p(x, y, t_0, t_1) \, dx \, dy \quad , \tag{4.27}$$

wobei die Werte, die die beiden Zufallsvariablen annehmen können, im Integranden durch x und y gekennzeichnet wurden.

Für die zeitliche Erwartungswertbildung wählt man aus der Menge der Realisierungen eines Zufallsprozesses eine Zeitfunktion $X(k, t)$ aus und bildet die zeitlichen Erwartungswerte über diese determinierte Funktion. Im folgenden werden die zeitlichen Erwartungswerte durch einen Überstrich über der Zeitfunktion gekennzeichnet. Da die Erwartungswertbildung durch eine Integration über die Zeit erfolgt, spricht man auch von einer Mittelwertbildung. Der lineare Zeitmittelwert berechnet sich zu

$$\overline{X(k, t)} = \lim_{T \to \infty} \frac{1}{T} \int\limits_{-\frac{T}{2}}^{\frac{T}{2}} X(k, t) \, dt \tag{4.28}$$

und stellt den Gleichanteil des Signals dar. Für den quadratischen Zeitmittelwert gilt

$$\overline{X^2(k,t)} = \lim_{T \to \infty} \frac{1}{T} \int\limits_{-\frac{T}{2}}^{\frac{T}{2}} X^2(k,t)\, \mathrm{d}t \quad . \tag{4.29}$$

Er entspricht der Gesamtleistung des Signals (vgl. Gl. (3.31)). Die zeitliche Autokorrelationsfunktion ist definiert als

$$R(\tau) = \overline{X(k,t) \cdot X(k,t+\tau)} = \lim_{T \to \infty} \frac{1}{T} \int\limits_{-\frac{T}{2}}^{\frac{T}{2}} X(k,t) \cdot X(k,t+\tau)\, \mathrm{d}t \quad . \tag{4.30}$$

Durch die Substitution $t + \tau = \acute{t}$ entsteht aus dieser Gleichung

$$\overline{X(k,\acute{t}-\tau) \cdot X(k,\acute{t})} = \lim_{T \to \infty} \frac{1}{T} \int\limits_{-\frac{T}{2}+\tau}^{\frac{T}{2}+\tau} X(k,\acute{t}-\tau) \cdot X(k,\acute{t})\, \mathrm{d}\acute{t} \quad . \tag{4.31}$$

Durch einen Vergleich mit Gl. (4.30) erkennt man, daß die Autokorrelationsfunktion eine gerade Funktion der Zeit ist:

$$R(\tau) = R(-\tau) \quad . \tag{4.32}$$

4.2.2 Stationarität und Ergodizität eines Zufallsprozesses

Im allgemeinen hängen die zur Beschreibung eines Zufallsprozesses benötigten Verteilungsdichtefunktionen von den Zeitpunkten ab, die zu ihrer Bestimmung herangezogen werden. Es kann jedoch der Fall auftreten, daß die Verteilungsdichtefunktionen invariant gegenüber einer zeitlichen Verschiebung Δt sind:

$$p(x_0, \ldots, x_{N-1}, t_0, \ldots, t_{N-1}) = p(x_0, \ldots, x_{N-1}, t_0 + \Delta t, \ldots, t_{N-1} + \Delta t) \quad . \tag{4.33}$$

Dann hängen die Verteilungsdichtefunktionen nur von den zeitlichen Differenzen $t_1 - t_0, \ldots, t_{N-1} - t_0$ ab. Dies bedeutet, daß die Wahl des Zeitursprungs für den Zufallsprozeß ohne Bedeutung ist. Somit sind die Erwartungswerte des Zufallsprozesses nur von der zeitlichen Differenz abhängig und es gilt:

$$p(x_0, \ldots, x_{N-1}, t_0, \ldots, t_{N-1}) = p(x_0, \ldots, x_{N-1}, 0, t_1 - t_0, \ldots, t_{N-1} - t_0) \quad . \tag{4.34}$$

Solche Zufallsprozesse bezeichnet man als stationär. Anhand von Gl. (4.34) läßt sich die Auswirkung dieses Verhaltens auf die Berechnung der Scharmittelwerte angeben:
- Erwartungswerte, die aus der Verteilungsfunktion 1. Ordnung entstehen, wie linearer Erwartungswert oder Varianz, sind zeitunabhängig und liefern einen konstanten Wert.
- Erwartungswerte, die aus der Verteilungsfunktion 2. Ordnung entstehen, wie die Autokorrelationsfunktion nach Gl. (4.27), sind nur von der Zeitdifferenz abhängig:

$$R_{XX}(t_0, t_1) = R_{XX}(t_1 - t_0) \quad .$$

Von einer Stationarität im weiteren Sinne spricht man, wenn nur einige der Scharmittelwerte durch die zeitliche Verschiebung um Δt nicht beeinflußt werden; gilt dies für alle Erwartungswerte, so spricht man von einer Stationarität im engeren Sinne.

Bei einem stationären Zufallsprozeß hat man den Vorteil, daß die zur Scharmittelwertbildung notwendigen Messungen nicht alle zum gleichen Zeitpunkt t_i vorgenommen werden müssen, sondern nacheinander an den verschiedenen Musterfunktionen durchgeführt werden können, was die experimentelle Bestimmung eines Erwartungswertes wesentlich erleichtert.

Interessant ist nun der Zusammenhang zwischen den Scharmittelwerten des Prozesses und den Zeitmittelwerten, die aus einer Musterfunktion des Zufallsprozesses ermittelt werden. Stimmen die Scharmittelwerte mit den Zeitmittelwerten überein, so wird der Zufallsprozeß ergodisch genannt. Ein ergodischer Zufallsprozeß ist immer auch stationär. Wenn man annehmen kann, daß die Zufallssignale eines Prozesses alle durch eine gleichartige Ursache erzeugt werden, so kann man eine mathematische Beschreibung durch einen ergodischen Zufallsprozeß vornehmen. Zur Charakterisierung dieses Prozesses müssen lediglich Zeitmittelwerte aus einer Musterfunktion bestimmt werden. Diese Werte stimmen bei einem ergodischen Prozeß mit einer Wahrscheinlichkeit von Eins mit den Scharmittelwerten überein. Somit erhalten die Scharmittelwerte eines ergodischen Prozesses folgende physikalische Bedeutung:

1. $E\{X\}$ gibt den Gleichanteil des Prozesses an.
2. $E^2\{X\}$ gibt die Gleichleistung des Prozesses an.
3. $E\{X^2\}$ gibt die Gesamtleistung des Prozesses an.
4. σ^2 gibt die Wechselleistung des Prozesses an.
5. Die Gesamtleistung ergibt sich als Summe von Gleich- und Wechselleistung.

4.2.3 Eigenschaften der Autokorrelationsfunktion

Für einen ergodischen Zufallsprozeß ist die Autokorrelationsfunktion definiert durch

$$R(\tau) = \lim_{T \to \infty} \frac{1}{T} \int\limits_{-\frac{T}{2}}^{\frac{T}{2}} X(k,t)X(k,t+\tau)\,\mathrm{d}t \quad . \tag{4.35}$$

Die Autokorrelierte ist eine determinierte Funktion, ähnlich zu Gl. (3.31), von der aus das Leistungsdichtespektrum einer periodischen Zeitfunktion durch Anwendung der Fourierreihendarstellung bestimmt wurde. Eine ähnliche Vorgehensweise ist auch bei Gl. (4.35) möglich, wodurch gezeigt werden kann, daß die spektrale Leistungsdichte $S(\omega)$ eines ergodischen Zufallsprozesses die Fouriertransformierte seiner Autokorrelationsfunktion ist:

$$S(\omega) = \int\limits_{-\infty}^{\infty} R(\tau)\mathrm{e}^{-j\omega\tau}\,\mathrm{d}\tau \quad \text{und} \tag{4.36}$$

$$R(\tau) = \frac{1}{2\pi} \int\limits_{-\infty}^{\infty} S(\omega)\mathrm{e}^{j\omega\tau}\,\mathrm{d}\omega \quad . \tag{4.37}$$

Eine ausführliche Herleitung dieses Zusammenhangs findet man in [13]. Er ist als Theorem von Wiener[1] und Khintchine[2] bekannt.

Einige Eigenschaften der Autokorrelationsfunktion sollen hier aufgezählt werden:

1. Da die Autokorrelationsfunktion eine gerade Funktion der Zeit ist, ist das Leistungsdichtespektrum eine gerade Funktion der Frequenz.

2. Den Maximalwert nimmt $R(\tau)$ für $\tau = 0$ an. Dies ergibt sich aus Gl. (4.37), die umgeschrieben wird zu

$$R(\tau) = \frac{1}{\pi} \int\limits_0^\infty S(\omega) \cos \omega\tau \, \mathrm{d}\omega \leq \frac{1}{\pi} \int\limits_0^\infty S(\omega) \, \mathrm{d}\omega = R(0) \quad .$$

3. Da Gl. (4.35) und Gl. (4.27) gleichberechtigt die Autokorrelierte eines ergodischen Prozesses beschreiben, gilt:

$$R(0) = \mathrm{E}\{X^2(t)\} \quad \text{und}$$

$$\begin{aligned}
\lim_{\tau\to\infty} R(\tau) &= \lim_{\tau\to\infty} \mathrm{E}\{X(t) \cdot X(t+\tau)\} \\
&= \mathrm{E}\{X(t)\} \cdot \mathrm{E}\{X(t+\tau)\} \\
&= \mathrm{E}^2\{X(t)\}
\end{aligned}$$

Die zweite Zeile der letzten Gleichung ergibt sich aus der Überlegung, daß die zwei Zufallsvariablen für $\tau \to \infty$ keine Abhängigkeit mehr voneinander besitzen, solange keine periodische Komponente in der Autokorrelationsfunktion existiert. Die dritte Zeile ist eine direkte Folge der Stationarität des Prozesses.

4. Ist $X(k,t)$ periodisch, so ist auch $R(\tau)$ periodisch. Es exisitieren in diesem Fall diskrete Anteile im Leistungsdichtespektrum, die durch die Diracsche Impulsfunktion dargestellt werden.

4.2.4   Das Leistungsdichtespektrum von Zufallssignalen

Wie bereits in Kapitel 4 erwähnt, gehören die zur Nachrichtenübertragung eingesetzten Signale zur Klasse der Zufallssignale. Zur Beurteilung dieser Signale wird häufig das Leistungsdichtespektrum eingesetzt, da es Aussagen ermöglicht über die zur Verfügung zu stellende Kanalbandbreite. Weiterhin können damit unter der Annahme eines ergodischen Prozesses nach der Fourierrücktransformation des Spektrums die unterschiedlichen Leistungsanteile des Signals bestimmt werden. (vgl. Kapitel 4.2.2) Die folgende Herleitung des Leistungsdichtespektrums folgt den Berechnungen in [16]. Ausgangspunkt der Betrachtungen ist eine Folge von nichtüberlappenden Zufallsimpulsen, wie in Abb. 4.4 skizziert. Sie besitzen einen mittleren zeitlichen Abstand $\overline{T}$ und bilden eine Musterfunktion eines ergodischen Prozesses. Existiert die Fouriertransformierte eines

---

[1]N. Wiener, amerik. Mathematiker (1894–1964)
[2]A. Khintchine, russ. Mathematiker (1894–1959)

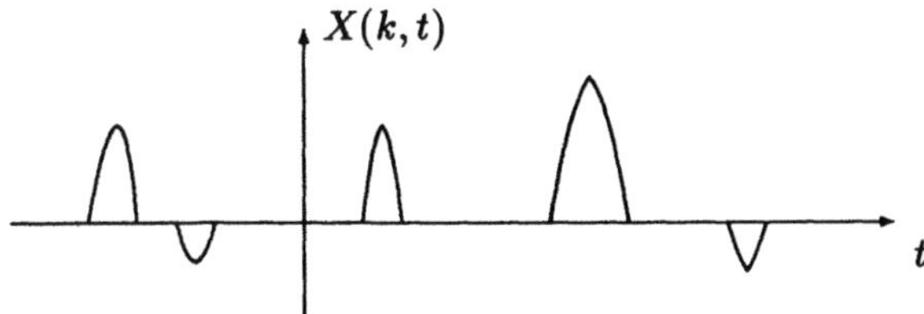

Abb. 4.4: Eine Folge nichtüberlappender Zufallsimpulse

einzelnen Impulses $p_1(t)$, so besitzt dieser Impuls nach Parsevals Theorem aus Gl. (3.51) die Energie

$$E = \frac{1}{2\pi} \int\limits_{-\infty}^{\infty} |P_1(\omega)|^2 \, d\omega \quad , \tag{4.38}$$

und die Energie um die Kreisfrequenz ω in einer Bandbreite $d\omega$ ist

$$dE_1 = \frac{1}{2\pi} |P_1(\omega)|^2 \, d\omega \quad . \tag{4.39}$$

Für n aufeinanderfolgende Impulse ergibt sich die Gesamtenergie um die Frequenz ω in einer Bandbreite $d\omega$, da sich die Impulse nicht überlappen, zu

$$dE = dE_1 + \cdots + dE_n = \frac{1}{2\pi} \left(|P_1(\omega)|^2 + \cdots + |P_n(\omega)|^2 \right) \cdot d\omega \quad . \tag{4.40}$$

Definiert man die mittlere Energiedichte der n aufeinanderfolgenden Impulse durch

$$\overline{|P(\omega)|^2} = \frac{1}{2\pi n} \cdot \left(|P_1(\omega)|^2 + \cdots + |P_n(\omega)|^2 \right) \quad , \tag{4.41}$$

so läßt sich Gl. (4.40) schreiben als

$$dE = n \cdot \overline{|P(\omega)|^2} \, d\omega \quad . \tag{4.42}$$

Da der mittlere zeitliche Abstand zwischen den Impulsen $\overline{T}$ beträgt, werden n Impulse innerhalb der Zeitdauer $n\overline{T}$ auftreten. Die Leistung aufgrund der Teilenergie innerhalb der Bandbreite $d\omega$ über den Zeitraum $n\overline{T}$ ist

$$\frac{dE}{n\overline{T}} = \frac{n\overline{|P(\omega)^2|}}{n\overline{T}} \, d\omega = \frac{\overline{|P(\omega)|^2} \, d\omega}{\overline{T}} \quad , \tag{4.43}$$

woraus sich die spektrale Leistungsdichte ergibt zu

$$S(\omega) = \frac{\overline{|P(\omega)|^2}}{\overline{T}} \quad . \tag{4.44}$$

Man muß demzufolge die mittlere Energiedichte der aufeinanderfolgenden Impulse berechnen und diesen Wert durch den mittleren zeitlichen Abstand $\overline{T}$ dividieren, um das Leistungsdichtespektrum einer pulsförmigen Zufallsfolge zu bestimmen, die über den

Zeitraum $n\overline{T}$ betrachtet wurde. Hieraus folgt zugleich, daß man für eine beliebige Zufallsfolge eine Abschätzung ihres Leistungsdichtespektrums durchführen kann, indem man die Musterfunktion über einen Zeitraum T betrachtet, der lange genug ist, damit die aus dem beobachteten Signal bestimmten statistischen Eigenschaften repräsentativ für die gesamte Musterfunktion sind. Berechnet man aus diesem Abschnitt der Musterfunktion $|P(\omega)|^2$, so erhält man als Abschätzung $\tilde{S}(\omega)$ für das Leistungsdichtespektrum $S(\omega)$

$$S(\omega) \approx \frac{|P(\omega)|^2}{T} = \tilde{S}(\omega) \quad . \tag{4.45}$$

Die Differenz zwischen $S(\omega)$ und $\tilde{S}(\omega)$ läßt sich wiederum abschätzen. Aussagen darüber findet man in [13, 12].

Bei der Übertragung von Digitalsignalen ist es fast ausschließlich der Fall, daß die Nachrichtenquelle ihre Zeichen synchron zu einem vorgegebenen Systemtakt abgibt, der eine periodische Kurvenform besitzt und dessen Periodendauer hier mit T_S bezeichnet werde. Das kontinuierliche, zufällige Sendesignal läßt sich dann wiederum als Musterfunktion eines ergodischen Prozesses auffassen, das für eine größere Klasse von Digitalsignalen beschrieben werden kann durch

$$s(l,t) = \sum_{n=-\infty}^{\infty} a(l,n)g(t - nT_S) \quad . \tag{4.46}$$

Hierbei gibt $a(l,n)$ den Amplitudenfaktor an, den die Zufallsvariable A in der l-ten Realisierung des Zufallsprozesses im n-ten Zeitintervall T_S annimmt. Da das Signal als ergodisch angenommen wird, ist der Erwartungswert über A zeitunabhängig, und die Autokorrelationsfunktion hängt nur von der zeitlichen Differenz zwischen den Beobachtungszeitpunkten ab. Diese Differenz wählt man hier zu einem ganzzahligen Vielfachen der Periodendauer T_S, da sich jede Musterfunktion frühestens nach Ablauf der Periodendauer ändern kann. Aus diesem Grund wird die Autokorrelationsfunktion in den folgenden Gleichungen abgekürzt geschrieben als

$$R_A(k) = \mathrm{E}\{A(nT_S) \cdot A((n+k)T_S)\} \quad . \tag{4.47}$$

$g(t)$ ist eine determinierte Funktion, die den zeitlichen Verlauf des Impulses der Dauer T_S angibt. Sie ist nur innerhalb von T_S definiert, so daß gilt:

$$g(t) = 0 \quad \text{für } t < 0 \text{ und } t > T_S. \tag{4.48}$$

Zur Funktion $g(t)$ existiere die Fouriertransformierte $G(\omega)$.

Für ein Signal, das sich durch Gl. (4.46) beschreiben läßt, kann eine Rechnung durchgeführt werden, die als Ergebnis Gleichungen für den kontinuierlichen und den diskreten Anteil des Leistungsdichtespektrums liefert. Die Vorgehensweise zur Bestimmung dieser Gleichungen kann in [17] nachgelesen werden.

Das diskrete Leistungsdichtespektrum läßt sich mit Hilfe der Diracschen Impulsfunktion darstellen und lautet:

$$S_{dis}(\omega) = \left(\frac{\mathrm{E}\{A\}}{T_S}\right)^2 \cdot \sum_{m=-\infty}^{\infty} |G(\omega)|^2 \cdot \delta(\omega - \frac{2\pi m}{T_S}) \quad . \tag{4.49}$$

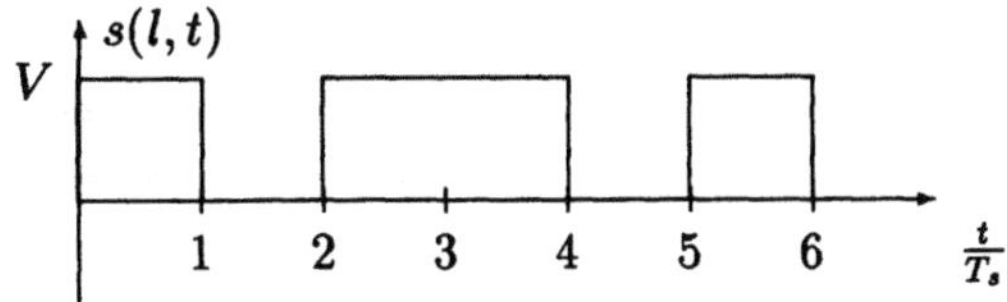

Abb. 4.5: NRZ-Signal mit Periodendauer T_s

Es exisitiert kein diskreter Anteil des Leistungsdichtespektrums, wenn $E\{A\} = 0$ ist. Weiterhin treten die diskreten Spektrallinien nur bei den harmonischen Frequenzen $\omega_m = 2\pi m/T_S$ auf, vorausgesetzt, daß $|G(\omega)|^2$ an diesen Stellen von Null verschieden ist.

Der kontinuierliche Anteil des Leistungsdichtespektrums läßt sich aus der Gleichung

$$S_{kon}(\omega) = \frac{|G(\omega)|^2}{T_S} \cdot \left[R_A(0) - E^2\{A\} + 2\sum_{k=1}^{\infty} \left(R_A(k) - E^2\{A\} \right) \cdot \cos(k\omega T_S) \right] \quad (4.50)$$

berechnen. Sind die Amplitudenfaktoren statistisch unabhängig voneinander, dann gilt für $k \neq 0$:

$$\begin{aligned} R_A(k) &= E\{A(nT_S) \cdot A((n+k)T_S)\} = E\{A(nT_S)\} \cdot E\{A((n+k)T_S)\} \\ &= E^2\{A\} \quad, \end{aligned} \qquad (4.51)$$

woraus man

$$R_A(k) - E^2\{A\} = 0 \qquad (4.52)$$

erhält. Ferner gilt nach Kapitel 4.2.3

$$R_A(0) - E^2\{A\} = E\{A^2\} - E^2\{A\} = \sigma_A^2 \quad, \qquad (4.53)$$

womit sich Gl. (4.50) vereinfacht zu

$$S_{kon}(\omega) = \frac{\sigma_A^2}{T_S} \cdot |G(\omega)|^2 \quad. \qquad (4.54)$$

Als Beispiel für die Anwendung der beiden Gleichungen zur Bestimmung des Leistungsdichtespektrums wird ein Signal betrachtet, dessen Verlauf in Abb. 4.5 angegeben ist. Eine solche Signalform wird als NRZ(Non-return-to-zero)-Signal bezeichnet. Es handelt sich hierbei um ein Digitalsignal, das während der Periodendauer T_S den Zustand V oder den Zustand 0 annehmen kann. Der Bezug zu Gl. (4.46) wird durch folgende Gleichungen hergestellt:

$$g(t) = \begin{cases} V & 0 < t < T_S \\ 0 & \text{sonst} \end{cases} \qquad \text{und} \qquad (4.55)$$

$$A \in \{0,1\} \quad. \qquad (4.56)$$

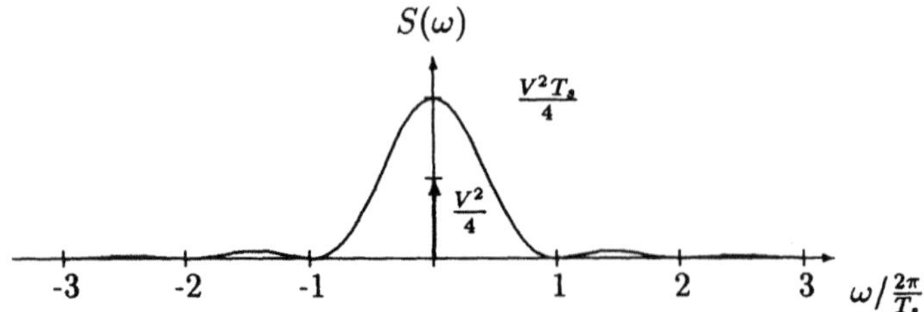

Abb. 4.6: Leistungsdichtespektrum eines NRZ-Signals

Die Elemente der Zufallsvariablen sollen dabei statistisch unabhängig voneinander sein
und gleichwahrscheinlich auftreten. Bildet man das Betragsquadrat von $G(\omega)$, so erhält
man

$$|G(\omega)|^2 = (VT_S)^2 \mathrm{si}^2\left(\frac{\omega T_S}{2}\right) \quad . \tag{4.57}$$

Mit $\mathrm{E}\{A\} = 1/2$ existiert ein diskretes Leistungsdichtespektrum. Da jedoch nur für $\omega =$
0 das Betragsquadrat $|G(\omega)|^2$ bei den harmonischen Frequenzen von Null verschieden
ist, ergibt sich

$$S_{dis}(0) = \frac{V^2}{4} \tag{4.58}$$

und mit $\sigma_A^2 = 1/4$

$$S_{kon}(\omega) = \frac{V^2 T_S}{4}\mathrm{si}^2\left(\frac{\omega T_S}{2}\right) \quad . \tag{4.59}$$

Das resultierende Leistungsdichtespektrum ist in Abb. 4.6 wiedergegeben. Die Ne-
benmaxima der si^2-Funktion werden mit wachsender Frequenz sehr schnell kleiner, so
daß circa 90% der Gesamtleistung des kontinuierlichen Spektrums sich im Frequenzbereich $-\frac{2\pi}{T_S} < \omega < \frac{2\pi}{T_S}$ befindet.

4.2.5 Zufallsprozesse und lineare Systeme

Liegt am Eingang eines linearen, zeitinvarianten Systems ein Zufallsprozeß an, so stellt
sich die Frage, ob der am Ausgang des Systems entstehende Zufallsprozeß mit Hilfe
der Übertragungsfunktion $H(\omega)$ bzw. der Impulsantwort $h(t)$ und der am Eingang
zur Verfügung stehenden statistischen Erwartungswerte beschrieben werden kann. Es
kann gezeigt werden, daß bei der Übertragung eines Zufallsprozesses über ein lineares,
zeitinvariantes Netzwerk ein stationärer Prozeß stationär und ein ergodischer Prozeß
ergodisch bleibt, wenn sich auch im allgemeinen die Wahrscheinlichkeitsverteilungsdichtefunktion dabei verändert. Dies gilt auch für die Verbundwahrscheinlichkeiten
zwischen Ein- und Ausgangsprozeß. Beweise hierzu findet man in [12].

Da die Musterfunktion $X(k,t)$ eines Zufallsprozesses eine determinierte Funktion
ist, gilt für sie bei der Bestimmung des Ausgangssignals der Zusammenhang

$$Y(k,t) = h(t) \star X(k,t) \quad . \tag{4.60}$$

Die Scharmittelwerte auf der Ausgangsseite des Systems zur Beschreibung des Ausgangsprozesses $Y(t)$ werden im Idealfall durch die Superposition der Ergebnisse unendlich vieler Eingangsmusterfunktionen bestimmt, weswegen sich der lineare Erwartungswert berechnet durch

$$E\{Y(t)\} = E\{\int_{-\infty}^{\infty} X(t) \cdot h(t-\tau)\,d\tau\} \quad . \tag{4.61}$$

Für die weitere Rechnung und auch bei der Herleitung weiterer Gleichungen wird davon Gebrauch gemacht, daß Erwartungswertbildung und Integration miteinander vertauscht werden dürfen, da auch die Erwartungswertbildung eine Integration über eine Variable darstellt. Somit erhält man aus Gl. (4.61)

$$E\{Y(t)\} = \int_{-\infty}^{\infty} E\{X(t)\} \cdot h(t-\tau)\,d\tau \quad . \tag{4.62}$$

Für einen stationären Zufallsprozeß ist $E\{X(t)\}$ zeitunabhängig und kann deswegen vor das Integral gezogen werden, so daß sich der lineare Erwartungswert des Ausgangsprozesses ergibt zu

$$E\{Y\} = E\{X\} \cdot \int_{-\infty}^{\infty} h(t-\tau)\,d\tau = E\{X\} \cdot H(0) \quad . \tag{4.63}$$

Der lineare Erwartungswert eines stationären Prozesses wird demzufolge wie der Gleichanteil eines determinierten Signals übertragen.

Bei einem stationären Prozeß ist die Kreuzkorrelationsfunktion zwischen Ein- und Ausgangsprozeß definiert als

$$R_{XY}(\tau) = E\{X(t)Y(t+\tau)\} \quad . \tag{4.64}$$

Sie kann bestimmt werden durch

$$\begin{aligned} R_{XY}(\tau) &= E\{X(t)\int_{-\infty}^{\infty} h(u) \cdot X(t+\tau-u)\}\,du \\ &= \int_{-\infty}^{\infty} h(u) \cdot E\{X(t) \cdot X(t+\tau-u)\}\,du \\ &= \int_{-\infty}^{\infty} h(u) \cdot R_{XX}(\tau-u)\,du \\ &= h(\tau) \star R_{XX}(\tau) \end{aligned} \tag{4.65}$$

und entspricht der Faltung der Autokorrelationsfunktion des Eingangsprozesses mit der Impulsantwort. Auf die gleiche Weise kann die Kreuzkorrelationsfunktion zwischen Ausgangs- und Eingangsprozeß berechnet werden. Sie lautet:

$$R_{YX}(\tau) = h(-\tau) \star R_{XX}(\tau) \quad . \tag{4.66}$$

Zu beiden Größen existieren die Fouriertransformierten, die die entsprechenden Kreuzleistungsdichtespektren bestimmen:

$$S_{XY}(\omega) = H(\omega) \cdot S_{XX}(\omega) \quad \text{und} \tag{4.67}$$

$$S_{YX}(\omega) = H^*(\omega) \cdot S_{XX}(\omega) \quad . \tag{4.68}$$

Die Autokorrelationsfunktion des Ausgangsprozesses als Funktion der Eingangskorrelationsfunktion läßt sich ähnlich bestimmen. Wiederum wird der durch die Faltung gegebene Zusammenhang zwischen Eingangs- und Ausgangssignal ausgenutzt, wobei die Integrationsvariablen u und v verwendet werden:

$$
\begin{aligned}
\mathrm{E}\{Y(t)Y(t+\tau)\} &= \int_{-\infty}^{\infty}\int_{-\infty}^{\infty} h(u)X(t-u)h(v)X(t+\tau-v)\,du\,dv \\
&= \int_{-\infty}^{\infty}\int_{-\infty}^{\infty} R_{XX}(\tau-v+u)h(u)h(v)\,du\,dv \quad .
\end{aligned}
\tag{4.69}
$$

Die neue Variable $\omega = v - u$ führt auf die Schreibweise

$$
\begin{aligned}
\mathrm{E}\{Y(t)Y(t+\tau)\} &= \int_{-\infty}^{\infty} R_{XX}(\tau-\omega)\int_{-\infty}^{\infty} h(u)\cdot h(\omega+u)\,du\,d\omega \\
&= \int_{-\infty}^{\infty} R_{XX}(\tau-\omega)\cdot\big(h(\omega)\star h(-\omega)\big)\,d\omega \\
&= R_{XX}(\tau)\star h(\tau)\star h(-\tau) \quad .
\end{aligned}
\tag{4.70}
$$

Einfach ist nun die Berechnung des Ausgangsleistungsdichtespektrums durch Fouriertransformation von Gl. (4.70):

$$S_{YY}(\omega) = |H(\omega)|^2 \cdot S_{XX}(\omega) \quad . \tag{4.71}$$

Es ergibt sich durch die Multiplikation des Eingangsleistungsdichtespektrums mit dem Betragsquadrat der Übertragungsfunktion. Während die Kreuzleistungsdichtespektren noch Informationen über die Phase der Übertragungsfunktion $H(\omega)$ enthalten, ist dies bei der Bestimmung des Ausgangsleistungsdichtespektrums nicht mehr der Fall. Die Leistung des stationären Zufallsprozesses am Ausgang des Netzwerks ist dann

$$P = \int_{-\infty}^{\infty} S_{YY}(\omega)\,d\omega = R_{YY}(0) \quad , \tag{4.72}$$

womit gleichzeitig der quadratische Erwartungswert $\mathrm{E}\{Y^2\}$ des Ausgangsprozesses gegeben ist. Weiterhin gelten bei einem ergodischen Prozeß für das Ausgangssignal die bereits in Kapitel 4.2 gemachten Aussagen über die physikalische Bedeutung der Scharmittelwerte, so daß durch Berechnung von linearem Erwartungswert und Leistungsdichtespektrum des Ausgangsprozesses Gleich- und Wechselanteil der Leistung des Ausgangsprozesses bestimmt werden können.

4.3 Die Gaußverteilung

In der Übertragungstechnik spielen Zufallsvariable, die einer Gaußverteilung[3] gehorchen, eine wichtige Rolle. Ausschlaggebend hierfür sind zwei Gründe: Der erste ist der, daß ein Phänomen, das man als zentralen Grenzwertsatz bezeichnet, es nahelegt, viele in der Natur auftretende Zufallserscheinungen durch gaußverteilte Zufallsvariable zu beschreiben. Der zweite Grund für das häufige Benutzen einer Gaußverteilung, die auch als Normalverteilung bezeichnet wird, liegt darin, daß Aussagen über das Verhalten von Zufallsvariablen in Übertragungssystemen nur nach umfangreichen mathematischen Berechnungen möglich sind, sobald es sich nicht um normalverteilte Zufallsvariablen handelt. Daher arbeitet man häufig mit einer Gauß-Statistik als Approximation für einen real vorliegenden Zufallsprozeß, um mit geringem mathematischen Aufwand eine Aussage über das Verhalten eines Systems bei Anregung durch einen Zufallsprozeß machen zu können. Das thermische Rauschen, das sich auf der Übertragungsstrecke dem Nutzsignal überlagert, läßt sich in guter Näherung als Gauß-Prozeß beschreiben.

Der bereits erwähnte zentrale Grenzwertsatz besitzt folgenden Bezug zur Gaußverteilung. Er besagt: Überlagern sich additiv statistisch unabhängige Zufallsvariable X_i, die durch ihren linearen Erwartungswert $E\{X_i\}$ und ihre Varianz σ_i^2 beschrieben werden, so nähert sich die Wahrscheinlichkeitsverteilungsdichtefunktion der Zufallsvariablen

$$Y = \sum_{i=1}^{N} X_i \tag{4.73}$$

mit wachsendem N einer Normalverteilung, unabhängig vom Aussehen der Verteilungsdichtefunktionen $p(x_i)$. Für die Zufallsvariable Y gilt dabei:

$$E\{Y\} = \sum_{i=1}^{N} E\{X_i\} \quad \text{und} \tag{4.74}$$

$$\sigma_Y^2 = \sum_{i=1}^{N} \sigma_i^2 \quad . \tag{4.75}$$

Da die Wahrscheinlichkeitsverteilungsdichtefunktion einer gaußverteilten Zufallsvariablen durch linearen Erwartungswert und Varianz vollständig beschrieben ist, läßt sich mit den Gleichungen (4.74) und (4.75) die Zufallsvariable Y hinreichend genau beschreiben. Sind die zu addierenden Zufallsvariablen bereits normalverteilt, so ist ihre Summe auch eine Gaußsche Zufallsvariable, deren Verteilungsdichtefunktion mit Hilfe der Erwartungswerte der Eingangsvariablen genau angegeben werden kann. Für die Verteilungsdichtefunktion einer normalverteilten Zufallsvariablen gilt dabei:

$$p(x) = \frac{1}{\sqrt{2\pi\sigma_x^2}} e^{-\frac{(x-E\{X\})^2}{2\sigma_x^2}} \quad . \tag{4.76}$$

Die Wahrscheinlichkeitsverteilungsdichtefunktion ist symmetrisch zu $E\{X\}$. Sie ist für $E\{X\} = 0$ und $\sigma_x^2 = 1$ in Abb. 4.7 gezeichnet. Die sich aus Gl. (4.76) ergebende

---

[3]K. F. Gauß, dt. Mathematiker und Physiker (1777–1855)

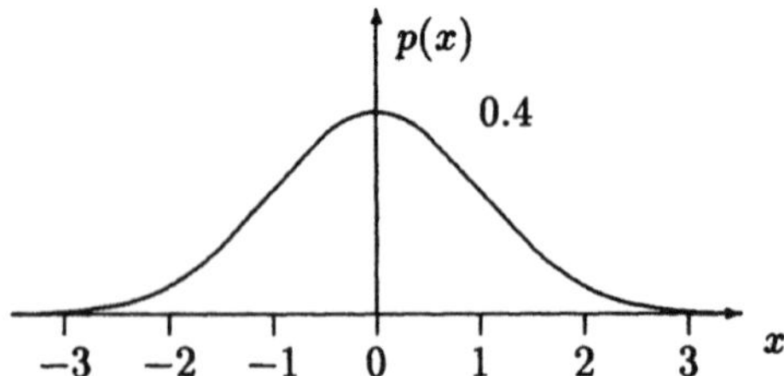

Abb. 4.7: Verteilungsdichtefunktion einer mittelwertfreien Gauß-Verteilung mit $\sigma_x^2 = 1$

Verteilungsfunktion

$$F(x) = \int\limits_{-\infty}^{x} p(u)\,\mathrm{d}u \tag{4.77}$$

läßt sich nicht geschlossen angeben, sie ist aber in mathematischen Nachschlagewerken tabelliert (siehe z. B. [18, 19]). In englischsprachigen Fachbüchern wird oft anstelle von $F(x)$ die „error function"

$$\mathrm{erf}(x) = \frac{2}{\sqrt{\pi}} \int\limits_{0}^{x} \mathrm{e}^{-u^2}\,\mathrm{d}u \tag{4.78}$$

benutzt. Der Zusammenhang zwischen $\mathrm{erf}(X)$ und $F(x)$ ist dann durch

$$F(x) = \frac{1}{2} \cdot \mathrm{erf}\Big(\frac{x - \mathrm{E}\{X\}}{\sqrt{2\sigma_x^2}}\Big) + \frac{1}{2} \tag{4.79}$$

gegeben, wie man durch Variablensubstitution im Exponenten von Gl. (4.76) nachrechnen kann.

Häufig benötigt man auch die Verbundwahrscheinlichkeitsverteilungsdichtefunktion zweier gaußverteilter Zufallsvariablen X und Y. Sie lautet:

$$p(x,y) = \frac{1}{2\pi\sigma_x\sigma_y\sqrt{1-\rho^2}} \cdot \mathrm{e}^{-\frac{\left[(\frac{x-m_x}{\sigma_x})^2 - 2\rho(\frac{x-m_x}{\sigma_x})(\frac{y-m_y}{\sigma_y}) + (\frac{y-m_y}{\sigma_y})^2\right]}{2(1-\rho^2)}} \quad, \tag{4.80}$$

wobei die folgenden Abkürzungen benutzt wurden:

$$
\begin{aligned}
m_x &= \mathrm{E}\{X\} \quad, \\
m_y &= \mathrm{E}\{Y\} \quad, \\
\sigma_x^2 &= \mathrm{E}\{(X - \mathrm{E}\{X\})^2\} \quad, \\
\sigma_y^2 &= \mathrm{E}\{(Y - \mathrm{E}\{Y\})^2\} \quad \text{und} \\
\rho &= \frac{\mathrm{E}\{(X - m_x)(Y - m_y)\}}{\sigma_x\sigma_y} \quad.
\end{aligned}
\tag{4.81}
$$

Für $\rho = 0$ sind X und Y unkorreliert, so daß im Exponenten von Gl. (4.80) der Term mit den gemischten Anteilen entfällt. Dann erhält man:

$$p(x,y) = \frac{1}{\sqrt{2\pi\sigma_x^2}}e^{-\frac{(x-m_x)^2}{2\sigma_x^2}} \cdot \frac{1}{\sqrt{2\pi\sigma_y^2}}e^{-\frac{(x-m_y)^2}{2\sigma_y^2}} = p(x) \cdot p(y) \quad . \tag{4.82}$$

Demzufolge ergibt sich die Verbunddichte durch Multiplikation der beiden Einzeldichten. Daraus folgert, daß unkorrelierte gaußverteilte Zufallsvariable auch statistisch unabhängig voneinander sind. Dies gilt nicht für alle Arten von Zufallsvariablen, wenn auch die umgekehrte Aussage immer richtig ist, daß statistisch voneinander unabhängige Zufallsvariable unkorreliert sind. Die Verbundwahrscheinlichkeitsverteilungsdichtefunktion von N gaußverteilten Zufallsvariablen berechnet sich als Erweiterung von Gl. (4.80) zu [12]:

$$p(x_1,\ldots,x_N) = \frac{1}{(2\pi)^{\frac{N}{2}}\sqrt{|\det A|}}e^{\left(-\frac{1}{2}(\vec{x}-\vec{m})^t \cdot C^{-1}(\vec{x}-\vec{m})\right)} \quad . \tag{4.83}$$

Hierbei sind $\vec{x}$ und $\vec{m}$ die Spaltenvektoren

$$\vec{x} = \begin{pmatrix} x_1 \\ x_2 \\ \vdots \\ x_N \end{pmatrix} \quad \text{und} \quad \vec{m} = \begin{pmatrix} m_1 \\ m_2 \\ \vdots \\ m_N \end{pmatrix} \quad , \tag{4.84}$$

und C ist die positiv definite $N \times N$-Matrix der Kovarianzen, deren Elemente bestimmt sind durch:

$$c_{ij} = \frac{\mathrm{E}\{(X_i - m_i)(Y_j - m_j)\}}{\sigma_{x_i}\sigma_{x_j}} \quad . \tag{4.85}$$

Es wurde bereits angesprochen, daß die Summe über mehrere normalverteilte Zufallsvariable wiederum eine Zufallsvariable ergibt, die normalverteilt ist. Der Grund hierfür liegt darin, daß sich die Verteilungsdichtefunktion einer Summe durch Faltung der einzelnen Verteilungsdichtefunktionen ergibt, die zur Summenbildung beitragen. Da eine gaußförmige Funktion durch Faltung mit einer weiteren gaußförmigen Funktion wiederum eine gaußförmige Funktion ergibt, ist die zur Summe gehörende Wahrscheinlichkeitsverteilungsdichtefunktion auch normalverteilt. Sind die Zufallsvariablen unabhängig voneinander, so bestimmen Gl. (4.74) und Gl. (4.75) den linearen Erwartungswert und die Varianz der resultierenden Zufallsvariablen, wodurch deren Verteilungsdichtefunktion vollständig beschrieben ist.

In Kapitel 4.2.5 wurde erwähnt, daß bei der Übertragung eines Zufallsprozesses über ein lineares, zeitinvariantes Netzwerk sich im allgemeinen die Verteilungsdichtefunktion des Ausgangsprozesses von der des Eingangsprozesses unterscheidet. Die Frage, wie sich die Verteilungsdichtefunktion dabei ändert, kann jedoch allgemeingültig nicht mehr beantwortet werden. Eine exakte Aussage ist jedoch als Folge des zentralen Grenzwertsatzes möglich, wenn eine Gaußverteilung vorliegt [13]: Ist der Eingangsprozeß eines linearen, zeitinvarianten Netzwerks gaußverteilt, so ist es auch der Ausgangsprozeß. Diese Aussage läßt sich anhand des folgenden Beispiels verständlich machen, wenn es sich hierbei auch nicht um einen mathematischen Beweis handelt. Beschreibt $X(t)$ einen

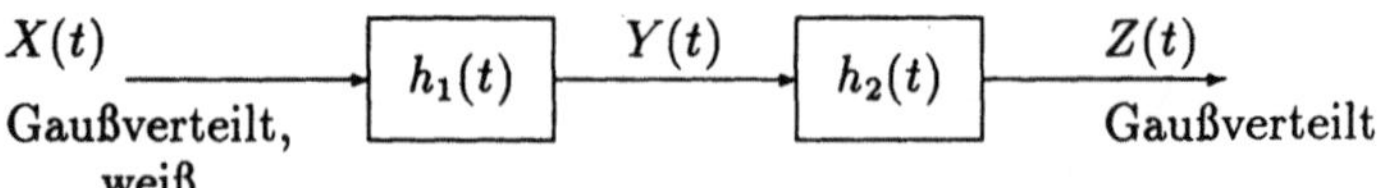

Abb. 4.8: Lineare Filterung eines Gaußsignals

gaußverteilten Zufallsprozeß, so ergibt sich mit der Impulsantwort $h(t)$ der Zufallsprozeß am Ausgang des Netzwerks zu

$$Y(t) = \int_{-\infty}^{\infty} X(\tau)h(t-\tau)\,d\tau$$

$$= \lim_{\Delta\tau\to 0} \sum_{n=-\infty}^{\infty} X(n\Delta\tau)h(t-n\Delta\tau)\,d\tau \quad . \tag{4.86}$$

Sind die Zufallsvariablen $X(n\Delta\tau)$ statistisch unabhängig voneinander, so muß $Y(t)$ nach Aussage des zentralen Grenzwertsatzes einer Gaußverteilung gehorchen, da sich der Ausgangsprozeß des Netzwerks zu jedem Zeitpunkt t aus einer linearen Superposition gewichteter, gaußverteilter Zufallsvariabler ergibt. Läßt sich ein Zufallsprozeß durch voneinander unabhängige Zufallsvariable beschreiben, so spricht man auch von einem weißen Zufallsprozeß, da sein Leistungsdichtespektrum sich mit konstanter Leistung über alle Frequenzen erstreckt. Der Eingangsprozeß $X(t)$ ist demzufolge weiß, während dies für $Y(t)$ normalerweise nicht der Fall ist.

Ist der Eingangsprozeß eines Netzwerks nicht weiß, so läßt sich der Effekt der Filterung anhand von Abb. 4.8 aufzeigen. Ist in diesem Bild $X(t)$ gaußverteilt und weiß, so muß am Ausgang des zweiten Filters der Zufallsprozeß $Z(t)$ wiederum gaußverteilt sein, da die Filterung des Eingangsprozesses wegen der Hintereinanderschaltung der beiden Filter mit der resultierenden Impulsantwort $h_3(t) = h_1(t) \star h_2(t)$ erfolgt und damit die im letzten Absatz gezeigte Vorgehensweise möglich ist. Weiterhin ist auch bekannt, daß der Zufallsprozeß $Y(t)$ gaußverteilt sein muß, da er aus der Filterung von $X(t)$ hervorgeht. Da der Ausgangsprozeß $Z(t)$ gaußverteilt ist, bedeutet dies, daß das Filter mit der Impulsantwort $h_2(t)$ einen Gaußprozeß an seinem Eingang in einen Gaußprozeß an seinem Ausgang umsetzt. Demzufolge ist der Ausgangsprozeß eines linearen, zeitinvarianten Filters gaußverteilt, wenn der Eingangsprozeß auch gaußverteilt ist.

4.3.1 Schmalbandrauschen

Filtert man einen durch thermisches Rauschen erzeugten Zufallsprozeß mit Hilfe eines schmalbandigen Bandpasses, so kann man am Oszilloskop typischerweise eine Kurvenform entsprechend Abb. 4.9 beobachten. Da die meisten Übertragungssysteme mit einer Trägerfrequenz ω_c arbeiten, die weitaus größer ist als die Bandbreite B des Übertragungskanals, bezeichnet man diesen Zufallsprozeß als Schmalbandrauschen und beschreibt ihn durch

$$n(t) = r(t) \cdot \cos(\omega_c t + \Phi(t)) \quad , \tag{4.87}$$

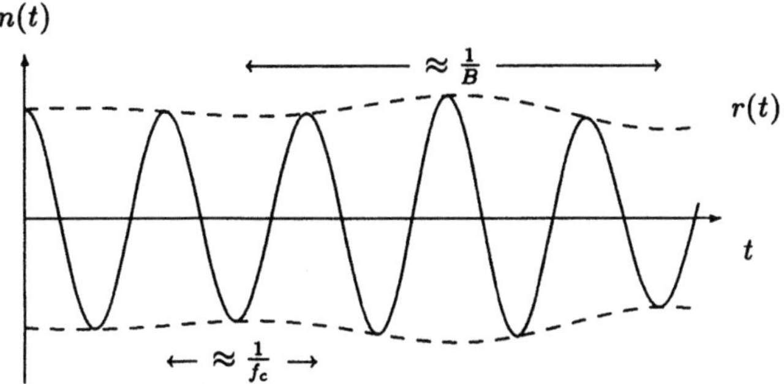

Abb. 4.9: Beispiel für ein Schmalbandrauschsignal

wobei sich die Einhüllende $r(t)$ und die Phase $\Phi(t)$ nur langsam im Vergleich zur Trägerfrequenz ω_c ändern. Für mathematische Berechnungen wendet man die Additionstheoreme der trigonometrischen Funktionen an und gelangt zu der gebräuchlichen Darstellung

$$n(t) = n_c(t)\cos\omega_c t - n_s(t)\sin\omega_c t \quad . \tag{4.88}$$

$n_c(t)$ und $n_s(t)$ sind hierbei gaußverteilte, stationäre Zufallsprozesse, die unkorreliert sind, und damit auch statistisch unabhängig. Es ergeben sich folgende Erwartungswerte für sie, die in [13] hergeleitet werden:

$$\mathrm{E}\{n_c(t)\} = \mathrm{E}\{n_s(t)\} = 0 \quad \text{und} \tag{4.89}$$
$$\mathrm{E}\{n_c^2(t)\} = \mathrm{E}\{n_s^2(t)\} = \sigma^2 \quad . \tag{4.90}$$

Mit diesen Werten kann nun der lineare und der quadratische Erwartungswert von $n(t)$, das ebenfalls stationär ist, berechnet werden:

$$\mathrm{E}\{n(t)\} = 0 \quad \text{und} \tag{4.91}$$
$$\mathrm{E}\{n^2(t)\} = \sigma^2 \quad . \tag{4.92}$$

Der Zusammenhang zwischen den Größen $r(t)$ und $\Phi(t)$ aus Gl. (4.87) mit $n_c(t)$ und $n_s(t)$ aus Gl. (4.88) ist gegeben durch

$$r(t) = \sqrt{n_c^2(t) + n_s^2(t)} \quad \text{und} \tag{4.93}$$
$$\Phi(t) = \arctan\left(\frac{n_s(t)}{n_c(t)}\right) \quad . \tag{4.94}$$

Dieser Zusammenhang ist im Zeigerdiagramm in Abb. 4.10 wiedergegeben, wobei von einem Koordinatensystem ausgegangen wurde, das sich im mathematisch positiven Sinn mit der Winkelgeschwindigkeit ω_c dreht. Im Laufe der Zeit wandert der Endpunkt des Zeigers $r(t)$ zufällig im Zeigerdiagramm umher. Die Darstellung der beiden Rauschkomponenten $n_s(t)$ und $n_c(t)$ im Zeigerdiagramm wird später noch häufiger eingesetzt werden, da man sich hiermit leicht einen Überblick darüber verschaffen kann, auf welche Weise Rauschen auf der Übertragungsstrecke das modulierte Signal beeinträchtigt und was dies bei der Demodulation zur Folge hat.

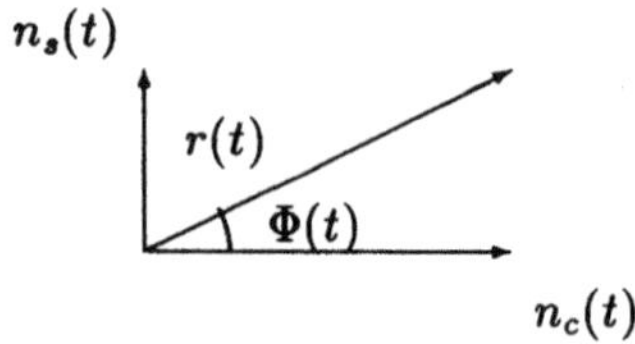

Abb. 4.10: Normal- und Quadraturkomponente eines Schmalbandrauschsignals

Bei der Bestimmung der Leistungsdichtespektren der beiden Prozesse $n_c(t)$ und $n_s(t)$ ist Abb. 4.11 hilfreich. Es veranschaulicht die Entstehung der beiden Zufallsprozesse $n_s(t)$ und $n_c(t)$ aus dem Rauschprozeß $n(t)$. Bei der Bildung von $n_c(t)$ wird durch die Multiplikation mit $2\cos\omega_c t$ das Leistungsdichtespektrum $S_n(\omega)$ nach Gl. (3.61) in einen Frequenzbereich bei der doppelten Trägerfrequenz $2\omega_c$ und in einen zweiten Frequenzbereich, der um $\omega = 0$ herum liegt, verschoben. Nur dieser niederfrequente Anteil wird durch den auf die Multiplikation folgenden Tiefpaß übertragen und erzeugt den Prozeß $n_c(t)$. Somit ergibt sich das Leistungsdichtespektrum von $n_c(t)$ als der tiefpaßgefilterte Anteil von $S_n(\omega - \omega_c) + S_n(\omega + \omega_c)$. Das gleiche Ergebnis erhält man für das Leistungsdichtespektrum von $n_s(t)$. In symbolischer Schreibweise lassen sich die Leistungsdichtespektren angeben als

$$S_{n_c}(\omega) = S_{n_s}(\omega) = \text{TP}\left[S_n(\omega - \omega_c) + S_n(\omega + \omega_c)\right] \quad . \tag{4.95}$$

Besitzt $S_n(\omega)$ das in Abb. 4.12 gezeigte Leistungsdichtespektrum, so besitzen $n_c(t)$ und $n_s(t)$ das darunter dargestellte Spektrum. Dieses Beispiel wurde gewählt, um zu verdeutlichen, daß die Trägerfrequenz ω_c nicht zwingend mit der Bandmittenfrequenz zusammenfallen muß.

$S_{n_c}(\omega)$ bzw. $S_{n_s}(\omega)$ kann demzufolge aus $S_n(\omega)$ konstruiert werden, indem der Anteil von $S_n(\omega)$, der die positiven Frequenzen beinhaltet, um ω_c nach links auf der Frequenzachse verschoben wird; der die negativen Frequenzen beinhaltende Anteil wird auf der Frequenzachse um ω_c nach rechts verschoben, und sodann werden beide Anteile addiert.

Zum Abschluß dieses Kapitels soll noch der Begriff der äquivalenten Rauschbandbreite eingeführt werden, der ähnlich wie die äquivalente Bandbreite eines Übertragungssystems (vgl. Kapitel 3.6.1) definiert wird. Filtert man weißes Rauschen, dessen Leistungsdichtespektrum den Wert N_0 besitzt, mit einer Übertragungsfunktion $H(f)$,

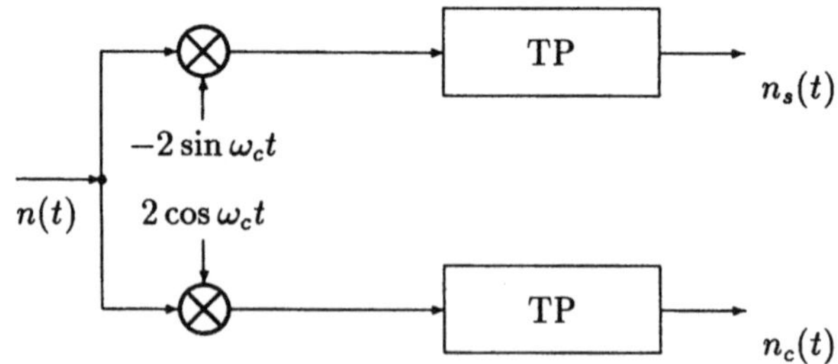

Abb. 4.11: Erzeugung der Normal- und Quadraturkomponente eines Schmalbandrauschsignals

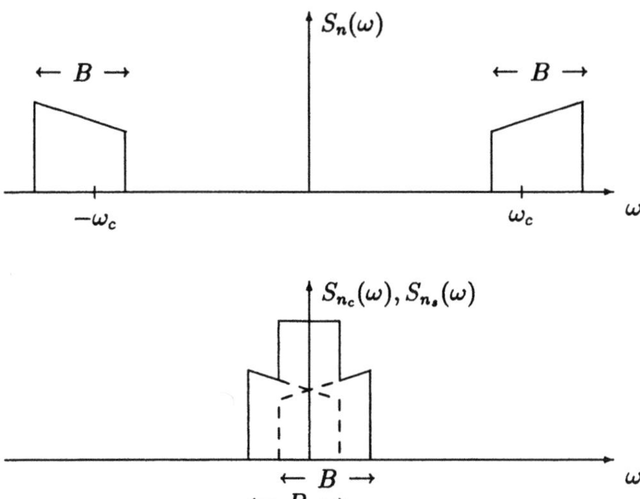

Abb. 4.12: Leistungsdichtespektren der Signale $n(t)$, $n_c(t)$ und $n_s(t)$

so existiert am Ausgang des Filters die mittlere Leistung

$$P = \int\limits_{-\infty}^{\infty} |H(f)|^2 \cdot N_0 \, df = N_0 \cdot \int\limits_{-\infty}^{\infty} |H(f)|^2 \, df \quad . \tag{4.96}$$

Wäre das Filter ein idealer Bandpaß mit der in Abb. 4.13 gezeigten Leistungsübertragungsfunktion, so wäre die Rauschleistung am Filterausgang

$$P = H_0^2 \cdot 2N_0 \cdot B_N \quad . \tag{4.97}$$

Wählt man nun H_0^2 derart, daß der Leistungsübertragungsfaktor des idealen Bandpasses mit dem maximalen Leistungsübertragungsfaktor von $H(f)$ übereinstimmt, so erhält man die für die Übertragungsfunktion $H(f)$ äquivalente Rauschbandbreite durch

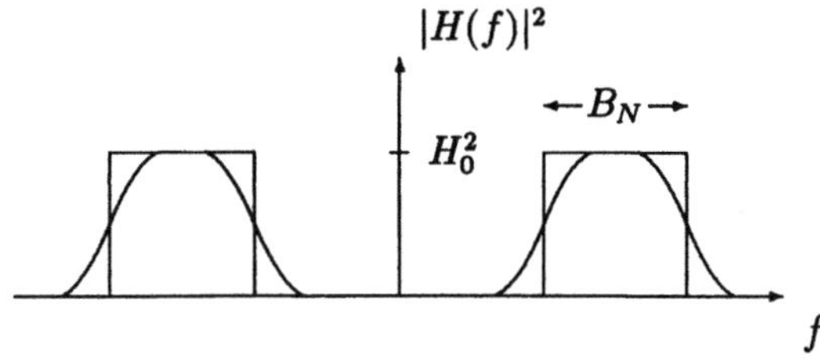

Abb. 4.13: Bestimmung der äquivalenten Rauschbandbreite

Gleichsetzen von Gl. (4.96) mit Gl. (4.97) zu

$$B_N = \frac{1}{2H_0^2} \int\limits_{-\infty}^{\infty} |H(f)|^2 \, \mathrm{d}f \quad . \tag{4.98}$$

Übertragungsbandbreite und Rauschbandbreite eines Systems sind demzufolge voneinander verschieden.

5 Modulation eines sinusförmigen Trägers durch ein analoges Modulationssignal

Bei der Vorstellung der Modulationsverfahren wird im folgenden auf die in den Anfangskapiteln dieses Buches vorgestellten Beschreibungsmöglichkeiten für determinierte und stochastische Signale sowie auf die Methoden zur Charakterisierung eines Übertragungssystems zurückgegriffen werden. Der Leser wird feststellen, daß sehr häufig die in den letzten Kapiteln gewonnenen Erkenntnisse eingesetzt werden können. Aus diesem Grund kann auf eine detaillierte mathematische Beschreibung der einzelnen Vorgehensweisen bei den unterschiedlichen Modulationsverfahren verzichtet werden; es wird an entsprechender Stelle auf die bereits bekannten Ergebnisse und Zusammenhänge hingewiesen.

Die bei allen Modulationsverfahren stattfindende Signalverarbeitung ist prinzipiell durch das Blockschaltbild in Abb. 2.3 gegeben. Bei den zur Nachrichtenübertragung dienenden geträgerten Systemen findet im Modulator eine Multiplikation von Modulations- und Trägersignal statt. Das modulierte Signal ist dann das Ausgangssignal eines Bandpasses, so wie es in Abb. 5.1 gezeichnet ist. Als Trägersignal wird dabei eine sinusförmige Schwingung eingesetzt. Es stellt sich nun die Frage, ob es möglich ist, das Bandpaßsystem aus Abb. 5.1 derart mathematisch zu beschreiben, daß man es durch ein äquivalentes Tiefpaßsystem mit anschließender Trägerung ersetzen kann, so wie es in Abb. 5.2 skizziert ist. Dies würde erheblich die Rechnung mit dem Bandpaßsystem vereinfachen und kann, wie man später noch sehen wird, eine digitale Signalverarbeitung mit niedrigen Taktfrequenzen ermöglichen. Ein Überführen des Bandpaßsystems in das System nach Abb. 5.2 ist möglich, da die Multiplikation mit dem Trägersignal eine lineare Frequenzverschiebung des Eingangssignalspektrums zur Folge hat. Eine ausführliche Herleitung dazu findet man in [20]. Sie ähnelt der

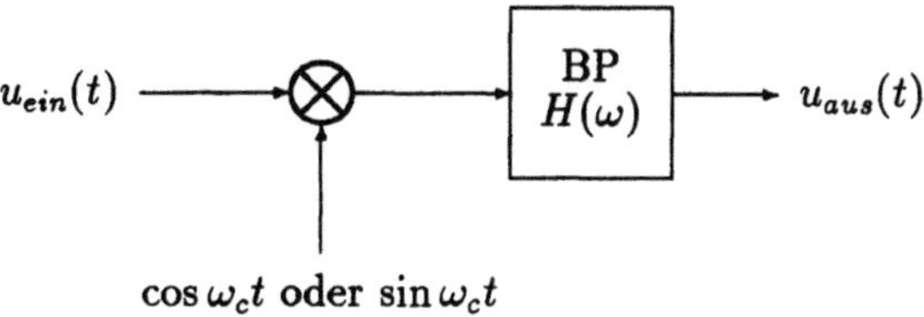

Abb. 5.1: Blockschaltbild eines Bandpaßsystems

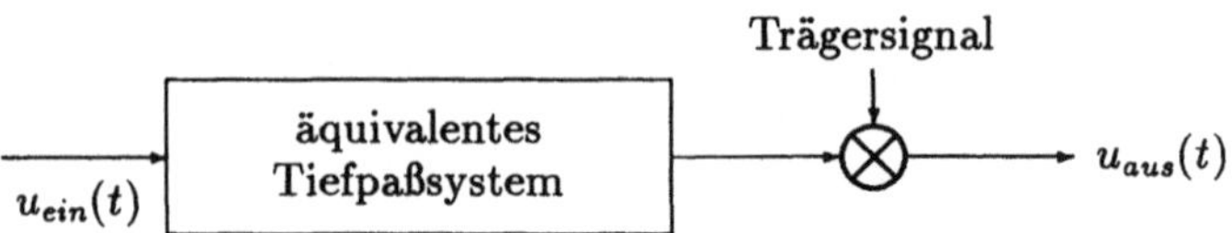

Abb. 5.2: Blockschaltbild eines äquivalenten Tiefpaßsystems

bei der Berechnung der Leistungsdichtespektren der Zufallsprozesse $n_c(t)$ und $n_s(t)$ in Kapitel 4.3.1 durchgeführten Herleitung. Als Ergebnis erhält man für die Trägerung mit $\cos\omega_c t$

$$u_{aus}(t) = n(t)\cdot\cos\omega_c t - q(t)\cdot\sin\omega_c t \tag{5.1}$$

und für die Trägerung mit $\sin\omega_c t$

$$u_{aus}(t) = n(t)\cdot\sin\omega_c t + q(t)\cdot\cos\omega_c t \quad . \tag{5.2}$$

Hierbei sind $n(t)$ und $q(t)$ durch die beiden Fourierkorrespondenzen zu

$$n(t)\circ\!\!\!-\!\!\!-\!\!\!\bullet U_{ein} H_g(\omega) = \frac{U_{ein}(\omega)}{2}\cdot[H(\omega+\omega_c) + H(\omega-\omega_c)] \tag{5.3}$$

und

$$q(t)\circ\!\!\!-\!\!\!-\!\!\!\bullet \frac{1}{j} U_{ein} H_u(\omega) = \frac{U_{ein}(\omega)}{2j}\cdot[H(\omega+\omega_c) - H(\omega-\omega_c)] \tag{5.4}$$

bestimmt. $H_g(\omega)$ bzw. $H_u(\omega)$ bezeichnet man als den geraden bzw. den ungeraden Anteil des äquivalenten Tiefpaßsystems, was durch die Indizes verdeutlicht wird. Die zeichnerische Konstruktion von $H_g(\omega)$ und $H_u(\omega)$ aus der Bandpaßübertragungsfunktion $H(\omega)$ ist in Abb. 5.3 wiedergegeben. Der Grund für die Namensgebung wird daran deutlich: $H_g(\omega)$ ist eine gerade Funktion der Frequenz, $H_u(\omega)$ eine ungerade. Der Anteil $H_g(\omega)$ entsteht aus $H(\omega)$, indem $H(\omega)$ um ω_c sowohl nach rechts als auch nach links auf der Frequenzachse verschoben wird. Die beiden derart entstehenden Anteile werden addiert und halbiert, wodurch $H_g(\omega)$ entsteht. Für die Konstruktion von $H_u(\omega)$ wird $H(\omega)$ um ω_c nach links auf der Frequenzachse verschoben. Der zweite Anteil entsteht durch Rechtsverschiebung von $H(\omega)$ um denselben Betrag und anschließender Spiegelung an der Frequenzachse, wodurch das Minuszeichen in Gl. (5.4) berücksichtigt wird. Nach der Addition beider Anteile wird auch hier das Ergebnis halbiert, wodurch $H_u(\omega)$ erzeugt wird. Den Frequenzbereich um $\omega = 0$ bezeichnet man als Hauptfrequenzbereich, den Bereich um $|\omega| = 2\omega_c$ als Nebenfrequenzbereich. $n(t)$ ist die Normalkomponente des Bandpaßsystems, da sie in Phase zur Trägerschwingung liegt. $q(t)$ nennt man Quadraturkomponente, da sie einen Phasenversatz von 90° zum Träger aufweist. Normalerweise wird man zur Trägerung von $u_{ein}(t)$ die Trägerfrequenz so hoch wählen, daß $U_{ein}(\omega)$ im Nebenfrequenzbereich keine Anteile mehr besitzt, weswegen dann dieser Frequenzbereich keinen Beitrag zum Ausgangssignal liefert. Dies ermöglicht den Einsatz digitaler Signalverarbeitungsverfahren, bei denen $H_g(\omega)$ und $H_u(\omega)$ durch Digitalfilter realisiert werden können.

Die Signalverarbeitung innerhalb eines äquivalenten Tiefpaßsystems geschieht demzufolge nach Abb. 5.4, gegenübergestellt ist das zugehörige Bandpaßsystem. $q(t)$ wird

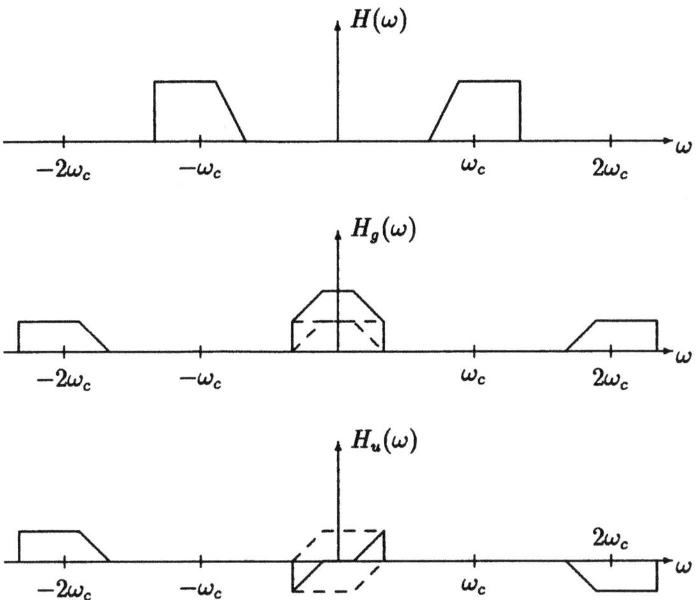

Abb. 5.3: Bestimmung des geraden und des ungeraden Anteils eines äquivalenten Tiefpaßsystems aus der Bandpaßübertragungsfunktion $H(\omega)$

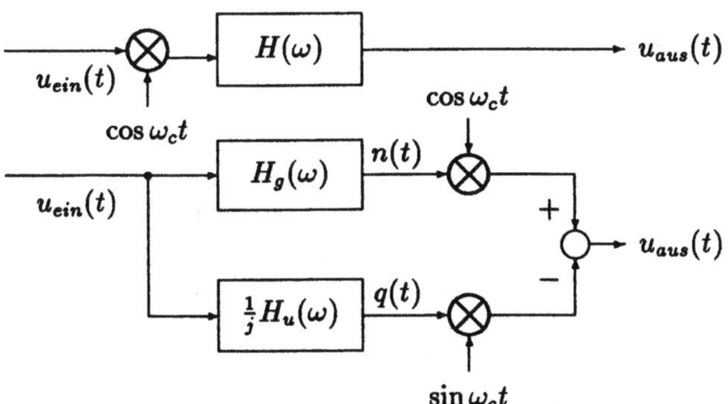

Abb. 5.4: Darstellung eines Bandpasses durch ein äquivalentes Tiefpaßsystem

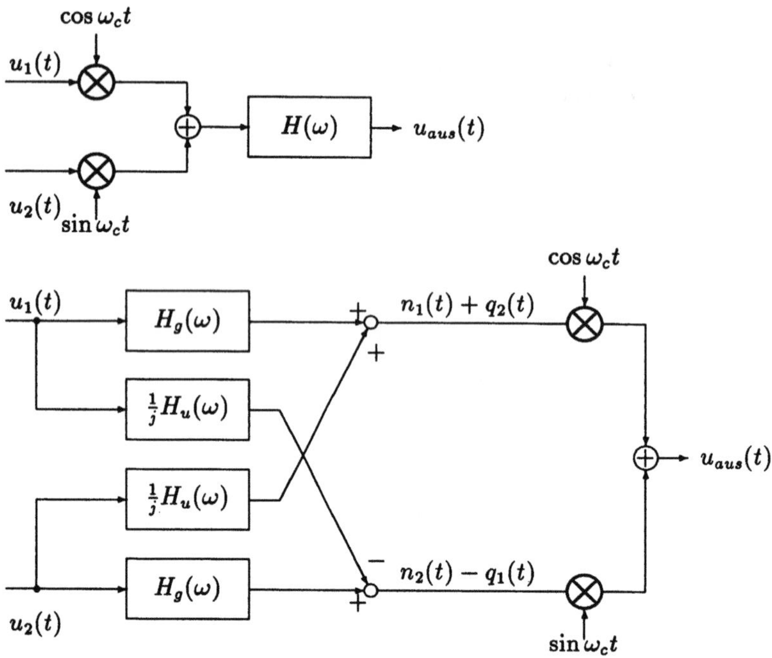

Abb. 5.5: Quadraturmodulation in einem Bandpaß- und dem äquivalenten Tiefpaßsystem

zu Null, wenn $H(\omega)$ in Bezug auf die Trägerfrequenz ω_c einen symmetrischen Bandpaß beschreibt. Als Erweiterung zu diesem Bandpaßsystem besteht die Möglichkeit, zwei unterschiedliche Modulationssignale $u_1(t)$ und $u_2(t)$ über einen Bandpaß zu übertragen, wenn das eine Modulationssignal mit $\cos\omega_c t$ und das andere mit $\sin\omega_c t$ als Trägerschwingung multipliziert wird, so wie es in Abb. 5.5 dargestellt ist. Aus dem Signalflußplan des äquivalenten Tiefpaßsystems ist ersichtlich, auf welche Weise sich das Ausgangssignal $u_{aus}(t)$ aus den Normal- und Quadraturkomponenten der beiden Modulationssignale zusammensetzt. Nach dieser Methode lassen sich zwei Eingangssignale über einen Nachrichtenkanal übertragen. Sie wird als Quadraturmodulation bezeichnet. Für die Demodulation auf der Empfangsseite müssen die beiden Trägerschwingungen phasenrichtig vorliegen, weswegen man bei dieser Demodulationsart von einer kohärenten Demodulation spricht. Mit Hilfe der Quadraturmodulation werden z. B. die für den Fernsehrundfunk notwendigen Farbdifferenzsignale über einen Kanal übertragen.

Nachdem das Prinzip des äquivalenten Tiefpaßsystems als eine für die Beschreibung verschiedener Modulationsarten wichtige Methode vorgestellt wurde, sollen nun die Verfahren zur Modulation eines sinusförmigen Trägersignals durch ein analoges Modulationssignal vorgestellt werden. Der Sinusträger in Abb. 2.4 besitzt die drei Signalparameter Amplitude, Frequenz und Phase, die durch ein Modulationssignal beeinflußt werden können. Entsprechend existieren eine Amplitudenmodulation, eine Frequenzmodulation und eine Phasenmodulation, wobei die beiden letzteren häufig auch unter dem Begriff Winkelmodulationsverfahren zusammengefaßt werden. Im folgenden werden diese drei Verfahren beschrieben, Möglichkeiten zur Modulation und Demodulation angegeben und ihr unterschiedliches Verhalten gegenüber einem durch thermisches Rauschen gestörten Kanal betrachtet.

5.1 Die Amplitudenmodulation

Das Ausgangssignal eines Amplitudenmodulators läßt sich durch die Gleichung

$$s_{AM}(t) = [A_c + s_{mod}(t)] \cos \omega_c t \tag{5.5}$$

beschreiben. Man erkennt, daß eine Trägerschwingung $A_c \cos \omega_c t$ eine Amplitudenänderung erfährt in Abhängigkeit von einem Modulationssignal $s_{mod}(t)$. Durch den Ausdruck $[A_c + s_{mod}(t)]$ wird verhindert, daß für negative Werte von $s_{mod}(t)$ das Trägersignal in der Phase umgepolt wird, wodurch neben der erwünschten Amplitudenmodulation auch noch eine unerwünschte Phasenmodulation stattfinden würde. Das Verhältnis

$$m = \frac{|\mathrm{Min}(s_{mod}(t))|}{A_c} \tag{5.6}$$

bezeichnet man als Modulationsgrad. Für ihn muß

$$m \leq 1 \tag{5.7}$$

gelten, um keine Übermodulation und damit keine Phasenumpolung des Trägersignals zu erhalten.

Das Spektrum eines amplitudenmodulierten Signals ergibt sich aus Gl. (5.5) durch Anwendung von Gl. (3.61) zu

$$\begin{aligned} S_{AM}(\omega) &= \frac{1}{2} [A_c 2\pi \delta(\omega - \omega_c) + A_c 2\pi \delta(\omega + \omega_c)] \\ &\quad + \frac{1}{2} [S_{mod}(\omega - \omega_c) + S_{mod}(\omega + \omega_c)] \quad . \end{aligned} \tag{5.8}$$

Besitzt $s_{mod}(t)$ das in Abb. 5.6 gezeigte Spektrum, so ergibt sich für das amplitudenmodulierte Signal das Spektrum $S_{AM}(\omega)$. Die Spektralanteile im Bereich $\omega_c \ldots \omega_c + \omega_{max}$ bilden das obere Seitenband, die Anteile im Bereich $\omega_c - \omega_{max} \ldots \omega_c$ das untere Seitenband. Die Trägerfrequenz wird durch einen Diracimpuls repräsentiert. Da das Spektrum des modulierten Signals aus dem Spektrum des Modulationssignals durch eine Frequenzverschiebung hervorgeht, bezeichnet man die Amplitudenmodulation als lineares Modulationsverfahren. Die Signalverarbeitung eines Amplitudenmodulators ist in Abb. 5.7 wiedergegeben.

Die Leistung eines amplitudenmodulierten Signals nach Gl. (5.5) beträgt

$$P_{AM} = \frac{A_c^2}{2} + \frac{\overline{s_{mod}^2(t)}}{2} \quad , \tag{5.9}$$

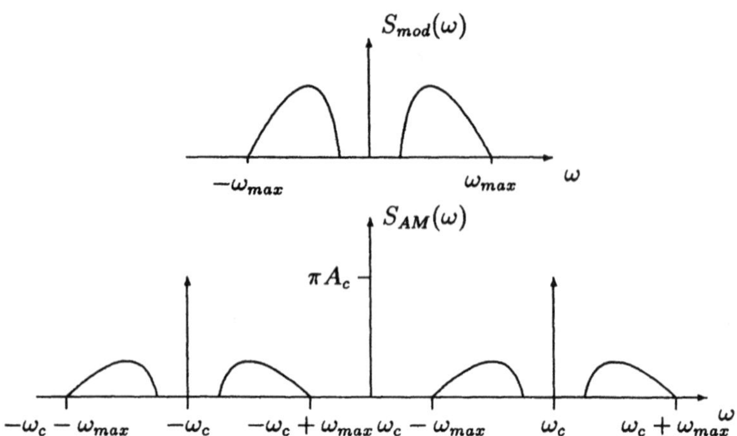

Abb. 5.6: Basisbandspektrum des Modulationssignals und Spektrum des amplitudenmodulierten Signals

wobei $\overline{s^2_{mod}(t)}$ den quadratischen Zeitmittelwert eines Modulationssignals nach Gl. (4.29) beschreibt. Berechnet man das Verhältnis der Leistungen der Seitenbänder zur Gesamtleistung

$$\frac{P_{Seiten}}{P_{AM}} = \frac{\overline{s^2_{mod}(t)}}{A_c^2 + \overline{s^2_{mod}(t)}} \quad , \tag{5.10}$$

so erkennt man, daß bei einer Eintonaussteuerung mit

$$s_{mod}(t) = a \cdot \cos \omega_m t \tag{5.11}$$

die Leistung des Modulationssignals

$$\overline{s^2_{mod}(t)} = \frac{a^2}{2} \tag{5.12}$$

beträgt. Steuert man den Amplitudenmodulator mit diesem Signal voll aus (Modulationsgrad $m = a/A_c = 1$), so sieht man aus Gl. (5.10), daß sich in diesem Fall nur 1/3 der Gesamtleistung in den informationstragenden Seitenbändern befindet. Der Maximalwert, den Gl. (5.10) annehmen kann, beträgt 1/2, wenn das Modulationssignal einen zeitunabhängigen Verlauf besitzt.

In Bezug auf die Leistungseffizienz ist die Amplitudenmodulation ein schlechtes Verfahren, da ein Großteil der Leistung zur Übertragung des Trägersignals aufgebracht werden muß.

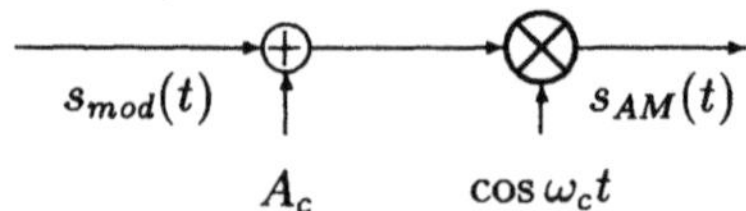

Abb. 5.7: Blockschaltbild eines Amplitudenmodulators

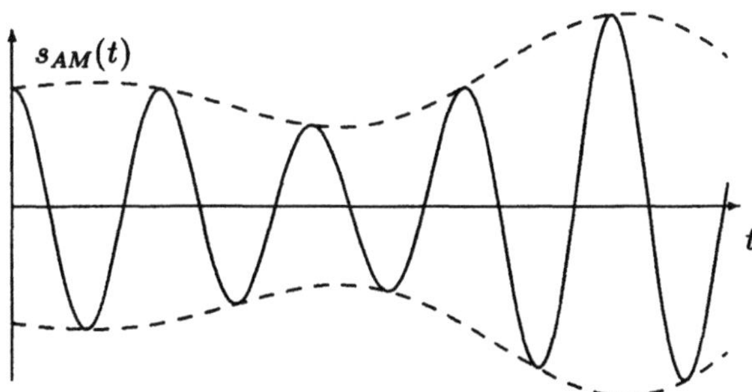

Abb. 5.8: Zeitfunktion eines amplitudenmodulierten Signals

5.1.1   Hüllkurvendemodulation

Ein Beispiel für den zeitlichen Verlauf eines amplitudenmodulierten Signals ist in
Abb. 5.8 gegeben. Das Eingangssignal $s_{mod}(t)$ bildet dabei die Einhüllende des Band-
paßsignals. Da sich ein Bandpaßsignal nach Gl. (5.1) durch seine Normal- und Quadraturkomponente beschreiben läßt, ergibt sich seine Einhüllende aus

$$s_{h\ddot{u}ll}(t) = \sqrt{n^2(t) + q^2(t)} \quad . \tag{5.13}$$

Es liegt insofern nahe, das am Empfänger anliegende Signal $s_{AM}(t)$ in Normal- und
Quadraturkomponente aufzuspalten und aus beiden Signalanteilen die Einhüllende zu
bestimmen. Somit erhält man den in Abb. 5.9 gezeigten Hüllkurvendemodulator, der
mit $s_{ein}(t) = s_{AM}(t)$ als Eingangssignal das Ausgangssignal

$$s_{aus}(t) = s_{AM\,dem}(t) = |s_{mod}(t) + A_c| \tag{5.14}$$

liefert. Die idealen Tiefpässe sind hierbei so bemessen, daß sie das Spektrum des modulierten Signals $s_{mod}(t)$ unverändert lassen, die Anteile bei der doppelten Trägerfrequenz
jedoch von den Quadrierern fernhalten. Nach Abtrennen des von der Trägerschwingung
herrührenden Gleichanteils A_c steht $s_{mod}(t)$ zur Verfügung, vorausgesetzt Gl. (5.7) gilt,
so daß das System nicht übermoduliert wurde. Der Hüllkurvendemodulator, der auch
Quadraturdemodulator genannt wird, gehört zur Klasse der inkohärenten Empfänger.
Bei ihnen muß die Phase der zur Demodulation notwendigen Oszillatorfrequenz im
Empfänger nicht starr mit der Phase des Eingangssignals gekoppelt sein. Dies bedeutet, daß dieser Empfängertyp unempfindlich ist gegenüber Phasenschwankungen der

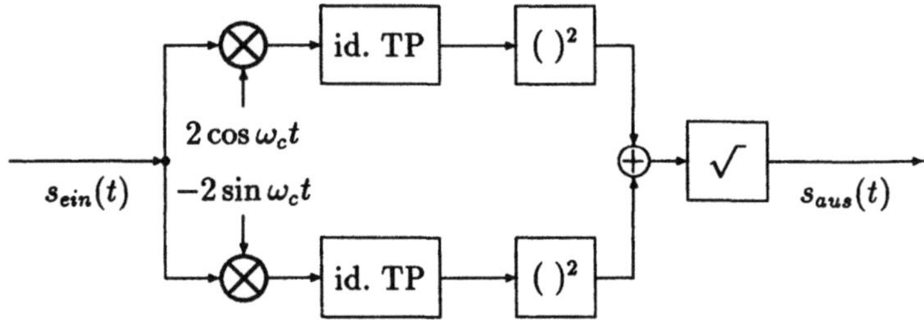

Abb. 5.9: Hüllkurvendemodulation eines AM-Signals

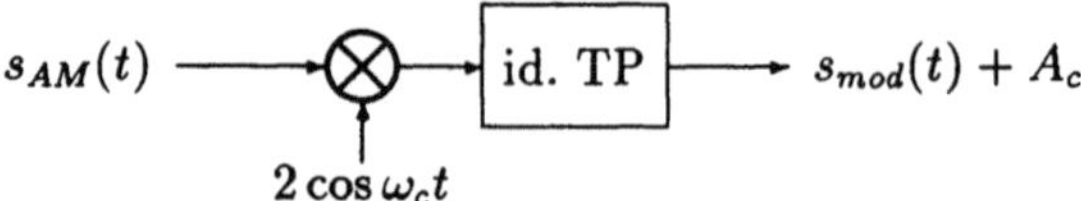

Abb. 5.10: Blockschaltbild eines Synchrondemodulators

Oszillatorfrequenz im Empfänger, und - was nach Gl. (3.59) damit gleichbedeutend ist - unempfindlich gegenüber einer zeitlichen Verzögerung des Eingangssignals. Für den Empfang mehrerer amplitudenmodulierter Signale mit unterschiedlichen Trägerfrequenzen ist der Hüllkurvendemodulator ebenfalls gut geeignet, da hierzu nur die Oszillatorfrequenz im Empfangsteil geändert zu werden braucht.

5.1.2 Synchrondemodulation

Eine zweite Möglichkeit zur Demodulation eines amplitudenmodulierten Signals bietet der Synchrondemodulator nach Abb. 5.10.   Auch hier ist der ideale Tiefpaß derart ausgelegt, daß Signalanteile im Bereich der doppelten Trägerfrequenz vom Demodulatorausgang ferngehalten werden. Die Auswirkungen eines Phasenversatzes zwischen Sende- und Empfangsoszillator können einfach bestimmt werden. Wird zur Demodulation anstelle des Trägers $2\cos\omega_c t$ ein Signal $2\cos(\omega_c t + \varphi(t))$ benutzt, so erscheint am Demodulatorausgang das Signal

$$s_{Am\,dem}(t) = [A_c + s_{mod}(t)] \cdot \cos\varphi(t) \quad . \tag{5.15}$$

Hierbei ist $\varphi(t)$ als sich zeitlich ändernder Phasenfehler so gewählt, daß sich die Spektren der beiden Terme am Eingang des idealen Tiefpasses nicht überlappen. Man erkennt aus Gl. (5.15), daß der Phasenfehler $\varphi(t)$ zu einer Dämpfung des Demodulatorausgangssignals führt. Für einen zeitinvarianten Phasenfehler kann diese Dämpfung durch anschließende Verstärkung wieder aufgehoben werden, solange der Phasenversatz nicht exakt 90° beträgt. Besitzt $\varphi(t)$ jedoch keine deterministische Beschreibung, so kann das Nichteinhalten der Phasensynchronität zwischen Sender und Empfänger zu spürbaren Störungen im demodulierten Signal führen. Der Hüllkurvendemodulator ist dagegen unempfindlich gegenüber derartigen Phasenfehlern, weswegen er bevorzugt eingesetzt wird.

Der Synchrondemodulator wird auch als kohärenter Demodulator bezeichnet, da bei ihm die Phase des Empfängeroszillators starr mit der Phase des Eingangssignals gekoppelt sein muß. Es existieren verschiedene technische Möglichkeiten, aus dem Eingangssignal ein phasenstarres Trägersignal zu gewinnen. Da bei der Amplitudenmodulation das Trägersignal mitübertragen wird, ist es einfach, das Trägersignal aus dem Empfangssignal durch einen schmalbandigen Bandpaß herauszufiltern, um es anschließend als Referenz für die Demodulation zur Verfügung zu stellen , so wie es in Abb. 5.11 gezeigt ist. Da bei wechselnden Trägerfrequenzen die Schwierigkeit auftritt, den Bandpaß frequenzvariabel aufzubauen, wird die Synchrondemodulation häufig durch einen Überlagerungsempfänger realisiert, an dessen Eingang zunächst das Signal $s_{AM}(t)$ durch einen abstimmbaren Oszillator auf eine feste Zwischenfrequenz heruntergemischt wird,

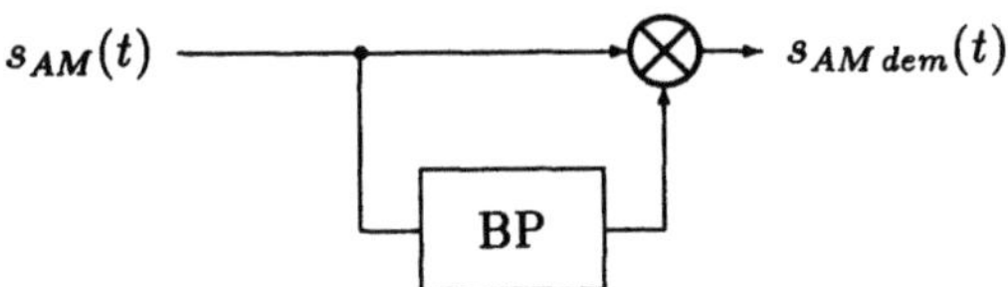

Abb. 5.11: Kohärente Demodulation eines AM-Signals

bevor die Synchrondemodulation stattfindet (siehe Abb. 5.12). Der Bandpaß BP 1 ist dabei auf die Zwischenfrequenz $\omega_{ZF} = |\omega_c - \omega_m|$ abgestimmt, so daß der schmalbandige Bandpaß BP 2 zur Trägerrückgewinnung bei der festen Zwischenfrequenz optimiert werden kann.

5.1.3 Amplitudenmodulation mit unterdrücktem Träger

Aus Gl. (5.10) war bereits ersichtlich, daß ein Großteil der Leistung eines amplitudenmodulierten Signals für die Übertragung des Trägersignals benötigt wird und damit nicht zur Informationsübertragung beiträgt. Ein AM-Signal mit unterdrücktem Träger läßt sich jedoch einfach sendeseitig erzeugen. Wie in Abb. 5.13 zu sehen ist, benötigt man dazu einen Amplitudenmodulator, zu dessen Ausgangssignal ein Trägersignal addiert wird, das betragsmäßig mit dem Trägersignal des Amplitudenmodulators übereinstimmt, aber einen Phasenversatz von 180° zu ihm besitzt. Somit wird das Trägersignal unterdrückt, und nur die informationstragenden Seitenbänder werden übertragen. Das Modulatorausgangssignal wird beschrieben durch

$$s_{AM}(t) = s_{mod}(t) \cdot \cos \omega_c t \quad . \tag{5.16}$$

Setzt man zur Demodulation auf der Empfangsseite den Hüllkurvendemodulator nach Abb. 5.9 ein, so erhält man als Ausgangssignal

$$s_{AM\,dem}(t) = |s_{mod}(t)| \quad . \tag{5.17}$$

Durch die Betragsbildung findet eine unerwünschte Verzerrung des modulierenden Signals statt, so daß diese Demodulationsmethode nur für eine Signalform

$$s_{mod}(t) \geq 0 \tag{5.18}$$

benutzt werden kann. Diese Beschränkung kann durch den Einsatz eines Synchrondemodulators aufgehoben werden. Da jedoch im empfangenen Signal kein Träger mehr

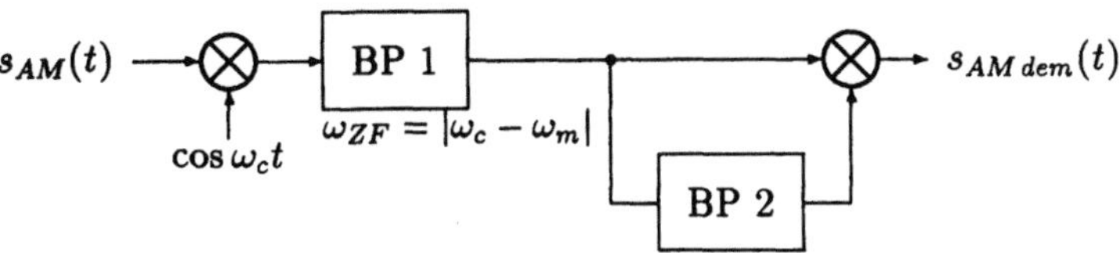

Abb. 5.12: Blockschaltbild eines Überlagerungsempfängers

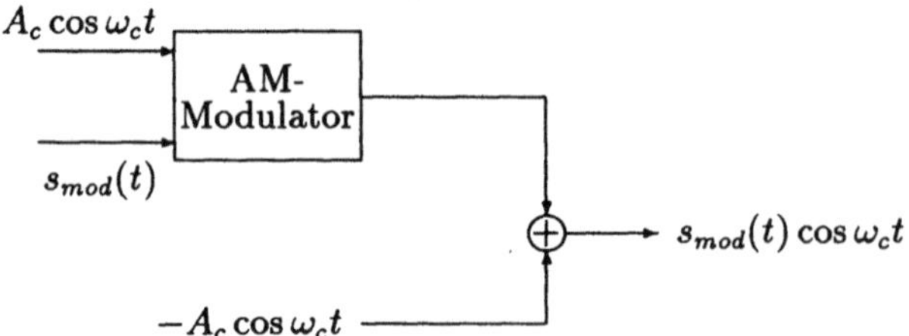

Abb. 5.13: AM-Modulator mit unterdrücktem Träger

vorhanden ist, muß vor dem Einsatz der Synchrondemodulation eine Trägerrückgewinnung stattfinden. Die Schaltungen, die dies bewerkstelligen, sind stets nichtlinear, da ihr Ausgangssignal Spektralanteile enthält, die im Eingangssignalspektrum nicht enthalten sind.

Eine der einfachsten Methoden zur Bereitstellung einer kohärenten Trägerschwingung besteht darin, das Empfangssignal zu quadrieren, ein Signal bei der doppelten Trägerfrequenz auszufiltern und nach anschließender Frequenzteilung als Referenz zu benutzen, so wie es in Abb. 5.14 skizziert ist. Das quadrierte Signal läßt sich schreiben als

$$
\begin{aligned}
S_{AM}^2(t) &= s_{mod}^2(t)\cos^2\omega_c t \\
&= \frac{1}{2}s_{mod}^2(t) + \frac{1}{2}s_{mod}^2(t)\cos(2\omega_c t) \quad .
\end{aligned}
\tag{5.19}
$$

Handelt es sich bei $s_{mod}(t)$ um ein leistungsbegrenztes Signal, so enthält die Autokorrelierte von $s_{mod}^2(t)$ einen von Null verschiedenen Gleichanteil, der dazu führt, daß im Leistungsdichtespektrum von $s_{AM}^2(t)$ aufgrund des zweiten Summanden in Gl. (5.19) eine diskrete Spektrallinie bei der Frequenz $2\omega_c$ existiert. Nach einer Frequenzteilung steht damit das Trägersignal $\cos\omega_c t$ für die Synchrondemodulation bereit.

Eine zweite Methode zur Trägerrückgewinnung bietet die Costas-Regelschleife [21]. Hierbei erfolgt die Synchronisation direkt auf die Trägerfrequenz. Das Blockschaltbild der Costas-Regelschleife ist in Abb. 5.15 wiedergegeben. Liegt am Eingang ein amplitudenmoduliertes Signal mit unterdrücktem Träger

$$
s_{ein}(t) = s_{mod}(t)\cos\omega_c t
\tag{5.20}
$$

und setzt man das Ausgangssignal des spannungskontrollierten Oszillators (VCO) mit

$$
s_{VCO}(t) = 2\cos\left(\omega_c t + \varphi(t)\right)
\tag{5.21}
$$

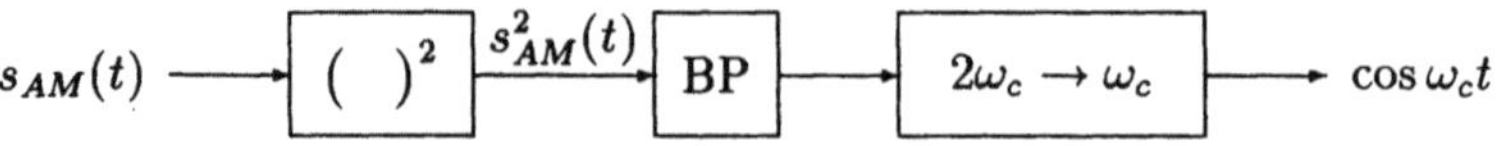

Abb. 5.14: Trägerrückgewinnung für ein amplitudenmoduliertes Signal

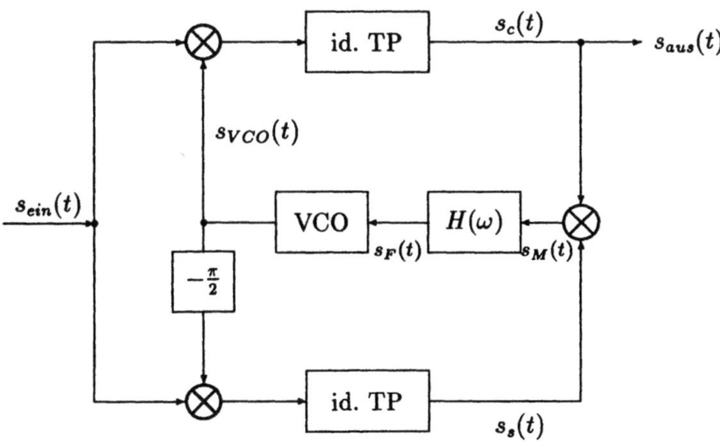

Abb. 5.15: Demodulation eines amplitudenmodulierten Signals mit kombinierter Trägerrückgewinnung (Costas-Regelschleife)

an, wobei $\varphi(t)$ einen zeitabhängigen Phasenfehler des Oszillators beschreibt, so ergibt sich für das Signal im oberen Zweig der Regelschleife hinter dem idealen Tiefpaß, der die unerwünschten Frequenzanteile im Ausgangssignal des Multiplizierers unterdrückt,

$$s_c(t) = s_{mod}(t) \cdot \cos \varphi(t) \tag{5.22}$$

und für das Signal im unteren Zweig

$$s_s(t) = s_{mod}(t) \cdot \sin \varphi(t) \quad . \tag{5.23}$$

Multipliziert man beide Signale, so erhält man als Ausdruck für das Eingangssignal des Filters $H(\omega)$

$$s_M(t) = \frac{1}{2} s_{mod}^2(t) \cdot \sin(2\varphi(t)) \quad . \tag{5.24}$$

Legt man das Filter $H(\omega)$ so schmalbandig aus, daß sich in dessen Ausgangssignal die Zeitabhängigkeit von $s_{mod}^2(t)$ nicht mehr bemerkbar macht, so wird der VCO vom Signal

$$S_F(t) = K \sin(2\varphi(t)) \tag{5.25}$$

angesteuert. Der Abgleich der Regelschleife ist dann erreicht, wenn

$$2\varphi(t) = 0 \tag{5.26}$$

gilt. In diesem Fall schwingt der Oszillator auf der Trägerfrequenz ω_c, und darüberhinaus steht im oberen Zweig des Regelkreises das demodulierte Signal

$$s_{aus}(t) = s_{mod}(t) \tag{5.27}$$

zur Verfügung, so daß die Costas-Regelschleife eine komplette AM-Demodulatorschaltung darstellt.

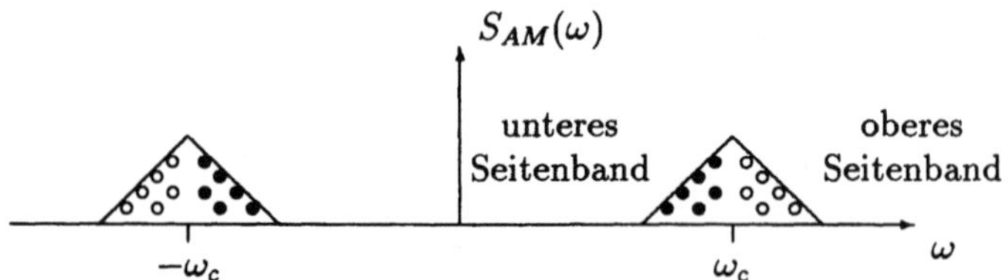

Abb. 5.16: Spektrum eines Einseitenband-AM-Signals

5.1.4   Einseitenbandmodulation

Nachdem bereits durch die Amplitudenmodulation mit unterdrücktem Träger in Bezug auf die zu übertragende Leistung ein Vorteil im Vergleich zur Amplitudenmodulation mit Trägersignalübertragung erreicht werden konnte, stellt sich nun die Frage, inwieweit sich die Frequenzökonomie verbessern läßt, indem statt der beiden Seitenbänder nur ein Seitenband übertragen wird. Damit bestünde die Möglichkeit, innerhalb einer vorgegebenen Übertragungsbandbreite im Vergleich zur AM die doppelte Anzahl von Kanälen einzurichten. Da die Amplitude des oberen und des unteren Seitenbandes in Bezug auf die Trägerfrequenz eine gerade Funktion und der Phasenverlauf der Seitenbänder eine ungerade Funktion darstellt, kann keine in der Amplitude enthaltene Information verlorengehen, wenn nur ein Seitenband übertragen wird. Die Erzeugung solch eines Signals geschieht am einfachsten mit Hilfe eines amplitudenmodulierten Signals mit unterdrücktem Träger, so wie es in Abb. 5.16 gezeichnet ist.

Hierbei entsteht das untere Seitenband, indem $S_{AM}(\omega)$ durch einen idealen Tiefpaß $H(\omega)$ mit der Grenzfrequenz $\omega_g = \omega_c$ gefiltert wird. Bei einer Filterung mit der Übertragungsfunktion $1 - H(\omega)$ entsteht eine Einseitenbandmodulation des oberen Seitenbandes.

Die folgende Rechnung beschreibt die Filterung von $S_{AM}(\omega)$ mit $H(\omega)$ zur Erzeugung eines unteren Seitenbandes und gibt gleichzeitig einen Aufschluß darüber, wie solch eine Einseitenbandmodulation praktisch realisiert werden kann. Da außerdem ein Ausdruck für den zeitlichen Verlauf eines einseitenbandmodulierten Signals aus der Rechnung gewonnen werden soll, ist es sinnvoll, die ideale Tiefpaßübertragungsfunktion $H(\omega)$ mit Hilfe der Signumfunktion $\mathrm{sgn}(\omega)$ zu beschreiben, um Fourierkorrespondenzen benutzen zu können. Die Signumfunktion ist definiert als

$$\mathrm{sgn}(\omega) = \begin{cases} 1 & \text{für } \omega > 0 \\ 0 & \text{für } \omega = 0 \\ -1 & \text{für } \omega < 0 \ . \end{cases} \tag{5.28}$$

Mit ihr läßt sich $H(\omega)$ schreiben als

$$H(\omega) = \frac{1}{2}\left[\mathrm{sgn}(\omega + \omega_c) - \mathrm{sgn}(\omega - \omega_c)\right] \ . \tag{5.29}$$

Da die Fouriertransformierte des amplitudenmodulierten Signals

$$S_{AM}(\omega) = \frac{1}{2}\left[S_{mod}(\omega + \omega_c) + S_{mod}(\omega - \omega_c)\right] \tag{5.30}$$

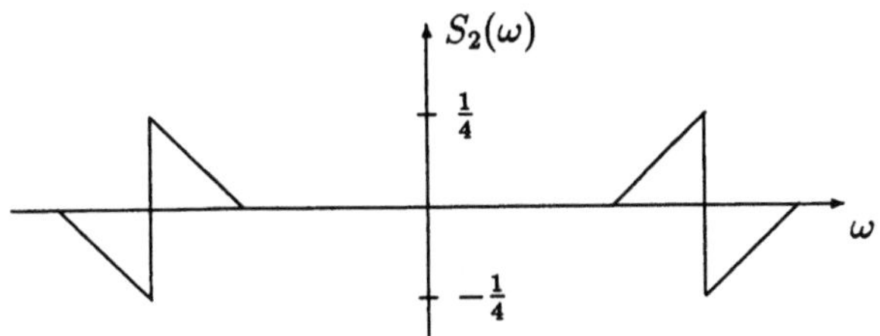

$$S_2(\omega)$$

Abb. 5.17: Hilbertspektrum zu Gl. (5.32)

ist, erhält man als Fouriertransformierte des unteren Seitenbandes

$$S_{USB}(\omega) = \frac{1}{4}\left[S_{mod}(\omega+\omega_c)\mathrm{sgn}(\omega+\omega_c) + S_{mod}(\omega-\omega_c)\mathrm{sgn}(\omega+\omega_c)\right.$$
$$\left. -S_{mod}(\omega+\omega_c)\mathrm{sgn}(\omega-\omega_c) - S_{mod}(\omega-\omega_c)\mathrm{sgn}(\omega-\omega_c)\right] \quad . \quad (5.31)$$

Dieser Ausdruck läßt sich vereinfachen zu

$$S_{USB}(\omega) = \frac{1}{4}\left[S_{mod}(\omega+\omega_c) + S_{mod}(\omega-\omega_c)\right]$$
$$+ \frac{1}{4}\left[S_{mod}(\omega+\omega_c)\mathrm{sgn}(\omega+\omega_c) - S_{mod}(\omega-\omega_c)\mathrm{sgn}(\omega-\omega_c)\right] \quad . \quad (5.32)$$

Aus der Korrespondenz Gl. (3.61) ergibt sich

$$\frac{1}{2}s_{mod}(t) \cdot \cos\omega_c t \circ\!\!-\!\!\bullet \frac{1}{4}\left[S_{mod}(\omega-\omega_c) + S_{mod}(\omega+\omega_c)\right] \quad . \quad (5.33)$$

Das zu der zweiten Zeile von Gl. (5.32) gehörende Spektrum $S_2(\omega)$ ist in Abb. 5.17 aufgezeichnet. Es ist das Spektrum eines hilberttransformierten Zeitsignals. So wie die Fouriertransformation einen Zusammenhang zwischen Zeit- und Frequenzbereich beschreibt, gibt eine Hilberttransformation[1] den Zusammenhang zwischen Real- und Imaginärteil einer Übertragungsfunktion bzw. bei einem komplexen Zeitsignal $\underline{f}(t)$ den Zusammenhang zwischen dessen Real- und Imaginärteil wieder [8]. Für dieses Spektrum gilt folgende Referenz:

$$\hat{s}_{mod}(t)e^{\pm j\omega_c t} \circ\!\!-\!\!\bullet -jS_{mod}(\omega\mp\omega_c)\,\mathrm{sgn}(\omega\mp\omega_c) \quad . \quad (5.34)$$

Die zweite Zeile aus Gl. (5.32) läßt sich somit bei der Rücktransformation in den Zeitbereich zusammenfassen und man erhält

$$s_{USB}(t) = \frac{1}{2}s_{mod}(t)\cos\omega_c t + \frac{1}{2}\hat{s}_{mod}(t)\sin\omega_c t \quad . \quad (5.35)$$

Das Signal $\hat{s}_{mod}(t)$ ist die Hilberttransformierte von $s_{mod}(t)$. Sie entsteht aus $s_{mod}(t)$, indem im Spektrum $S_{mod}(\omega)$ die Phase aller Spektralanteile um $-90°$ gedreht und anschließend dieses veränderte Spektrum durch die Fourierrücktransformation in den Zeitbereich transformiert wird.

---

[1]D. Hilbert, dt. Mathematiker (1862–1943)

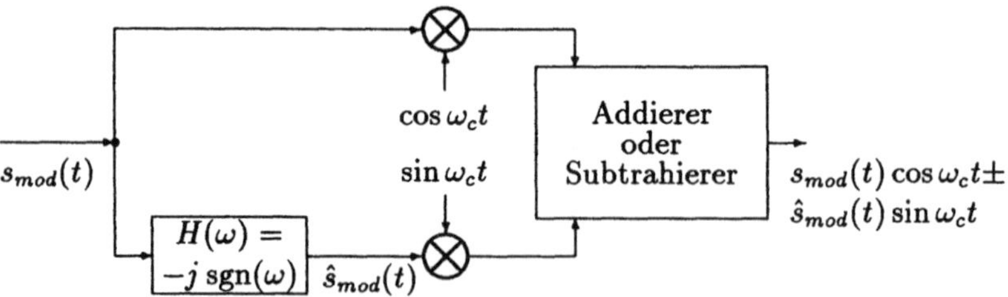

Abb. 5.18: Blockschaltbild eines Einseitenbandmodulators

Eine entsprechende Rechnung liefert für eine Einseitenbandmodulation des oberen
Seitenbandes

$$s_{OSB}(t) = \frac{1}{2}s_{mod}(t)\cos \omega_c t - \frac{1}{2}\hat{s}_{mod}(t)\sin \omega_c t \quad . \tag{5.36}$$

Ein Einseitenbandmodulator läßt sich demzufolge so aufbauen, wie es in Abb. 5.18
gezeigt ist. Das Hilbertfilter $H(\omega)$ sorgt für die notwendige Phasendrehung des Eingangssignals, die in realen Filtern allerdings nur näherungsweise zu verwirklichen ist.
Weiterhin muß für eine vollständige Unterdrückung des Trägers und eines Seitenbandes
darauf geachtet werden, daß die beiden Multiplizierer exakt das gleiche Verhalten aufweisen. Da der Modulator gegenüber Phasenfehlern sehr empfindlich ist, wird er nur
selten zur Erzeugung einer Einseitenbandmodulation eingesetzt.

Aus diesem Grund wird häufig von einem zweiseitenbandamplitudenmodulierten Signal wie in Abb. 5.6 ausgegangen, bei dem der Träger und ein Seitenband durch ein
Filter unterdrückt werden. Da die Anforderungen an die Flankensteilheit dieses Filters um so größer sind, desto geringer der Abstand zwischen Träger und Seitenband
ist, setzt man das Modulationssignal in mehreren Schritten in den gewünschten Übertragungsbereich um, indem mehrmals hintereinander ein Seitenband eines AM-Signals
ausgefiltert wird, womit ein Träger höherer Frequenz erneut moduliert wird. Bei jedem Modulationsschritt entspricht dabei der Abstand zwischen Trägerfrequenz und
Seitenband der Summe aller vorher verwendeten Trägerfrequenzen, so daß die Anforderungen an die Flankensteilheit der Filter mit jedem Modulationsvorgang schwächer
werden. Diese einfache Methode zur Generierung einer Einseitenbandmodulation bevorzugt man, solange die dazu notwendigen Filter realisierbar sind, vor jener Methode,
bei der das Eingangssignal phasengedreht werden muß. Besitzt dagegen das Modulationssignal ein Spektrum, das betragsmäßig sehr kleine Frequenzen enthält und ist dieses
Spektrum außerdem schmalbandig, so daß die Phasendrehung mit hoher Genauigkeit
für alle Spektralanteile erfolgen kann, zieht man die in Abb. 5.18 gezeigte Methode der
der mehrstufigen Filterung und Amplitudenmodulation vor.

Zur Demodulation eines einseitenbandmodulierten Signals können verschiedene Methoden eingesetzt werden, die einfachste besteht darin, eine Synchrondemodulation
nach Abb. 5.19 durchzuführen. Das Eingangssignal des Demodulators ist das obere
oder das untere Seitenbandsignal, hier beschrieben durch

$$s_{ESB}(t) = \frac{1}{2}\left[s_{mod}(t)\cos \omega_c t \pm \hat{s}_{mod}(t)\sin \omega_c t\right] \quad . \tag{5.37}$$

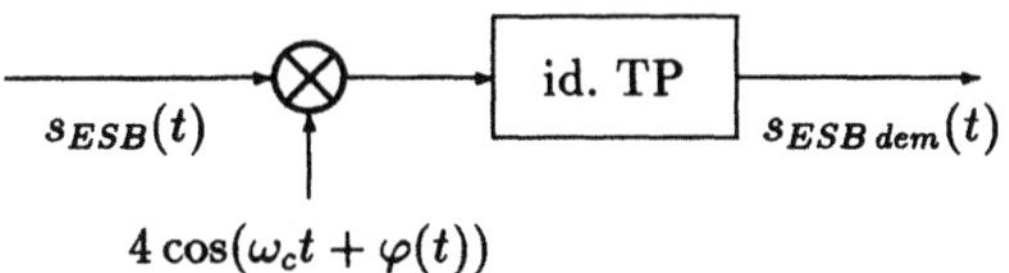

Abb. 5.19: Synchrondemodulation eines Einseitenband-AM-Signals

Der Träger besitze wiederum einen Phasenfehler $\varphi(t)$, so daß nach Unterdrückung der Signalkomponenten bei der doppelten Trägerfrequenz das Ausgangssignal

$$s_{ESB\,dem}(t) = s_{mod}(t)\cos\varphi(t) \mp \hat{s}_{mod}(t)\sin\varphi(t) \tag{5.38}$$

entsteht. Für $\varphi(t) = 0$ entspricht das demodulierte Signal dem Modulationssignal. Bei einer Demodulation nach Abb. 5.19 setzt man häufig einen freilaufenden Empfangsoszillator ein, den man manuell so abstimmt, daß $\varphi(t)$ möglichst gering wird. Stellt man das Modulationssignal $s_{mod}(t)$ mit Hilfe seiner Betrags- und Phasenkomponente als

$$s_{mod}(t) = A(t) \cdot \cos\theta(t) \tag{5.39}$$

dar, so gilt für $\hat{s}_{mod}(t)$

$$\hat{s}_{mod}(t) = A(t) \cdot \sin\theta(t) \quad . \tag{5.40}$$

Damit läßt sich Gl. (5.38) umschreiben in

$$\begin{aligned} s_{ESB\,dem}(t) &= A(t)\cos\theta(t)\cos\varphi(t) \mp A(t)\sin\theta(t)\sin\varphi(t) \\ &= A(t)\cos\left(\theta(t) \pm \varphi(t)\right) \quad . \end{aligned} \tag{5.41}$$

Der bei einer nicht optimalen Synchrondemodulation noch im Ausgangssignal vorhandene Phasenfehler $\varphi(t)$ bewirkt bei einem ESB-Signal eine Phasenänderung des demodulierten Signals. Dessen Amplitude wird davon nicht betroffen, im Gegensatz zu einer phasenfehlerbehafteten Demodulation eines AM-Signals (vgl. Gl. (5.15)). Da als Modulationssignale fast ausschließlich Audiosignale benutzt werden und das menschliche Ohr relativ unempfindlich gegenüber Phasenverzerrungen ist, wird diese Art der Störung in Kauf genommen, solange sie nicht die Verständlichkeit verschlechtert.

Handelt es sich bei dem Phasenfehler $\varphi(t)$ um einen Frequenzversatz $\Delta\omega$ zwischen Sende- und Empfangsoszillator, so bedeutet dies, daß die Frequenz des demodulierten Signals auch um $\Delta\omega$ gegenüber dem Modulationssignal verschoben ist. Die gleiche Art von Phasenfehler bei einem AM-Signal bewirkt jedoch, daß sich dessen Amplitude periodisch mit $\Delta\omega$ verändert. Findet eine Einseitenbandübertragung mit einer fixierten Trägerfrequenz statt, so läßt sich der Frequenzversatz zwischen Sender und Empfänger durch den Einsatz von Quarzoszillatoren gering halten.

Die zweite Methode zur Demodulation eines amplitudenmodulierten Signals, die Hüllkurvendemodulation aus Abb. 5.9, kann nicht direkt mit $s_{ESB}(t)$ als Eingangssignal benutzt werden, sondern erst nach einer nun zu erläuternden Vorverarbeitung. Schreibt

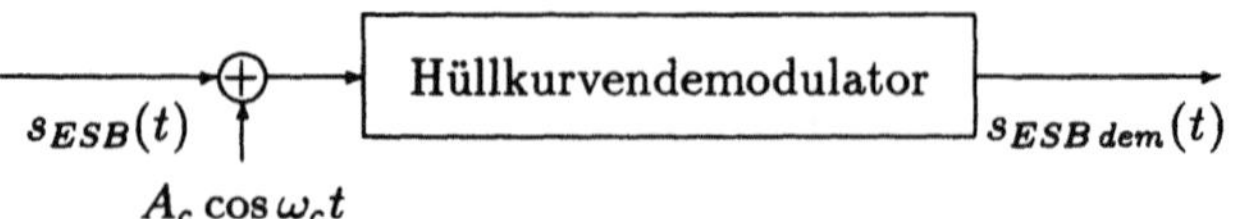

Abb. 5.20: Hüllkurvendemodulation eines ESB-Signals

man das Modulationssignal wiederum in der Form von Gl. (5.39), so erhält man als Ausgangssignal des Hüllkurvendemodulators

$$S_{aus}(t) = s_{ESB\,dem}(t) = \sqrt{\frac{A^2(t)}{4} \cos^2 \theta(t) + \frac{A^2(t)}{4} \sin^2 \theta(t)} = \frac{A(t)}{2} \quad . \tag{5.42}$$

Dies bedeutet, daß jede Phaseninformation des Modulationssignals bei der Demodulation verlorengegangen ist. Für den einfachsten Fall, die Übertragung eines Sinustons $s_{mod}(t) = A \cos \omega t$, hat dies zur Folge, daß der Hüllkurvendemodulator die Spitzenamplitude A als Ausgangssignal liefert. Dieses unerwünschte Verhalten kann dadurch gemindert werden, daß dem Empfangssignal vor der Hüllkurvendemodulation ein Trägersignal zugesetzt wird, so wie es in Abb. 5.20 skizziert ist. Das demodulierte Signal am Ausgang des Hüllkurvendemodulators lautet dann

$$s_{ESB\,dem}(t) = \sqrt{\left(\frac{1}{2}s_{mod}(t) + A_c\right)^2 + \left(\frac{1}{2}\hat{s}_{mod}(t)\right)^2} \quad . \tag{5.43}$$

Wählt man A_c so groß, daß

$$\left(\frac{1}{2}s_{mod}(t) + A_c\right)^2 >> \left(\frac{1}{2}\hat{s}_{mod}(t)\right)^2 \tag{5.44}$$

erfüllt ist, so erhält man als Ausgangssignal des Hüllkurvendemodulators

$$s_{aus}(t) = s_{ESB\,dem}(t) \approx \frac{1}{2}s_{mod}(t) + A_c \quad , \tag{5.45}$$

woraus das Modulationssignal leicht wiedergewonnen werden kann.

Zusammenfassend läßt sich über die Einseitenbandmodulation sagen, daß sie ein bandbreitesparendes Modulationsverfahren darstellt, das allerdings keine absolut störungsfreie Demodulation auf der Empfangsseite erlaubt. Für eine große Klasse von Modulationssignalen können diese Störungen in Kauf genommen werden. Zur Übertragung von Datensignalen wird man jedoch dieses Verfahren im allgemeinen nicht einsetzen, da es für den Empfänger normalerweise keine Möglichkeit gibt, korrigierend in den Demodulationsvorgang einzugreifen.

5.1.5　Restseitenbandmodulation

Die im vorigen Kapitel geschilderten Schwierigkeiten bei der Einseitenbandmodulation können durch den Einsatz einer Restseitenbandmodulation vermieden werden. Hierbei wird, ausgehend von einem amplitudenmodulierten Signal nach Gl. (5.5), ein Teil

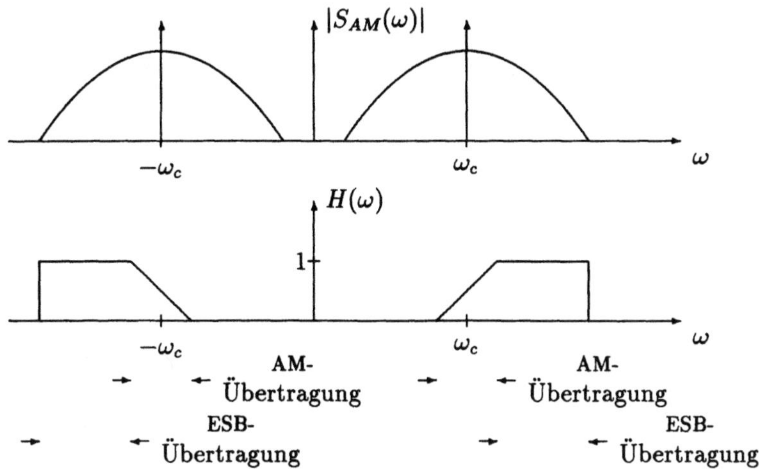

Abb. 5.21: Restseitenbandübertragung eines amplitudenmodulierten Signals

des bei der Einseitenbandmodulation unterdrückten Seitenbandes mitübertragen. Man benötigt zwar im Vergleich zur Einseitenbandmodulation eine etwas größere Bandbreite, hat jedoch den Vorteil, daß der mitübertragene Träger die Demodulation vereinfacht. Im Gegensatz zur Einseitenbandmodulation ist es auch möglich, Modulationssignale zu übertragen, die einen Gleichanteil besitzen. Weiterhin brauchen die Filterflanken derjenigen Filter, die zur teilweisen Unterdrückung des ungewünschten Seitenbandes benutzt werden, nicht mehr so steilflankig wie bei einer Einseitenbandmodulation zu sein. Ein spezieller Verlauf dieser Flanke sorgt dafür, daß diejenigen Spektralanteile des restseitenbandmodulierten Signals, die als amplitudenmoduliertes Signal übertragen werden, abgeschwächt werden im Vergleich zu denjenigen Spektralanteilen, die im Einseitenbandmodus übertragen werden. Diese speziell geformte Flanke wird Nyquist-Flanke[2] genannt. Nach ihr bezeichnet man das bei der Restseitenbandmodulation eingesetzte Filter auch als Nyquist-Filter. Die entsprechenden Frequenzbereiche sind in Abb. 5.21 gekennzeichnet. Die Nyquist-Flanke ist punktsymmetrisch zur Trägerfrequenz ω_c und dämpft bei dieser Frequenz um den Faktor 2. Mit Hilfe des äquivalenten Tiefpaßsystems kann man sich leicht verdeutlichen, daß hierdurch nach der Demodulation im Tiefpaßbereich für $H_g(\omega)$ eine konstante Übertragungscharakteristik erreicht wird. Weiterhin besitzt ein unsymmetrischer Bandpaß, wie er für die Restseitenbandmodulation benötigt wird, eine im Vergleich zu einem symmetrischen Bandpaß längere Einschwingdauer. Dieser Nachteil, der insbesondere bei steilen Übergängen im Modulationssignal auftritt, wird durch die Nyquist-Flanke behoben.

Neben dem Modulationssignal beeinflußt auch die Übertragungsfunktion des Bandpaßfilters $H(\omega)$ den zeitlichen Verlauf eines restseitenbandmodulierten Signals. Da man sich das Ausgangssignal eines Restseitenbandmodulators aus der Filterung eines am-

---

[2]H. Nyquist, amerik. Ingenieur (1889–1976)

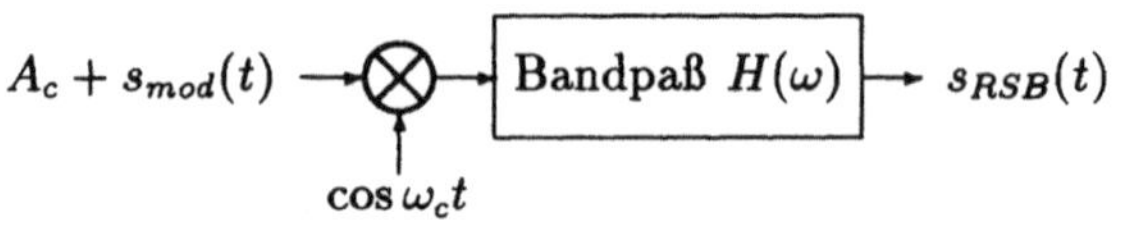

$$A_c + s_{mod}(t) \longrightarrow \otimes \longrightarrow \boxed{\text{Bandpaß } H(\omega)} \longrightarrow s_{RSB}(t)$$

$$\uparrow$$
$$\cos \omega_c t$$

Abb. 5.22: Blockschaltbild eines Restseitenbandmodulators

plitudenmodulierten Signals mit einer Bandpaßübertragungsfunktion $H(\omega)$ entstanden denken kann, bietet sich zur mathematischen Beschreibung wiederum das äquivalente Tiefpaßsystem an. Die Signalverarbeitung innerhalb eines Restseitenbandmodulationssystems ist in Abb. 5.22 wiedergegeben. Das Ausgangssignal $s_{RSB}(t)$ läßt sich durch Normal- und Quadraturkomponente des äquivalenten Tiefpaßsystems ausdrücken als

$$s_{RSB}(t) = n_{RSB}(t) \cdot \cos \omega_c t - q_{RSB}(t) \cdot \sin \omega_c t \quad , \tag{5.46}$$

wobei $n_{RSB}(t)$ und $q_{RSB}(t)$ sich aus den Fourierkorrespondenzen

$$n_{RSB}(t) \quad \circ\!\!-\!\!-\!\!\bullet \quad S_{ein}(\omega) \cdot H_g(\omega) \quad ,$$
$$q_{RSB}(t) \quad \circ\!\!-\!\!-\!\!\bullet \quad \frac{1}{j} S_{ein}(\omega) \cdot H_u(\omega) \quad \text{und}$$
$$A_c + s_{mod}(t) \quad \circ\!\!-\!\!-\!\!\bullet \quad S_{ein}(\omega) \tag{5.47}$$

ergeben.

Die bei einer Restseitenbandmodulation anwendbaren Demodulationstechniken lassen sich aus Gl. (5.46) herleiten. Handelt es sich bei $H(\omega)$ um ein Nyquist-Filter, so besitzt $H_g(\omega)$ eine konstante, von Null verschiedene Übertragungsfunktion, und somit läßt sich das Modulationssignal durch Synchrondemodulation, wie in Abb. 5.10, aus dem modulierten Signal zurückgewinnen. Da das Trägersignal, wenn auch im Vergleich zur Amplitudenmodulation mit geringerer Leistung, mitübertragen wird, läßt sich eine Trägerrückgewinnungsschaltung, wie sie in Abb. 5.14 vorgestellt wurde, zur Bereitstellung eines kohärenten Trägers auf der Empfangsseite einsetzen.

Benutzt man einen Hüllkurvendemodulator nach Abb. 5.9, so treten die gleichen Probleme auf wie bei einer Hüllkurvendemodulation eines einseitenbandmodulierten Signals, dem ein Trägersignal auf der Empfangsseite zugesetzt wurde. Ähnlich zu Gl. (5.43) erhält man das demodulierte Ausgangssignal als

$$s_{RSB\,dem} = \sqrt{n_{RSB}^2(t) + q_{RSB}^2(t)} \quad . \tag{5.48}$$

Da aufgrund der Nyquist-Flanke $H_u(\omega)$ bei $\omega = 0$ einen Nulldurchgang besitzt, beeinflußt die Trägeramplitude A_c nicht das Quadratursignal $q_{RSB}(t)$. Somit ist die Normalkomponente $n_{RSB}(t)$ weitaus größer als $q_{RSB}(t)$, so daß, von geringfügigen Verzerrungen abgesehen, am Ausgang des Hüllkurvendemodulators das Modulationssignal wiedergewonnen werden kann.

Große Verbreitung findet das Restseitenbandmodulationsverfahren bei der Fernsehübertragung. Eine idealisierte Durchlaßkurve eines Restseitenbandfilters, wie es im Fernsehempfänger eingesetzt wird, ist in Abb. 5.23 skizziert, wobei die Übertragungscharakteristik aus dem Zwischenfrequenzbereich in das Basisband verschoben wurde.

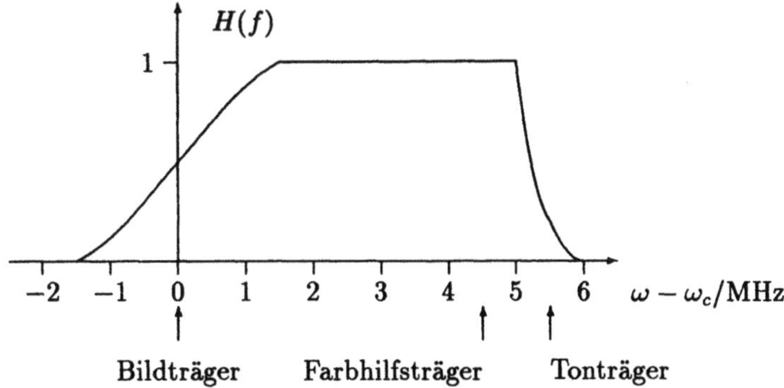

Abb. 5.23: Idealisierte Durchlaßkurve eines Restseitenbandfilters für Fernsehempfang

Es besitzt eine Bandbreite von 5 MHz. Der Bildträger, der zur Übertragung des Helligkeitssignals benutzt wird, liegt bei der Trägerfrequenz ω_c. Der Farbhilfsträger, dessen Frequenz 4,43 MHz oberhalb der Bildträgerfrequenz liegt, dient dazu, die beiden Chrominanzdifferenzsignale in Quadraturmodulation (s. Abb. 5.5) zu übertragen. Die Trägerfrequenz des Fernsehbegleittons, der frequenzmoduliert übertragen wird, liegt 5,5 MHz oberhalb der Bildträgerfrequenz. Die in Abb. 5.23 erkennbare Nyquist-Flanke befindet sich bei der Fernsehübertragung auf der Empfangsseite, da dort die im Vergleich zur Sendeseite niedrigeren Signalpegel eine einfache Realisierung erlauben.

5.1.6 Amplitudenmodulation und Rauschen

Im folgenden soll der Einfluß von thermischem Rauschen, das sich additiv auf dem Übertragungskanal dem amplitudenmodulierten Signal überlagert, auf das demodulierte Signal untersucht werden. Als Maß für die Güte sowohl des Modulationsverfahrens als auch der eingesetzten Demodulationstechnik dient der Geräuschspannungsabstand. Er wird bestimmt durch den Quotienten von Signalleistung zur Leistung eines Rauschsignals. Bei allen Überlegungen wird davon ausgegangen, daß sich das Rauschen als Schmalbandrauschen nach Gl. (4.88) mathematisch beschreiben läßt. Weiterhin besitze es ein konstantes Leistungsdichtespektrum der Größe N_0. Der das Rauschen beschreibende Zufallsprozeß sei gaußverteilt und mittelwertfrei (vgl. Kapitel 4.3.1). Aufgrund des konstanten Leistungsdichtespektrums besitzt ein solcher Zufallsprozeß, der auch als weißes Rauschen bezeichnet wird, eine unendliche Leistung. Um einen Geräuschspannungsabstand am Eingang eines Empfängers definieren zu können, geht man davon aus, daß jedem Demodulator ein ideales Bandpaßfilter vorgeschaltet ist, dessen Bandbreite erlaubt, das modulierte Signal ohne Schwierigkeiten zu demodulieren. Dieses Bandpaßfilter existiert entweder als reales Filter am Empfängereingang oder es wird durch die Übertragungscharakteristik der Übertragungsstrecke gebildet. Am Demodulatorausgang befindet sich ein Basisbandfilter, dessen Übertragungsfunktion derart gewählt ist, daß an seinem Ausgang das demodulierte Signal möglichst genau dem Modulationssignal entspricht. Somit ergibt sich die in Abb. 5.24 gezeigte Anordnung. Am

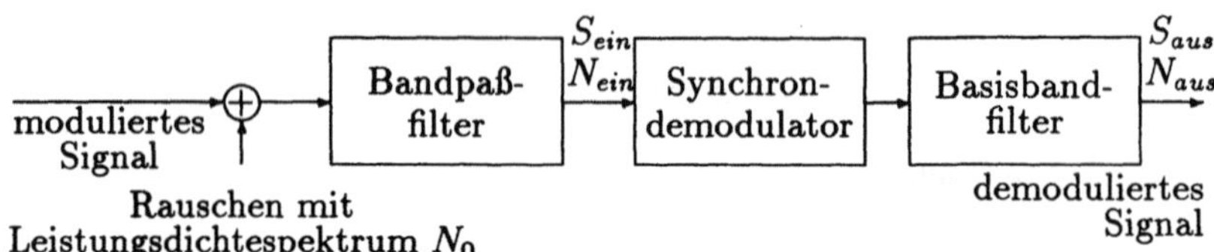

Abb. 5.24: Synchrondemodulation eines rauschbehafteten AM-Signals

Demodulatoreingang beträgt die Signalleistung S_{ein} und die Rauschleistung N_{ein}. Das Ausgangssignal des Basisbandfilters besitzt die Signalleistung S_{aus} und die Rauschleistung N_{aus}. Wenn nicht anders vermerkt, beziehen sich in den folgenden Abschnitten die Angaben zu Bandbreiten immer auf das doppelseitige Frequenzspektrum.

Kohärente Demodulation rauschbehafteter Signale
Setzt man in Abb. 5.24 einen Synchrondemodulator nach Abb. 5.10 ein, so liegt am Ausgang des Bandpaßfilters bei einer Amplitudenmodulation mit unterdrücktem Träger das rauschbehaftete Signal

$$
\begin{aligned}
s_{AMN}(t) &= s_{mod}(t)\cos\omega_c t + n(t) \\
&= [s_{mod}(t) + n_c(t)]\cos\omega_c t - n_s(t)\sin\omega_c t \quad .
\end{aligned}
\tag{5.49}
$$

Besitzt das Modulationssignal die Basisbandbreite B, so muß das Bandpaßfilter aufgrund der Zweiseitenbandamplitudenmodulation die Bandbreite $2B$ aufweisen. Die Rauschleistung des Signals aus Gl. (5.49) beträgt

$$
N_{ein} = \frac{1}{2}\overline{n_c^2(t)} + \frac{1}{2}\overline{n_s^2(t)} = 2BN_0 \quad ,
\tag{5.50}
$$

wohingegen sich die Signalleistung zu

$$
S_{ein} = \frac{1}{2}\overline{s_{mod}^2(t)}
\tag{5.51}
$$

ergibt. Für den Geräuschspannungsabstand am Eingang eines Synchrondemodulators erhält man demzufolge

$$
(S/N)_{ein} = \frac{S_{ein}}{N_{ein}} = \frac{\overline{s_{mod}^2(t)}}{4BN_0} \quad .
\tag{5.52}
$$

Zur Berechnung des Geräuschspannungsabstands am Ausgang des Basisbandfilters benötigt man zunächst den Ausdruck für das demodulierte, rauschbehaftete Signal, der sich als

$$
s_{AMN\,dem}(t) = (s_{mod}(t) + n_c(t)) \cdot (1 + \cos 2\omega_c t) - n_s(t)\sin 2\omega_c t
\tag{5.53}
$$

ergibt. Die Signalanteile bei der doppelten Trägerfrequenz werden durch das Basisbandfilter mit der Bandbreite B unterdrückt. Am Ausgang des Filters trägt nur noch die Normalkomponente $n_c(t)$ zur Rauschleistung N_{aus} mit

$$
N_{aus} = \overline{n_c^2(t)} = 2BN_0
\tag{5.54}
$$

bei. Die Signalleistung an diesem Punkt beträgt

$$S_{aus} = \overline{s_{mod}^2(t)} = 2S_{ein} \quad , \tag{5.55}$$

und somit berechnet sich der Geräuschspannungsabstand als

$$(S/N)_{aus} = \frac{S_{aus}}{N_{aus}} = \frac{\overline{s_{mod}^2(t)}}{2BN_0} \quad . \tag{5.56}$$

Zum Vergleich verschiedener Demodulationsverfahren bildet man das Verhältnis $(S/N)_{aus}/(S/N)_{ein}$, das Detektionsgewinn genannt wird. Dieser berechnet sich bei einem kohärenten Demodulator, an dem ein amplitudenmoduliertes Signal mit unterdrücktem Träger anliegt, zu

$$\frac{(S/N)_{aus}}{(S/N)_{ein}} = \frac{\overline{s_{mod}^2(t)}}{2BN_0} \cdot \frac{4Bn_0}{\overline{s_{mod}^2(t)}} = 2 \quad . \tag{5.57}$$

Aufgrund des kohärenten Demodulators erzielt man einen Gewinn von 3 dB, da die Quadraturkomponente des Rauschsignals vollständig unterdrückt wird. Ein Vergleich mit einer Basisbandübertragung des Modulationssignals zeigt jedoch, daß im Vergleich von Modulationsverfahren und Basisbandübertragung kein Gewinn erzielt werden kann, da die Kanalbandbreite der doppelten Basisbandbreite entsprechen muß. Somit verdoppelt sich im Vergleich zu einer Basisbandübertragung auch die Rauschleistung am Bandpaßfilterausgang, wodurch sich der Geräuschspannungsabstand um 3 dB verschlechtert. Dieser Effekt wird durch den Detektionsgewinn wieder aufgehoben.

Wird zur Nachrichtenübertragung ein Amplitudenmodulationsverfahren mit Träger eingesetzt, so läßt sich das rauschbehaftete Signal am Demodulatoreingang schreiben als

$$s_{AMN}(t) = [A_c + s_{mod}(t) + n_c(t)]\cos\omega_c t - n_s(t)\sin\omega_c t \quad . \tag{5.58}$$

Da auch bei dieser Übertragung das Bandpaßfilter die doppelte Bandbreite des Basisbandfilters besitzen muß, erhält man als Ausdruck für den Geräuschspannungsabstand am Demodulatoreingang unter den gleichen Voraussetzungen wie bei der Amplitudenmodulation mit unterdrücktem Träger

$$(S/N)_{ein} = \frac{A_c^2 + \overline{s_{mod}^2(t)}}{4BN_0} \quad . \tag{5.59}$$

Am Ausgang des Basisbandfilters liegt das Signal

$$s_{AMN\,dem}(t) = A_c + s_{mod}(t) + n_c(t) \tag{5.60}$$

an, woraus sich die Rauschleistung berechnen läßt zu

$$N_{aus} = \overline{n_c^2(t)} = 2BN_0 \quad . \tag{5.61}$$

Berücksichtigt man, daß der vom Trägersignal herrührende Gleichanteil A_c im Empfänger durch einen Kondensator vom Modulationssignal abgetrennt wird, ergibt sich als Signalausgangsleistung

$$S_{aus} = \overline{s_{mod}^2(t)} \quad . \tag{5.62}$$

Der Geräuschspannungsabstand am Empfängerausgang beträgt demzufolge

$$(S/N)_{aus} = \frac{\overline{s_{mod}^2(t)}}{2BN_0} \quad . \tag{5.63}$$

Somit berechnet sich der Detektionsgewinn zu

$$\frac{(S/N)_{aus}}{(S/N)_{ein}} = \frac{\overline{s_{mod}^2(t)}4BN_0}{(A_c^2 + \overline{s_{mod}^2(t)})2BN_0}$$
$$= \frac{2\overline{s_{mod}^2(t)}}{A_c^2 + \overline{s_{mod}^2(t)}} \quad . \tag{5.64}$$

Für einen maximalen Modulationsgrad von $m = 1$ und eine Eintonaussteuerung nach Gl. (5.11) bedeutet dies, daß der Detektionsgewinn im Vergleich zur Amplitudenmodulation mit unterdrücktem Träger um den Faktor $\frac{1}{1+2} \hat{=} - 4,8$ dB kleiner ist. Für die in der Praxis benutzten Werte wird dieser Faktor noch wesentlich kleiner ausfallen, so daß im Vergleich zur Basisbandübertragung die kohärente Demodulation eines amplitudenmodulierten Signals als ungünstiges Verfahren bezeichnet werden kann.

Setzt man den Synchrondemodulator zur Wiedergewinnung eines Modulationssignals aus einem einseitenbandmodulierten Signal ein, so erhält man unter Berücksichtigung des thermischen Rauschens für das Demodulatoreingangssignal den Ausdruck

$$s_{ESBN}(t) = \frac{1}{2}\left[s_{mod}(t)\cos\omega_c t \pm \hat{s}_{mod}(t)\sin\omega_c t\right] + n(t) \quad . \tag{5.65}$$

Die Bandbreite des Bandpaßfilters muß in diesem Fall nur der Basisbandbreite B entsprechen. Der Rauschprozeß wird durch Schmalbandrauschen um die Bandpaßmittenfrequenz $\omega_{BP} = \omega_c \pm \frac{1}{4}(2\pi B)$ dargestellt. Das benutzte Vorzeichen hängt davon ab, ob das obere oder das untere Seitenband übertragen wird. Somit läßt sich Gl. (5.65) umschreiben in

$$s_{ESBN}(t) = \frac{1}{2}s_{mod}(t)\cos\omega_c t \pm \frac{1}{2}\hat{s}_{mod}(t)\sin\omega_c t$$
$$+ n_c(t)\cos\omega_{BP}t - n_s(t)\sin\omega_{BP}t \quad . \tag{5.66}$$

Die Rauschleistung dieses Signals beträgt

$$N_{ein} = \frac{1}{2}\overline{n_c^2(t)} + \frac{1}{2}\overline{n_s^2(t)} = N_0 \cdot B \quad , \tag{5.67}$$

die Signalleistung

$$S_{ein} = \overline{\left[\frac{1}{2}s_{mod}(t)\cos\omega_c t \pm \frac{1}{2}\hat{s}_{mod}(t)\sin\omega_c t\right]^2} \quad . \tag{5.68}$$

Dieser Ausdruck läßt sich vereinfachen, wenn man berücksichtigt, daß das Modulationssignal $s_{mod}(t)$ und seine Hilberttransformierte orthogonal zueinander sind. Gilt weiterhin $\overline{s_{mod}(t)} = 0$, so ergibt sich

$$S_{ein} = \frac{1}{8}\left[\overline{s_{mod}^2(t)} + \overline{\hat{s}_{mod}^2(t)}\right] \quad . \tag{5.69}$$

Da sich $s_{mod}(t)$ und $\hat{s}_{mod}(t)$ nur durch ihre Phase unterscheiden, besitzen beide Signale die gleiche Leistung, womit sich Gl. (5.69) vereinfacht zu

$$S_{ein} = \frac{1}{4}\overline{s^2_{mod}(t)} \quad . \tag{5.70}$$

Der Geräuschspannungsabstand am Demodulatoreingang ergibt sich daraus zu

$$(S/N)_{ein} = \frac{\overline{s^2_{mod}(t)}}{4BN_0} \quad . \tag{5.71}$$

Führt man nun zur Synchrondemodulation eine Multiplikation von Gl. (5.66) mit $2\cos\omega_c t$ und anschließender Tiefpaßfilterung durch, so erhält man als Ausdruck für das demodulierte, rauschbehaftete Signal

$$s_{ESBN\,dem}(t) = \frac{1}{2}s_{mod}(t) + n_c(t)\cos(\frac{\pi}{2}Bt) \mp n_s(t)\sin(\frac{\pi}{2}Bt) \quad . \tag{5.72}$$

Die Signalleistung in diesem Ausdruck beträgt

$$S_{aus} = \frac{1}{4}\overline{s^2_{mod}(t)} \quad , \tag{5.73}$$

die Rauschleistung

$$N_{aus} = \frac{1}{2}\overline{n^2_c(t)} + \frac{1}{2}\overline{n^2_s(t)} = N_0 B \quad . \tag{5.74}$$

Somit ist der Geräuschspannungsabstand am Basisbandfilterausgang gleich dem Geräuschspannungsabstand am Demodulatoreingang:

$$(S/N)_{aus} = (S/N)_{ein} \quad . \tag{5.75}$$

Der Detektionsgewinn errechnet sich zu

$$\frac{(S/N)_{aus}}{(S/N)_{ein}} = 1 \quad . \tag{5.76}$$

Das Einseitenbandmodulationssystem besitzt demzufolge nicht den 3 dB-Gewinn des Zweiseitenbandmodulationsverfahrens mit unterdrücktem Träger. Da jedoch die Rauschleistung am Demodulatoreingang nur die Hälfte der Rauschleistung am Demodulatoreingang des Zweiseitenbandsystems beträgt, verhalten sich beide Verfahren äquivalent im Vergleich zu einer Basisbandübertragung.

Setzt man für die Demodulation eines rauschbehafteten Restseitenbandsignals einen Synchrondemodulator ein, so richtet sich die Bandbreite des dem Demodulator vorgeschalteten idealen Bandpaßfilters in Abb. 5.24 nach der Steilheit der Nyquistflanke, wie man aus Abb. 5.21 erkennen kann. Die benötigte Bandbreite wird zwischen der für eine Einseitenbandamplitudenmodulation und der für eine Zweiseitenbandamplitudenmodulation benötigten Bandbreite liegen. Da die Breite B_N der Nyquistflanke immer kleiner als die Basisbandbreite B sein wird, läßt sich die Bandpaßbandbreite schreiben als

$$B_{BP} = B(1 + \frac{B_N}{B}) \quad . \tag{5.77}$$

Das rauschbehaftete restseitenbandmodulierte Signal am Bandpaßausgang läßt sich darstellen durch (vgl. Gl. (5.47))

$$\begin{aligned} s_{RSBN}(t) &= n_{RSB}(t)\cos\omega_c t - q_{RSB}(t)\sin\omega_c t \\ &\quad + n_c(t)\cos\omega_c t - n_s(t)\sin\omega_c t \quad. \end{aligned} \tag{5.78}$$

Die Signalleistung beträgt

$$S_{ein} = \overline{(n_{RSB}(t)\cos\omega_c t - q_{RSB}(t)\sin\omega_c t)^2} \quad, \tag{5.79}$$

die Rauschleistung

$$N_{ein} = \frac{1}{2}\overline{n_c^2(t)} + \frac{1}{2}\overline{n_s^2(t)} = N_0 B_{BP} \quad. \tag{5.80}$$

Nach der Synchrondemodulation erhält man als Ausgangssignal des Basisbandfilters in Abb. 5.24

$$s_{RSBN\,dem}(t) = n_{RSB}(t) + n_c(t) \quad. \tag{5.81}$$

Das Signal besitzt, nach Abtrennen des vom Träger herrührenden Gleichanteils A_c, die Signalleistung

$$S_{aus} = \overline{s_{mod}^2(t)} \tag{5.82}$$

und, aufgrund der Bandbreite B des Basisbandfilters, die Rauschleistung

$$N_{aus} = N_0 B \quad. \tag{5.83}$$

Der Detektionsgewinn ergibt sich demzufolge zu

$$\frac{(S/N)_{aus}}{(S/N)_{ein}} = \frac{\overline{s_{mod}^2(t)}B_{BP}}{\overline{(n_{RSB}(t)\cos\omega_c t - q_{RSB}(t)\sin\omega_c t)^2}B} \quad. \tag{5.84}$$

Sein Wert liegt zwischen dem Detektionsgewinn eines amplitudenmodulierten Signals nach Gl. (5.64) und dem eines einseitenbandmodulierten Signals nach Gl. (5.76).

Hüllkurvendemodulation rauschbehafteter Signale
Der Detektionsgewinn eines amplitudenmodulierten Signals, wie er in Gl. (5.64) berechnet wurde, zeigt, daß die Synchrondemodulation eines AM-Signals im Vergleich zu einer Basisbandübertragung ein ineffizientes Verfahren ist. Der Vorteil einer Amplitudenmodulation liegt jedoch darin, daß ein Hüllkurvendemodulator, wie in Abb. 5.9 gezeigt, zur Wiedergewinnung des Modulationssignals eingesetzt werden kann, so daß auf der Empfangsseite keine kohärente Trägerschwingung zur Demodulation bereitgestellt zu werden braucht.

Wie in Abb. 5.25 skizziert, ist dem Hüllkurvendemodulator ein Bandpaßfilter vorgeschaltet und ein Basisbandfilter nachgeschaltet. Das Eingangssignal des Demodulators besitzt die Signalleistung S_{ein} und die Rauschleistung N_{ein}. Die Gesamtleistung des demodulierten Signals setzt sich aus der Signalleistung S_{aus} und der Rauschleistung N_{aus} zusammen. Am Demodulatoreingang liegt das rauschbehaftete amplitudenmodulierte Signal

$$s_{AMN}(t) = [A_c + s_{mod}(t) + n_c(t)]\cos\omega_c t - n_s(t)\sin\omega_c t \quad. \tag{5.85}$$

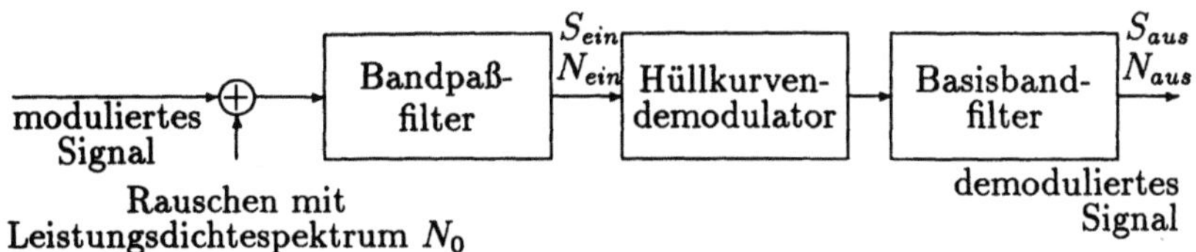

Abb. 5.25: Hüllkurvendemodulation eines rauschbehafteten AM-Signals

Diese Gleichung läßt sich auch ausdrücken mit Hilfe einer zeitabhängigen Amplitude und Phase als

$$s_{AMN}(t) = A(t) \cdot \cos(\omega_c t + \varphi(t)) \quad , \tag{5.86}$$

wobei gilt:

$$A(t) = \sqrt{(A_c + s_{mod}(t) + n_c(t))^2 + n_s^2(t)} \quad \text{und} \tag{5.87}$$

$$\varphi(t) = \arctan \frac{n_s(t)}{A_c + s_{mod}(t) + n_c(t)} \quad . \tag{5.88}$$

Da das Ausgangssignal eines Hüllkurvendemodulators unabhängig ist von Phasenschwankungen des Eingangssignals, ist im weiteren nur noch der Ausdruck nach Gl. (5.87) von Interesse. Der Geräuschspannungsabstand am Demodulatoreingang beträgt

$$\frac{S_{ein}}{N_{ein}} = \frac{A_c^2 + \overline{s_{mod}^2(t)}}{4BN_0} \quad , \tag{5.89}$$

da das Bandpaßfilter die doppelte Bandbreite der Basisbandbreite B besitzen muß.

Für die weitere Rechnung sollen nun zwei Fallunterscheidungen vorgenommen werden. Zur Bestimmung des Hüllkurvendemodulatorausgangssignals soll zunächst davon ausgegangen werden, daß der Geräuschspannungsabstand am Demodulatoreingang groß ist. Im zweiten Fall dann wird das Demodulatorausgangssignal für kleine Werte des Eingangsgeräuschspannungsabstands bestimmt.

Nimmt der Eingangsgeräuschspannungsabstand große Werte an, so erkennt man aus Gl. (5.87)

$$A_c + s_{mod}(t) + n_c(t) >> n_s(t) \quad , \tag{5.90}$$

so daß nach Abtrennen des Gleichanteils A_c am Basisbandfilterausgang das demodulierte Signal

$$s_{AMN\,dem}(t) \approx s_{mod}(t) + n_c(t) \tag{5.91}$$

anliegt. Da $n_c(t)$ und $n_s(t)$ Zufallsprozesse darstellen, kann Gl. (5.91) nur eine Abschätzung des Ausgangssignals sein. Unabhängig davon, wie groß die Trägeramplitude und die Momentanamplitude des Modulationssignals ist und wie gering die Varianz von $n_s(t)$ oder $n_c(t)$, es besteht immer eine, wenn auch geringe Wahrscheinlichkeit dafür, daß die Rauschamplituden gleich groß wie die Amplituden der Nutzsignale sind oder sogar größer. Bedenkt man jedoch, daß $n_c(t)$ und $n_s(t)$ einer Gaußverteilung gehorchen, so ist beispielsweise die Wahrscheinlichkeit dafür, daß $n_c(t)$ zu einem bestimmten Zeitpunkt größer ist als das Dreifache der Standardabweichung 0,0027. Insofern ist die Annahme, daß bei einem großen Geräuschspannungsabstand auch Gl. (5.90) gültig ist, im allgemeinen richtig.

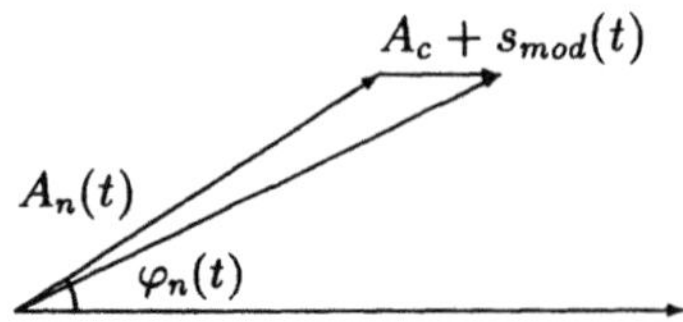

Abb. 5.26: Zeigerdiagramm zur Herleitung von Gl. (5.96)

Vergleicht man nun Gl. (5.91) mit Gl. (5.60), so erkennt man, daß nach Abtrennen des Gleichanteils A_c bei großem Eingangsgeräuschspannungsabstand der Hüllkurvendemodulator das gleiche Ausgangssignal wie ein Synchrondemodulator liefert. Insofern ergibt sich der Detektionsgewinn zu

$$\frac{(S/N)_{aus}}{(S/N)_{ein}} = \frac{2\overline{s_{mod}^2(t)}}{A_c^2 + \overline{s_{mod}^2(t)}} \quad . \tag{5.92}$$

Für den Fall, daß der Geräuschspannungsabstand am Demodulatoreingang kleine Werte annimmt, soll nun für eine einfache mathematische Behandlung Gl. (5.85) umgeschrieben werden in

$$s_{AMN}(t) = [A_c + s_{mod}(t)] \cos \omega_c t + A_n(t) \cos(\omega_c t + \varphi_n(t)) \tag{5.93}$$

mit

$$A_n(t) = \sqrt{n_c^2(t) + n_s^2(t)} \tag{5.94}$$

und

$$\varphi_n(t) = \arctan \frac{n_s(t)}{n_c(t)} \quad . \tag{5.95}$$

$A_n(t)$ gehorcht dabei einer Rayleigh-Verteilung[3], wohingegen $\varphi_n(t)$ gleichverteilt ist [13]. Für $(S/N)_{ein} << 1$ wird die Amplitude $A_c + s_{mod}(t)$ gewöhnlicherweise weitaus kleiner sein als $A_n(t)$. Mit Hilfe des Zeigerdiagramms in Abb. 5.26 läßt sich die Einhüllende abschätzen durch

$$A_{ges}(t) = A_n(t) + [A_c + s_{mod}(t)] \cos \varphi_n(t) \quad . \tag{5.96}$$

Die Hauptkomponente des Hüllkurvendemodulatorausgangssignals ist demzufolge die Einhüllende des rayleigh-verteilten Rauschens. Weiterhin ist keine Komponente von $A_{ges}(t)$ proportional zum Eingangssignal. Da der Ausdruck $\cos \varphi_n(t)$ einen Zufallsprozeß beschreibt, wird das Modulationssignal mit einem Zufallssignal multipliziert, was für das Ausgangssignal einen weitaus ungünstigeren Effekt darstellt als additives Rauschen. Der mit Gl. (5.96) verbundene Signalverlust am Ausgang des Hüllkurvendemodulators bei geringem Eingangsgeräuschspannungsabstand ist als AM-Schwelle bekannt. Ihre Ursache liegt im nichtlinearen Verhalten des Hüllkurvendemodulators. Bei der Synchrondemodulation, die ein lineares System darstellt, kann dieses Verhalten nicht auftreten. Sind am Eingang des Synchrondemodulators Signal und Rauschen additiv

---

[3]J. Rayleigh, brit. Physiker (1842–1919)

überlagert, so sind sie es auch an dessen Ausgang. Aus diesem Grund zieht man bei geringem Eingangsgeräuschspannungsabstand eine Synchrondemodulation einer Hüllkurvendemodulation vor.

Die Berechnung des Geräuschspannungsabstandes am Ausgang des Hüllkurvendemodulators ist wegen der multiplikativen Terme sehr aufwendig. Die dazu notwendigen Rechenschritte können in [13] nachgelesen werden. Das Ergebnis für ein zweiseitenbandmoduliertes Signal mit Träger bei kleinem Eingangsgeräuschspannungsabstand $S_{ein}/N_{ein} << 1$ lautet:

$$\frac{S_{aus}}{N_{aus}} = \frac{1}{1,092} \cdot \frac{\overline{(A_c + s_{mod}(t))^4 + A_c^4 - 2A_c^2(A_c + s_{mod}(t))^2}}{\overline{(A_c + s_{mod}(t))^2}^2} \left(\frac{S_{ein}}{N_{ein}}\right)^2 \quad . \qquad (5.97)$$

Im Vergleich zu Gl. (5.92) läßt Gl. (5.97) aufgrund des Faktors mit dem quadratischen Eingangsgeräuschspannungsabstand auf ein ungünstiges Verhalten des Hüllkurvendemodulators bei geringem Eingangsgeräuschspannungsabstand schließen. Gl. (5.97) ist eine auf die Amplitudenmodulation angepaßte Verallgemeinerung des mathematisch leichter zu behandelnden Falls, bei dem am Eingang des Hüllkurvendemodulators ein Sinusträger mit konstanter Amplitude in weißem, gaußverteiltem Rauschen anliegt, wobei der Eingangsgeräuschspannungsabstand wiederum kleiner als 1 ist. Der Geräuschspannungsabstand am Demodulatorausgang beträgt für diesen Fall

$$\frac{S_{aus\,A_c}}{N_{aus}} = \frac{1}{1,092} \left(\frac{A_c^2}{2N_{ein}}\right)^2 \quad , \qquad (5.98)$$

ein Ergebnis, das z. B. in [22] ausführlich hergeleitet wird. Die Signalleistung $S_{aus\,A_c}$ bezieht sich in diesem Fall auf das Signal, das durch die Differenz zwischen dem Hüllkurvendemodulatorausgangssignal bei eingeschaltetem Träger und dem Mittelwert des Ausgangssignals bei ausgeschaltetem Träger gebildet wird.

Der Übergang zwischen dem linearen Zusammenhang nach Gl. (5.92) und dem quadratischen Zusammenhang zwischen Eingangs- und Ausgangsgeräuschspannungsabstand nach Gl. (5.97) findet in einem Bereich von +10 dB bis −10 dB für den Eingangsgeräuschspannungsabstand statt. Unterhalb von 10 dB Eingangsgeräuschspannungsabstand verschlechtert sich der Geräuschspannungsabstand im Basisband sehr schnell; der Hüllkurvendemodulator wird praktisch unbrauchbar.

5.2 Die Frequenzmodulation

Die Frequenzmodulation (FM) gehört zur Klasse der Winkelmodulationsverfahren, die sich dadurch charakterisieren lassen, daß bei ihnen das Argument eines sinusförmigen Trägersignals eine Funktion des Modulationssignals ist. Infolgedessen läßt sich ein winkelmoduliertes Signal generell beschreiben durch

$$s_{WM}(t) = A_c \cdot \cos(\omega_c t + \varphi(t)) \quad . \qquad (5.99)$$

Die Momentanphase dieses Signals ist definiert als

$$\varphi_{Mom}(t) = \omega_c t + \varphi(t) \quad , \tag{5.100}$$

die Momentanfrequenz als

$$\omega_{Mom}(t) = \omega_c + \frac{d\varphi(t)}{dt} \quad . \tag{5.101}$$

Bei der Frequenzmodulation ist die Frequenzabweichung $\frac{d\varphi(t)}{dt}$ von der Trägerfrequenz proportional zum Modulationssignal. Somit ergibt sich die Phase des modulierten Signals zu

$$\varphi_{FM}(t) = \alpha_F \int\limits_{-\infty}^{t} s_{mod}(\tau)\, d\tau \quad , \tag{5.102}$$

wobei α_F eine Modulationskonstante mit der Dimension $\left[\frac{1}{Vs}\right]$ ist, vorausgesetzt, $s_{mod}(t)$ ist ein Spannungssignal. Das Ausgangssignal eines Frequenzmodulators läßt sich demzufolge beschreiben durch

$$s_{FM}(t) = A_c \cdot \cos(\omega_c t + \alpha_F \int\limits_{-\infty}^{t} s_{mod}(\tau)\, d\tau) \quad . \tag{5.103}$$

Aus dieser Gleichung läßt sich erkennen, daß die Frequenzmodulation ein nichtlineares Modulationsverfahren ist. Das Spektrum eines frequenzmodulierten Signals enthält Spektralanteile bei Frequenzen, die im Spektrum des Modulationssignals nicht enthalten sind. Aus diesem Grund ist im allgemeinen Fall der Zusammenhang zwischen beiden Spektren mathematisch nicht einfach beschreibbar. Eine allgemeingültige, geschlossene Gleichung, ähnlich zu Gl. (5.8), die das Ausgangsspektrum eines Frequenzmodulators als Funktion des Modulationssignalspektrums beschreibt, ist nicht bekannt.

Beschränkt man sich auf ein sinusförmiges Modulationssignal, so erhält man für Gl. (5.103) einen Ausdruck, dessen Spektrum durch Fouriertransformation berechnet werden kann. Da die Frequenzmodulation jedoch ein nichtlineares Modulationsverfahren ist, gilt das Superpositionsgesetz nicht. Deshalb ist es auch nicht möglich, aus dem FM-Spektrum, das bei einem sinusförmigen Modulationssignal entsteht, auf das FM-Spektrum bei einem beliebigen Modulationssignal zu schliessen.

Mit

$$s_{mod}(t) = A \cos \omega_{mod} t \tag{5.104}$$

erhält man als Phase des frequenzmodulierten Signals nach Gl. (5.102)

$$\varphi_{FM}(t) = \frac{\alpha_F A}{\omega_{mod}} \sin \omega_{mod} t \quad . \tag{5.105}$$

Definiert man nun einen Modulationsindex

$$\eta = \frac{\alpha_F A}{\omega_{mod}} \quad , \tag{5.106}$$

Tabelle 5.1: Funktionswerte der Bessel-Funktion $J_n(\eta)$

| | | | | | η | | | | |
	1	2	3	4	5	6	7	8	9
0	0,765	0,224	-0,260	-0,397	-0,178	0.151	0,300	0,172	-0,090
1	0,440	0,577	0,339	-0,066	-0,328	-0,277	-0,004	0,244	0,245
2	0,115	0,353	0,486	0,364	0,047	-0,243	-0,301	-0,113	0,144
3	0,012	0,129	0,309	0,430	0,365	0,115	-0,168	-0,291	-0,180
4	0,002	0,034	0,132	0,281	0,391	0,358	0,157	-0,105	-0,266
5		0,007	0,043	0,132	0,261	0,362	0,348	0,186	-0,055
6		0,001	0,011	0,049	0,131	0,246	0,339	0,338	0,204
7			0,003	0,015	0,053	0,130	0,234	0,320	0,328
8				0,004	0,018	0,057	0,128	0,224	0,305
9					0,005	0,021	0,059	0,126	0,215
10					0,001	0,007	0,024	0,060	0,125
11						0,002	0,008	0,026	0,062
12							0,002	0,009	0,027
13								0,003	0,010

(Die Zeile n beschriftet die erste Spalte.)

so erhält man für das Ausgangssignal eines Frequenzmodulators

$$
\begin{aligned}
s_{FM}(t) &= A_c \cos(\omega_c t + \eta \sin \omega_{mod} t) \\
&= A_c \, \Re\{e^{j\omega_c t} \cdot e^{j\eta \sin \omega_{mod} t}\} \quad .
\end{aligned}
\tag{5.107}
$$

Die Funktion $e^{j\eta \sin \omega_{mod} t}$ ist periodisch mit der Frequenz ω_{mod} und kann deshalb in eine Fourierreihe entwickelt werden. Die Fourierkoeffizienten lassen sich mit Hilfe von Gl. (3.24) berechnen als

$$
\underline{A}_n = \frac{\omega_{mod}}{2\pi} \int_{-\frac{\pi}{\omega_{mod}}}^{\frac{\pi}{\omega_{mod}}} e^{j\eta \sin \omega_{mod} t} \cdot e^{-jn\omega_{mod} t} \, \mathrm{d}t \quad .
\tag{5.108}
$$

Dieses Integral kann nicht in geschlossener Form gelöst werden. Es ist eine Funktion von n und η und wird als Bessel-Funktion[4] 1. Art der n-ten Ordnung mit $J_n(\eta)$ bezeichnet. Einige Werte dieser Funktion sind in Tabelle 5.1 zusammengestellt.

Mit Hilfe dieser Bessel-Funktionen läßt sich nun die Fourierreihenentwicklung der Funktion $e^{j\eta \sin \omega_{mod} t}$ schreiben als

$$
e^{j\eta \sin \omega_{mod} t} = \sum_{n=-\infty}^{\infty} J_n(\eta) e^{jn\omega_{mod} t} \quad ,
\tag{5.109}
$$

wodurch das FM-Signal als

$$
s_{FM}(t) = A_c \, \Re\{e^{j\omega_c t} \cdot \sum_{n=-\infty}^{\infty} J_n(\eta) e^{jn\omega_{mod} t}\}
\tag{5.110}
$$

---

[4]F. W. Bessel, dt. Astronom und Mathematiker (1784–1846)

geschrieben werden kann. Bildet man nun den Realteil in Gl. (5.110), so erhält man

$$s_{FM}(t) = A_c \sum_{n=-\infty}^{\infty} J_n(\eta) \cos(\omega_c t + n\omega_{mod}t) \quad . \tag{5.111}$$

Hieraus ergibt sich als Spektrum

$$S_{FM}(\omega) = \pi A_c \sum_{n=-\infty}^{\infty} J_n(\eta) \left(\delta(\omega - \omega_c - n\omega_{mod}) + \delta(\omega + \omega_c + n\omega_{mod}) \right) \quad . \tag{5.112}$$

Ein sinusförmiges Modulationssignal besitzt demzufolge als FM-Spektrum ein Linienspektrum, das eine Komponente bei der Trägerfrequenz ω_c aufweist und eine unendliche Anzahl von Seitenbändern, die im Abstand von ganzzahligen Vielfachen der Modulationsfrequenz um die Trägerfrequenz herum liegen. Die Amplituden dieser Seitenbänder sind mit den Werten der Bessel-Funktion $J_n(\eta)$ gewichtet. In Tabellen sind üblicherweise nur die Werte für positive n angegeben. Aus der Definition der Bessel-Funktion ergeben sich jedoch die Beziehungen

$$J_{-n}(\eta) = J_n(\eta) \tag{5.113}$$

für n gerade und

$$J_{-n}(\eta) = -J_n(\eta) \tag{5.114}$$

für ungerade Werte von n. Demzufolge ist das Betragsspektrum eines frequenzmodulierten Signals bei einer Eintonmodulation symmetrisch zur Trägerfrequenz.

Betrachtet man sich die in Tabelle 5.1 angegebenen Werte der Bessel-Funktion, so stellt man fest, daß für kleine Werte des Modulationsindex η $J_0(\eta)$ dominiert, so daß ein Großteil der Leistung des FM-Signals innerhalb einer geringen Bandbreite vorhanden ist, weswegen man in diesem Fall von einer Schmalband-Frequenzmodulation spricht. Weiterhin ist erkennbar, daß $J_n(\eta)$ Nulldurchgänge für verschiedene Werte des Modulationsindexes η besitzt. So ist es beispielsweise möglich, daß im Spektrum des frequenzmodulierten Signals kein Anteil mehr bei der Trägerfrequenz ω_c vorhanden ist. Hierzu muß gelten:

$$J_0(\eta) = 0 \quad , \tag{5.115}$$

was für $\eta = 2,4808$ oder $\eta = 5,52$ oder $\eta = 8,6537$ erfüllt ist. Entsprechend existieren keine Spektralkomponenten bei der Frequenz $\omega = \omega_c \pm n\omega_{mod}$, wenn

$$J_n(\eta) = 0 \tag{5.116}$$

erfüllt ist.

5.2.1 Bandbreite eines sinusförmig modulierten FM-Signals

Wie Gl. (5.112) zeigt, entstehen bei der Erzeugung eines FM-Signals eine unendliche Anzahl von Seitenspektrallinien, so daß die zur Übertragung eines frequenzmodulierten Signals benötigte Bandbreite prinzipiell auch unendlich groß ist. Andererseits jedoch zeigt der Verlauf der Bessel-Funktionen in Tabelle 5.1, daß für $n > \eta$ die Gewichtung der Spektrallinien schnell abnimmt.

Die Leistung eines winkelmodulierten Signals und damit auch die Leistung eines frequenzmodulierten Signals ergibt sich aus Gl. (5.99) zu

$$\overline{s_{WM}^2(t)} = \overline{s_{FM}^2(t)} = A_c^2 \cos^2\left(\omega_c t + \varphi(t)\right) \quad , \tag{5.117}$$

das umgeschrieben werden kann in

$$\overline{s_{WM}^2(t)} = \overline{s_{FM}^2(t)} = \frac{1}{2}A_c^2 + \overline{\frac{1}{2}A_c^2 \cos\left(2\omega_c t + 2\varphi(t)\right)} \quad . \tag{5.118}$$

Bei entsprechend groß gewählter Trägerfrequenz ist der zweite Term in dieser Gleichung vernachlässigbar, und man erhält

$$\overline{s_{WM}^2(t)} = \overline{s_{FM}^2(t)} = \frac{1}{2}A_c^2 \quad . \tag{5.119}$$

Demzufolge ist die Ausgangssignalleistung eines Winkelmodulators unabhängig vom Modulationssignal.

Nun läßt sich ein Leistungsverhältnis P_R definieren, das das Verhältnis der Leistung von Trägerschwingung und k Seitenspektrallinien zu jeder Seite der Trägerschwingung zur Gesamtleistung des FM-Signals angibt:

$$P_R = \frac{\frac{1}{2}A_c^2 \sum\limits_{n=-k}^{k} J_n^2(\eta)}{\frac{1}{2}A_c^2} \tag{5.120}$$

oder einfacher

$$P_R = J_0^2(\eta) + 2\sum_{n=1}^{k} J_n^2(\eta) \quad . \tag{5.121}$$

Für eine bestimmte Anwendung läßt sich nun ein passendes Leistungsverhältnis festlegen. Anschließend bestimmt man mit Hilfe der Bessel-Funktionen die Größe k für das festgelegte Leistungsverhältnis und erhält damit die resultierende einseitige Bandbreite

$$B = 2k f_{mod} \quad . \tag{5.122}$$

Experimentelle Untersuchungen haben gezeigt, daß die mit der Bandbegrenzung eines frequenzmodulierten Signals einhergehenden Störungen noch tolerabel sind, wenn 98% der Gesamtleistung des FM-Signals übertragen werden. Eine Auswertung der Tabelle 5.1 zeigt, daß diese Bedingung erfüllt ist für

$$k = 1 + \eta \quad , \tag{5.123}$$

so daß die dazu benötigte Bandbreite sich zu

$$B = 2(1 + \eta) f_{mod} \tag{5.124}$$

ergibt. Gl. (5.124) setzt eine Eintonmodulation voraus, da der Modulationsindex η nur für eine Aussteuerung des Frequenzmodulators mit einem sinusförmigen Signal definiert ist. Für ein beliebiges Modulationssignal $s_{mod}(t)$ erhält man einen Ausdruck für die benötigte Übertragungsbandbreite, nachdem man das Verhältnis von Frequenzhub zur einseitigen Bandbreite B_{mod} des Modulationssignals als

$$D = \frac{\alpha_F}{2\pi B_{mod}} \left[\max |s_{mod}(t)|\right] \tag{5.125}$$

definiert hat. Der Frequenzhub ist dabei festgelegt als der Maximalbetrag der Frequenzdifferenz zwischen Momentanfrequenz nach Gl. (5.101) und Trägerfrequenz ω_c. Die Größe D, die häufig als FM-Index bezeichnet wird, spielt bei einem nichtsinusförmigen Modulationssignal dieselbe Rolle wie der Modulationsindex η bei einer Eintonmodulation. Ersetzt man nun in Gl. (5.124) η durch D und f_{mod} durch B_{mod}, so erhält man

$$B_C = 2(1 + D)B_{mod} \quad . \tag{5.126}$$

Dieser Ausdruck zur Bestimmung der notwendigen Übertragungsbandbreite bei einem nichtsinusförmigen Modulationssignal wird als Formel von Carson bezeichnet. Für $D << 1$ ergibt sich als benötigte Bandbreite näherungsweise $B_C = 2B_{mod}$. Das dazugehörige frequenzmodulierte Signal wird Schmalband-FM-Signal genannt. Ist dagegen $D >> 1$, so erhält man $B_C \approx 2DB_{mod}$, was dem Doppelten des Frequenzhubs entspricht. Das FM-Signal bezeichnet man für diesen Fall als Breitband-FM-Signal.

Der Modulationsindex η bzw. der FM-Index D spielen bei der Frequenzmodulation eine ähnliche Rolle wie der Modulationsgrad m bei der Amplitudenmodulation (Definition in Gl. (5.6)). Der Modulationsgrad m darf maximal den Wert 1 annehmen, um Verzerrungen bei der Demodulation des AM-Signals zu vermeiden. Solch eine Einschränkung besteht für den FM-Index D nicht. Da jedoch für $D >> 1$ die benötigte Bandbreite durch den Frequenzhub bestimmt wird, ist in der Praxis dessen Wert durch die zur Verfügung stehende Übertragungsbandbreite begrenzt.

Bei der Amplitudenmodulation besitzt man die Möglichkeit, durch Vergrößern des Modulationsgrades m den Anteil der Basisbandleistung im Vergleich zur Gesamtleistung zu erhöhen, wobei die Übertragungsbandbreite konstant bleibt. Möchte man bei der Frequenzmodulation den Leistungsanteil des empfangenen Signals in Bezug auf die Gesamtleistung steigern, so ist dies nur durch eine vergrößerte Übertragungsbandbreite möglich.

Betrachtet man bei einer Eintonmodulation bei einem vorgegebenen Frequenzhub die für verschiedene Modulationsfrequenzen benötigten Übertragungsbandbreiten, so erkennt man, daß die Abweichungen von der Nominalbandbreite $B = 2\eta f_{mod}$ für kleine Werte von η und hohe Modulationsfrequenzen größer sind als für einen großen Modulationsindex und eine niedrige Modulationsfrequenz.

Für die FM-Übertragung im UKW-Bereich ist beispielsweise ein Frequenzhub von 75 kHz zugelassen. Geht man von einer maximal zu übertragenden Frequenz von 15 kHz aus, so ergibt sich für diese Frequenz ein Modulationsindex von $\eta = 5$. Nach Gl. (5.124) ist damit eine Übertragungsbandbreite von 180 kHz verbunden. Die Nominalbandbreite beträgt hier 150 kHz. Für die Übertragung eines Eintonsignals mit $f_{mod} = 3$ kHz ist dagegen ein Modulationsindex von $\eta = 25$ erlaubt, wobei eine Übertragungsbandbreite von 156 kHz benötigt wird. Die Abweichung zur Nominalfrequenz beträgt für den ersten Fall 30 kHz, für den zweiten Fall dagegen nur 6 kHz. Mit wachsendem Modulationsindex und entsprechend kleiner werdender Modulationsfrequenz nähert sich die Übertragungsbandbreite immer mehr der Nominalbandbreite B an.

5.2.2 Schmalband-Frequenzmodulation

Wählt man bei einer Eintonmodulation den Modulationsindex η derart, daß $\eta \ll 1$ gilt, so lassen sich die Bessel-Funktionen um $\eta = 0$ herum in eine Potenzreihe entwickeln, so daß die folgenden Näherungen gültig sind:

$$J_0(\eta) = 1 - \left(\frac{\eta}{2}\right)^2 \tag{5.127}$$

und für $\eta \neq 0$

$$J_n(\eta) = \frac{1}{n!}\left(\frac{\eta}{2}\right)^2 \quad . \tag{5.128}$$

Setzt man diese Näherungen in Gl. (5.111) ein und vernachlässigt im Ausdruck für $J_0(\eta)$ den quadratischen Term sowie für $\eta > 1$ alle weiteren Terme, so ergibt sich als Ausgangssignal des FM-Modulators

$$s_{FM}(t) = A_c \left(\cos \omega_c t - \frac{\eta}{2}\cos(\omega_c - \omega_{mod})t + \frac{\eta}{2}\cos(\omega_c + \omega_{mod})t \right) \quad . \tag{5.129}$$

Das frequenzmodulierte Signal besteht, ähnlich wie bei der Eintonmodulation eines Amplitudenmodulators, nur noch aus einem Trägersignal, das von einem Paar Seitenspektrallinien begleitet wird. Zum Vergleich mit Gl. (5.129) wird hier der Ausdruck angegeben, der bei der Amplitudenmodulation eines Eintonsignals das Ausgangssignal beschreibt:

$$s_{AM}(t) = A_c \cos \omega_c t + \frac{m}{2}\cos(\omega_c - \omega_{mod})t + \frac{m}{2}\cos(\omega_c + \omega_{mod})t \quad . \tag{5.130}$$

Die Ähnlichkeit beider Gleichungen fällt sofort auf. Der Unterschied zwischen beiden Ausdrücken liegt im Vorzeichen des Terms, der das untere Seitenband beschreibt. Die Auswirkung auf das Ausgangssignal beider Modulatoren läßt sich anschaulich in einem Phasenzeigerdiagramm verdeutlichen, wie es in Abb. 5.27 gezeichnet ist. Die Trägerphase als Referenz ist in horizontaler Richtung aufgetragen. Bei der Amplitudenmodulation addieren sich die Zeiger der Seitenspektrallinien immer derart, daß sich ihre Resultierende in Phase zum Trägersignal dazuaddiert. Hingegen steht die Resultierende, die sich aufgrund der beiden Phasenzeiger bei der Frequenzmodulation ergibt, immer senkrecht auf dem Phasenzeiger des Trägersignals. Nach der Addition beider Zeiger ist deswegen die Resultierende $R_{FM}(t)$ im Vergleich zur Trägeramplitude etwas reduziert. Diese geringe Amplitudenmodulation rührt daher, daß die Seitenspektrallinien höherer Ordnung bei dieser Art der Betrachtung vernachlässigt wurden. Mit Hilfe der beiden Beziehungen aus Gl. (5.113) und Gl. (5.114) folgert man, daß alle ungeradzahligen Seitenbänder Resultierende liefern, die senkrecht zum Trägersignal stehen, wohingegen alle geradzahligen Seitenbänder bei der Addition Resultierende erzeugen, die sich in Phase mit dem Trägersignal befinden. Im Grenzfall, bei der Berücksichtigung

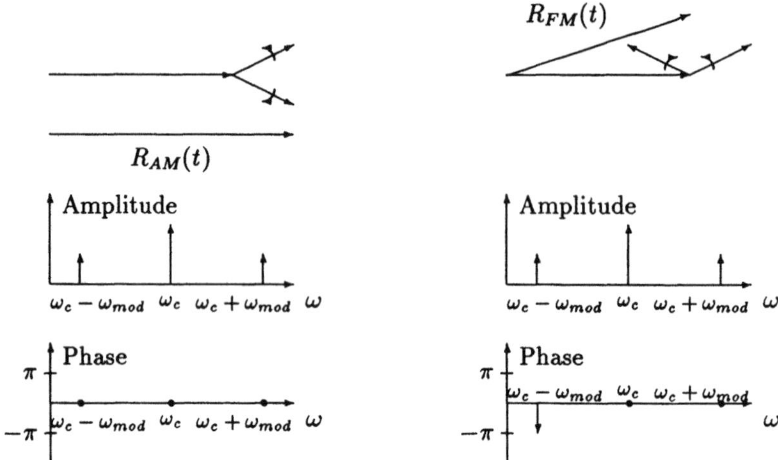

Abb. 5.27: Vergleich zwischen Schmalband-FM und Amplitudenmodulation

aller Seitenbänder, ergibt sich eine Resultierende, deren Größe mit der Trägeramplitude übereinstimmt.

Setzt man bei der Schmalband-Frequenzmodulation den Modulationsindex η auf einen Wert, der zahlenmäßig dem Modulationsgrad m bei der Amplitudenmodulation entspricht, so besitzen beide Verfahren, wie es in Abb. 5.27 skizziert ist, das gleiche Amplitudenspektrum.

Im allgemeinen kann bei einer Frequenzmodulation mit einem beliebigen Eingangssignal $s_{mod}(t)$ keine Aussage über das Ausgangsspektrum gemacht werden. Anders ist es bei einer Schmalband-Frequenzmodulation, bei der es durch eine Reihenentwicklung von Gl. (5.103) mit Abbruch nach dem linearen Glied möglich ist, einen Ausdruck für das Ausgangsspektrum eines Frequenzmodulators zu erhalten. Schreibt man Gl. (5.103) mit Hilfe der Exponentialfunktion als

$$s_{FM}(t) = \Re\left\{ A_c e^{j\omega_c t} e^{j\alpha_F \int_{-\infty}^{t} s_{mod}(\tau)\,\mathrm{d}\tau} \right\} \tag{5.131}$$

und entwickelt den Ausdruck für die zweite Exponentialfunktion in eine Potenzreihe, so erhält man

$$s_{FM}(t) =$$

$$\Re\left\{ A_c e^{j\omega_c t} \left[1 + j\alpha_F \int_{-\infty}^{t} s_{mod}(\tau)\,\mathrm{d}\tau - \frac{1}{2}\left(\alpha_F \int_{-\infty}^{t} s_{mod}(\tau)\,\mathrm{d}\tau \right)^2 + -\cdots \right] \right\}. \tag{5.132}$$

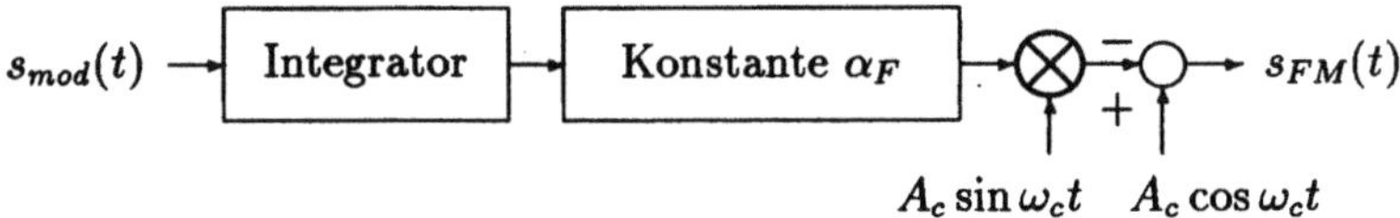

Abb. 5.28: Blockschaltbild eines Schmalband-FM-Modulators

Liefert das Integral betragsmäßig einen Wert, der kleiner als 1 ist, so kann das FM-Signal nach der Realteilbildung approximiert werden als

$$s_{FM}(t) \approx A_c \cos \omega_c t - A_c \sin \omega_c t \cdot \alpha_F \int_{-\infty}^{t} s_{mod}(\tau)\, d\tau \quad . \tag{5.133}$$

Aufgrund der Integration als linearer Operation besteht in Gl. (5.133) ein linearer Zusammenhang zwischen Modulationssignal und FM-Signal, so daß für diesen Fall auch die Superposition verschiedener Ausgangssignale bei der Bestimmung eines Ausgangssignals für superponierte Eingangssignale durchgeführt werden kann.

Aus Gl. (5.133) läßt sich ein Blockschaltbild für einen Schmalband-Frequenzmodulator herleiten; es ist in Abb. 5.28 gezeichnet. Die Modulatorkonstante muß dabei so bemessen sein, daß für jeden Zeitpunkt t gilt:

$$\int_{-\infty}^{t} \alpha_F s_{mod}(\tau)\, d\tau << 1 \quad . \tag{5.134}$$

Existiert zu dem integrierten Modulationssignal

$$\varphi_{FM}(t) = A_c \int_{-\infty}^{t} \alpha_F s_{mod}(\tau)\, d\tau \tag{5.135}$$

eine Fouriertansformierte $\Phi(\omega)$, so ergibt sich als Spektrum für $s_{FM}(t)$

$$S_{FM}(\omega) = \pi A_c(\delta(\omega - \omega_c) + \delta(\omega + \omega_c)) - \frac{1}{2j}(\Phi(\omega - \omega_c) - \Phi(\omega + \omega_c)) \quad . \tag{5.136}$$

Der Vergleich mit dem Spektrum eines amplitudenmodulierten Signals

$$S_{AM}(\omega) = \pi A_c(\delta(\omega - \omega_c) + \delta(\omega + \omega_c)) + \frac{1}{2}(S_{mod}(\omega - \omega_c) + S_{mod}(\omega + \omega_c)) \tag{5.137}$$

führt auf den Zusammenhang

$$|S_{FM}(\omega)|^2 = |S_{AM}(\omega)|^2 \quad . \tag{5.138}$$

Die Leistungsdichtespektren beider Signale stimmen demzufolge überein. Dieses Ergebnis ist verständlich, wenn man sich die Resultate der Spektralberechnung bei einer Eintonmodulation ins Gedächtnis zurückruft (s. Abb. 5.27) und bedenkt, daß bei der Schmalband-Frequenzmodulation die Superposition modulierter Signale im Ausgangssignal erlaubt ist.

5.2.3 Breitband-Frequenzmodulation

Liegt am Eingang eines Breitband-Frequenzmodulators kein Eintonsignal, sondern ein Zufallssignal $s_{mod}(t)$ an, so ist es nicht möglich, einen mathematisch derart präzisen Ausdruck für das Ausgangsspektrum anzugeben, wie es bei der Schmalband-FM der Fall ist. Es kann jedoch eine qualitative Aussage über das Aussehen des Ausgangsleistungsdichtespektrums gemacht werden. Die hierzu notwendige Vorgehensweise wird in [23] beschrieben und im folgenden dargestellt.

Bezeichnet man mit $\Delta\omega = \omega - \omega_c$ die Frequenzdifferenz zwischen der Momentanfrequenz und der Trägerfrequenz, so ist diese Frequenzdifferenz zeitabhängig, da sie nach Gl. (5.103) als Funktion des Modulationssignals durch $\Delta\omega = \alpha_F s_{mod}(t)$ beschrieben werden kann. Darüberhinaus ist $\Delta\omega$ die Kreisfrequenz, mit der die Resultierende des frequenzmodulierten Ausgangssignals in einem Zeigerdiagramm um den Ursprung rotiert, wenn das zugrundeliegende Koordinatensystem, vergleichbar mit Abb. 5.27, auf die Trägerfrequenz ω_c fixiert ist. Wegen der Breitband-Frequenzmodulation wird der resultierende Zeiger eine große Anzahl von Umdrehungen um den Ursprung durchführen, wobei sich seine Kreisfrequenz von Umdrehung zu Umdrehung nicht stark ändern wird. Auch über einen längeren Betrachtungszeitraum hinweg wird ein Beobachter den Eindruck haben, daß die Resultierende mit annähernd konstanter Winkelgeschwindigkeit rotiert. Im Gegensatz hierzu oszilliert bei einer Schmalband-FM die Resultierende nur mit geringen Auslenkungen um die Referenzlage der Trägerphase.

Betrachtet wird nun ein Modulationssignal $s_{mod}(t)$ und dessen Wahrscheinlichkeitsverteilungsdichtefunktion $p(s_{mod})$. Die Wahrscheinlichkeit, daß $s_{mod}(t)$ sich in einem Bereich zwischen s_{mod1} und $s_{mod1} + ds_{mod}$ befindet, beträgt $p(s_{mod})\,ds_{mod}$. Wegen der Proportionalität zwischen $s_{mod}(t)$ und $\Delta\omega(t)$ läßt sich sagen, daß während der Zeitspanne, in der sich $s_{mod}(t)$ in dem oben angegebenen Bereich befindet, sich gleichzeitig $\Delta\omega(t)$ innerhalb eines Bereiches zwischen $\Delta\omega_1$ und $\Delta\omega_1 + d\Delta\omega$ befindet. Da innerhalb der Zeitspanne, in der sich $\Delta\omega$ spürbar ändert, eine große Anzahl von Umdrehungen der Resultierenden um den Ursprung stattfindet, ist es physikalisch sinnvoll, eine Frequenzabweichung $\Delta\omega$ derjenigen Zeitspanne zuzuordnen, innerhalb der das Modulationssignal eine derartige Frequenzabweichung verursacht. Der Anteil an der Gesamtleistung des frequenzmodulierten Signals, der im Frequenzbereich zwischen $\Delta\omega_1$ und $\Delta\omega_1 + d\Delta\omega$ enthalten ist, ist demzufolge proportional zu der Zeitspanne, innerhalb der $s_{mod}(t)$ sich im Bereich $(s_{mod1} \ldots s_{mod1} + ds_{mod})$ aufhält. Führt man $S(\Delta\omega)$ als Leistungsdichtespektrum des FM-Signals ein, so folgt aus der bisherigen Ableitung, daß $S(\Delta\omega_1)\,d\Delta\omega$ proportional ist zu $p(s_{mod1})\,ds_{mod}$. Weiterhin ist $d\Delta\omega$ proportional zu ds_{mod}, woraus man schliessen kann, daß $S(\Delta\omega)$ proportional zu $p(s_{mod})$ ist.

Das Leistungsdichtespektrum eines breitband-frequenzmodulierten Signals wird demzufolge durch die Verteilungsdichtefunktion des Modulationssignals bestimmt und besitzt, bis auf einen konstanten Faktor, deren Aussehen.

Eine Technik, um aus einem Schmalband-FM-Signal ein Breitband-FM-Signal zu generieren, ist in Abb. 5.29 dargestellt. Das Modulationssignal liegt am Eingang des Schmalband-Frequenzmodulators aus Gl. (5.28) an. Beschreibt man das Eingangssignal des Frequenzmultipliziers mit

$$s_{ein}(t) = A_c \cos\left(\omega_c t + \varphi(t)\right) \quad , \tag{5.139}$$

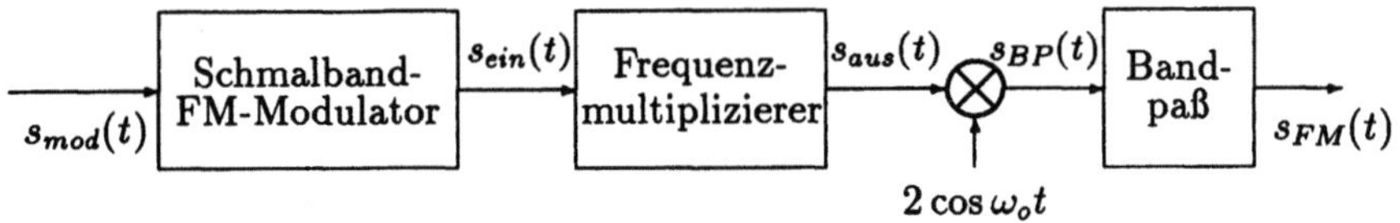

Abb. 5.29: Umwandlung eines Schmalband-FM-Signals in ein Breitband-FM-Signal

so ergibt sich das Ausgangssignal als

$$s_{aus}(t) = A_c \cos\left(n\omega_c t + n\varphi(t)\right) \quad . \tag{5.140}$$

Nach Multiplikation mit dem Oszillatorsignal $2\cos\omega_o t$ entsteht das Signal

$$s_{BP}(t) = A_c \cos\left((n\omega_c + \omega_o)t + n\varphi(t)\right) + A_c \cos\left((n\omega_c - \omega_o)t + n\varphi(t)\right) \quad . \tag{5.141}$$

Filtert man dieses Signal durch einen Bandpaß mit der Mittenfrequenz $\omega_M = n\omega_c + \omega_o$ oder $\omega_M = n\omega_c - \omega_o$, so liegt an dessen Ausgang das Signal

$$s_{FM}(t) = A_c \cos(\omega_M t + n\varphi(t)) \quad . \tag{5.142}$$

Die notwendige Bandpaßbandbreite kann durch die Formel von Carson berechnet werden. Die Grundidee dieses Verfahrens liegt darin, daß der Frequenzmultiplizierer sowohl die Trägerfrequenz als auch den FM-Index um einen Faktor n erhöht, wohingegen sich die anschließende Multiplikation nur noch auf die Trägerschwingung auswirkt. Als Frequenzmultiplizierer lassen sich beispielsweise ein Phasenregelkreis [24] oder ein Transistorverstärker einsetzen, der im nichtlinearen Breich betrieben wird. Diese Art der Erzeugung eines Breitband-FM-Signals wird auch als indirekte Frequenzmodulation bezeichnet.

5.2.4 Erzeugung eines frequenzmodulierten Signals

Neben den beiden durch die Schaltungen in Abb. 5.28 und Abb. 5.29 gezeigten Möglichkeiten zur Generierung eines Schmalband-FM-Signals oder eines Breitband-FM-Signals existieren noch eine Vielzahl weiterer Schaltungsprinzipien.

Im einfachsten Fall beeinflußt das Modulationssignal ein frequenzbestimmendes Bauelement eines Oszillators. Dabei kann die Kapazität einer Kapazitätsdiode oder die Induktivität einer Spule mit Eisenkern durch das Modulationssignal verändert werden, was zu einer Änderung der Schwingkreisfrequenz des Oszillators führt.

Eine prinzipielle Schwierigkeit tritt bei diesen Schaltungen auf, wenn man sowohl eine hohe Frequenzstabilität für die Trägerfrequenz als auch eine verzögerungszeitarme Modulierbarkeit des Oszillators fordert. Hier kann man, je nach den gestellten Anforderungen, nur einen Kompromiß zwischen beiden Verhaltensweisen erreichen. Aus diesem Grund bevorzugt man Modulationsschaltungen, bei denen das Modulationssignal nicht direkt den Trägerfrequenzoszillator beeinflußt. Diese Baugruppe kann dann, unabhängig von der restlichen Schaltung, für eine Langzeitfrequenzstabilität ausgelegt werden. Diese Methode wird in den beiden Blockschaltbildern in Abb. 5.28 und Abb. 5.29 angewandt.

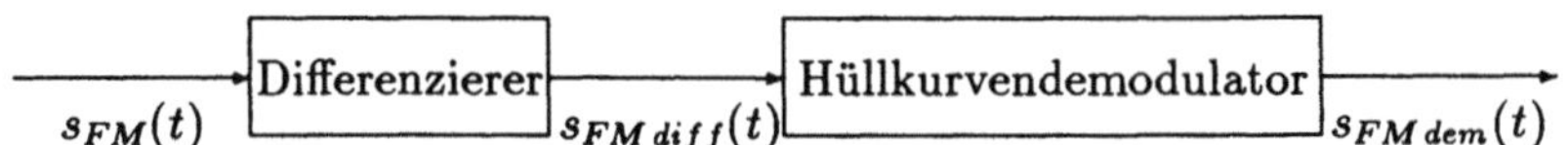

Abb. 5.30: Blockschaltbild eines FM-Demodulators

Einen ausführlichen Überblick über die Vielzahl der verschiedenen FM-Generatoren findet man in [25].

5.2.5 FM-Demodulation

Zur Demodulation eines frequenzmodulierten Signals benötigt man eine Baugruppe, deren Ausgangssignal proportional ist zur Differenz zwischen Momentanfrequenz und Trägerfrequenz. Solch eine Baugruppe wird als FM-Diskriminator bezeichnet. Ein idealer Diskriminator liefert für ein Eingangssignal nach Gl. (5.103) das Ausgangssignal

$$s_{FM\,dem}(t) = K_D \alpha_F s_{mod}(t) \quad . \tag{5.143}$$

Die Konstante K_D wird Diskriminatorkonstante genannt. Der ideale FM-Diskriminator besitzt eine lineare Frequenz/Amplituden-Übertragungsfunktion, die einen Nulldurchgang bei der Trägerfrequenz aufweist. Die Steigung der Übertragungsfunktion wird dabei durch die Diskriminatorkonstante bestimmt.

Eine Annäherung an dieses Idealverhalten stellt der Einsatz eines Differenzierers, gefolgt von einem Hüllkurvendemodulator, dar. Das entsprechende Blockschaltbild ist in Abb. 5.30 wiedergegeben. Das Ausgangssignal des Differenzierers ergibt sich bei einem Eingangssignal nach Gl. (5.103) zu

$$s_{FM\,diff}(t) = -A_c \cdot (\omega_c + \alpha_F s_{mod}(t)) \cdot \sin(\omega_c t + \int\limits_{-\infty}^{t} s_{mod}(\tau)\,d\tau) \quad . \tag{5.144}$$

Das Ausgangssignal des nachfolgenden Hüllkurvendemodulators lautet demzufolge

$$s_{FM\,dem}(t) = A_c \cdot (\omega_c + \alpha_F s_{mod}(t)) \quad , \tag{5.145}$$

woraus sich nach Abtrennen des Gleichanteils $A_c\omega_c$ das Modulationssignal wiedergewinnen läßt. Im einfachsten Fall läßt sich als Differenzierer ein RC-Hochpaß mit der Übertragungsfunktion

$$H(\omega) = \frac{j\omega RC}{1 + j\omega RC} \tag{5.146}$$

einsetzen. Ist die im Spektrum des frequenzmodulierten Signals vorhandene maximale Frequenzkomponente weitaus kleiner als die Grenzfrequenz des Hochpasses,

$$\omega_{max} << \frac{1}{RC} \quad , \tag{5.147}$$

so läßt sich die Übertragungsfunktion aus Gl. (5.146) approximieren durch

$$H(\omega) = j\omega RC \quad . \tag{5.148}$$

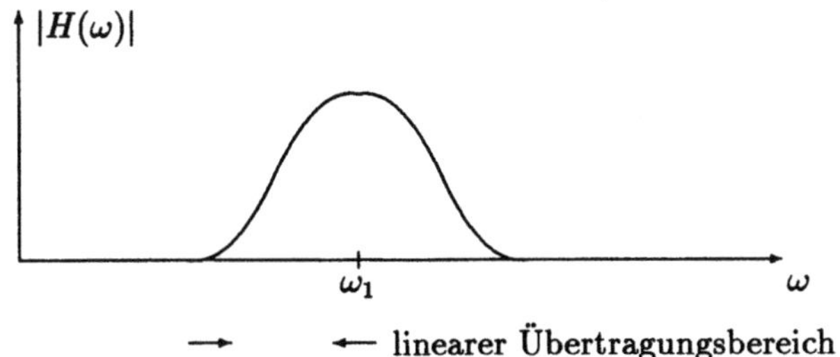

Abb. 5.31: Bandpaßfilter als Approximation eines idealen FM-Diskriminators

Somit zeigt der RC-Hochpaß in diesem Frequenzbereich das gewünschte lineare Frequenz/Amplituden-Verhalten eines idealen FM-Diskriminators. Die Diskriminatorkonstante besitzt dann den Wert

$$K_D = A_c RC \quad . \tag{5.149}$$

Da sich das Spektrum des frequenzmodulierten Signals im linearen Bereich der Übertragungskennlinie befinden muß und weiterhin die Trägerfrequenz häufig im Bereich hoher Frequenzen liegt, muß die Grenzfrequenz des Hochpasses entsprechend hoch gewählt werden, wodurch der Wert der Diskriminatorkonstanten entsprechend klein wird.

Eine Vergrößerung der Diskriminatorkonstanten ist durch den Einsatz eines Bandpaßfilters zu erreichen, dessen Amplitudenübertragungsfunktion in Abb. 5.31 skizziert ist. Oft jedoch ist der lineare Übertragungsbereich extrem schmal, und darüberhinaus liefert der Einsatz eines Bandpasses einen Gleichanteil im Bandpaßausgangssignal. Dieser kann zwar abgetrennt werden, jedoch vergibt man hiermit die prinzipelle Möglichkeit der FM-Demodulation, einen Gleichanteil im Modulationssignal detektieren zu können. Beide Probleme lassen sich lösen, wenn man statt eines Bandpasses zwei Bandpässe einsetzt, deren Mittenfrequenzen leicht gegeneinander verschoben sind, so wie es in Abb. 5.32 in der oberen Zeichnung angedeutet ist. Legt man das zu demodulierende FM-Signal an beide Bandpässe an und schaltet je einen Hüllkurvendemodulator dahinter, so ergibt sich deren Ausgangssignal zu $|H_1(\omega)|$ bzw. $|H_2(\omega)|$. Subtrahiert man beide Ausgangssignale voneinander, so erhält man die Übertragungsfunktion

$$H(\omega) = |H_1(\omega)| - |H_2(\omega)| \quad , \tag{5.150}$$

die in der unteren Zeichnung in Abb. 5.32 wiedergegeben ist. Besitzen beide Bandpässe eine zur Mittenfrequenz symmetrische Übertragungsfunktion mit identischer Steigung, so vergrößert sich durch die Subtraktion der lineare Übertragungsbereich und durch Wahl der Mittenfrequenzen ω_1 und ω_2 läßt sich das gewünschte Verhalten $H(\omega_c) = 0$ erreichen. Solch eine Schaltung wird als Gegentakt-Flankendemodulator bezeichnet; ihr Blockschaltbild ist in Abb. 5.33 gezeichnet. Diese Schaltung besitzt weiterhin den Vorteil, daß Nichtlinearitäten im Übertragungsverhalten des Bandpasses teilweise eliminiert werden können. Stellt man im interessierenden Frequenzbereich die Übertragungsfunktion der Bandpässe in einer Potenzreihenentwicklung als

$$\begin{aligned}
H_1(\omega) &= \omega_c + a_1(\omega - \omega_c) + a_2(\omega - \omega_c)^2 + \cdots \quad \text{und} \\
H_2(\omega) &= \omega_c - a_1(\omega - \omega_c) + a_2(\omega - \omega_c)^2 - \cdots
\end{aligned} \tag{5.151}$$

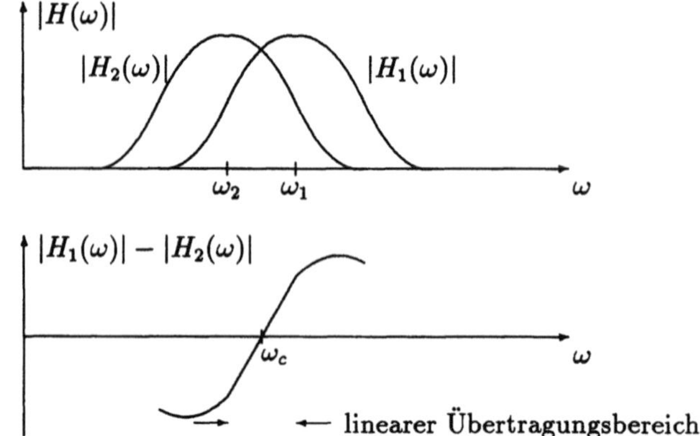

Abb. 5.32: Auslegung der Bandpässe im Gegentakt-Flankendemodulator

dar, so sorgt die Subtraktion der beiden Amplitudenübertragungsfunktionen dafür, daß alle geradzahligen Potenzterme im Ausgangssignal nicht mehr vorhanden sind, wodurch die durch Nichtlinearitäten verursachten Störungen im demodulierten Ausgangssignal reduziert werden.

5.2.6 Frequenzmodulation und Rauschen

Im folgenden soll der Einfluß von thermischem Rauschen, das sich additiv auf dem Übertragungskanal dem frequenzmodulierten Signal überlagert, auf das demodulierte Signal untersucht werden. Als Gütekriterium dient wiederum der Geräuschspannungsabstand. Das Rauschsignal ist gaußverteilt und mittelwertfrei und läßt sich als Schmalbandrauschen nach Gl. (4.88) mathematisch beschreiben. Hierbei besitzt es ein konstantes Leistungsdichtespektrum der Größe N_0. Wie in Abb. 5.34 zu sehen, ist dem FM-Demodulator ein ideales Bandpaßfilter vorgeschaltet, dessen Bandbreite durch die

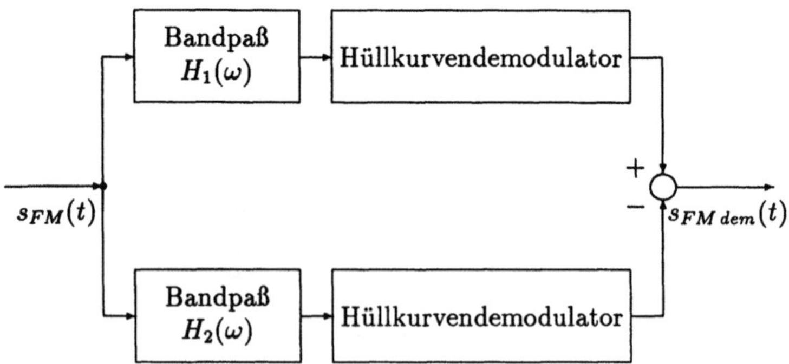

Abb. 5.33: Blockschaltbild eines Gegentakt-Flankendemodulators

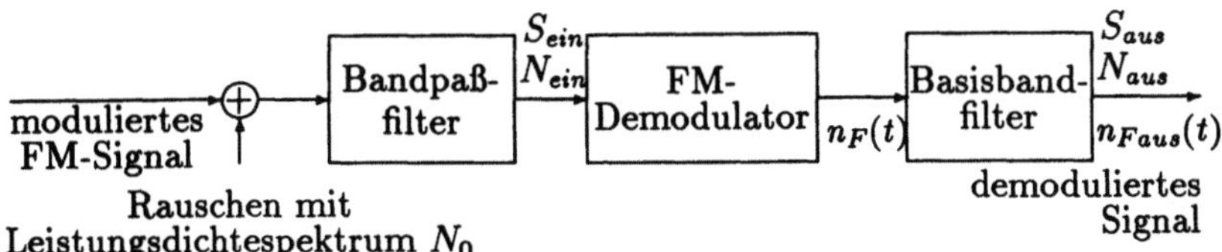

Abb. 5.34: Demodulation eines rauschbehafteten FM-Signals

Formel von Carson nach Gl. (5.126) bestimmt wird. Am Demodulatoreingang beträgt die Signalleistung S_{ein} und die Rauschleistung N_{ein}. Das Ausgangssignal des Basisbandfilters wird durch die Signalleistung S_{aus} und die Rauschleistung N_{aus} charakterisiert.

Das rauschbehaftete, frequenzmodulierte Signal am Eingang des FM-Demodulators läßt sich beschreiben durch

$$s_{FMN}(t) = A_c \cos(\omega_c t + \alpha_F \int\limits_{-\infty}^{t} s_{mod}(\tau)\, d\tau) + n_c(t) \cos \omega_c t - n_s(t) \sin \omega_c t \quad . \tag{5.152}$$

Hieraus ergeben sich die Leistungsanteile

$$S_{ein} = \frac{1}{2} A_c^2 \tag{5.153}$$

und

$$N_{ein} = 2 N_0 B_C \quad , \tag{5.154}$$

wobei B_C die Carson-Bandbreite bezeichnet. Für die weitere Rechnung ist es sinnvoll, Gl. (5.152) durch Betrag und Phase des Rauschanteils darzustellen, wodurch die Gleichung

$$s_{FMN}(t) = A_c \cos(\omega_c t + \alpha_F \int\limits_{-\infty}^{t} s_{mod}(\tau)\, d\tau) + A_N(t) \cos\left(\omega_c t + \varphi_N(t)\right) \tag{5.155}$$

entsteht. Die Amplitude des Rauschsignals $A_N(t)$ ist dabei rayleigh-verteilt, die Phase $\varphi_N(t)$ gleichverteilt [13]. Beschreibt man der einfachen Schreibweise wegen die modulationssignalabhängige Phase mit

$$\varphi(t) = \alpha_F \int\limits_{-\infty}^{\tau} s_{mod}(t)\, d\tau \quad , \tag{5.156}$$

so läßt sich Gl. (5.155) in Hinblick auf ein für Signal- und Rauschanteil gleichlautendes Winkelargument umschreiben in

$$\begin{aligned} s_{FMN}(t) &= A_c \cos\left(\omega_c t + \varphi(t)\right) + A_N(t) \cos\left(\varphi_N(t) - \varphi(t)\right) \cos\left(\omega_c t + \varphi(t)\right) \\ &\quad - A_N(t) \sin\left(\varphi_N(t) - \varphi(t)\right) \sin\left(\omega_c t + \varphi(t)\right) \quad . \end{aligned} \tag{5.157}$$

Nun lassen sich Signal- und Rauschanteil zusammenfassen in

$$s_{FMN}(t) = A_{ges}(t) \cos\left(\omega_c t + \varphi(t) + \varphi_Z(t)\right) \quad , \tag{5.158}$$

wobei $\varphi_Z(t)$ eine zusätzliche, durch das Rauschsignal verursachte Phasenschwankung der Größe

$$\varphi_Z(t) = \arctan \frac{A_N(t)\sin\left(\varphi_N(t) - \varphi(t)\right)}{A_c + A_N(t)\cos\left(\varphi_N(t) - \varphi(t)\right)} \tag{5.159}$$

beschreibt. Dieser Term wirkt sich störend in der Demodulation aus, da er den zeitlichen Verlauf der Phase, der vom FM-Diskriminator ausgewertet wird, dahingehend beeinflußt, daß jetzt nicht mehr ausschließlich die vom Modulationssignal herrührende Phaseninformation demoduliert wird.

Unter der Annahme, daß der Geräuschspannungsabstand am Bandpaßfilterausgang große Werte annimmt, soll nun der Geräuschspannungsabstand am Basisbandfilterausgang berechnet werden. In diesem Fall wird die durch das Rauschen verursachte zusätzliche Phasenschwankung klein sein, so daß unter der Voraussetzung $A_c >> A_N(t)$ Gl. (5.159) approximiert werden kann durch

$$\varphi_Z(t) \approx \frac{A_N(t)}{A_c}\sin\left(\varphi_N(t) - \varphi(t)\right) \quad . \tag{5.160}$$

Für die Berechnung des Geräuschspannungsabstands am Basisbandfilterausgang läßt sich die Tatsache ausnutzen, daß bei einem großen Geräuschspannungsabstand am Diskriminatoreingang Rauschsignal und Modulationssignal in guter Näherung statistisch unabhängig voneinander sind [26]. Zur Berechnung der Ausgangssignalleistung kann deshalb das Rauschsignal zu Null gesetzt werden. Entsprechend setzt man bei der Bestimmung der Ausgangsrauschleistung das Modulationssignal zu Null.

Zur Berechnung der Ausgangssignalleistung genügt es deswegen, den Term $\varphi(t)$ in Gl. (5.158) zu betrachten. Setzt man als FM-Demodulator einen idealen FM-Diskriminator ein, so erhält man am Ausgang des Basisbandfilters, dessen Bandbreite derjenigen des Modulationssignals entspricht, ein Ausgangssignal mit der Leistung

$$S_{aus} = K_D^2\alpha_F^2\overline{s_{mod}^2(t)} \quad . \tag{5.161}$$

Zur Bestimmung der Ausgangsrauschleistung wird der durch das Rauschen verursachte, zusätzliche Phasenfehler $\varphi_Z(t)$ ohne Modulationssignal ($\varphi(t) = 0$) als Eingangssignal des Diskriminators angesetzt. Sein Ausgangssignal $n_F(t)$ errechnet sich aus Gl. (5.160) zu

$$n_F(t) = \frac{K_D}{A_c}\cdot\frac{\mathrm{d}}{\mathrm{d}t}\left(A_N(t)\sin\varphi_N(t)\right) = \frac{K_D}{A_c}\frac{\mathrm{d}n_s(t)}{\mathrm{d}t} \quad . \tag{5.162}$$

Da am Diskriminatoreingang die Rauschkomponente $n_s(t)$ innerhalb der Carson-Bandbreite $-B_C/2 \leq f \leq B_C/2$ ein Leistungsdichtespektrum der Größe $2N_0$ besitzt und der Diskriminator durch die Übertragungsfunktion

$$H(\omega) = j\omega\frac{K_D}{A_c} \tag{5.163}$$

beschrieben wird, ergibt sich das Leistungsdichtespektrum am Diskriminatorausgang mit Hilfe von Gl. (4.71) zu

$$S_{nF}(f) = \frac{8\pi^2 K_D^2}{A_c^2}N_0 f^2 \quad \text{für} \quad |f| \leq \frac{B_C}{2} \quad . \tag{5.164}$$

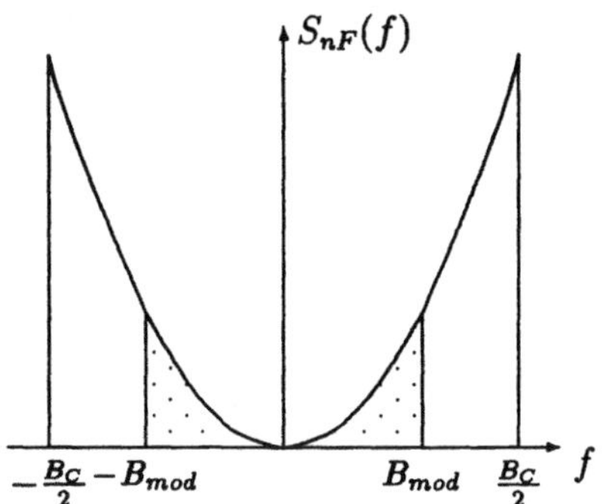

Abb. 5.35: Rauschleistungsdichtespektrum am Diskriminatorausgang

Das Rauschleistungsdichtespektrum steigt demzufolge quadratisch mit der Frequenz f an. Besitzt das Basisbandfilter die Bandbreite $2B_{mod}$, so erhält man als Rauschleistung am Ausgang dieses Filters

$$N_{aus} = \frac{8\pi^2 K_D^2 N_0}{A_c^2} \int\limits_{-B_{mod}}^{B_{mod}} f^2 \, \mathrm{d}f = \frac{16\pi^2 K_D^2}{3A_c^2} N_0 B_{mod}^3 \quad . \tag{5.165}$$

Das Rauschleistungsdichtespektrum am Diskriminatorausgang ist in Abb. 5.35 wiedergegeben. Die Fläche unter dem Integranden, die der Rauschleistung N_{aus} entspricht, ist hierbei punktiert. Nun läßt sich der Geräuschspannungsabstand am Basisbandfilterausgang berechnen. Er ergibt sich zu

$$\frac{S_{aus}}{N_{aus}} = \frac{3A_c^2 \alpha_F^2 \overline{s_{mod}^2(t)}}{16\pi^2 N_0 B_{mod}^3} \quad . \tag{5.166}$$

Mit der übertragenen Signalleistung $\overline{s_{FM}^2(t)} = P_{FM} = A_c^2/2$ (s. Gl. (5.119)) erhält man die Darstellung

$$\frac{S_{aus}}{N_{aus}} = \frac{3}{8\pi^2} \left(\frac{\alpha_F}{B_{mod}} \right)^2 \overline{s_{mod}^2(t)} \frac{P_{FM}}{N_0 B_{mod}} \quad . \tag{5.167}$$

Führt man nun den FM-Index D aus Gl. (5.125) ein, so läßt sich Gl. (5.167) umschreiben in

$$\frac{S_{aus}}{N_{aus}} = \frac{3}{2} D^2 \overline{s_{mod\,n}^2(t)} \frac{P_{FM}}{N_0 B_{mod}} \quad , \tag{5.168}$$

wobei $\overline{s_{mod\,n}^2(t)}$ die auf den Maximalwert von $s_{mod}(t)$ bezogene Leistung des Modulationssignals ist. Aus Gl. (5.168) ist zu erkennen, daß mit wachsendem FM-Index der Geräuschspannungsabstand am Basisbandfilterausgang größere Werte annimmt, wobei man jedoch berücksichtigen muß, daß diese Verbesserung mit einer Vergrößerung der Übertragungsbandbreite verbunden ist.

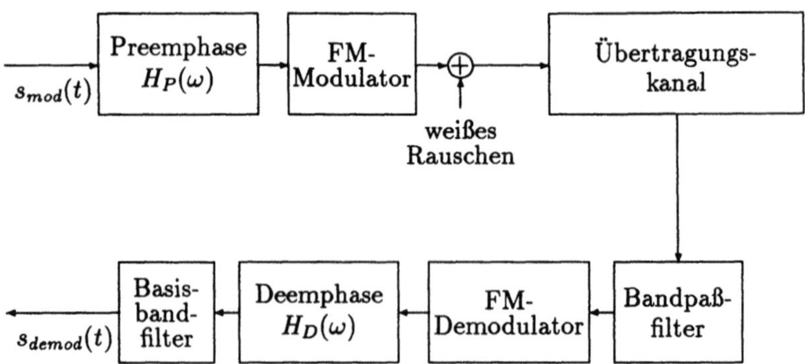

Abb. 5.36: FM-Übertragungsstrecke mit Pre- und Deemphase

Für eine Breitband-FM mit $D \gg 1$ ist die Carson-Bandbreite

$$B_C \approx 2DB_{mod} \quad , \tag{5.169}$$

womit sich als Geräuschspannungsabstand die Größe

$$\frac{S_{aus}}{N_{aus}} = \frac{3}{8}\left(\frac{B_C}{B_{mod}}\right)^2 \overline{s^2_{mod\,n}(t)}\frac{P_{FM}}{N_0 B_{mod}}$$

$$= \frac{3}{4}\left(\frac{B_C}{B_{mod}}\right)^3 \overline{s^2_{mod\,n}(t)}\frac{S_{ein}}{N_{ein}} \tag{5.170}$$

ergibt. Aus dieser Gleichung ist ablesbar, daß eine Störabstandsverbesserung durch eine Vergrößerung der Übertragungsbandbreite zu erzielen ist. Es soll hier jedoch noch einmal darauf hingewiesen werden, daß Gl. (5.170) für einen großen Geräuschspannungsabstand am Diskriminatoreingang hergeleitet wurde. Der Ausgangsgeräuschspannungsabstand kann bei einem kleinen Wert des Geräuschspannungsabstands am Diskriminatoreingang nicht dadurch verbessert werden, daß der FM-Index vergrößert wird.

Die vorangegangenen Rechnungen haben gezeigt, daß das Rauschleistungsdichtespektrum am Basisbandfiltereingang quadratisch mit der Frequenz ansteigt, wodurch die hochfrequenten Spektralanteile des Modulationssignals stärker gestört werden als die niederfrequenten. Da dieses unerwünschte Verhalten durch das im Übertragungskanal auftretende Rauschen verursacht wird, kann man eine Verbesserung des Geräuschspannungsabstands am Basisbandfilterausgang durch das Einfügen eines Filterpaares, bestehend aus Preemphasefilter und Deemphasefilter, erzielen. Die sich damit ergebende FM-Übertragungsstrecke ist in Abb. 5.36 wiedergegeben. Vor der Frequenzmodulation durchläuft das Modulationssignal ein Preemphasefilter, das eine Hochpaßcharakteristik besitzt. Das modulierte Signal wird übertragen; dabei überlagert sich ihm additiv ein Rauschsignal. Der Empfänger besitzt die bereits in Abb. 5.34 gezeigte Struktur, wobei jedoch das Deemphasefilter vor dem Basisbandfilter eingefügt ist. Die Übertragungsfunktion dieses Filters ist reziprok zur Übertragungsfunktion des Preemphasefilters:

$$H_D(\omega) = \frac{1}{H_P(\omega)} \quad . \tag{5.171}$$

Da beide Filter linear sind, entspricht die Gesamtübertragungsfunktion der Multiplikation der beiden Filterübertragungsfunktionen. Aus Gl. (5.171) läßt sich ablesen, daß dadurch eine Allpaßübertragungsfunktion realisiert wird, so daß in Bezug auf das Modulationssignal sich die derart erweiterte FM-Übertragungsstrecke so verhält, als wären beide Filter nicht vorhanden. Das Rauschsignal jedoch läuft nur durch das Deemphasefilter und kann wegen der Tiefpaßcharakteristik dieses Filters zumindest teilweise unterdrückt werden. Die Rauschleistung am Basisbandfilterausgang berechnet sich dann in Anlehnung an Gl. (5.165) zu

$$N_{aus\,De} = \frac{8\pi^2 K_D^2}{A_c^2} N_0 \int\limits_{-B_{mod}}^{B_{mod}} f^2 |\frac{1}{H_P(f)}|^2 \, df \quad . \tag{5.172}$$

Das Verhältnis von Rauschleistung ohne Deemphasefilter zur Rauschleistung mit Deemphasefilter beträgt dann

$$\frac{N_{aus}}{N_{aus\,De}} = \frac{\frac{2}{3} B_{mod}^3}{\int\limits_{-B_{mod}}^{B_{mod}} \frac{f^2}{|H_P(f)|^2} \, df} \quad . \tag{5.173}$$

Da das Modulationssignal durch Pre- und Deemphasefilter nicht beeinflußt wird, ist Gl. (5.173) ein Maß für die durch den Einsatz von Pre- und Deemphase erreichbare Störabstandsverbesserung.

Die bei der FM-Übertragung von Rundfunksignalen eingesetzten Filter ergeben typischerweise eine Vergrößerung des Geräuschspannungsabstandes am Basisbandfilterausgang von 6 dB.

An dieser Stelle muß erwähnt werden, daß der durch diese Filterung erzielbare Gewinn durch eine theoretisch immer vorhandene, praktisch jedoch oft vernachlässigbare Vergrößerung der Übertragungsbandbreite erkauft wird. Durch das Anheben der hochfrequenten Spektralanteile des Modulationssignals durch das Preemphasefilter vergrößert sich die maximal auftretende Frequenzabweichung von der Trägerfrequenz und damit die notwendige Übertragungsbandbreite. Da jedoch die meisten Modulationssignale nur eine geringe Leistung im hochfrequenten Anteil ihres Leistungsdichtespektrums aufweisen, ist dieser Effekt nur von geringer Bedeutung.

Bei allen in diesem Abschnitt durchgeführten Berechnungen wurde als FM-Demodulator ein idealer FM-Diskriminator eingesetzt. Baut man einen Demodulator nach Abb. 5.30 aus Differenzierer und Hüllkurvendemodulator auf, so ergibt sich die unerwünschte Eigenschaft, daß bei einem rauschbehafteten Signal nach Gl. (5.158) auch der zeitabhängige Faktor $A_{ges}(t)$ und nicht nur die Ableitung der trigonometrischen Funktion das Ausgangssignal des Hüllkurvendemodulators beeinflußt, was sich als zusätzliches Rauschen bemerkbar macht. Dieser Einfluß kann dadurch vermieden werden, daß die Zeitabhängigkeit von $A_{ges}(t)$ eliminiert wird. Dies geschieht, indem das rauschbehaftete Eingangssignal in einen Amplitudenbegrenzer eingespeist wird, dessen Ausgangssignal einen konstante Einhüllende besitzt. Da der Phasenverlauf des Signals die übertragene Information beschreibt, wird dadurch die Demodulierbarkeit nicht beeinflußt. Ein anschließendes Bandpaßfilter selektiert aus dem rechteckförmigen Signal

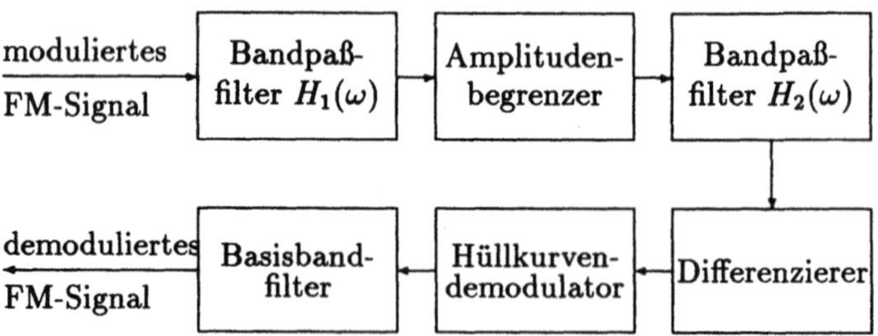

Abb. 5.37: Blockschaltbild eines FM-Empfängers

dessen Grundfrequenz, so daß dem Differenzierer ein sinusförmiges Signal mit konstanter Amplitude zur Verfügung steht. Das Schema solch eines FM-Empfängers ist in Abb. 5.37 skizziert.

Wie bereits erwähnt, ist Gl. (5.170) zur Bestimmung des Geräuschspannungsabstandes am Basisbandfilterausgang nur gültig, wenn der Geräuschspannungsabstand am Demodulatoreingang genügend groß ist. Die Praxis zeigt, daß der FM-Diskriminator, ähnlich wie der Hüllkurvendemodulator bei der AM-Demodulation (s. Gl. (5.97)), ein Schwellenverhalten aufweist. Wird ein bestimmter Wert des Geräuschspannungsabstandes am Diskriminatoreingang unterschritten, so fällt der Geräuschspannungsabstand am Basisbandfilterausgang rapide ab, und der lineare Zusammenhang zwischen beiden Größen, wie er noch in Gl. (5.170) existiert, ist nicht mehr gültig.

Ein Laborversuch zeigt, wie der FM-Diskriminator sich im Bereich dieser FM-Schwelle verhält. An den Eingang eines FM-Diskriminators legt man ein unmoduliertes Trägersignal, dem additiv weißes bandbegrenztes Rauschen zugefügt wird, dessen Leistungsdichtespektrum symmetrisch zur Trägerfrequenz ist. Mit Hilfe eines Oszilloskops betrachtet man das Ausgangssignal des FM-Diskriminators. Bei einem großen Geräuschspannungsabstand am Diskriminatoreingang liegt am Ausgang weißes bandbegrenztes Rauschen, dessen zeitlicher Verlauf durch Abb. 4.9 wiedergegeben wird. Verringert man nun den Geräuschspannungsabstand am Eingang kontinuierlich, so wird ein Punkt erreicht, ab dem nadelförmige Impulse am Diskriminatorausgang auftreten, die sich dem Ausgangssignal überlagern.

Das Diskriminatoreingangssignal läßt sich mathematisch für diesen Fall darstellen als

$$
\begin{aligned}
s_{Dis\,ein}(t) &= A_c \cos \omega_c t + n_c(t) \cos \omega_c t - n_s(t) \sin \omega_c t \\
&= A_c \cos \omega_c t + A_n(t) \cos(\omega_c t + \varphi_n(t))
\end{aligned}
\tag{5.174}
$$

oder nach Zusammenfassung von Signal- und Rauschanteil durch

$$
s_{Dis\,ein}(t) = A_{ges}(t) \cos(\omega_c t + \varphi(t)) \quad .
\tag{5.175}
$$

Im Bereich der FM-Schwelle wird über lange Zeitspannen hinweg der Zusammenhang $A_c \approx |A_n(t)|$ Gültigkeit besitzen. Ein Phasenzeigerdiagramm für diesen Fall ist in Abb. 5.38 gezeichnet. Die Phase des Rauschanteils $\varphi_n(t)$ ist wiederum gleichverteilt und kann deswegen zu Umrundungen der Resultierenden $A_{ges}(t)$ um den Ursprung führen.

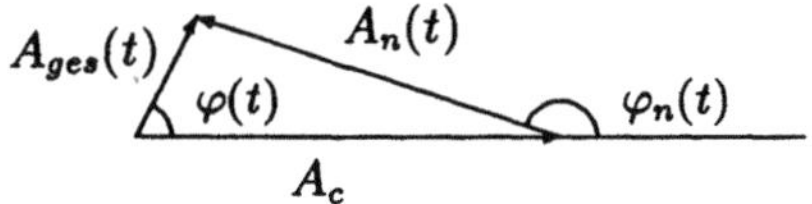

Abb. 5.38: Zeigerdiagramm für ein FM-Signal bei kleinem Geräuschspannungsabstand

Befindet sich die Zeigerspitze von $A_{ges}(t)$ in der Nähe des Ursprungs, so können schon relativ kleine Amplituden- oder Phasenänderungen des Rauschsignals zu einem schnellen Wechsel der vom Diskriminator ausgewerteten Phase $\varphi(t)$ führen. Umrundet dabei die Resultierende $A_{ges}(t)$ den Ursprung, so verändert die Phase $\varphi(t)$ ihren Wert in relativ kurzer Zeit um 2π. Deshalb ergibt sich am Diskriminatorausgang aufgrund der Differentiation ein nadelförmiger Impuls. Ein Beispiel hierfür ist in Abb. 5.39 angegeben. Die im Laufe der Zeit auftretenden Impulse besitzen alle eine unterschiedliche Form, aber die Fläche unter der Kurve $\dot\varphi(t)$ beträgt für alle Impulse

$$\int\limits_{t_1}^{t_2} \dot\varphi(t)\,\mathrm{d}t = \varphi(t)|_{t_1}^{t_2} = 2\pi \quad . \tag{5.176}$$

Dies bedeutet, daß alle Impulse die gleiche Energie besitzen. Der Einfluß dieser Impulse auf den Geräuschspannungsabstand am Basisbandfilterausgang wurde zuerst von Rice untersucht [27, 28]. Seine Ergebnisse werden im folgenden in kurzer Form hergeleitet. Sie liefern einen Ausdruck für den Geräuschspannungsabstand, an dem das FM-Schwellenverhalten ablesbar ist.

Um diese Berechnung durchführen zu können, muß das Leistungsdichtespektrum des nadelförmigen Störimpulses, der auch als Click bezeichnet wird, bekannt sein. Berechnet man diese Größe mit Hilfe von Gl. (4.44), so ist das Leistungsdichtespektrum

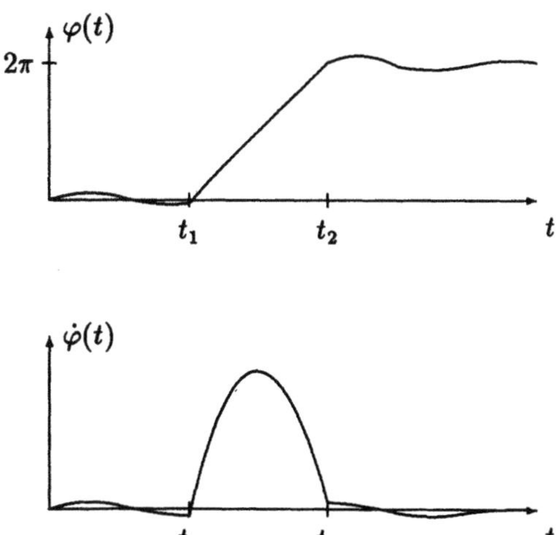

Abb. 5.39: Entstehung eines Impulses aus der Phasenänderung eines FM-Signals um 2π

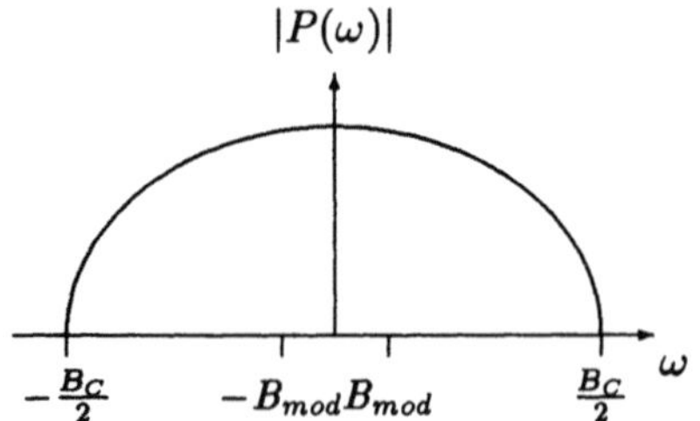

Abb. 5.40: Leistungsdichtespektrum eines Clicks

des Clicks gegeben durch

$$G_C(\omega) = \frac{\overline{|P(\omega)|^2}}{T} \quad , \tag{5.177}$$

wobei $P(\omega)$ die Fouriertransformierte des Clicks und T die mittlere Zeitdauer zwischen zwei Clicks ist. Das Betragsspektrum eines Clicks von der Form, wie er in Abb. 5.39 skizziert ist, ist in Abb. 5.40 qualitativ wiedergegeben. Zur Berechnung der Rauschleistung am Basisbandfilterausgang benötigt man nur die Spektralanteile im Bereich $-B_{mod} \ldots B_{mod}$. Das Spektrum ist in diesem Bereich nahezu konstant, so daß $|P(\omega)|$ durch die Konstante $|P(0)|$ ersetzt werden kann. Dieser Wert bestimmt sich durch die Fläche unter der Kurve, die den zeitlichen Verlauf des Ausgangssignals des Frequenzdiskriminators beschreibt. Man erhält dafür unter Berücksichtigung der Diskriminatorkonstanten K_D

$$|P(0)| = 2\pi K_D \quad , \tag{5.178}$$

und somit als Ausdruck für das Leistungsdichtespektrum am Diskriminatorausgang

$$G_C(\omega) = \frac{4\pi^2 K_D^2}{T} \quad . \tag{5.179}$$

Am Ausgang des Basisbandfilters beträgt dann die Rauschleistung

$$N_{aus\,Click} = \frac{8\pi^2 K_D^2 B_{mod}}{T} \quad . \tag{5.180}$$

Dieser Ausdruck kann erst dann sinnvoll genutzt werden, wenn bekannt ist, wie groß der mittlere zeitliche Abstand zwischen den Clicks ist. Hierzu muß eine Rechnung durchgeführt werden, aus deren Ergebnis hervorgeht, wie groß die Wahrscheinlichkeit für das Auftreten eines Clicks ist. Daraus läßt sich dann die Größe T bestimmen, die in Gl. (5.180) eingesetzt werden kann.

Rice geht in seinen Betrachtungen davon aus, daß es zur Bestimmung der Auftretenswahrscheinlichkeit eines Clicks ausreicht, eine Änderung der Resultierenden aus Gl. (5.174) um wenigstens den Winkel π zu garantieren. Eine komplette Umrundung des Ursprungs durch $A_{ges}(t)$ braucht nicht beobachtet zu werden. Das zu Gl. (5.174) gehörende Phasenzeigerdiagramm ist in Abb. 5.41 zu sehen. Die Annahme von Rice lautet nun, daß ein Click auftritt, wenn die Resultierende $A_{ges}(t)$ die horizontale Achse unter dem Winkel π überschreitet. Die Wahrscheinlichkeit, daß innerhalb einer Zeitspanne Δt eine Umrundung des Ursprungs durch $A_{ges}(t)$ im mathematisch positiven

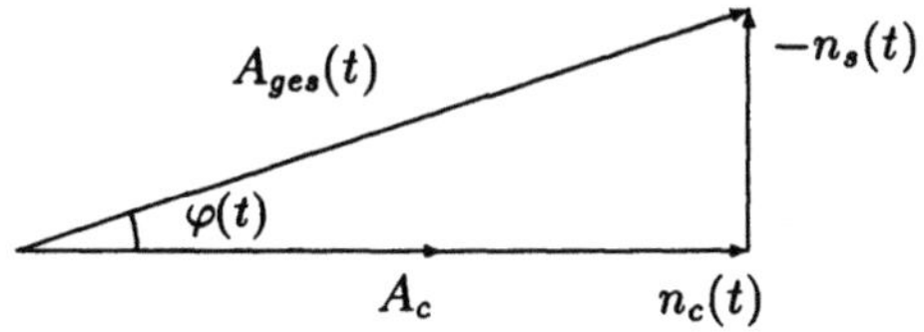

Abb. 5.41: Zeigerdiagramm zur Berechnung der Auftretenswahrscheinlichkeit eines Clicks

Sinn stattfindet, ist damit gegeben durch

$$
\begin{aligned}
P_{Click+} &= P\left[A_c + n_c(t) < 0 \text{ innerhalb } \Delta t \right.\\
&\qquad \left. \text{und } n_s(t) \text{ wechselt das Vorzeichen von - nach + innerhalb } \Delta t \right]\\
&= P\left[n_c(t) < -A_c\right] \cdot P_{-+} \quad .
\end{aligned}
\tag{5.181}
$$

P_{-+} ist dabei die Wahrscheinlichkeit für einen Vorzeichenwechsel der Rauschkomponente $n_s(t)$ innerhalb der Zeitspanne Δt. Sie ist gegeben durch [12]

$$
P_{-+} = \frac{\Delta t}{2\pi} \sqrt{\frac{\overline{\dot{n}_s^2(t)}}{\overline{n_s^2(t)}}} \quad .
\tag{5.182}
$$

Mit

$$
\overline{n_s^2(t)} = 2N_0 B_C
\tag{5.183}
$$

und

$$
\overline{\dot{n}_s^2(t)} = \frac{2}{3} N_0 \pi^2 B_C^3
\tag{5.184}
$$

erhält man

$$
P_{-+} = \frac{\Delta t}{2\sqrt{3}} B_C \quad .
\tag{5.185}
$$

Da $n_c(t)$ gaußverteilt ist, kann man die Wahrscheinlichkeit für den Fall $n_c(t) < A_c$ direkt mit Hilfe der Verteilungsdichtefunktion aus Gl. (4.77) angeben:

$$
\begin{aligned}
P\left[n_c(t) < -A_c\right] &= \frac{1}{\sqrt{4\pi N_0 B_C}} \int_{-\infty}^{-A_c} e^{-\frac{n_c^2}{4N_0 B_C}}\, dn_c = \frac{1}{2} \int_{-\infty}^{-\frac{A_c}{\sqrt{4N_0 B_C}}} \frac{2}{\sqrt{\pi}} e^{-u^2}\, du\\[2mm]
&= \frac{1}{2} - \frac{1}{2}\operatorname{erf}\left(\sqrt{\frac{A_c^2}{4N_0 B_C}}\right) \quad .
\end{aligned}
\tag{5.186}
$$

Somit ergibt sich für die Wahrscheinlichkeit P_{Click+} der Ausdruck

$$
P_{Click+} = \frac{\Delta t}{2\sqrt{3}} B_C \cdot \left(\frac{1}{2} - \frac{1}{2}\operatorname{erf}\left(\sqrt{\frac{A_c^2}{4N_0 B_C}}\right)\right) \quad .
\tag{5.187}
$$

Die Wahrscheinlichkeit für eine Umrundung des Ursprungs in Abb. 5.41 durch den Zeiger $A_{ges}(t)$ im Uhrzeigersinn ist aus Symmetriegründen genau so groß:

$$
P_{Click-} = P_{Click+} \quad .
\tag{5.188}
$$

Während einer Sekunde existieren $1/\Delta t$ Zeitintervalle , innerhalb deren ein Click auftreten kann. Da P_{Click+} die Auftretenswahrscheinlichkeit eines Clicks innerhalb der Zeitspanne Δt beschreibt, erhält man als Erwartungswert für die innerhalb einer Sekunde auftretende Anzahl von Clicks aufgrund des Ausdruckes für P_{Click+}

$$N_{Click+} = \frac{P_{Click+}}{\Delta t} = \frac{B_C}{2\sqrt{3}} \left(\frac{1}{2} - \frac{1}{2}\mathrm{erf}\left(\sqrt{\frac{A_c^2}{4N_0 B_C}} \right) \right) \quad . \tag{5.189}$$

Die mittlere Anzahl von Clicks aufgrund von P_{Click-} ist genau so groß, so daß der Mittelwert für die Gesamtanzahl der Clicks, die innerhalb einer Sekunde auftreten,

$$N_{Click} = 2N_{Click+} \tag{5.190}$$

beträgt.

Für den mittleren zeitlichen Abstand T zwischen den Clicks erhält man somit

$$T = \frac{1}{N_{Click}} = \frac{\sqrt{3}}{B_C \cdot \left(\frac{1}{2} - \frac{1}{2}\mathrm{erf}\left(\sqrt{\frac{A_c^2}{4N_0 B_C}} \right) \right)} \quad . \tag{5.191}$$

Aus dieser Gleichung und Gl. (5.180) ergibt sich

$$N_{aus\,Click} = \frac{8\pi^2 K_D^2 B_{mod} B_C}{\sqrt{3}} \left(\frac{1}{2} - \frac{1}{2}\mathrm{erf}\left(\sqrt{\frac{A_c^2}{4N_0 B_C}} \right) \right) \tag{5.192}$$

als Rauschleistung am Basisbandfilterausgang aufgrund der Clicks.

Die Gesamtrauschleistung setzt sich zusammen aus der Rauschleistung nach Gl. (5.192) und der durch das thermische Rauschen erzeugten Leistung nach Gl. (5.165). Deshalb gilt

$$N_{aus\,ges} = \frac{16\pi^2 K_D^2 N_0 B_{mod}^3}{3A_c^2} + \frac{8\pi^2 K_D^2 B_{mod} B_C}{\sqrt{3}} \left(\frac{1}{2} - \frac{1}{2}\mathrm{erf}\left(\sqrt{\frac{A_c^2}{4N_0 B_C}} \right) \right) \quad . \tag{5.193}$$

Die Gesamtrauschleistung, normiert auf B_C^2, ist als Funktion des Argumentes der erf-Funktion in Abb. 5.42 aufgetragen, wobei die Diskriminatorkonstante K_D auf den Wert Eins gesetzt wurde. Der Kurvenparameter k ist das Verhältnis von Bandpaß- zu Basisbandfilterbandbreite

$$k = \frac{B_C}{2B_{mod}} \quad . \tag{5.194}$$

Man erkennt, daß für Abszissenwerte größer als 10 dB die Kurven linear verlaufen. In diesem Bereich ist der Geräuschspannungsabstand groß, und der erste Summand in Gl. (5.193) überwiegt.

Wird der Frequenzmodulator nur schwach angesteuert, so erhält man mit Gl. (5.161) als Ausdruck für den Geräuschspannungsabstand am Basisbandfilterausgang

$$\left(\frac{S}{N} \right)_{aus} = \frac{K_D^2 \alpha_F^2 \overline{s_{mod}^2(t)}}{\frac{16\pi^2 K_D^2 N_0 B_{mod}^3}{3A_c^2} + \frac{8\pi^2 K_D^2 B_{mod} B_C}{\sqrt{3}} \left(\frac{1}{2} - \frac{1}{2}\mathrm{erf}\left(\sqrt{\frac{A_c^2}{4N_0 B_C}} \right) \right)} \quad , \tag{5.195}$$

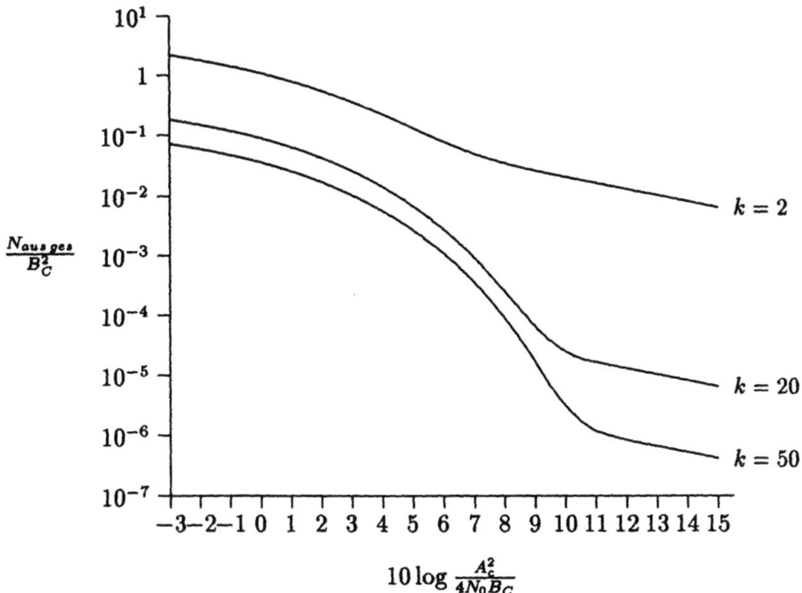

Abb. 5.42: Normierte Rauschleistung am Basisbandfilterausgang nach Gl. (5.193)

der mit $P_{FM} = A_c^2/2$ umgeschrieben werden kann in

$$\left(\frac{S}{N}\right)_{aus} = \frac{\frac{3}{8\pi^2}\left(\frac{\alpha_F}{B_{mod}}\right)^2 \cdot \overline{s_{mod}^2(t)} \cdot \frac{P_{FM}}{N_0 B_{mod}}}{1 + \frac{\sqrt{3}B_C P_{FM}}{2N_0 B_{mod}^2}\left(1 - \mathrm{erf}\left(\sqrt{\frac{B_{mod}}{B_C}\frac{P_{FM}}{N_0 B_{mod}}}\right)\right)} \quad . \tag{5.196}$$

Der Zähler dieser Gleichung entspricht nun Gl. (5.167), in der der Geräuschspannungs-abstand berechnet wurde für den Fall, daß der FM-Demodulator oberhalb der FM-Schwelle arbeitet. Für große Werte von $\frac{P_{FM}}{N_0 B_{mod}}$ ist der Klammerausdruck mit der erf-Funktion vernachlässigbar, und der Geräuschspannungsabstand am Basisbandfil-terausgang entspricht dem Ausdruck aus Gl. (5.167). Mit sinkendem $\frac{P_{FM}}{N_0 B_{mod}}$ nimmt der Nenner zunehmend größere Werte an, wodurch der Geräuschspannungsabstand nach Gl. (5.196) immer kleinere Werte besitzt, als man nach der Formel in Gl. (5.167) er-warten würde. Ursache hierfür ist der durch das Auftreten von Clicks entstehende zusätzliche Rauschanteil im Ausgangssignal.

Setzt man in Gl. (5.196) den FM-Index D ein und nähert nach der Formel von Carson B_C/B_{mod} durch $2(D+1)$ an, so erhält man

$$\left(\frac{S}{N}\right)_{aus} = \frac{\frac{3}{8\pi^2}D^2 \cdot \overline{s_{mod\,n}^2(t)} \cdot \frac{P_{FM}}{N_0 B_{mod}}}{1 + \frac{\sqrt{3}(D+1)P_{FM}}{N_0 B_{mod}}\left(1 - \mathrm{erf}\left(\sqrt{\frac{1}{2(D+1)}\frac{P_{FM}}{N_0 B_{mod}}}\right)\right)} \quad , \tag{5.197}$$

wobei $s_{mod\,n}(t)$ wiederum das auf seinen Maximalwert normierte Modulationssignal ist. Hier erkennt man, daß bei einer Vergrößerung von D die FM-Schwelle erst bei größeren

Werten von $\frac{P_{FM}}{N_0 B_{mod}}$ erscheint, da der zweite Summand im Nenner mit wachsendem D anwächst. Dies zeigt, daß eine Verbesserung des Geräuschspannungsabstandes nicht nur durch eine Vergrößerung des FM-Indexes erreicht werden kann. Gleichzeitig muß man auch die Sendeleistung erhöhen, um einen Betrieb oberhalb der FM-Schwelle zu gewährleisten. Es sei hier nochmals darauf hingewiesen, daß in der Herleitung von Gl. (5.197) die Rauschleistung bei unmoduliertem Träger berechnet wurde. Deshalb sind die vorgestellten Resultate nur gültig, wenn die Bandpaßbandbreite weitaus größer ist als die Bandbreite des modulierten Signals.

Im folgenden soll der Einfluß der Modulation auf das Auftreten der Clicks untersucht werden. Bei den bisherigen Herleitungen ist immer von einem unmodulierten Träger ausgegangen worden, dessen Frequenz mit der Mittenfrequenz des Bandpaßfilters am Demodulatoreingang übereinstimmt, weswegen positive und negative Clicks gleich wahrscheinlich auftreten. Wird nun der Träger durch ein Modulationssignal aus seiner Ruhefrequenz ausgelenkt, so läßt sich mit Bezug auf die momentane Frequenzabweichung $\Delta\omega$ von der Ruhefrequenz in Anlehnung an Gl. (5.174) das Signal am Diskriminatoreingang beschreiben durch

$$s_{Dis\,ein}(t) = A_c \cos(\omega_c t + \Delta\omega t) + n_c'(t)\cos(\omega_c t + \Delta\omega t) + n_s'(t)\sin(\omega_c t + \Delta\omega t) \quad (5.198)$$

mit

$$\begin{aligned} n_c'(t) &= n_c(t)\cos\Delta\omega t + n_s(t)\sin\Delta\omega t \quad \text{und} \\ n_s'(t) &= n_c(t)\sin\Delta\omega t - n_s(t)\cos\Delta\omega t \quad . \end{aligned} \quad (5.199)$$

Im Extremfall beträgt die Abweichung von der Ruhefrequenz die Hälfte der Bandbreite des Bandpaßfilters. Zeichnet man für diesen Fall ein Phasenzeigerdiagramm nach Abb. 5.41, wobei als Bezugsfrequenz die Momentanfrequenz genommen wird, so wird sich die durch die Rauschkomponenten $n_c'(t)$ und $n_s'(t)$ gebildete Resultierende nur im Uhrzeigersinn oder nur gegen ihn bewegen, je nachdem, ob man sich an der oberen oder an der unteren Bandpaßgrenzfrequenz befindet. Stimmt die Momentanfrequenz mit der oberen Bandpaßgrenzfrequenz überein, so treten nur negative Clicks auf. Entsprechend treten nur positive Clicks auf, falls die Momentanfrequenz mit der unteren Bandpaßgrenzfrequenz übereinstimmt. Mit Hilfe von Gl. (4.95) kann man berechnen, daß für die beiden genannten Grenzfälle das Leistungsdichtespektrum der Komponenten $n_c'(t)$ und $n_s'(t)$ sich über die gesamte Bandbreite des Bandpaßfilters erstreckt, wohingegen es im modulationsfreien Fall auf die Bandbreite $B_C/2$ beschränkt ist. Bei einem Frequenzversatz von $\Delta\omega$ ergibt sich $B_C/2 + \frac{\Delta\omega}{2\pi}$ als Maximalfrequenz des Leistungsdichtespektrums. Die Vergrößerung der spektralen Bandbreite bewirkt außerdem, daß die Clicks schmaler werden im Vergleich zum modulationsfreien Fall. Da sie alle eine konstante Energie besitzen, vergrößert sich ihre Clickamplitude. Weiterhin wird aufgrund der höheren Spektralanteile die mittlere Anzahl von Clicks innerhalb einer festen Zeitspanne Δt anwachsen.

Da sich durch eine Modulation die Momentanfrequenz des FM-Signals ändert, werden im demodulierten Signal häufig negative Clicks auftreten, wenn sich das Modulationssignal im Bereich positiver Extremwerte befindet. Genauso treten vermehrt positive Clicks im demodulierten Signal auf, wenn das Modulationssignal Werte im Bereich

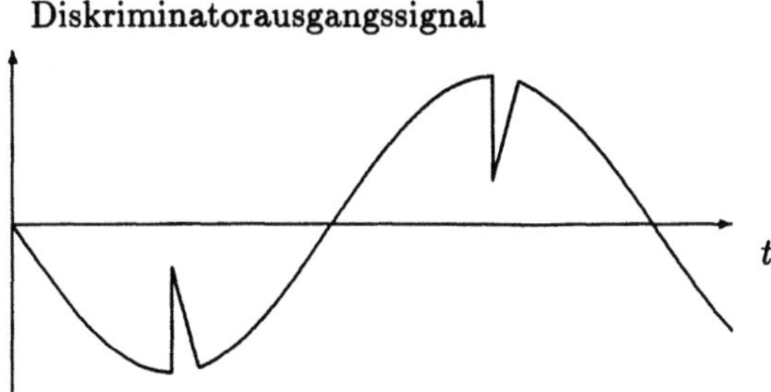

Abb. 5.43: Charakteristisches Diskriminatorausgangssignal bei sinusförmigem Modulationssignal und geringem Eingangsgeräuschspannungsabstand

seiner negativen Extrema annimmt. Für ein sinusförmiges Modulationssignal ist das demodulierte Signal qualitativ in Abb. 5.43 wiedergegeben.

Eine Rechnung mit Gl. (5.198) als Ansatz führt zu der Aussage, um welchen Wert $\overline{\delta N}$ sich die mittlere Anzahl von Clicks innerhalb einer Sekunde in Bezug auf das unmodulierte Signal erhöht, wenn die mittlere Momentanfrequenzabweichung von der Trägerfrequenz $\overline{\delta \omega}$ beträgt. Die Relation der beiden Größen ist gegeben durch [16]

$$\overline{\delta N} = |\frac{\overline{\delta \omega}}{2\pi}| e^{-\frac{A_c^2}{4 N_0 B_C}} \quad . \tag{5.200}$$

Die Gesamtanzahl von Clicks innerhalb einer Sekunde beträgt dann mit Gl. (5.190)

$$N_{Click\,ges} = N_{Click} + \overline{\delta N} \quad . \tag{5.201}$$

Da im Bereich der FM-Schwelle und unterhalb davon $\overline{\delta N}$ weitaus größer ist als N_{Click}, kann der mittlere Zeitabstand T zwischen den Clicks durch

$$T = \frac{1}{\overline{\delta N}} \tag{5.202}$$

berechnet werden. Damit erhält man als Gesamtrauschleistung, in der auch die thermische Rauschleistung aus Gl. (5.165) berücksichtigt ist,

$$N_{aus\,ges\,mod} = \frac{16\pi^2 K_D^2 N_0 B_{mod}^3}{3 A_c^2} + 8\pi^2 K_D^2 B_{mod} \cdot |\frac{\overline{\delta \omega}}{2\pi}| e^{-\frac{A_c^2}{4 N_0 B_C}} \quad . \tag{5.203}$$

Der Geräuschspannungsabstand am Basisbandfilterausgang bestimmt sich damit zu

$$\left(\frac{S}{N}\right)_{aus\,mod} = \frac{K_D^2 \alpha_F^2 \overline{s_{mod}^2(t)}}{\frac{16\pi^2 K_D^2 N_0 B_{mod}^3}{3 A_c^2} + 8\pi^2 K_D^2 B_{mod} \cdot |\frac{\overline{\delta \omega}}{2\pi}| e^{-\frac{A_c^2}{4 N_0 B_C}}} \quad . \tag{5.204}$$

Bei einem sinusförmigen Modulationssignal

$$s_{mod}(t) = A \cdot \cos \omega_{mod} t \tag{5.205}$$

erhält man für das FM-Signal nach Gl. (5.107) den Ausdruck

$$s_{FM}(t) = A_c \cos(\omega_c t + \eta \sin \omega_{mod} t) \tag{5.206}$$

mit

$$\eta = \frac{\alpha_F A}{\omega_{mod}} \quad , \tag{5.207}$$

wodurch die Abweichung zwischen Momentanfrequenz und Trägerfrequenz $\eta \omega_{mod} \cos \omega_{mod}(t)$ beträgt. Hierdurch erhält man

$$\left| \frac{\overline{\delta \omega}}{2\pi} \right| = \frac{2\eta f_{mod}}{\pi} \quad , \tag{5.208}$$

wobei sich als Ausgangssignalleistung

$$S_{aus\,mod} = \frac{1}{2} K_D^2 \alpha_F^2 A^2 \tag{5.209}$$

ergibt. Diese Ergebnisse in Gl. (5.204) eingesetzt, liefern unter Beachtung der Formel von Carson für sinusförmige Modulation mit $P_{FM} = A_c^2/2$

$$\left(\frac{S}{N} \right)_{aus\,mod} = \frac{2\eta^2}{\frac{8N_0 B_{mod}}{3P_{FM}} + \frac{16\eta}{\pi} \cdot e^{-\frac{P_{FM}}{4N_0 B_{mod}(\eta+1)}}} \quad . \tag{5.210}$$

Diese Gleichung ist für verschiedene Werte von η in Abb. 5.44 aufgetragen. Oberhalb der FM-Schwelle verbessert sich der Geräuschspannungsabstand mit wachsendem Verhältnis $\frac{P_{FM}}{N_0 B_{mod}}$, wobei große Werte von η auch hohe Geräuschspannungsabstände zur Folge haben. Unterhalb der FM-Schwelle führen dagegen große Werte von η zu einem schnellen Absinken des Geräuschspannungsabstands.

Es existieren verschiedene Techniken, mit deren Hilfe die FM-Schwelle zu niedrigen Werten von $\frac{P_{FM}}{N_0 B_{mod}}$ verschoben werden kann. Zwei Systeme, die frequenzkomprimierende Regelschleife (Frequenzgegenkopplungsempfänger) und die Phasenregelschleife (Phase Locked Loop,PLL), haben dabei als Frequenzdemodulatoren für stark verrauschte Signale Verbreitung gefunden.

Das Blockschaltbild eines Frequenzgegenkopplungsempfängers ist in Abb. 5.45 wiedergegeben. Der spannungsgesteuerte Oszillator (Voltage Controlled Oscillator,VCO) besitze eine Ruhefrequenz von $\omega_c - \omega_0$, und das Eingangssignal werde in der Form

$$s_{ein}(t) = A_c \cdot \cos(\omega_c t + \varphi(t)) \tag{5.211}$$

geschrieben. Der spannungsgesteuerte Oszillator liefert ein Ausgangssignal mit konstanter Amplitude, dessen Frequenz durch die VCO-Konstante K_{VCO} und das an seinem Eingang anliegende Signal $s_{aus}(t)$ bestimmt wird. Sein Ausgangssignal läßt sich demzufolge beschreiben durch

$$s_{VCO}(t) = A_{VCO} \sin \left[(\omega_c - \omega_0)t + K_{VCO} \int\limits_{-\infty}^{t} s_{aus}(\tau)\,d\tau \right] \quad . \tag{5.212}$$

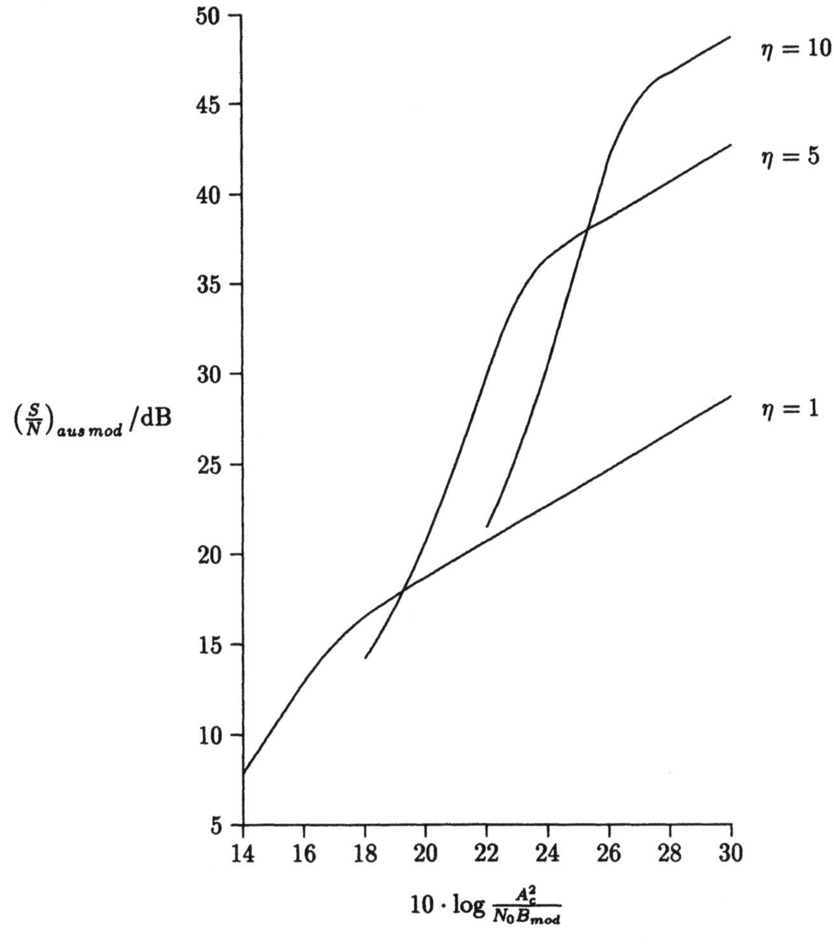

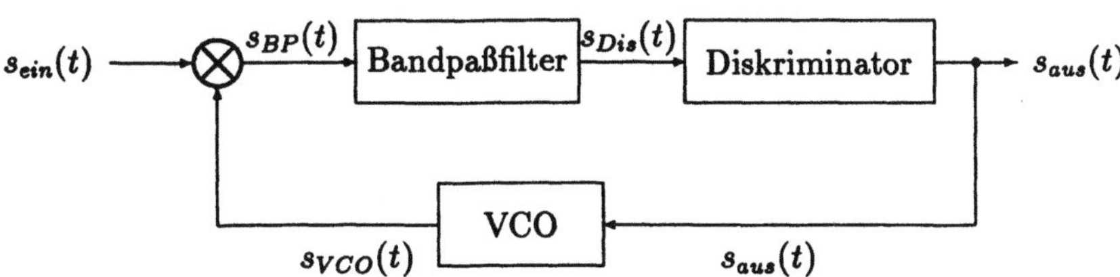

Abb. 5.44: Geräuschspannungsabstand am Ausgang des Basisbandfilters bei sinusförmiger Modulation für unterschiedliche Modulationsindizes

Abb. 5.45: Blockschaltbild eines Frequenzgegenkopplungsempfängers

Das Multipliziererausgangssignal $s_{BP}(t)$ ergibt sich deshalb zu

$$s_{BP}(t) = \frac{1}{2}A_c A_{VCO} \sin\left[(2\omega_c - \omega_0)t + \varphi(t) + K_{VCO}\int_{-\infty}^{t} s_{aus}(\tau)\,\mathrm{d}\tau\right]$$
$$-\frac{1}{2}A_c A_{VCO}\sin\left[\omega_0 t + \varphi(t) - K_{VCO}\int_{-\infty}^{t} s_{aus}(\tau)\,\mathrm{d}\tau\right] \; . \qquad (5.213)$$

Besitzt das Bandpaßfilter die Mittenfrequenz ω_0 und eine derartige Bandbreite, daß nur der zweite Term aus Gl. (5.213) an seinem Ausgang erscheint, so lautet das Eingangssignal des Diskriminators

$$s_{Dis}(t) = -\frac{1}{2}A_c A_{VCO}\sin\left[\omega_0 t + \varphi(t) - K_{VCO}\int_{-\infty}^{t} s_{aus}(\tau)\,\mathrm{d}\tau\right] \quad , \qquad (5.214)$$

und unter Vernachlässigung des Gleichanteils ω_0 ergibt sich das Ausgangssignal

$$s_{aus}(t) = K_D \cdot \frac{\mathrm{d}}{\mathrm{d}t}\left[\varphi(t) - K_{VCO}\int_{-\infty}^{t} s_{aus}(\tau)\,\mathrm{d}\tau\right] \quad , \qquad (5.215)$$

oder nach $s_{aus}(t)$ aufgelöst

$$s_{aus}(t) = \frac{K_D}{1 + K_D K_{VCO}}\frac{\mathrm{d}\varphi(t)}{\mathrm{d}t} \quad . \qquad (5.216)$$

Das System verhält sich demzufolge wie ein FM-Demodulator. Sein Nutzen bei der Demodulation eines stark verrauschten FM-Signals wird sichtbar, wenn man mit Hilfe der letzten Gleichung das Diskriminatoreingangssignal umschreibt in

$$s_{Dis}(t) = -\frac{1}{2}A_c A_{VCO}\sin\left[\omega_0 t + \frac{1}{1 + K_D K_{VCO}}\varphi(t)\right] \quad . \qquad (5.217)$$

Repräsentiert $\varphi(t)$ die Phase des Eingangssignals aufgrund von Modulation und Rauschkomponenten, so wird in der frequenzkomprimierenden Regelschleife erst dann ein Click auftreten, wenn sich $\frac{\varphi(t)}{1+K_D K_{VCO}}$ um 2π ändert. Im Mittel werden pro Sekunde, sinusförmige Modulation vorausgesetzt,

$$N_{Click} + \delta\overline{N} = \frac{B_{BP}}{2\sqrt{3}}\left[1 - \mathrm{erf}\left(\sqrt{\frac{A_c^2}{4N_0 B_{BP}}}\right)\right] + \frac{16\pi K_D^2 B_{mod}^2 \eta}{1 + K_D K_{VCO}}e^{-\frac{A_c^2}{4N_0 B_{BP}}} \qquad (5.218)$$

Clicks auftreten. B_{BP} ist hierbei die Bandbreite des Bandpaßfilters vor dem Diskriminator. Da diese Bandbreite aufgrund des frequenzkomprimierenden Verhaltens der Regelschleife kleiner als die Carson-Bandbreite B_C gewählt werden kann und der Kompressionsfaktor $1 + K_D K_{VCO}$ im Regelfall größer als 1 ist, werden die Clicks seltener

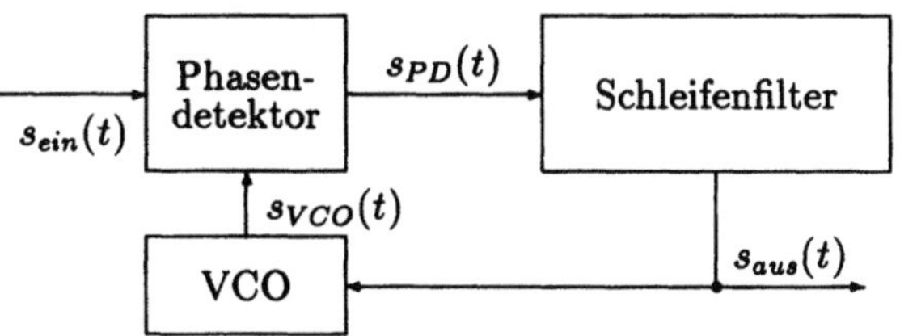

Abb. 5.46: Blockschaltbild einer Phasenregelschleife

auftreten, und die FM-Schwelle verschiebt sich somit zu kleinen Geräuschspannungs-
abständen hin. Die benötigte Bandpaßbandbreite B_{BP} ergibt sich bei sinusförmiger
Modulation aus der Carson-Bandbreite zu

$$B_{BP} = \frac{\left[\frac{\eta}{1+K_D K_{VCO}}\right] + 1}{1 + \eta} \cdot B_C \quad . \tag{5.219}$$

Oberhalb der FM-Schwelle ist Gl. (5.218) vernachlässigbar, und nur das additive Gaußsche Rauschen führt zu einer Degradation am Demodulatorausgang. In diesem Fall
wird jedoch sowohl das Nutzsignal als auch die Rauschkomponente um den Wert des
Kompressionsfaktors gedämpft. Deshalb nimmt der Geräuschspannungsabstand am
Demodulatorausgang die gleichen Werte an wie beim Einsatz eines gewöhnlichen Frequenzdemodulators.

Eine weitere Methode zur Verringerung der FM-Schwelle bietet der Einsatz einer
Phasenregelschleife, deren Komponenten in Abb. 5.46 wiedergegeben sind. Der Phasendetektor liefert ein Ausgangssignal $s_{PD}(t)$, das proportional ist zur Phasendifferenz
zwischen den beiden Eingangssignalen $s_{ein}(t)$ und $s_{VCO}(t)$. Über ein Schleifenfilter, das
die Regelcharakteristik der Phasenregelschleife mitbestimmt, steuert das Phasendetektorausgangssignal den spannungsgesteuerten Oszillator (VCO) und minimiert dabei die
Phasendifferenz zwischen den beiden Phasendetektoreingangssignalen.

Legt man zur FM-Demodulation die Ruhefrequenz des VCO auf die Trägerfrequenz
des FM-Signals, so läßt sich ein zum Modulationssignal proportionales Signal am Schleifenfilterausgang aus der Regelschleife auskoppeln. Beschreibt man das Eingangssignal
durch

$$s_{ein}(t) = A_c \cdot \sin(\omega_c t + \varphi(t)) \tag{5.220}$$

und das Ausgangssignal des VCO durch

$$s_{VCO}(t) = A_{VCO} \cos(\omega_c t + \varphi_{VCO}(t)) \quad , \tag{5.221}$$

wobei $\varphi_{VCO}(t)$ sich aus der VCO-Konstanten K_{VCO} und der Schleifenfilterausgangs-
spannung $s_{aus}(t)$ zu

$$\varphi_{VCO}(t) = K_{VCO} \int_{-\infty}^{t} s_{aus}(\tau)\, d\tau \tag{5.222}$$

ergibt, so erhält man bei Anlegen des Eingangs- und des Oszillatorausgangssignals zwei Signalanteile im Phasendetektorausgangssignal, wenn sich dieses Signal durch die Multiplikation der beiden Eingangssignale ergibt. Der erste Anteil beinhaltet die Phasensumme bei der doppelten Trägerfrequenz, der zweite die Phasendifferenz beider Eingangssignale. Unterdrückt der Phasendetektor die Signalanteile bei der doppelten Trägerfrequenz so ergibt sich als Phasendetektorausgangssignal unter Berücksichtigung der Phasendetektorkonstanten K_{PD} der Ausdruck

$$s_{PD}(t) = \frac{1}{2} K_{PD} A_c A_{VCO} \sin \varphi_F(t) \tag{5.223}$$

mit

$$\varphi_F(t) = \varphi(t) - \varphi_{VCO}(t) \quad . \tag{5.224}$$

Das Ausgangssignal des Schleifenfilters ist durch

$$s_{aus}(t) = \int\limits_{-\infty}^{\infty} s_{PD}(\tau) h(t - \tau) \, d\tau \tag{5.225}$$

gegeben. Setzt man nun die Gleichungen (5.222), (5.223) und (5.225) in Gl. (5.224) ein, so erhält man:

$$\varphi(t) = \varphi_F(t) + \frac{1}{2} K_{VCO} K_{PD} A_c A_{VCO} \int\limits_{-\infty}^{t} \int\limits_{-\infty}^{\infty} \sin \varphi_F(u) h(\tau - u) \, du \, d\tau \tag{5.226}$$

bzw. nach einmaligem Ableiten

$$\frac{d\varphi(t)}{dt} = \frac{d\varphi_F(t)}{dt} + K_{PLL} \int\limits_{-\infty}^{\infty} \sin \varphi_F(\tau) h(t - \tau) \, d\tau \tag{5.227}$$

mit

$$K_{PLL} = \frac{1}{2} K_{VCO} K_{PD} A_c A_{VCO} \quad . \tag{5.228}$$

Die Konstante K_{PLL} wird als Schleifenverstärkung (Ringverstärkung) des Regelsystems bezeichnet und besitzt die Dimension $\left[\frac{1}{s}\right]$. Für die nichtlineare Differentialgleichung (5.227) ist keine geschlossene Lösung bekannt, weswegen zu ihrer näherungsweisen Lösung eine Linearisierung durchgeführt wird. Für einen kleinen Phasenfehler $\varphi_F(t)$ erhält man mit der Näherung

$$\sin \varphi_F(t) = \varphi_F(t) \tag{5.229}$$

aus Gl. (5.227) die lineare Differentialgleichung

$$\frac{d\varphi(t)}{dt} = \frac{d\varphi_F(t)}{dt} + K_{PLL} \int\limits_{-\infty}^{\infty} \varphi_F(\tau) h(t - \tau) \, d\tau \quad . \tag{5.230}$$

Durch Transformation in den Laplace[5]-Bereich läßt sich eine Phasenübertragungsfunktion aufstellen, mit deren Hilfe das linearisierte Regelverhalten der Phasenregelschleife

---

[5]P. Laplace, frz. Mathematiker und Astronom (1749–1827)

untersucht werden kann. Hieraus abgeleitete Ergebnisse findet man in [24]. Die nichtlineare Charakteristik der Regelschleife aufgrund von Gl. (5.227) wird in [29] berücksichtigt.

Um die mittlere Anzahl der pro Sekunde auftretenden Clicks zu verringern, nutzt man die Regelcharakterisik der Phasenregelschleife aus, indem man aus der Phasenübertragungsfunktion die Antwort der PLL auf eine sprungförmige Frequenzänderung der Größe $\Delta\omega = 2\pi/T_{Cl}$ bestimmt, die für die Dauer T_{Cl} als Eingangssignal auftritt. Durch die Größen $\Delta\omega$ und T_{Cl} wird ein idealisierter Click der Dauer T_{Cl} beschrieben. Da die PLL die durch den Frequenzsprung auftretende Phasenabweichung ausregeln möchte, wird die Phase des VCO anwachsen und sich mit einer durch die Ringverstärkung bestimmten Zeitkonstanten der Phase des Eingangssignals annähern. Die Art des Schleifenfilters entscheidet dabei darüber, ob im ausgeregelten Zustand ein konstanter Phasenversatz existiert oder nicht. Durch die nichtlineare Phasendetektorkennlinie existieren für die Regelschleife stabile und instabile Arbeitspunkte, deren Lage auf der Kennlinie zur Verminderung der pro Sekunde auftretenden Clicks ausgenutzt wird. Ausgehend von einem stabilen Arbeitspunkt muß man dafür sorgen, daß der von der PLL maximal ausregelbare Frequenzsprung kleiner als $\Delta\omega$ ist und die Zeitkonstante so klein, daß vor Ablauf der Zeitdauer T_{Cl} ein instabiler Arbeitspunkt auf der Phasendetektorkennlinie durchlaufen wird. Sind diese Bedingungen erfüllt, so entsteht bei Auftreten eines Clicks am PLL-Eingang am Schleifenfilterausgang ein bipolares Signal, das als Dublette bezeichnet wird und nur eine geringe Störenergie im Vergleich zur Störenergie eines Clicks enthält. Eine ausführliche Beschreibung dieser Überlegungen findet man in [16], weswegen hier nicht näher darauf eingegangen werden soll. Da zur Auslegung der PLL-Parameter die Nichtlinearität der Phasendetektorkennlinie berücksichtigt werden muß, müssen nichtlineare Differentialgleichungen ausgewertet werden, wozu Methoden der numerischen Mathematik eingesetzt werden.

Bei korrekter Auslegung der Phasenregelschleife und unter der Voraussetzung einer sinusförmigen Modulation ist eine Verringerung der FM-Schwelle um 2-3 dB möglich. Oberhalb der FM-Schwelle verhält sich die PLL wie ein gewöhnlicher Frequenzdiskriminator. Sie unterscheidet sich damit in ihrem Verhalten nicht von dem eines Frequenzgegenkopplungsempfängers.

5.3 Die Phasenmodulation

Die Phasenmodulation (PM) gehört zur Klasse der Winkelmodulationsverfahren, die dadurch charakterisiert sind, daß bei ihnen das Argument eines sinusförmigen Trägersignals eine Funktion des Modulationssignals ist. Infolgedessen läßt sich ein winkelmoduliertes Signal generell beschreiben durch

$$s_{WM}(t) = A_c \cdot \cos(\omega_c t + \varphi(t)) \quad . \tag{5.231}$$

Die Momentanphase dieses Signals ist definiert als

$$\varphi_{Mom}(t) = \omega_c t + \varphi(t) \quad , \tag{5.232}$$

die Momentanfrequenz als

$$\omega_{Mom}(t) = \omega_c + \frac{d\varphi(t)}{dt} \quad . \tag{5.233}$$

Bei der Frequenzmodulation ist die Frequenzabweichung $\frac{d\varphi(t)}{dt}$ von der Trägerfrequenz proportional zum Modulationssignal. Bei der Phasenmodulation ist die Abweichung $\varphi(t)$ von der Trägersignalphase proportional zum Modulationssignal. Die Phase des modulierten Signals bei einer Phasenmodulation ergibt sich demzufolge durch

$$\varphi_{PM}(t) = \alpha_P s_{mod}(t) \quad , \tag{5.234}$$

wobei α_P eine Phasenmodulatorkonstante ist. Das Ausgangssignal eines Phasenmodulators läßt sich deshalb beschreiben durch

$$s_{PM}(t) = A_c \cdot \cos(\omega_c t + \alpha_P s_{mod}(t)) \quad . \tag{5.235}$$

Aus dieser Gleichung läßt sich erkennen, daß die Phasenmodulation ein nichtlineares Modulationsverfahren ist. Wie bei der Frequenzmodulation existieren im Spektrum eines phasenmodulierten Signals Spektralanteile bei Frequenzen, die im Spektrum des Modulationssignals nicht enthalten sind. Eine allgemeingültige, geschlossene Gleichung, die das Ausgangsspektrum eines Phasenmodulators als Funktion des Basisbandspektrums beschreibt, ist nicht bekannt. Beschränkt man sich jedoch auf ein sinusförmiges Modulationssignal, so erhält man für Gl. (5.235) einen Ausdruck, dessen Spektrum durch Fouriertransformation berechnet werden kann. Wie bei der Frequenzmodulation gilt auch hier wegen des nichtlinearen Modualtionsverfahrens das Superpositionsprinzip nicht, so daß es nicht erlaubt ist, aus dem PM-Spektrum bei sinusförmiger Modulation auf das Spektrum bei einem beliebigen Modulationssignal zu schliessen.

Mit

$$s_{mod}(t) = A \cos \omega_{mod} t \tag{5.236}$$

erhält man für das Ausgangssignal eines Phasenmodulators

$$s_{PM}(t) = A_c \cos(\omega_c t + \eta \cos \omega_{mod} t) \quad , \tag{5.237}$$

wobei der Modulationsindex η als

$$\eta = \alpha_P A \tag{5.238}$$

definiert wurde und, wie bei der Frequenzmodulation, den Maximalwert der Phasenabweichung bezeichnet. Schreibt man das phasenmodulierte Signal als

$$s_{PM}(t) = A_c \Re\{e^{j\omega_c t} \cdot e^{j\eta \cos \omega_{mod} t}\} \quad , \tag{5.239}$$

so erkennt man, daß die Funktion $e^{j\eta \cos \omega_{mod} t}$ periodisch mit der Frequenz ω_{mod} ist und deshalb in eine Fourierreihe entwickelt werden kann. Die Fourierkoeffizienten lassen sich mit Hilfe von Gl. (3.24) berechnen als

$$\underline{A}_n = \frac{\omega_{mod}}{2\pi} \int\limits_{-\frac{\pi}{\omega_{mod}}}^{\frac{\pi}{\omega_{mod}}} e^{j\eta \cos \omega_{mod} t} \cdot e^{-jn\omega_{mod} t}\, dt \quad . \tag{5.240}$$

Dieses Integral kann nicht in geschlossener Form gelöst werden. Es ist eine Funktion von n und η und wird als Bessel-Funktion 1. Art der n-ten Ordnung mit $J_n(\eta)$ bezeichnet. Einige Werte dieser Funktion sind in Tabelle 5.1 zusammengestellt.

Mit Hilfe dieser Bessel-Funktionen läßt sich nun die Fourierreihenentwicklung der Funktion $e^{j\eta\cos\omega_{mod}t}$ schreiben als

$$e^{j\eta\cos\omega_{mod}t} = \sum_{n=-\infty}^{\infty} J_n(\eta)e^{jn(\omega_{mod}t+\frac{\pi}{2})} \quad , \tag{5.241}$$

wodurch das PM-Signal als

$$s_{PM}(t) = A_c \Re\{e^{j\omega_c t} \cdot \sum_{n=-\infty}^{\infty} J_n(\eta)e^{jn(\omega_{mod}t+\frac{\pi}{2})}\} \tag{5.242}$$

geschrieben werden kann. Bildet man nun den Realteil in Gl. (5.242), so ergibt sich

$$s_{PM}(t) = A_c \sum_{n=-\infty}^{\infty} J_n(\eta)\cos(\omega_c t + n\omega_{mod}t + n\frac{\pi}{2}) \quad . \tag{5.243}$$

Hieraus erhält man für das Spektrum

$$S_{PM}(\omega) = \pi A_c \sum_{n=-\infty}^{\infty} J_n(\eta)e^{jn\frac{\pi}{2}} \left(\delta(\omega - \omega_c - n\omega_{mod}) + \delta(\omega + \omega_c + n\omega_{mod})\right) \quad . \tag{5.244}$$

Ein sinusförmiges Modulationssignal besitzt demzufolge als PM-Spektrum ein Linienspektrum, das eine Komponente bei der Trägerfrequenz ω_c aufweist und eine unendliche Anzahl von Seitenbändern, die im Abstand von ganzzahligen Vielfachen der Modulationsfrequenz um die Trägerfrequenz herum liegen. Die Amplituden dieser Seitenbänder sind mit den Werten der Bessel-Funktion $J_n(\eta)$ gewichtet. Im Vergleich mit dem Ausdruck, den man für ein FM-Spektrum erhält (s. Gl. (5.112)), fällt auf, daß die Phasenlage jeder vierten Seitenspektrallinie aufgrund des Terms $e^{jn\frac{\pi}{2}}$ mit der Phase der entsprechenden Seitenspektrallinie im FM-Spektrum übereinstimmt. Hieraus folgert, daß die Betragsspektren eines FM- und eines PM-Signals bei einer Eintonmodulation nicht voneinander zu unterscheiden sind.

Aussagen über die Leistung eines winkelmodulierten Signals wurden bereits im Kapitel über die Frequenzmodulation gemacht. Danach ist die Leistung eines phasenmodulierten Signals

$$\overline{s_{PM}^2(t)} = \frac{1}{2}A_c^2 \quad . \tag{5.245}$$

Definiert man nun ein Leistungsverhältnis P_R, das das Verhältnis der Leistung von Trägerschwingung und k Seitenspektrallinien zu jeder Seite der Trägerschwingung zur Gesamtleistung des PM-Signals angibt, so erhält man, vergleichbar mit Gl. (5.121),

$$P_R = J_0^2(\eta) + 2\sum_{n=1}^{k} J_n^2(\eta) \quad . \tag{5.246}$$

Sollen 98% der Gesamtleistung des PM-Signals übertragen werden, so ergibt sich wie bei der Frequenzmodulation die dazu notwendige einseitige Bandbreite zu

$$B = 2(1 + \eta)f_{mod} \quad , \tag{5.247}$$

wobei eine Eintonmodulation des PM-Signals vorausgesetzt wird. Für ein beliebiges Modulationssignal $s_{mod}(t)$ erhält man einen Ausdruck für die benötigte Übertragungsbandbreite, indem man das Verhältnis von Frequenzhub zur einseitigen Bandbreite B_{mod} des Modulationssignals als

$$D_{PM} = \frac{\alpha_P}{2\pi B_{mod}} \left[\max |\dot{s}_{mod}(t)|\right] \tag{5.248}$$

definiert. Die Größe D_{PM}, die man auch als PM-Index bezeichnet, spielt bei einem nichtsinusförmigen Modulationssignal dieselbe Rolle wie der Modulationsindex η bei einer Eintonmodulation. Im Unterschied zur Frequenzmodulation wird hier der Frequenzhub durch die zeitliche Ableitung des Modulationssignals bestimmt. Vergleichbar mit Gl. (5.126) läßt sich eine Carson-Bandbreite definieren als

$$B_C = 2(D_{PM} + 1)B_{mod} \quad . \tag{5.249}$$

In der Fachliteratur wird häufig nicht zwischen dem FM-Index D und der hier eingeführten Größe D_{PM} unterschieden, da beide Konstanten sich aus dem Verhältnis von Frequenzhub zur Bandbreite des Modulationssignals bestimmen. Man findet dann Gl. (5.126) als Angabe für die Übertragungsbandbreite eines winkelmodulierten Signals. Bei der Auswertung der Gleichung muß man jedoch darauf achten, ob eine Phasen- oder eine Frequenzmodulation eingesetzt wird.

Für $D_{PM} << 1$ ergibt sich als benötigte Bandbreite näherungsweise $B_C = 2B_{mod}$. Das dazugehörige Signal wird Schmalband-PM-Signal genannt. Ist dagegen $D_{PM} >> 1$, so erhält man $B_C \approx 2D_{PM}B_{mod}$, was dem Doppelten des Frequenzhubs entspricht. Ein solches Signal nennt man ein Breitband-PM-Signal.

5.3.1   Schmalband-Phasenmodulation

Benutzt man bei einer Eintonmodulation einen Modulationsindex mit $\eta << 1$, so lassen sich die Bessel-Funktionen um $\eta = 0$ in eine Potenzreihe entwickeln. Setzt man die so entstandenen Näherungen (s. Gl. (5.127) und Gl. (5.128)) in Gl. (5.243) ein und vernachlässigt im Ausdruck für $J_0(\eta)$ den quadratischen Term sowie für $\eta > 1$ alle weiteren Terme, so ergibt sich als Ausgangssignal des Phasenmodulators

$$s_{PM}(t) = A_c \left(\cos \omega_c t + \frac{\eta}{2}\sin(\omega_c - \omega_{mod})t - \frac{\eta}{2}\sin(\omega_c + \omega_{mod})t\right) \quad . \tag{5.250}$$

Das phasenmodulierte Signal besteht, ähnlich wie bei der Eintonmodulation eines Amplitudenmodulators, nur noch aus einem Trägersignal, das von einem Paar Spektrallinien begleitet wird. Diese Gleichung unterscheidet sich nur in der Phase von Gl. (5.129), so daß die Aussagen über das Amplitudenspektrum aus dem Abschnitt über Schmalband-Frequenzmodulation mit einem sinusförmigen Modulationssignal (Kapitel 5.2.2) auch für die Schmalband-Phasenmodulation ihre Gültigkeit behalten. Wegen der im Vergleich zur FM unterschiedlichen Phase gilt hier jedoch, daß alle geradzahligen Seitenbänder Resultierende liefern, die senkrecht zum Trägersignal stehen, wohingegen alle ungeradzahligen Seitenbänder Resultierende ergeben, die sich in Phase mit dem Trägersignal befinden.

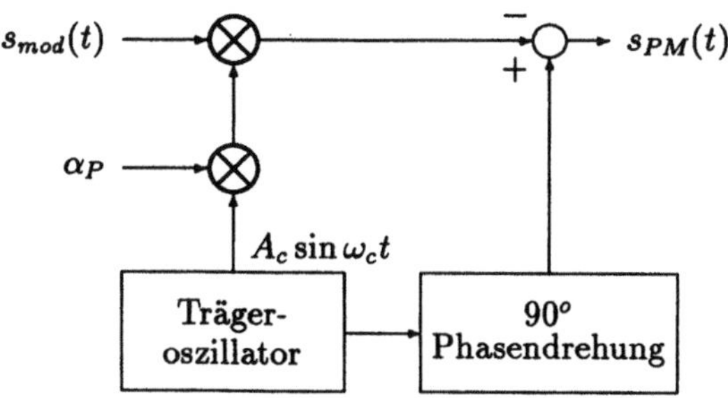

Abb. 5.47: Blockschaltbild eines Schmalband-Phasenmodulators

Im allgemeinen kann bei einer Phasenmodulation mit einem beliebigen Eingangssignal $s_{mod}(t)$ keine Aussage über das Aussehen des Ausgangsspektrums gemacht werden. Bei einer Schmalband-PM jedoch ist es möglich, durch eine Reihenentwicklung von Gl. (5.235) mit Abbruch nach dem linearen Glied, einen Ausdruck für das Ausgangsspektrum eines Phasenmodulators zu erhalten. Schreibt man Gl. (5.235) mit Hilfe der Exponentialfunktion als

$$s_{PM}(t) = \Re \left\{ A_c e^{j\omega_c t} e^{j\alpha_P s_{mod}(t)} \right\} \tag{5.251}$$

und entwickelt den Ausdruck für die zweite Exponentialfunktion in eine Potenzreihe, so erhält man

$$s_{PM}(t) = \Re \left\{ A_c e^{j\omega_c t} \left[1 + j\alpha_P s_{mod}(t) - \frac{1}{2} \left(\alpha_P s_{mod}(t) \right)^2 + - \cdots \right] \right\} . \tag{5.252}$$

Besitzt der Ausdruck $\alpha_P s_{mod}(t)$ betragsmäßig einen Wert, der kleiner als 1 ist, so läßt sich das PM-Signal nach der Realteilbildung approximieren als

$$s_{PM}(t) \approx A_c \cos \omega_c t - A_c \alpha_P s_{mod}(t) \sin \omega_c t \quad . \tag{5.253}$$

Das Modulatorausgangssignal besteht demzufolge aus einem Trägersignal und einem weiteren Term, bei dem eine Funktion des Modulationssignals mit einem um 90° phasenverschobenen Trägersignal multipliziert wird. Durch diese Multiplikation entstehen zwei Seitenbänder. Besitzt das Modulationssignal die einseitige Bandbreite B_{mod}, so beträgt die Bandbreite des Schmalband-PM-Signals $2B_{mod}$. Aufgrund des linearen Zusammenhangs zwischen dem phasenmodulierten Signal und dem Modulationssignal ist für diesen Fall die Superposition verschiedener Eingangssignale im Ausdruck für das Ausgangssignal erlaubt.

Aus Gl. (5.253) läßt sich ein Blockschaltbild für einen Schmalband-Phasenmodulator herleiten; es ist in Abb. 5.47 gezeichnet. Die Modulatorkonstante α_P muß dabei so bemessen sein, daß für jeden Zeitpunkt t gilt:

$$\alpha_P s_{mod}(t) \ll 1 \quad . \tag{5.254}$$

Existiert zu der Phasenfunktion

$$\varphi_{PM}(t) = A_c \alpha_P s_{mod}(t) \tag{5.255}$$

eine Fouriertransformierte $\Phi(\omega)$, so ergibt sich als Spektrum für $s_{PM}(t)$

$$S_{PM}(\omega) = \pi A_c(\delta(\omega - \omega_c) + \delta(\omega + \omega_c)) - \frac{1}{2j}(\Phi(\omega - \omega_c) - \Phi(\omega + \omega_c)) \quad . \qquad (5.256)$$

Der Vergleich mit dem Spektrum eines amplitudenmodulierten Signals nach Gl. (5.8) liefert den Zusammenhang

$$|S_{PM}(\omega)|^2 = |S_{AM}(\omega)|^2 \quad . \qquad (5.257)$$

Die Leistungsdichtespektren beider Signale stimmen demzufolge überein. Dieses Ergebnis ist vergleichbar mit Gl. (5.138), so daß man allgemeingültig sagen kann, daß bei einer Schmalbandwinkelmodulation das Leistungsdichtespektrum des Modulatorausgangssignals mit dem Leistungsdichtespektrum eines amplitudenmodulierten Signals übereinstimmt.

5.3.2 Breitband-Phasenmodulation

Die im Abschnitt über die Breitband-Frequenzmodulation (Kapitel 5.2.3) angestellten Überlegungen lassen sich auch auf die Breitband-Phasenmodulation übertragen. Hierbei muß man nur berücksichtigen, daß bei der Phasenmodulation die Frequenzdifferenz zwischen Momentanfrequenz und Trägerfrequenz durch die zeitliche Ableitung des Modulationssignals bestimmt wird und deshalb die Wahrscheinlichkeitsverteilungsdichtefunktion des abgeleiteten Modulationssignals zu den Überlegungen herangezogen werden muß.

Das Leistungsdichtespektrum eines breitband-phasenmodulierten Signals wird demzufolge durch die Verteilungsdichtefunktion des abgeleiteten Modulationssignals bestimmt und besitzt, bis auf einen konstanten Faktor, deren Aussehen.

5.3.3 Zusammenhang zwischen Phasen- und Frequenzmodulation

Bevor auf die Realisierung von Phasenmodulatoren und -demodulatoren eingegangen wird, soll zunächst der Zusammenhang zwischen Phasen- und Frequenzmodulation betrachtet werden. Beschreibt man das Ausgangssignal eines Phasenmodulators durch

$$s_{PM}(t) = A_c \cos(\omega_c t + \alpha_P s_m(t)) \quad , \qquad (5.258)$$

und stellt das Signal $s_m(t)$ als zeitliches Integral über ein Modulationssignal dar, so läßt sich diese Gleichung umschreiben in

$$s_{PM}(t) = A_c \cos(\omega_c t + \alpha_F \alpha_P \int\limits_{-\infty}^{t} s_{mod}(\tau)\,\mathrm{d}\tau) \quad . \qquad (5.259)$$

Ein Vergleich mit Gl. (5.103) zeigt, daß nun durch Gl. (5.259) ein frequenzmoduliertes Signal beschrieben wird, bei dem die momentane Frequenzabweichung zur Trägerfrequenz proportional zum Modulationssignal ist. Da sich die Phase des Ausgangssignals

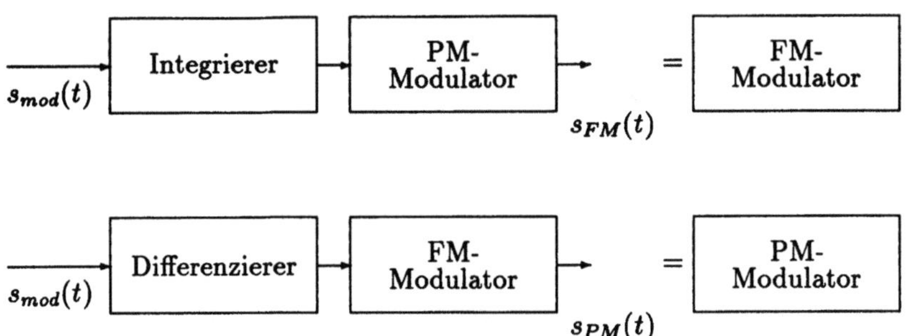

Abb. 5.48: Beziehung zwischen Frequenz- und Phasenmodulation

durch die Integration über die Momentanfrequenz ergibt, muß man $s_{mod}(t)$ integrieren
und kann mit dem Ausgangssignal des Integrierers einen Phasenmodulator ansteuern,
um das Verhalten eines Frequenzmodulators zu erzielen. Umgekehrt macht ein vor einen
Frequenzmodulator geschalteter Differenzierer die Gesamtanordnung zu einem Phasenmodulator. Diese Darstellungsmöglichkeiten für einen Frequenz- bzw. einen Phasenmodulator sind in Abb. 5.48 wiedergegeben.

Das unterschiedliche Verhalten von Frequenz- und Phasenmodulation bei einer Eintonmodulation mit

$$s_{mod}(t) = A \cos \omega_{mod}(t) \tag{5.260}$$

in Bezug auf Frequenz- und Phasenhub ist aus Tabelle 5.2 zu ersehen. Sind auf der
Empfangsseite die Modulatorkonstanten α_F und α_P nicht bekannt, so ist eine Phasenmodulation nicht von einer Frequenzmodulation zu unterscheiden. Empfängt man
verschiedene Modulationssignalfrequenzen zeitlich sequentiell mit gleicher Signalamplitude, so handelt es sich um eine Frequenzmodulation, wenn der Frequenzhub konstant
bleibt und der Phasenhub umgekehrt proportional zur Modulationsfrequenz ist. Hingegen liegt eine Phasenmodulation vor, wenn der Phasenhub konstant bleibt und der
Frequenzhub proportional zur Modulationsfrequenz ist.

5.3.4 Phasenmodulation und Phasendemodulation

Zur Phasenmodulation setzt man aufgrund der im vorhergehenden Abschnitt angestellten Überlegungen einen Frequenzmodulator mit vorgeschaltetem Differenzierer ein.
Bei einer Schmalband-Phasenmodulation bietet sich das System nach Abb. 5.47 an, das

Tabelle 5.2: Vergleich zwischen Frequenzmodulation und Phasenmodulation

	Frequenzmodulation	Phasenmodulation
Eintonmodulation	$s_{mod}(t) = A \cdot \cos \omega_{mod} t$	
Phasenhub	$\Delta\varphi = \frac{\alpha_F A}{\omega_{mod}} \sim \frac{1}{\omega_{mod}}$	$\Delta\varphi = \alpha_P \cdot A = $ konst.
Kreisfrequenzhub	$\Delta\omega = \alpha_F \cdot A = $ konst.	$\Delta\omega = \alpha_P \cdot \omega_{mod} \cdot A \sim \omega_{mod}$

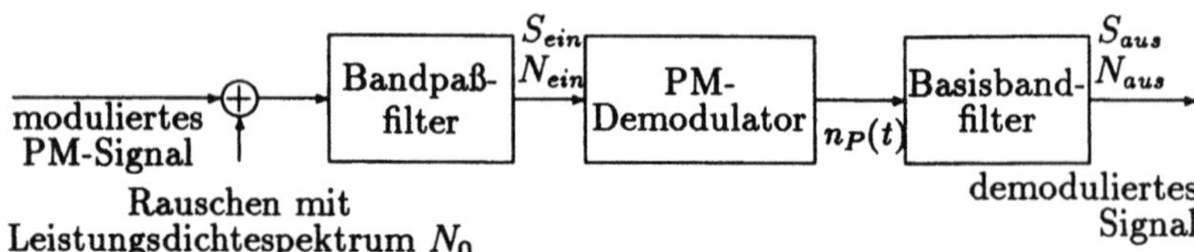

Abb. 5.49: Demodulation eines rauschbehafteten PM-Signals

man sich aus dem System für Schmalband-FM in Abb. 5.27 durch Vorschalten eines differenzierenden Netzwerks entstanden denken kann. Da Differenzierer und Integrierer sich in ihrer Wirkung auf das Modulationssignal kompensieren, ist es möglich, das Modulationssignal direkt mit dem Trägersignal zu multiplizieren. Es können alle Techniken zur Erzeugung eines FM-Signals angewandt werden, vorausgesetzt die dazu gehörenden Schaltungen werden mit dem differenzierten Eingangssignal angesteuert.

Entsprechend können alle in Kapitel 5.2.5 beschriebenen Verfahren zur Frequenzdemodulation auch zur Phasendemodulation eingesetzt werden. Da das Ausgangssignal eines Frequenzdemodulators für ein phasenmoduliertes Signal jedoch proportional zur zeitlichen Ableitung des Modulationssignals ist, muß den FM-Demodulatoren hierbei ein Integrierer nachgeschaltet werden.

5.3.5 Phasenmodulation und Rauschen

Im folgenden soll der Einfluß von thermischem Rauschen, das sich additiv auf der Übertragungsstrecke dem phasenmodulierten Signal überlagert, auf das demodulierte Signal untersucht werden. Als Gütekriterium dient der Geräuschspannungsabstand. Das Rauschsignal wird als Schmalbandrauschen nach Gl. (4.88) mathematisch beschrieben. Es besitzt ein konstantes Leistungsdichtespektrum der Größe N_0. Dem Phasendemodulator ist, wie in Abb. 5.49 zu sehen, ein ideales Bandpaßfilter vorgeschaltet, dessen Bandbreite B_C durch die Formel von Carson nach Gl. (5.249) bestimmt ist. Am Demodulatoreingang beträgt die Signalleistung S_{ein} und die Rauschleistung N_{ein}. Das Ausgangssignal des Basisbandfilters enthält die Signalleistung S_{aus} und die Rauschleistung N_{aus}.

Das rauschbehaftete phasenmodulierte Signal am Eingang des PM-Demodulators läßt sich beschreiben durch

$$s_{PMN}(t) = A_c \cos(\omega_c t + \alpha_P s_{mod}(t)) + n_c(t) \cos \omega_c t - n_s(t) \sin \omega_c t \quad . \tag{5.261}$$

Hieraus ergibt sich als Signalleistung

$$S_{ein} = \frac{1}{2} A_c^2 \tag{5.262}$$

und als Rauschleistung

$$N_{ein} = 2 N_0 B_C \quad . \tag{5.263}$$

Stellt man für die weitere Rechnung Gl. (5.261) durch Betrag und Phase des Signal- und des Rauschanteils dar, so entsteht dadurch die Gleichung

$$s_{PMN}(t) = A_c \cos(\omega_c t + \alpha_P s_{mod}(t)) + A_N(t) \cos(\omega_c t + \varphi_N(t)) \quad . \tag{5.264}$$

Die Amplitude des Rauschanteils $A_N(t)$ ist hierbei rayleigh-verteilt, die Phase $\varphi_N(t)$ gleichverteilt [13]. Bezeichnet man die vom Modulationssignal abhängige Phase mit

$$\varphi(t) = \alpha_P s_{mod}(t) \quad , \tag{5.265}$$

so läßt sich Gl. (5.264) derart umschreiben, daß Signal und Rauschanteil ein gleichlautendes Winkelargument besitzen:

$$s_{PMN}(t) = A_c \cos(\omega_c t + \varphi(t)) + A_N(t) \cos\left(\varphi_N(t) - \varphi(t)\right) \cos(\omega_c t + \varphi(t)) \quad . \tag{5.266}$$

Nun lassen sich Nutz- und Rauschsignal zusammenfassen in

$$s_{PMN}(t) = A_{ges}(t) \cos(\omega_c t + \varphi(t) + \varphi_Z(t)) \quad , \tag{5.267}$$

wobei $\varphi_Z(t)$ eine zusätzliche, durch das Rauschsignal verursachte Phasenschwankung der Größe

$$\varphi_Z(t) = \arctan \frac{A_N(t) \sin\left(\varphi_N(t) - \varphi(t)\right)}{A_c + A_N(t) \cos\left(\varphi_N(t) - \varphi(t)\right)} \tag{5.268}$$

beschreibt. Dieser Term stört die optimale Demodulation, da er den zeitlichen Verlauf der Phase, der vom Phasendemodulator ausgewertet wird, dahingehend beeinflußt, daß jetzt nicht mehr ausschließlich die vom Modulationssignal beeinflußte Trägerphase demoduliert wird.

Unter der Annahme, daß der Geräuschspannungsabstand am Bandpaßfilterausgang groß ist, soll im folgenden der Geräuschspannungsabstand am Basisbandfilterausgang berechnet werden. In diesem Fall läßt sich Gl. (5.268) approximieren durch

$$\varphi_Z(t) \approx \frac{A_N(t)}{A_c} \sin\left(\varphi_N(t) - \varphi(t)\right) \quad . \tag{5.269}$$

Für die Berechnung des Geräuschspannungsabstands am Basisbandfilterausgang läßt sich die Tatsache ausnutzen, daß bei einem großen Geräuschspannungsabstand am Demodulatoreingang Rauschsignal und Modulationssignal in guter Näherung statistisch unabhängig voneinander sind [26]. Zur Berechnung der Ausgangssignalleistung kann deshalb das Rauschsignal zu Null gesetzt werden. Entsprechend setzt man bei der Bestimmung der Ausgangsrauschleistung das Modulationssignal zu Null.

Zur Berechnung der Ausgangssignalleistung genügt es deswegen, den Term $\varphi(t)$ in Gl. (5.265) zu betrachten. Besitzt der Phasendemodulator die Umsetzkonstante K_D, so erhält man am Ausgang des Basisbandfilters, dessen Bandbreite der des Modulationssignals entspricht, ein Ausgangssignal mit der Leistung

$$S_{aus} = K_D^2 \alpha_P^2 \overline{s_{mod}^2(t)} \quad . \tag{5.270}$$

Zur Berechnung der Ausgangsrauschleistung wird der durch das Rauschen verursachte zusätzliche Phasenfehler $\varphi_Z(t)$ ohne Modulationssignal ($\varphi(t) = 0$) als Eingangssignal des Demodulators angesetzt. Sein Ausgangssignal $n_P(t)$ errechnet sich aus Gl. (5.269) zu

$$n_P(t) = \frac{A_N(t)}{A_c} K_D \cdot \sin\varphi_N(t) = \frac{K_D}{A_c} \cdot n_s(t) \quad . \tag{5.271}$$

Das Leistungsdichtespektrum dieses Rauschsignals beträgt deshalb

$$S_{nP}(f) = \begin{cases} \frac{K_P^2}{A_c^2} \cdot 2N_0 & |f| < \frac{B_C}{2} \\ 0 & \text{sonst} \end{cases} \qquad (5.272)$$

Die einseitige Modulationssignalbandbreite beträgt B_{mod}. Da die Carson-Bandbreite B_C größer als die doppelte Modulationssignalbandbreite ist, läßt sich der Geräuschspannungsabstand durch Einsatz des Basisbandfilters verbessern, da die Rauschleistung an dessen Ausgang nur noch

$$N_{aus} = 4\frac{K_D^2}{A_c^2}N_0 B_{mod} \qquad (5.273)$$

beträgt. Der Geräuschspannungsabstand am Basisbandfilterausgang ergibt sich aus Gl. (5.270) und Gl. (5.273) als

$$\left(\frac{S}{N}\right)_{aus} = \frac{A_c^2 \alpha_P^2 \overline{s_{mod}^2(t)}}{4N_0 B_{mod}} \qquad (5.274)$$

Der Detektionsgewinn beträgt demzufolge

$$\frac{(S/N)_{aus}}{(S/N)_{ein}} = \frac{B_C}{B_{mod}}\alpha_P^2 \overline{s_{mod}^2(t)} \qquad (5.275)$$

und hängt also von der Phasenumsetzkonstanten α_P, dem Modulationssignal und dem Verhältnis von Carson-Bandbreite zur Bandbreite des Modulationssignals ab. Da eine eindeutige Demodulation eines phasenmodulierten Signals nicht mehr möglich ist, wenn die Phasenauslenkung $180°$ überschreitet, ergibt sich als Maximalwert von $|\alpha_P s_{mod}(t)|$ der Wert π und demzufolge für den Ausdruck $\alpha_P^2 \overline{s_{mod}^2(t)}$ der Wert π^2. Dieser Faktor liefert in Gl. (5.275) einen maximalen Anteil von ungefähr 10 dB am Detektionsgewinn.

Eine Verbesserung des Geräuschspannungsabstands am Basisbandfilterausgang ist, ähnlich wie bei der Frequenzmodulation, durch das Einfügen eines Filterpaares möglich, das aus Preemphasefilter und Deemphasefilter besteht.

Vor der Phasenmodulation durchläuft das Modulationssignal ein Preemphasefilter, das eine Hochpaßcharakteristik besitzt. Das modulierte Signal wird übertragen, wobei sich ihm Rauschen additiv überlagert. Der Empfänger besitzt die bereits in Abb. 5.49 gezeigte Struktur, wobei jedoch vor das Basisbandfilter das Deemphasefilter eingefügt wird. Die Übertragungsfunktion dieses Filters ist reziprok zur Übertragungsfunktion des Preemphasefilters:

$$H_D(\omega) = \frac{1}{H_P(\omega)} \qquad (5.276)$$

Das gesamte Übertragungssystem ist in Abb. 5.50 wiedergegeben.

Da beide Filter linear sind, entspricht die Gesamtübertragungsfunktion der Multiplikation der beiden Filterübertragungsfunktionen. Aus Gl. (5.276) kann man ablesen, daß durch die Filter eine Allpaßcharakteristik realisiert wird, so daß sich das PM-System in Bezug auf das Modulationssignal so verhält, als wären beide Filter nicht vorhanden. Das Rauschsignal durchläuft dagegen nur das Deemphasefilter und kann wegen dessen

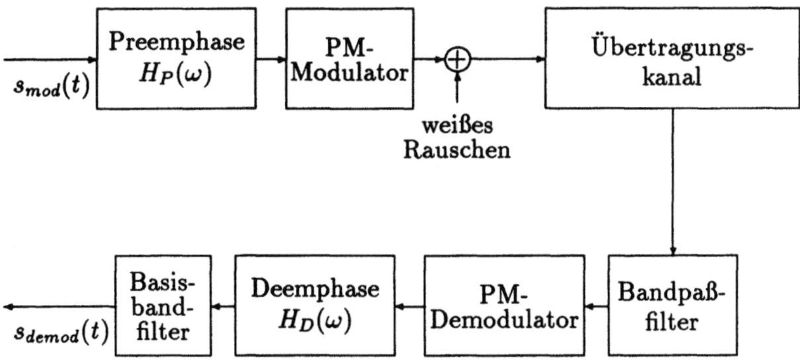

Abb. 5.50: PM-Übertragungsstrecke mit Pre- und Deemphase

Übertragungsfunktion zumindest teilweise unterdrückt werden. Die Rauschleistung am Basisbandfilterausgang berechnet sich somit zu

$$N_{aus\,De} = \frac{2\pi^2 K_D^2}{A_c^2} N_0 \int_{-B_{mod}}^{B_{mod}} |H_D(f)|^2 \, df \quad . \tag{5.277}$$

Das Verhältnis von Rauschleistung ohne Deemphasefilter zur Rauschleistung mit Deemphasefilter beträgt dann

$$\frac{N_{aus}}{N_{aus\,De}} = \frac{2B_{mod}}{\displaystyle\int_{-B_{mod}}^{B_{mod}} |H_D(f)|^2 \, df} \quad . \tag{5.278}$$

Da das Modulationssignal durch Pre- und Deemphasefilter nicht beeinflußt wird, ist diese Gleichung ein Maß für die durch Pre- und Deemphase erreichbare Störabstands-verbesserung. Besitzen die Filter bei einer PM-Übertragung die gleiche Übertragungs-funktion wie bei einer FM-Übertragung, so wird bei einer Phasenmodulation die Störab-standsverbesserung aufgrund des konstanten Rauschleistungsdichtespektrums am De-modulatorausgang geringere Werte als bei einer Frequenzmodulation annehmen.

Zum Abschluß dieses Kapitels sollen noch einige Bemerkungen zum praktischen Ein-satz der Phasenmodulation gemacht werden. Wiederholt wurde auf den vorhergehen-den Seiten auf die Ähnlichkeit zwischen Phasen- und Frequenzmodulation hingewiesen, wodurch die mathematische Behandlung der Phasenmodulation wesentlich erleichtert wird. Weiterhin wurde bereits erwähnt, daß durch Vorschalten eines Differenzierers vor einen Frequenzmodulator ein Phasenmodulator aufgebaut werden kann. Ein Vergleich der Ausgangssignale eines Frequenz- und eines Phasenmodulators wird mit Hilfe von Abb. 5.51 vorgenommen, wobei ein Einheitssprung an die Modulatoreingänge angelegt wird. Im Phasendemodulator ist unbedingt ein Synchrondemodulator einzusetzen, um den Phasensprung bei $t = 0$ detektieren zu können. Außerdem stören schon geringe Abweichungen vom idealen Phasenverlauf des Übertragungskanals nach Gl. (3.85) die Detektion. Im Vergleich dazu sind die Auswirkungen des Sprungs im Modulationssignal

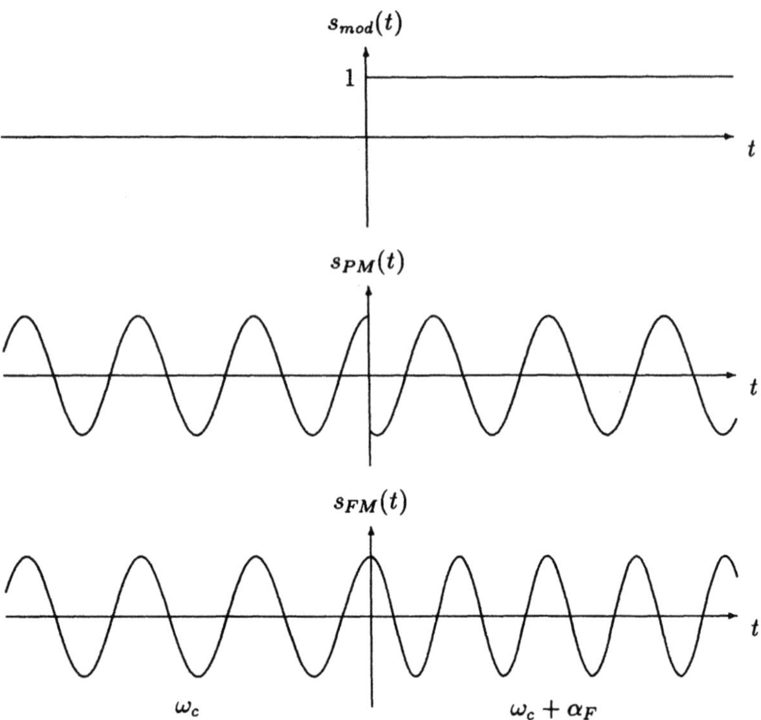

Abb. 5.51: Vergleich zwischen einem phasen- und einem frequenzmodulierten Signal für ein sprungförmiges Modulationssignal

im frequenzmodulierten Signal aufgrund der veränderten Momentanfrequenz leichter zu detektieren, indem z. B. der zeitliche Abstand zwischen aufeinanderfolgenden Nulldurchgängen des FM-Signals bestimmt wird. Zeitlich sich nicht zu schnell ändernde Schwankungen des Phasenverlaufs im Übertragungskanal stören bei einer FM-Übertragung wegen der Differentiation der Trägerphase im Diskriminator den zeitlichen Verlauf des demodulierten Signals nicht so stark wie bei einer Phasenmodulation.

Zusammenfassend läßt sich sagen, daß wegen der hohen Störempfindlichkeit der Phasenmodulation und wegen des technischen Aufwands beim Aufbau eines Phasendemodulators unter den Winkelmodulationsverfahren der Frequenzmodulation der Vorzug gegeben wird.

6 Abgetastete und diskrete Signale

Bei den noch zu behandelnden Modulationsverfahren werden zeitdiskrete Signale auftreten (siehe Abb. 2.2), die sowohl wertkontinuierlich als auch wertdiskret sein können. Über deren mathematische Beschreibung zur Darstellung im Zeit- und im Frequenzbereich wurde bisher noch keine Angabe gemacht. Wichtig sind hierbei Aussagen darüber, welche Anforderungen an ein kontinuierliches Signal gestellt werden müssen, damit die in ihm enthaltene Information bei der Darstellung durch ein diskretes Signal nicht verlorengeht.

6.1 Abtastung im Zeitbereich

Ein zeitdiskretes Signal kann man sich aus der periodischen Abtastung eines zeitkontinuierlichen Signals im zeitlichen Abstand T_S entstanden denken. Existiert zu dem zeitkontinuierlichen Signal $f(t)$ eine Fouriertransformierte $F(\omega)$, so läßt sich das Spektrum des abgetasteten Signals mit Hilfe der Eigenschaften der Fouriertransformation bestimmen.

Das abgetastete Signal läßt sich darstellen als

$$f_{at}(t) = f(t) \sum_{n=-\infty}^{\infty} \delta(t - nT_S) \quad .$$

(6.1)

Aufgrund der Ausblendeigenschaft der Diracschen Impulsfunktion (Gl. (3.49)) läßt es sich auch in der Form

$$f_{at}(t) = \sum_{n=-\infty}^{\infty} f(nT_S)\delta(t - nT_S)$$

(6.2)

schreiben, wobei der Index at auf die Abtastung im Zeitbereich hinweist. Durch diese entsteht aus dem zeitkontinuierlichen Signal $f(t)$ eine zeitdiskrete, äquidistante Folge von Diracimpulsen, die mit den Abtastwerten $f(nT_S)$ gewichtet ist. Die periodische Wiederholung von Diracimpulsen im zeitlichen Abstand T_S erlaubt eine Entwicklung der Summe in Gl. (6.1) in eine Fourierreihe, deren Koeffizienten den Wert $2\pi/T_S$ annehmen. Dies führt zu der Fourierkorrespondenz

$$\sum_{n=-\infty}^{\infty} \delta(t - nT_S) \circ\!\!-\!\!\bullet \frac{2\pi}{T_S} \sum_{n=-\infty}^{\infty} \delta(\omega - \frac{n2\pi}{T_S})$$

(6.3)

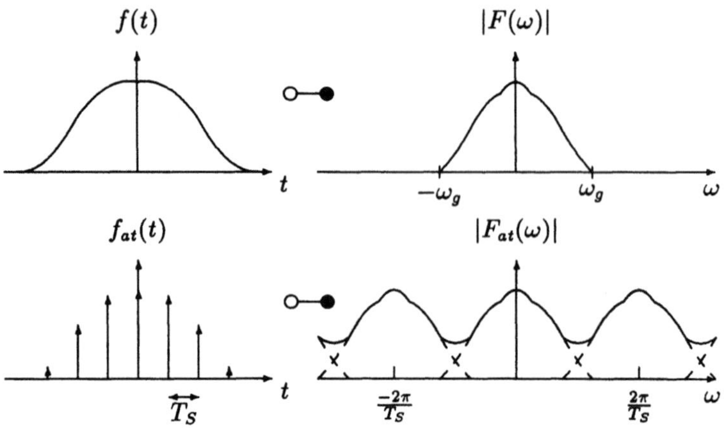

Abb. 6.1: Vergleich zwischen den Spektren eines kontinuierlichen und eines abgetasteten Zeitsignals

und liefert für das abgetastete Signal die Darstellung

$$f_{at}(t) = \frac{f(t)}{T_S} \sum_{n=-\infty}^{\infty} e^{j2\pi n \frac{t}{T_S}} \quad . \tag{6.4}$$

Ausgehend von Gl. (6.1) ergibt sich das Spektrum des abgetasteten Signals durch Faltung des Spektrums $F(\omega)$ mit dem Spektrum der Diracimpulsfolge aus Gl. (6.3). Unter Einsatz von Gl. (3.70) erhält man dann

$$\begin{aligned}
F_{at}(\omega) &= \frac{1}{2\pi} \int_{-\infty}^{\infty} F(y) \cdot \sum_{n=-\infty}^{\infty} \frac{2\pi}{T_S}\delta(\omega - \frac{n2\pi}{T_S} - y)\,\mathrm{d}y \\
&= \frac{1}{T_S} \sum_{n=-\infty}^{\infty} F(\omega - \frac{n2\pi}{T_S}) \quad .
\end{aligned} \tag{6.5}$$

Das Spektrum des abgetasteten Signals entsteht somit aus der mit $1/T_S$ skalierten Addition zeitkontinuierlicher Spektren $F(\omega)$, die mit der Periode $1/T_S$ wiederholt werden. Diesen Zusammenhang zeigt Abb. 6.1 anhand eines Tiefpaßsignals, das die Grenzfrequenz ω_g besitzt.

Eine weitere Beschreibung für $F_{at}(\omega)$ ergibt sich durch das Einsetzen von Gl. (6.1) in die Fouriertransformation:

$$\begin{aligned}
F_{at}(\omega) &= \int_{-\infty}^{\infty} \sum_{n=-\infty}^{\infty} f(t)\delta(t - nT_S)e^{-j\omega t} \\
&= \sum_{n=-\infty}^{\infty} f(nT_S)e^{-j\omega n T_S} \quad .
\end{aligned} \tag{6.6}$$

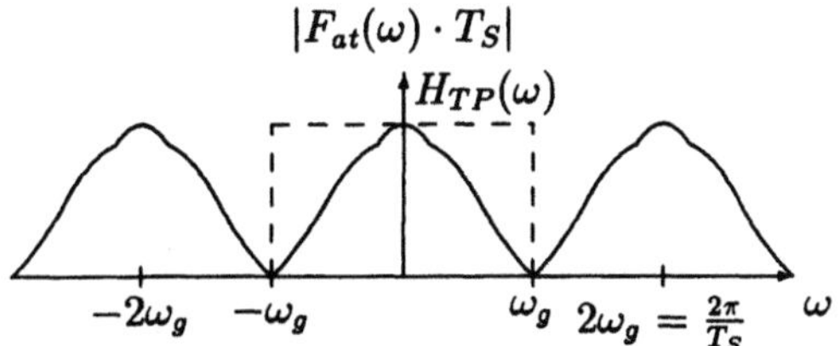

Abb. 6.2: Spektrum eines abgetasteten Zeitsignals mit $2f_gT_S = 1$

Wird ein Tiefpaßsignal, wie es in Abb. 6.1 dargestellt ist, mit einer Abtastperiode

$$T_S \leq \frac{1}{2f_g} \tag{6.7}$$

abgetastet, so überlappen sich die aufzuaddierenden Spektren des zeitkontinuierlichen Signals nicht mehr, und aus dem Spektrum $F_{at}(\omega)$ kann $F(\omega)$ durch Filterung mit einem idealen Tiefpaß fehlerfrei zurückgewonnen werden; das dazugehörige Spektrum ist in Abb. 6.2 wiedergegeben. Das Spektrum des zeitkontinuierlichen Signals ergibt sich danach durch

$$F(\omega) = F_{at}(\omega) \cdot H_{TP}(\omega) \cdot T_S \quad , \tag{6.8}$$

was zu einer Faltung im Zeitbereich führt:

$$f(t) = f_{at}(t) \star 2f_g T_S \mathrm{si}(\omega_g t) \quad . \tag{6.9}$$

Hat man mit der größtmöglichen Abtastperiode das kontinuierliche Signal abgetastet $(2f_g T_S = 1)$, dann ergibt sich mit Gl. (6.2)

$$\begin{aligned}
f(t) &= \left(\sum_{n=-\infty}^{\infty} f(nT_S)\delta(t - nT_S) \right) \star \mathrm{si}(\omega_g t) \\
&= \sum_{n=-\infty}^{\infty} f(nT_S)\mathrm{si}(\omega_g(t - nT_S)) \\
&= \sum_{n=-\infty}^{\infty} f(nT_S)\mathrm{si}(\frac{\pi}{T_S}(t - nT_S)) \quad .
\end{aligned} \tag{6.10}$$

Hieraus erkennt man, daß es möglich ist, jedes tiefpaßbegrenzte Signal mit der Grenzfrequenz f_g durch eine Summe von si-Funktionen darzustellen, deren Amplituden den im zeitlichen Abstand T_S gewonnenen Abtastwerten des zeitkontinuierlichen Signals entsprechen. Dieser Zusammenhang ist als Abtasttheorem von Shannon[1] bekannt und läßt sich folgendermaßen ausdrücken:

---

[1]C. Shannon, amerik. Mathematiker und Ingenieur ($\star$ 1916)

Enthält ein Signal $f(t)$ keine Frequenzanteile oberhalb einer Grenzfrequenz $f = f_g$, so ist dieses Signal vollständig beschrieben durch äquidistante Abtastwerte im zeitlichen Abstand $T_S \leq \frac{1}{2f_g}$. Aus den Abtastwerten kann das Signal $f(t)$ exakt rekonstruiert werden, indem das Spektrum des abgetasteten Signals durch einen idealen Tiefpaß mit der Grenzfrequenz f_g gefiltert wird.

Tastet man das Signal mit $T_S = \frac{1}{2f_g}$ ab, so nennt man die Abtastrate $1/T_S$ auch Nyquist-Rate. Eine Abtastung mit $T_S < \frac{1}{2f_g}$ ist erlaubt. Dieser Vorgang wird Überabtastung genannt. Die Repetitionsspektren des abgetasteten Signals grenzen dann nicht mehr lückenlos aneinander, was in der Praxis die Dimensionierung des Tiefpaßfilters zum Ausfiltern des Spektrums $F(\omega)$ erleichtert. Im Gegensatz dazu überlappen sich bei einer Unterabtastung mit $T_S > \frac{1}{2f_g}$ die periodisch wiederholten Spektren, so wie es in Abb. 6.1 gezeichnet wurde. Eine exakte Rekonstruktion des Signals $f(t)$ aus $f_{at}(t)$ ist daher nicht mehr möglich.

6.2   Abtastung im Frequenzbereich

Aufgrund der vorhergehenden Überlegungen und der Existenz des Vertauschungssatzes der Fouriertransformation (Gl. (3.64)) ist es möglich, eine Spektralfunktion $F(\omega)$ durch frequenzdiskrete Werte darzustellen. Eine Abtastung von $F(\omega)$ führt auf

$$F_{af}(\omega) = F(\omega) \cdot \sum_{n=-\infty}^{\infty} \delta(\omega - n\omega_0) \tag{6.11}$$

mit

$$\omega_0 = \frac{2\pi}{T_0} \quad , \tag{6.12}$$

wobei der Index af auf die Abtastung im Frequenzbereich hinweist. Für das dazugehörige Zeitsignal erhält man durch Anwendung der Fourierrücktransformation nach Gl. (3.46)

$$f_{af}(t) = \frac{1}{2\pi} \sum_{n=-\infty}^{\infty} F(n\omega_0) e^{jn\omega_0 t} \quad . \tag{6.13}$$

Eine weitere Darstellungsmöglichkeit für $f_{af}(t)$ ergibt sich aus Gl. (6.11) durch Faltung von $f(t)$ mit der Fourierrücktransformierten der Diracimpulsfolge nach Gl. (6.3). Die Rechnung liefert

$$\begin{aligned} f_{af}(t) &= \frac{1}{\omega_0} \int_{-\infty}^{\infty} f(\tau) \cdot \sum_{n=-\infty}^{\infty} \delta(t - nT_0 - \tau)\, d\tau \\ &= \frac{1}{\omega_0} \sum_{n=-\infty}^{\infty} f(t - nT_0) \quad . \end{aligned} \tag{6.14}$$

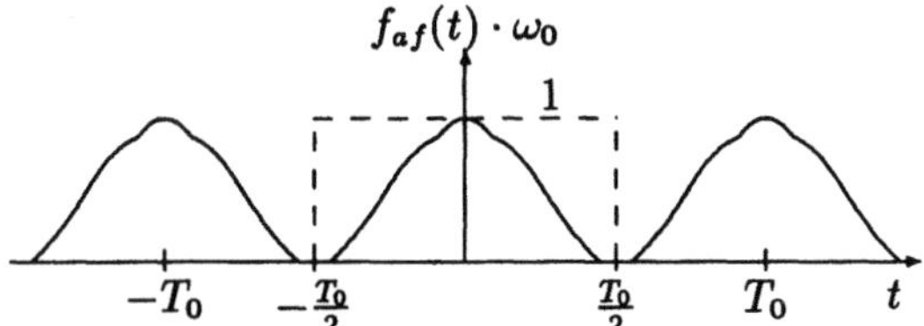

Abb. 6.3: Zu einem abgetasteten Spektrum $F_{af}(\omega)$ gehörendes Zeitsignal für den Fall, daß die Dauer des Zeitsignals $f(t)$ kleiner als T_0 ist

Ähnlich zur Abtastung im Zeitbereich ergibt sich die Zeitfunktion einer abgetasteten Spektralfunktion $F_{af}(\omega)$ aus einer gewichteten Summe der mit der zeitlichen Periode T_0 wiederholten Funktion $f(t)$.

Wie für eine eindeutige Rekonstruktion des Signals $f(t)$ aus einem im Zeitbereich abgetasteten Signal jenes frequenzbegrenzt sein muß, ist für eine eindeutige Rekonstruktion von $f(t)$ aus einem im Frequenzbereich abgetasteten Signal eine zeitliche Begrenzung des Signals notwendig. Die periodisch wiederholten Anteile in Gl. (6.14) überlappen sich nicht, wenn die zeitliche Dauer des Signals $f(t)$ kleiner oder gleich der Abtastperiode T_0 ist. Ein Beispiel für den Verlauf von $f_{af}(t)$ für diesen Fall ist in Abb. 6.3 gezeichnet. Durch einen Zeittor, das im Zeitintervall $-\frac{T_0}{2} \leq t \leq \frac{T_0}{2}$ das abgetastete Zeitsignal durchschaltet, kann aus $f_{af}(t)$ das zeitkontinuierliche Signal $f(t)$ wiedergewonnen werden. Dieser Vorgang läßt sich mathematisch beschreiben durch

$$f(t) = F_{af}(t) \cdot \omega_0 \cdot p(t) \quad , \tag{6.15}$$

wobei $p(t)$ die Spaltfunktion

$$p(t) = \begin{cases} 1 & |t| \leq \frac{T_0}{2} \\ 0 & \text{sonst} \end{cases} \tag{6.16}$$

bezeichnet.
Mit

$$P(\omega) = T_0 \cdot \text{si}(\frac{\omega T_0}{2}) \tag{6.17}$$

läßt sich Gl. (6.15) durch eine Faltung im Spektralbereich als

$$F(\omega) = \sum_{n=-\infty}^{\infty} F(n\omega_0)\,\text{si}\left((\omega - n\omega_0)\frac{T_0}{2}\right) \tag{6.18}$$

ausdrücken. Es ist deshalb möglich, das Spektrum eines auf die Zeitdauer T_g begrenzten Signals durch eine Summe von si-Funktionen darzustellen, deren Amplituden durch die im Abstand der Abtastfrequenz ω_0 gewonnenen Abtastwerte des Frequenzspektrums $F(\omega)$ gegeben sind. Ein Abtasttheorem für den Frequenzbereich läßt sich folgendermaßen formulieren:

Ist ein Signal $f(t)$ zeitbegrenzt auf die Dauer T_g,
so ist dieses Signal vollständig beschrieben durch
äquidistante Abtastwerte seines Spektrums im Abstand $f_0 \leq 1/T_g$. Aus den spektralen Abtastwerten kann das Signal $f(t)$ exakt rekonstruiert werden, indem es aus der Fourierrücktransformierten
$f_{af}(t)$ des abgetasteten Spektrums durch eine Zeit-
torschaltung der Dauer $1/f_0$ wiedergewonnen wird.

6.3 Diskrete Signale

Die Aussage des Abtasttheorems, daß ein frequenzbegrenztes Signal exakt durch seine
Abtastwerte beschrieben werden kann, legt die Frage nahe, wie sich ein abgetastetes
Signal bei der Übertragung über ein lineares, zeitinvariantes Netzwerk verhält. Aus
Gl. (6.10) ist abzulesen, daß bei einer Filterung eines abgetasteten Signals ein zeit-
kontinuierliches Signal als Ausgangssignal entsteht. Dieses ist aufgrund des linearen,
zeitinvarianten Netzwerkes ebenfalls frequenzbegrenzt und kann deshalb ohne Informa-
tionsverlust abgetastet werden. Der Zusammenhang zwischen Ein- und Ausgangssignal
eines Netzwerks ist durch die Faltung (s. Gl. (3.76)) gegeben. Für eine einfache Rechnung wäre es wünschenswert, die Abtastwerte des Ausgangssignals mit Hilfe der Abtastwerte des Eingangssignals zu bestimmen. Dies ist möglich, wenn das Netzwerk eine
Tiefpaßcharakteristik besitzt, so daß dessen Impulsantwort ebenfalls abgetastet werden
kann. Ein Beispiel für die Signale in einem derartigen Netzwerk ist in Abb. 6.4 skizziert.

Mit Hilfe der Faltung $s_{aus}(t) = h(t) \star s_{ein}(t)$ und Gl. (6.10) erhält man bei Abtastung
mit der Nyquist-Rate $1/T_S$

$$\sum_{n=-\infty}^{\infty} s_{aus}(nT_S)\delta(t - nT_S) \star \mathrm{si}(\omega_g t) \;=$$
$$\sum_{n=-\infty}^{\infty} h(nT_S)\delta(t - nT_S) \star \mathrm{si}(\omega_g t)$$
$$\star$$
$$\sum_{n=-\infty}^{\infty} s_{ein}(nT_S)\delta(t - nT_S) \star \mathrm{si}(\omega_g t) \qquad . \tag{6.19}$$

Die Multiplikation zweier Spaltfunktionen entspricht der Faltung zweier si-Funktionen
und liefert somit in Gl. (6.19) eine si-Funktion mit der Amplitude T_S. Demzufolge gilt
für die Abtastwertfolgen aus Gl. (6.19) der Zusammenhang

$$\sum_{n=-\infty}^{\infty} s_{aus}(nT_S)\delta(t - nT_S) \qquad\qquad =$$
$$\left(T_S \sum_{n=-\infty}^{\infty} h(nT_S)\delta(t - nT_S) \right) \star \left(\sum_{n=-\infty}^{\infty} s_{ein}(nT_S)\delta(t - nT_S) \right) \qquad . \tag{6.20}$$

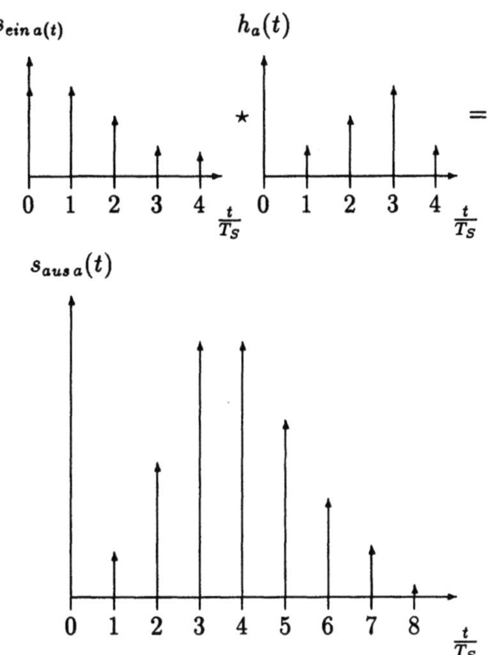

Abb. 6.4: Abgetastete Signale bei einer Übertragung über ein Netzwerk mit der Impulsantwort $h_a(t)$

Die Ausblendeigenschaft des Diracimpulses vereinfacht die Rechnung und führt zum Ergebnis

$$s_{aus}(nT_S) = T_S \sum_{m=-\infty}^{\infty} s_{ein}(nT_S) \cdot h((n-m)T_S) \quad . \qquad (6.21)$$

Durch diese Gleichung sind die Abtastwertfolgen von Eingangssignal, Ausgangssignal und Impulsantwort miteinander verknüpft; man spricht hier von einer diskreten Faltung. Es wird nun der Unterschied zwischen einem abgetasteten Signal und der das abgetastete Signal beschreibenden Abtastwertfolge $s(nT_S)$ deutlich, die man auch als zeitdiskretes Signal bezeichnet. Ein abgetastetes Signal $s_{at}(t)$ kann durch eine gewichtete Folge von Diracimpulsen über ein analoges Netzwerk übertragen werden, wohingegen ein zeitdiskretes Signal $s(nT_S)$ eine Folge von Zahlenwerten darstellt, die zwar innerhalb einer digitalen Signalverarbeitung weiterverarbeitet werden kann, für die aber eine analoge Filterung nicht definiert ist.

So wie die Fouriertransformation für zeitkontinuierliche Signale den Zusammenhang zwischen Zeit- und Frequenzbereich bildet, gibt die diskrete Fouriertransformation den Zusammenhang zwischen zeitdiskreten und frequenzdiskreten Abtastwertfolgen an. Man kombiniert hierzu die Abtasttheoreme von Zeit- und Frequenzbereich und unterstellt dabei eine Begrenzung des Signals sowohl im Zeit- als auch im Frequenzbereich. Man muß sich hierbei darüber im Klaren sein, daß ein Signal mit solchen Eigenschaft theoretisch betrachtet nicht existiert, da nach Gl. (6.18) jedes zeitbegrenzte Signal aufgrund der si-Funktionen ein unendlich ausgedehntes Spektrum besitzen muß und weiterhin nach Gl. (6.10) jedes frequenzbegrenzte Spektrum einen unendlich ausgedehnten zeitlichen Verlauf aufweist. In der Praxis ist jedoch jedes Signal zeitbeschränkt, so daß hierzu ein unendlich ausgedehntes Spektrum gehört, dessen Werte aber oberhalb einer geeignet gewählten Grenzfrequenz vernachlässigbar sind. Da ein im Zeitbereich abgetastetes Signal ein periodisches Spektrum besitzt und ein abgetastetes Spektrum zu einer periodischen Zeitfunktion führt, muß auch eine Periodizität für die zeitdisketen bzw. frequenzdiskreten Abtastwerte existieren.

Das Abtastheorem im Frequenzbereich führt zu einem periodischen Zeitsignal $f_p(t)$ mit der Periode T_0, das deshalb in eine Fourierreihe mit den komplexen Koeffizienten

$$\underline{c}_\nu = \frac{1}{T_0} \int\limits_{-\frac{T_0}{2}}^{\frac{T_0}{2}} f_p(t) \mathrm{e}^{-j\nu\omega_0 t}\, \mathrm{d}t \qquad (6.22)$$

entwickelt werden kann. Das Spektrum dieses Signals ergibt sich aus

$$F(\omega) = \int\limits_{-\frac{T_0}{2}}^{\frac{T_0}{2}} f_p(t) \mathrm{e}^{-j\omega t}\, \mathrm{d}t \quad , \qquad (6.23)$$

das für $\omega = \nu \cdot \omega_0$ übergeht in

$$F(\nu \cdot \omega_0) = \int\limits_{-\frac{T_0}{2}}^{\frac{T_0}{2}} f_p(t) \mathrm{e}^{-j\nu\omega_0 t}\, \mathrm{d}t \quad . \qquad (6.24)$$

Ein Vergleich von Gl. (6.22) mit Gl. (6.24) liefert den Zusammenhang

$$F(\nu \cdot \omega_0) = \underline{c}_\nu \cdot T_0 \quad . \qquad (6.25)$$

Andererseits führt das Abtasttheorem im Zeitbereich zu einem periodischen Spektrum $F_p(\omega)$ mit der Periode $\omega_S = 2\pi/T_S$, dessen Fourierkoeffizienten berechnet werden durch

$$\underline{d}_\mu = \frac{1}{\omega_S} \int\limits_{-\frac{\omega_S}{2}}^{\frac{\omega_S}{2}} F_p(\omega) \mathrm{e}^{j\mu\omega T_S}\, \mathrm{d}\omega \quad . \qquad (6.26)$$

Die Zeitfunktion $f(t)$ erhält man durch

$$f(t) = \frac{1}{2\pi} \int\limits_{-\frac{\omega_S}{2}}^{\frac{\omega_S}{2}} F_p(\omega) \mathrm{e}^{j\omega t}\, \mathrm{d}\omega \quad , \qquad (6.27)$$

die mit $t = \mu \cdot T_S$ überführt wird in

$$f(\mu \cdot T_S) = \frac{1}{2\pi} \int\limits_{-\frac{\omega_S}{2}}^{\frac{\omega_S}{2}} F_p(\omega) \mathrm{e}^{j\omega\mu T_S}\, \mathrm{d}\omega \quad . \qquad (6.28)$$

Ein Vergleich zwischen Gl. (6.28) und Gl. (6.26) führt auf

$$f(\mu \cdot T_S) = \underline{d}_\mu \cdot f_S \quad .$$
(6.29)

Das Zeitsignal $f_p(t)$ läßt sich beschreiben durch

$$f_p(t) = \sum_{\nu=-\infty}^{\infty} \underline{c}_\nu e^{j\nu\omega_0 t} \quad ,$$
(6.30)

das für ein zeitbegrenztes Signal bei Einhaltung beider Abtasttheoreme mit Hilfe von Gl. (6.25) übergeht in

$$f(\mu \cdot T_S) = \frac{1}{T_0} \sum_{\nu=-\infty}^{\infty} F(\nu \cdot \omega_0) e^{j\nu\mu\omega_0 T_S} \quad , |\mu \cdot T_S| \leq \frac{T_0}{2} \quad .$$
(6.31)

Entsprechend gilt für $F_p(\omega)$

$$F_p(\omega) = \sum_{\mu=-\infty}^{\infty} \underline{d}_\mu e^{-j\mu\omega T_S} \quad ,$$
(6.32)

das für ein frequenzbegrenztes Signal bei Einhaltung beider Abtasttheoreme mit Hilfe von Gl. (6.29) übergeht in

$$F(\nu \cdot \omega_0) = \frac{1}{f_S} \sum_{\mu=-\infty}^{\infty} f(\mu \cdot T_S) e^{-j\nu\mu\omega_0 T_S} \quad , |\nu \cdot \omega_0| \leq \frac{\omega_S}{2} \quad .$$
(6.33)

Der gewünschte Zusammenhang zwischen den Abtastwerten im Zeit- und im Frequenzbereich läßt sich demzufolge durch zwei Vorgehensweisen bestimmen. Einerseits kann man das periodische Signal $f_p(t)$ abtasten, wobei das dazugehörige diskrete Spektrum $F_{af}(\omega)$ periodisch fortzusetzen ist. Andererseits ist es aber auch möglich, das Spektrum $F_{at}(\omega)$ der abgetasteten Zeitfunktion abzutasten, wobei dann das abgetastete Signal $f_{at}(t)$ periodisch fortzusetzen ist. Beide Vorgehensweisen führen zu einem Signal, das aus zeit- und frequenzdiskreten Werten besteht. Dieses Signal besitzt sowohl eine periodische Zeitfunktion als auch ein periodisches Spektrum, wie man aufgrund der e-Funktion in Gl. (6.31) und in Gl. (6.33) erkennen kann. Soll die Periode im Zeit- und im Frequenzbereich jeweils durch N diskrete Werte beschrieben werden, so muß folgender Zusammenhang gelten, damit die Stützstellen eines abgetasteten Signals nach einer Hin- und Rücktransformation wiederum mit den Stützstellen des ursprünglichen Signals übereinstimmen:

$$N \cdot f_0 \cdot T_S = 1 \quad .$$
(6.34)

Damit läßt sich Gl. (6.31) schreiben als

$$f(\mu \cdot T_S) = \frac{1}{T_0} \sum_{\nu=-\infty}^{\infty} F(\nu \cdot \omega_0) e^{j\nu\mu\frac{2\pi}{N}} \quad .$$
(6.35)

Ersetzt man in dieser Gleichung ν durch $\nu - nN$, so entsteht folgender Ausdruck:

$$f(\mu \cdot T_S) = \frac{1}{T_0} \sum_{\nu=0}^{N-1} \sum_{n=-\infty}^{\infty} F((\nu - nN)\omega_0) e^{j\frac{2\pi}{N}\mu(\nu-nN)} \quad .$$
(6.36)

Die Periodizität der komplexen e-Funktion erlaubt die Umformung

$$e^{j\frac{2\pi}{N}\mu(\nu-nN)} = e^{j\frac{2\pi}{N}\mu\nu} \cdot e^{-j2\pi\mu n} = e^{j\frac{2\pi}{N}\mu\nu} \quad , \tag{6.37}$$

da μ und n ganzzahlig sind. Damit läßt sich die komplexe e-Funktion vor die Summe über n ziehen:

$$f(\mu \cdot T_S) = \frac{1}{T_0} \sum_{\nu=1}^{N-1} e^{j\frac{2\pi}{N}\mu\nu} \sum_{n=-\infty}^{\infty} F((\nu-nN)\omega_0) \quad . \tag{6.38}$$

Berücksichtigt man nun, daß das periodische Spektrum $F_p(\omega)$ als

$$F_p(\omega) = \sum_{n=-\infty}^{\infty} F(\omega - n\omega_S) \tag{6.39}$$

geschrieben werden kann und daß weiterhin wegen der Periodizität

$$N \cdot \omega_0 = \omega_S \tag{6.40}$$

gilt, so erhält man unter Zuhilfenahme von Gl. (6.39) aus Gl. (6.38) unter der Annahme, daß das Abtasttheorem erfüllt ist

$$f(\mu \cdot T_S) = \frac{1}{T_0} \sum_{\nu=0}^{N-1} F(\nu \cdot \omega_0)\, e^{j\frac{2\pi}{N}\mu\nu} \quad , \mu = 0,\ldots,N-1\,. \tag{6.41}$$

Eine ähnliche Betrachtung von Gl. (6.33) unter Berücksichtigung der periodischen Zeitfunktion $f_p(t)$ führt auf

$$F(\nu \cdot \omega_0) = \frac{1}{f_S} \sum_{\mu=0}^{N-1} f(\mu \cdot T_S)\, e^{-j\frac{2\pi}{N}\mu\nu} \quad , \nu = 0,\ldots,N-1\,, \tag{6.42}$$

wobei für die beiden letzten Gleichungen die Zusammenhänge

$$N \cdot f_0 \cdot T_S = 1 \quad , \tag{6.43}$$

$$N \cdot \omega_0 = \omega_S \quad , \tag{6.44}$$

$$N \cdot T_S = T_0 \quad , \tag{6.45}$$

$$T_S = \frac{2\pi}{\omega_S} = \frac{2\pi}{N\omega_0} \quad \text{und} \tag{6.46}$$

$$\omega_0 = \frac{2\pi}{T_0} = \frac{2\pi}{NT_S} \tag{6.47}$$

gelten. Der zeitliche Abtastabstand T_S ist demzufolge umgekehrt proportional zur Periodendauer der Spektralfunktion, und der Abtastabstand im Frequenzbereich ω_0 ist umgekehrt proportional zur Periodendauer der Zeitfunktion. Man nennt $F(\nu \cdot \omega_0)$ das diskrete Spektrum oder die diskrete Fouriertransformierte der diskreten Zeitfunktion $f(\mu \cdot T_S)$. Da durch die Gleichungen (6.41) und (6.42) N zeitdiskrete Werte mit N frequenzdiskreten Werten verknüpft werden, bezeichnet man das dazugehörige Signal auch als finites Signal. In der digitalen Signalverarbeitung arbeitet man häufig mit der normierten Größe

$$T_S = 1 \quad , \tag{6.48}$$

was zu den Darstellungen

$$f(\mu) = \frac{1}{N} \sum_{\nu=0}^{N-1} F(\nu)\, e^{j\frac{2\pi}{N}\mu\nu} \quad , \mu = 0,\ldots,N-1 \tag{6.49}$$

und

$$F(\nu) = \sum_{\mu=0}^{N-1} f(\mu)\, e^{-j\frac{2\pi}{N}\mu\nu} \quad , \nu = 0,\ldots,N-1 \tag{6.50}$$

führt. Die durch diese Gleichungen definierte diskrete Fouriertransformation ist ein Sonderfall der allgemeinen Fouriertransformation, wobei man von periodischen und diskreten Signalen ausgeht. Demzufolge gelten auch alle in Kapitel 3.4 angegebenen Eigenschaften der Fouriertransformation.

7 Modulation eines pulsförmigen Trägers durch ein analoges Modulationssignal

Bei den bisher behandelten Modulationsverfahren AM, FM und PM wird das modulierende Signal zeitkontinuierlich verarbeitet. In Kapitel 6 wurde jedoch gezeigt, daß ein bandbegrenztes, wertkontinuierliches Signal exakt durch Abtastproben, die im zeitlichen Abstand T_S genommen werden, beschrieben werden kann. Hierfür muß der Abtastabstand derart gewählt sein, daß das Abtasttheorem von Shannon erfüllt ist. Mit den Abtastwerten kann einer der in Abb. 7.1 gezeigten Signalparameter beeinflußt werden. Zur Terminologie sei noch angemerkt, daß unter einem Puls eine Folge periodisch wiederholter Impulse verstanden wird.

Das abgetastete Signal kann nach Abb. 7.1 die Pulsamplitude $\hat{u}_T$ beeinflußen. Das entsprechende Modulationsverfahren wird Pulsamplitudenmodulation genannt. Eine Veränderung des zeitlichen Abstands T_P zwischen aufeinanderfolgenden Impulsen kann durch eine Pulsphasen- oder eine Pulsfrequenzmodulation erreicht werden. Weiterhin ist es möglich, durch das modulierende Signal die Impulsdauer T_i zu verändern, was als Pulsdauermodulation bezeichnet wird.

7.1 Die Pulsamplitudenmodulation

Bei der Pulsamplitudenmodulation (PAM) tastet man das Modulationssignal $s_{mod}(t)$ unter Berücksichtigung des Abtasttheorems im zeitlichen Abstand T_S ab, wobei die dadurch entstehenden Abtastwerte die Amplitude des Pulsträgers bestimmen. Dieses Verfahren wird als PAM 1. Art bezeichnet. In der englischsprachigen Literatur wird dafür der Begriff „flat-top-sampling" benutzt, da die Impulse, wie in Abb. 7.2 zu sehen,

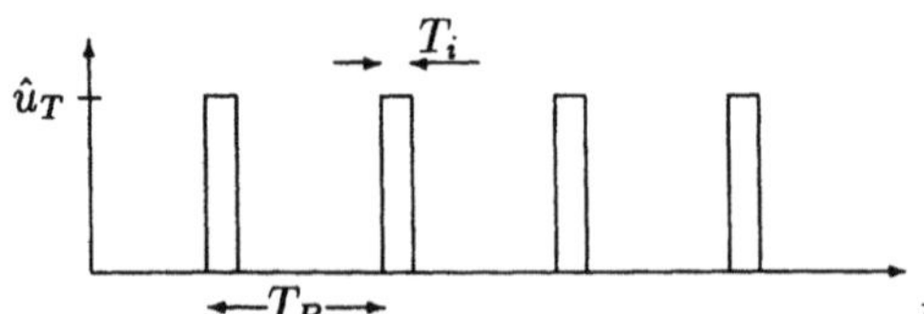

Abb. 7.1: Beeinflußung verschiedener Signalparameter durch das Modulationssignal

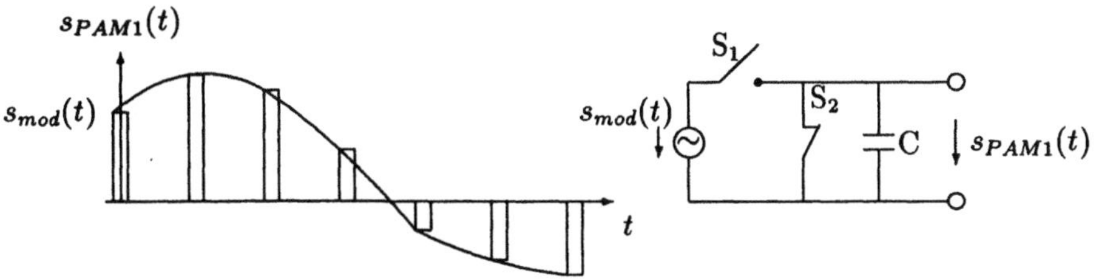

Abb. 7.2: PAM 1. Art und ihr Ersatzschaltbild

eine konstante Amplitude besitzen. Das modulierte Signal entsteht hierbei aus den Abtastwerten, deren Amplituden in einem Kondensator für die Impulsdauer T_i gespeichert werden, wie es im Ersatzschaltbild dargestellt ist. Die Schalter S_1 und S_2 arbeiten wechselseitig. Über S_1 wird der Kondensator aufgeladen und über S_2 in der Zeitspanne zwischen zwei Impulsen wieder entladen.

Wie bei einer Amplitudenmodulation ensteht bei einer Pulsamplitudenmodulation das modulierte Signal aus der Multiplikation des Modulationssignals $s_{mod}(t)$ mit einem Puls $s_p(t)$. Die Impulsfolge $s_p(t)$ setzt sich aus Einzelimpulsen $s_i(t)$ zusammen, was zu der Beschreibung

$$s_p(t) = \sum_{n=-\infty}^{\infty} s_i(t - nT_S) \tag{7.1}$$

führt. Der Einzelimpuls $s_i(t)$ ist bei der PAM ein rechteckförmiger Impuls der Dauer T_i. Damit läßt sich das modulierte Signal einer PAM 1. Art schreiben als

$$s_{PAM1}(t) = \sum_{n=-\infty}^{\infty} s_{mod}(nT_S) \cdot s_i(t - nT_S) \quad . \tag{7.2}$$

Diese Gleichung läßt sich als Faltung des abgetasteten Modulationssignals mit dem Einzelimpuls $s_i(t)$ interpretieren. Somit erhält man mit den Fourierkorrespondenzen

$$\sum_{n=-\infty}^{\infty} s_{mod}(t)\delta(t - nT_S) \circ\!\!-\!\!\bullet \frac{1}{T_S} \sum_{n=-\infty}^{\infty} S_{mod}(\omega - n\omega_s) \quad , \omega_s = \frac{2\pi}{T_S} \tag{7.3}$$

und

$$s_i(t) \circ\!\!-\!\!\bullet S_i(\omega) \tag{7.4}$$

für das Spektrum einer Pulsamplitudenmodulation 1. Art den Ausdruck

$$S_{PAM1}(\omega) = \frac{S_i(\omega)}{T_S} \cdot \sum_{n=-\infty}^{\infty} S_{mod}(\omega - n\omega_s) \quad . \tag{7.5}$$

Man erkennt, daß das periodisch wiederholte Spektrum des Modulationssignals mit dem Spektrum des Einzelimpulses $s_i(t)$ gewichtet wird. Mit

$$s_i(t) = \begin{cases} 1 & \text{für } -\frac{T_i}{2} \leq t \leq \frac{T_i}{2} \\ 0 & \text{sonst} \end{cases} \tag{7.6}$$

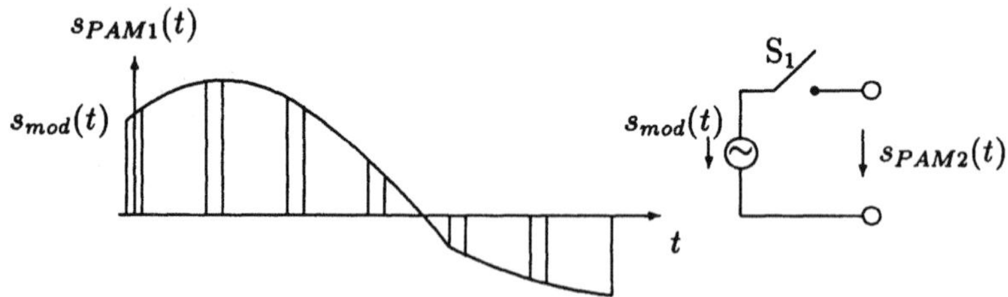

Abb. 7.3: PAM 2. Art und ihr Ersatzschaltbild

ergibt sich damit

$$S_{PAM1}(\omega) = \frac{T_i}{T_S}\,\text{si}(\frac{\omega T_i}{2}) \cdot \sum_{n=-\infty}^{\infty} S_{mod}(\omega - n\omega_s) \quad . \qquad (7.7)$$

Eine weitere Methode zur Erzeugung eines PAM-Signals geht davon aus, daß während der Impulsdauer T_i das PAM-Signal exakt dem Modulationssignal folgt. Das dabei entstehende modulierte Signal und ein Ersatzschaltbild, das seine Erzeugung versinnbildlicht, sind in Abb. 7.3 zu sehen. Der Schalter S_1 ist während der Impulsdauer geschlossen und sonst geöffnet. Dieses Verfahren wird als PAM 2. Art oder mit dem englischen Ausdruck „top-samping" bezeichnet. Das modulierte Signal entsteht hierbei aus der Multiplikation des Modulationssignals mit dem Puls $s_p(t)$:

$$\begin{aligned} s_{PAM2}(t) &= s_{mod}(t) \cdot s_p(t) \\ &= s_{mod}(t) \cdot \sum_{n=-\infty}^{\infty} s_i(t - nT_S) \quad . \end{aligned} \qquad (7.8)$$

Das Spektrum berechnet sich somit aus der Faltung der Spektren $S_{mod}(\omega)$ und $S_p(\omega)$, was unter Berücksichtigung von Gl. (7.6) zu

$$\begin{aligned} S_{PAM2}(\omega) &= \int_{-\infty}^{\infty} S_{mod}(y) \cdot \frac{T_i}{T_S} \cdot \text{si}\left(\frac{(\omega - y)T_i}{2}\right) \sum_{n=-\infty}^{\infty} \delta(\omega - y - n\omega_s)\,\mathrm{d}y \\ &= \frac{T_i}{T_S} \sum_{n=-\infty}^{\infty} \text{si}(\frac{n\omega_s T_i}{2}) \cdot S_{mod}(\omega - n\omega_s) \end{aligned} \qquad (7.9)$$

führt. Im Gegensatz zu einem PAM1-Spektrum werden hier die Repetitionsspektren des Modulationssignals mit einer Konstanten gewichtet, deren Wert von der si-Funktion bestimmt wird. Es treten deshalb bei einem PAM2-Signal keine Dämpfungsverzerrungen innerhalb der Wiederholspektren auf. Zum Vergleich sind die Spektren beider PAM-Signale für ein vorgegebenes Modulationsspektrum $S_{mod}(\omega)$ in Abb. 7.4 nebeneinandergestellt. Das zweite Wiederholspektrum im Spektrum für das PAM-Signal 2. Art verschwindet hierbei, da in diesem Beispiel $T_i = T_S/2$ gewählt wurde und die si-Funktion in Gl. (7.9) für $n = 2$ eine Nullstelle aufweist.

Für die Dauer des Einzelimpulses $s_i(t)$ lassen sich zwei Grenzen angeben. Verkürzt man die Impulsdauer T_i, so ergibt sich im Grenzfall mit

$$\lim_{T_i \to 0} \text{si}(\frac{\omega T_i}{2}) = 1$$

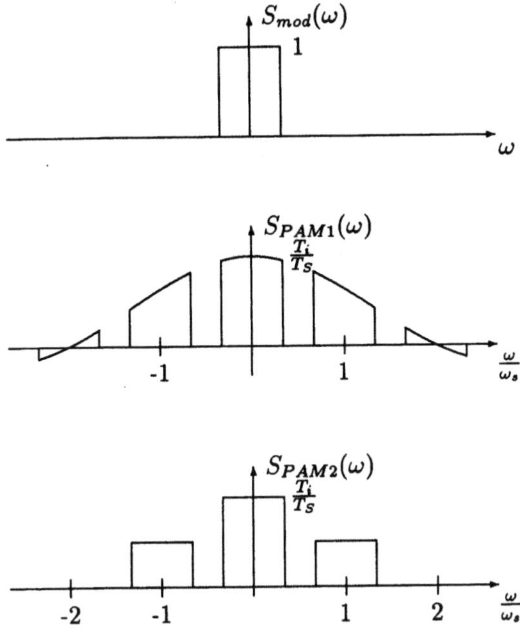

Abb. 7.4: Spektrum für ein PAM-Signal 1. Art bzw. 2. Art bei vorgegebenem Modulationsspektrum $S_{mod}(\omega)$

das Spektrum eines PAM-Signals bei Verwendung eines Diracimpulses als Impulsform. Die Spektren in Gl. (7.5) und Gl. (7.9) gehen ineinander über, und es besteht kein Unterschied mehr zwischen beiden Pulsamplitudenmodulationsverfahren.

Der zweite Grenzfall, $T_i = T_S$, liefert für ein PAM-Signal 1. Art einen treppenförmigen Verlauf, wie er in Abb. 7.5 gezeichnet ist. Das Ersatzschaltbild zeigt, daß dazu der Schalter S_1 im zeitlichen Abstand T_S für eine extrem kurze Zeitdauer geschlossen wird, wodurch der Kondensator auf den Momentanwert des Modulationssignals umgeladen wird. Diese Schaltung wird als Abtast- und Halteglied bezeichnet und wird beispielsweise bei der noch zu behandelnden Pulscodemodulation angewendet, wenn der Ab-

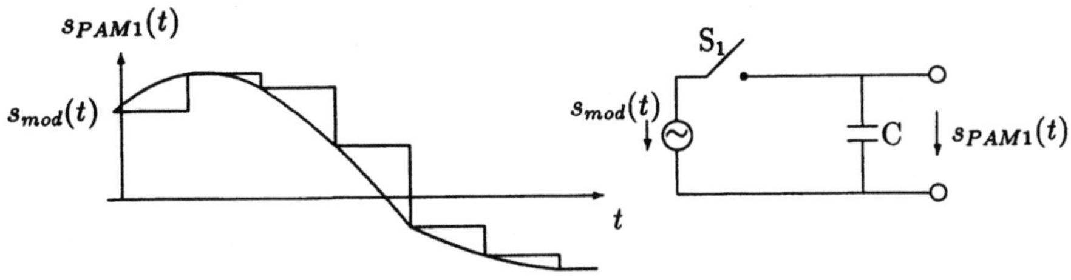

Abb. 7.5: PAM 1. Art für $T_i = T_S$ und ihr Ersatzschaltbild

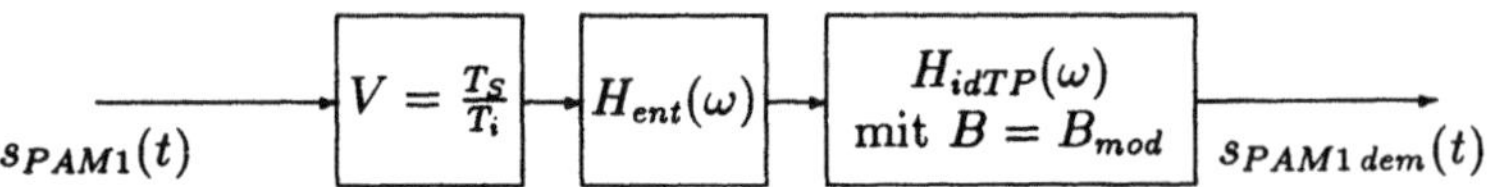

Abb. 7.6: Demodulation eines PAM-Signals 1. Art

tastwert über die Dauer der gesamten Abtastperiode zur Verfügung stehen muß. Nach
Gl. (7.5) ist das Spektrum proportional zu T_i/T_S, so daß für $T_i = T_S$ der größtmögliche Energiegehalt im Spektrum des PAM-Signals vorhanden ist. Bei einer PAM 2.
Art führt der Grenzfall $T_i = T_S$ dazu, daß der Schalter in Abb. 7.3 immer geschlossen bleibt und somit keine Modulation stattfindet. Dies spiegelt sich auch wider in
Gl. (7.9), da aufgrund der si-Funktion alle Summanden mit Ausnahme des Terms für
$n = 0$ verschwinden und damit $S_{PAM2}(\omega) = S_{mod}(\omega)$ wird.

7.1.1 Demodulation eines PAM-Signals

Aus Abb. 7.4 ist erkennbar, daß mit Hilfe einer Tiefpaßfilterung das Modulationssignal
aus dem Spektrum des modulierten Signals wiedergewonnen werden kann. Da bei
einem PAM-Signal 1. Art das Spektrum $S_{mod}(\omega)$ noch mit der si-Funktion gewichtet
ist, sieht man vor der Tiefpaßfilterung noch einen Entzerrer vor, der die durch die si-Funktion verursachte Dämpfung der Spektralanteile zu höheren Frequenzen hin wieder
rückgängig macht. Seine Übertragungsfunktion lautet:

$$H_{ent}(\omega) = \frac{1}{\mathrm{si}(\frac{\omega T_i}{2})} \quad . \tag{7.10}$$

Für $T_i \ll T_S$ kann dieser Entzerrer entfallen, da dann die Dämpfung des PAM-Signals
im Hauptfrequenzbereich vernachlässigt werden kann. Die größtmögliche Dämpfung
aufgrund der si-Funktion ergibt sich für den Fall $T_i = T_S$ zu 3,9 dB (20 log si(0,64)).
Der Frequenzbereich des Modulationssignals reicht hierbei bis zur Maximalfrequenz $\frac{1}{2T_S}$.
Mit dem konstanten Verstärkungsfaktor $V = T_S/T_i$ erhält man das in Abb. 7.6 gezeigte
Blockschaltbild für die Demodulation eines PAM-Signals 1. Art. Nach Verstärkung und
Entzerrung des empfangenen Signals filtert ein idealer Tiefpaß, dessen Bandbreite B
der Bandbreite B_{mod} des Modulationssignals entspricht, das Modulationssignal aus dem
Empfangssignal aus.

Die Demodulation eines PAM-Signals 2. Art ist noch einfacher, da der aus dem
Empfangssignal auszufilternde Hauptfrequenzbereich keine frequenzabhängige Dämpfung aufweist. Zur Rückgewinnung des Modulationssignals ist vor der Tiefpaßfilterung
nur eine Verstärkung des Empfangssignals um den Faktor V vorzunehmen, so wie es in
Abb. 7.7 gezeigt ist.

7.1.2 Pulsamplitudenmodulation und Rauschen

Im folgenden soll der Einfluß von weißem thermischem Rauschen, das sich additiv auf
dem Übertragungskanal dem pulsamplitudenmodulierten Signal überlagert, auf das de-

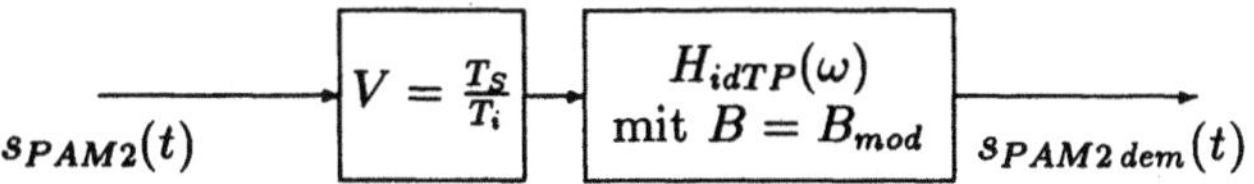

Abb. 7.7: Demodulation eines PAM-Signals 2. Art

modulierte Signal untersucht werden. Als Gütekriterium dient der Geräuschspannungs-abstand. Das Rauschsignal läßt sich als Schmalbandrauschen nach Gl. (4.88) mathe-matisch beschreiben. Es besitzt ein konstantes Leistungsdichtespektrum der Größe N_0. Um einen Geräuschspannungsabstand am Empfängereingang definieren zu können, geht man davon aus, daß dem Demodulator ein ideales Tiefpaßfilter vorgeschaltet ist, dessen Bandbreite es erlaubt, das modulierte Signal ohne Schwierigkeiten zu demodulieren. Hinter dem Demodulator befindet sich ein Basisbandfilter, das so ausgelegt ist, daß das demodulierte Signal an seinem Ausgang möglichst genau dem Modulationssignal entspricht. Somit ergibt sich die in Abb. 7.8 gezeigte Anordnung. Da diese Schaltung zur Demodulation beider PAM-Varianten geeignet ist, wird im folgenden in der Be-zeichnung der Variablen nicht mehr zwischen einer PAM 1. Art und einer PAM 2. Art unterschieden.

Begrenzt man mit Hilfe des Tiefpaßfilters das empfangene rauschbehaftete Signal auf die Bandbreite des Modulationssignals B_{mod}, so liegt am Demodulatoreingang das Signal

$$s_{PAMN}(t) = S_{PAM}(t) + n(t) \tag{7.11}$$

mit

$$S_{ein} = \overline{s_{PAM}^2(t)} \tag{7.12}$$

und

$$N_{ein} = N_0 \cdot B_{mod} \quad . \tag{7.13}$$

Bei einer PAM 1. Art wird durch Einsetzen des Demodulators aus Abb. 7.6 das auf die Bandbreite B_{mod} begrenzte Signal verstärkt und durch das Filter $H_{ent}(\omega)$ entzerrt. Beide Signalverarbeitungen betreffen sowohl das Nutzsignal als auch das Rauschsignal aus Gl. (7.11). Aus diesem Grund entspricht der Geräuschspannungsabstand durch alle Verarbeitungsstufen hindurch bis zum Ausgang des Basisbandfilters dem Geräusch-spannungsabstand am Demodulatoreingang. Die gleiche Überlegung läßt sich für ein PAM-Signal 2. Art durchführen. Deshalb ergibt sich am Basisbandfilterausgang der Geräuschspannungsabstand

$$\frac{S_{aus}}{N_{aus}} = \frac{S_{ein}}{N_{ein}} \quad , \tag{7.14}$$

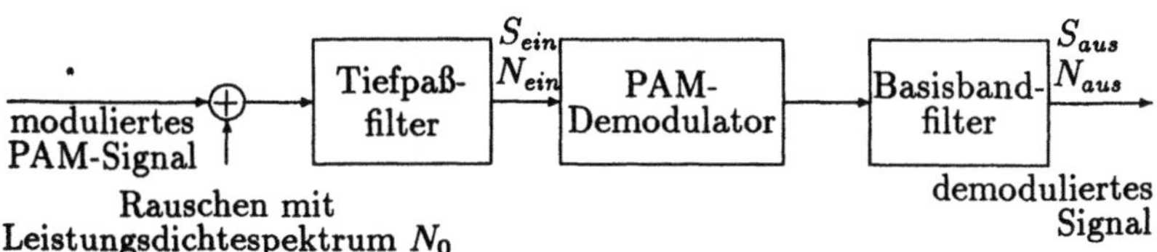

Abb. 7.8: Demodulation eines rauschbehafteten PAM-Signals

weswegen die Pulsamplitudenmodulation keinen Detektionsgewinn aufweist:

$$\frac{(S/N)_{aus}}{(S/N)_{ein}} = 1 \quad .$$

(7.15)

Da am Basisbandfilterausgang das demodulierte Nutzsignal dem Modulationssignal gleicht, erhält man

$$\frac{S_{aus}}{N_{aus}} = \frac{\overline{s_{mod}^2(t)}}{N_0 \cdot B_{mod}} \quad .$$

(7.16)

Hier erkennt man, daß die Pulsamplitudenmodulation äquivalent zu einer kontinuierlichen Basisbandübertragung ist. Dies ist auch der Grund, weshalb sie als eigenständiges Übertragungsverfahren nur sehr selten eingesetzt wird. Bedeutung besitzt die PAM 1. Art aber als Vorstufe zur Pulscodemodulation.

7.2　Die Pulsphasenmodulation

Bei der Pulsphasenmodulation (PPM) werden die Impulse aus ihrer äquidistanten Lage in Abhängigkeit von der Amplitude des abgetasteten Modulationssignals ausgelenkt, wobei die Impulsdauer und die Impulsamplitude konstant gehalten werden. Es exisitieren zwei verschiedene Varianten der Pulsphasenmodulation, die sich durch die Art der Abhängigkeit zwischen Modulationssignal und daraus sich ergebender zeitlicher Auslenkung $\Delta\tau$ der Impulse aus ihrer Ruhelage voneinander unterscheiden [11].

Bei der PPM 1. Art, die in der englischsprachigen Literatur als „uniform-sampling-PPM" bezeichnet wird, ist die zeitliche Auslenkung proportional zu den Amplitudenwerten, die das Modulationssignal zu den jeweiligen Abtastzeitpunkten annimmt:

$$\Delta\tau \sim s_{mod}(nT_S) \quad .$$

(7.17)

Der maximal zulässige Zeithub $\Delta\tau_{max}$ ist vom Abtastabstand T_S abhängig und beträgt

$$\Delta\tau_{max} = \frac{T_S}{2} \quad .$$

(7.18)

Eine Realisierungsmöglichkeit für eine PPM 1. Art bietet die Bestimmung der Nulldurchgänge eines Summensignals, das sich aus einem Sägezahnsignal $s_{SZ}(t)$ mit der Periodendauer T_S und dem über ein Abtast- und Halteglied gelaufenen Modulationssignal zusammensetzt. Die zur Modulation notwendigen Signale sind in Abb. 7.9 wiedergegeben, wobei $s_{modSH}(t)$ das durch das Abtast- und Halteglied verarbeitete Modulationssignal bezeichnet. Die für eine PPM 1. Art notwendige Vorverarbeitung des Modulationssignals kann durch eine PAM 1. Art vorgenommen werden, wobei die Impulsdauer der Periodendauer entspricht. Um die Kausalität auch für bipolare Modulationssignale zu wahren, wurde die Phase des Sägezahnsignals hier so gewählt, daß die Impulse zu den Zeitpunkten

$$t_n = nT_S + \frac{T_S}{2} + \Delta\tau(nT_S)$$

(7.19)

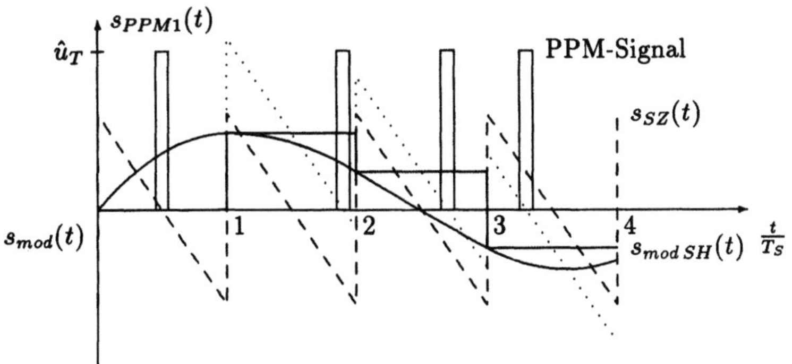

Abb. 7.9: Pulsphasenmodulation 1. Art

auftreten. Da $\Delta\tau(nT_S)$ proportional zum Modulationssignal ist, läßt sich Gl. (7.19) mit der Umsetzkonstanten α_{PPM} schreiben als

$$t_n = nT_S + \frac{T_S}{2} + \alpha_{PPM} \cdot s_{mod}(nT_S) \quad . \tag{7.20}$$

Für das pulsphasenmodulierte Signal gilt dann

$$s_{PPM1}(t) = \sum_{n=-\infty}^{\infty} s_i(t - t_n) \quad , \tag{7.21}$$

wobei $s_i(t)$ einen Einzelimpuls der Impulsfolge bezeichnet. Wie bei der Phasenmodulation (s. Kapitel 5.3) ist auch bei der Pulsphasenmodulation kein allgemeingültiger Ausdruck bekannt, der das Ausgangsspektrum eines Pulsphasenmodulators als Funktion des Modulationssignalsspektrums in geschlossener Form angibt. Beschränkt man sich jedoch auf ein sinusförmiges Modulationssignal, so erhält man für Gl. (7.21) einen Ausdruck, dessen Spektrum durch Fouriertransformation berechnet werden kann. Da die PPM ein nichtlineares Modulationsverfahren ist, gilt das Superpositionsprinzip nicht.

Bei der Spektrumsberechnung eines pulsphasenmodulierten Signals beschränkt man sich zunächst darauf, als Einzelimpuls einen Diracimpuls anzusetzen. Das Ergebnis dieser Berechnung kann dann zur Bestimmung des Spektrums für den in der Praxis auftretenden Fall eines rechteckförmigen Einzelimpulses genutzt werden. Mit

$$s_i(t) = \delta(t) \tag{7.22}$$

erhält man für das zu Gl. (7.21) gehörende Spektrum den Ausdruck

$$S_{PPM1}(\omega) = \sum_{n=-\infty}^{\infty} e^{-j\omega t_n} = \sum_{n=-\infty}^{\infty} e^{-j\omega(nT_S + \frac{T_S}{2})} \cdot e^{-j\omega \alpha_{PPM} s_{mod}(nT_S)} \quad . \tag{7.23}$$

Für das sinusförmige Modulationssignal

$$s_{mod}(t) = A \cdot \cos \omega_{mod} t \tag{7.24}$$

ergibt sich

$$S_{PPM1}(\omega) = \sum_{n=-\infty}^{\infty} e^{-j\omega(nT_S+\frac{T_S}{2})} \cdot e^{-j\omega\alpha_{PPM}\cdot A\cdot\cos\omega_{mod}t} \quad , \tag{7.25}$$

wobei das Produkt $\alpha_{PPM} \cdot A$ den Proportionalitätsfaktor zwischen der Amplitude des Modulationssignals und dem zeitlichen Auslenkungsbereich des modulierten Pulses bestimmt. Aufgrund des Zusammenhangs

$$e^{-jx\cos\varphi} = \sum_{k=-\infty}^{\infty} (-1)^k J_k(x) e^{jk(\varphi+\frac{\pi}{2})} \tag{7.26}$$

läßt sich Gl. (7.25) schreiben als

$$S_{PPM1}(\omega) = \sum_{k=-\infty}^{\infty} (-1)^k J_k(\omega\alpha_{PPM} \cdot A) \cdot \sum_{n=-\infty}^{\infty} e^{-j(\omega nT_S+\frac{\omega T_S}{2}-k(\omega_{mod}nT_S+\frac{\pi}{2}))} \quad . \tag{7.27}$$

Mit

$$\sum_{n=-\infty}^{\infty} e^{-jn2\pi\frac{\omega}{\omega_s}} = \omega_s \sum_{n=-\infty}^{\infty} \delta(\omega - n\omega_s) \tag{7.28}$$

und

$$\omega_s = \frac{2\pi}{T_S} \tag{7.29}$$

erhält man

$$S_{PPM1}(\omega) = \omega_s \sum_{k=-\infty}^{\infty} (-1)^k J_k(\omega\alpha_{PPM} \cdot A) \cdot$$
$$\sum_{n=-\infty}^{\infty} e^{-j(\frac{\omega T_S}{2}-k\frac{\pi}{2})} \cdot \delta(\omega - k\omega_{mod} - n\omega_s) \quad . \tag{7.30}$$

Geht man von einem Diracimpuls auf einen rechteckförmigen Einzelimpuls nach Gl. (7.6) über, so wird das Spektrum mit einer si-Funktion multipliziert, und es ergibt sich

$$S_{PPM1}(\omega) = 2\pi\frac{T_i}{T_S} \cdot \operatorname{si}(\frac{\omega T_i}{2}) \sum_{n=-\infty}^{\infty} \sum_{k=-\infty}^{\infty} (-1)^k J_k(\omega\alpha_{PPM} \cdot A) \cdot$$
$$e^{-j(\frac{\omega T_S}{2}-k\frac{\pi}{2})} \cdot \delta(\omega - k\omega_{mod} - n\omega_s) \quad . \tag{7.31}$$

Es treten im Abstand der Modulationsfrequenz diskrete Spektrallinien auf, die mit der Bessel-Funktion gewichtet sind. Weiterhin wiederholen sich diese Spektrallinien im Abstand der Abtastfrequenz ω_s und die so entstehenden Spektrallinien werden darüberhinaus mit der si-Funktion gewichtet, so daß das Amplitudenspektrum der zu einem Vielfachen der Abtastfrequenz gehörenden Seitenbänder nicht symmetrisch zu dieser Abtastfrequenz ist.

In Abb. 7.10 ist das Amplitudenspektrum qualitativ für positive Frequenzen gezeichnet. Man erkennt, daß ein Herausfiltern des Modulationssignals über einen idealen

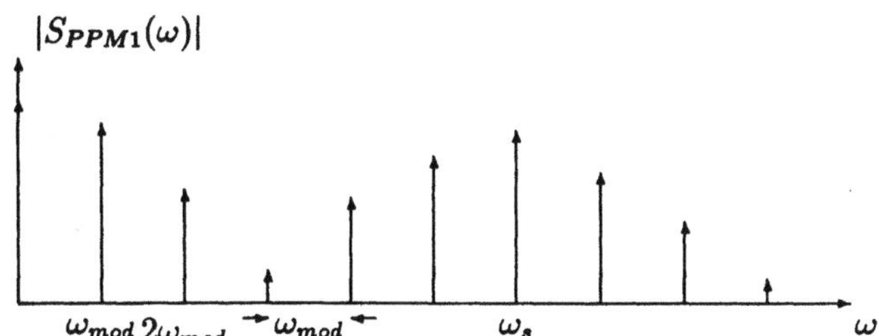

Abb. 7.10: Amplitudenspektrum einer Pulsphasenmodulation

Tiefpaß mit an die Abtastfrequenz angepaßter Grenzfrequenz, wie es bei der Pulsamplitudenmodulation angewandt wurde, hier nicht mehr möglich ist, da Harmonische der Modulationsfrequenz sowohl für $n = 0$ als auch für ganzzahlige Vielfache der Abtastfrequenz in das Basisband fallen. Eine verzerrungsfreie Rückgewinnung des Modulationssignals ist dagegen möglich, wenn das PPM-Signal in ein PAM-Signal umgesetzt wird, das dann mit Hilfe der in Kapitel 7.1 beschriebenen Verfahren demoduliert wird.

Bei der Pulsphasenmodulation 2. Art, die in der englischsprachigen Literatur als „natural-sampling-PPM" bezeichnet wird, wählt man die zeitliche Auslenkung $\Delta\tau$ der Impulse aus der Ruhelage derart, daß sie proportional zum Momentanwert des Modulationssignals ist, das zum Zeitpunkt des Auftretens des Impulses vom Modulationssignal angenommen wird. Dies bedeutet, daß innerhalb der Periodendauer T_S weiterhin genau ein Abtastwert verarbeitet wird, wobei allerdings die Abtastwerte keine äquidistanten Abstände zueinander mehr haben. Damit gilt die Proportionalität

$$\Delta\tau \sim s_{mod}(\Delta\tau) \quad . \tag{7.32}$$

Eine Realisierungsmöglichkeit für solch ein Modulationsverfahren ist in Abb. 7.11 angegeben. Auch hier benutzt man wie bei der PPM 1. Art ein Sägezahnsignal $s_{SZ}(t)$ der Periodendauer T_S. Ein Komparator bestimmt, zu welchem Zeitpunkt für den ansteigenden Ast des Sägezahnsignals der Signalwert mit dem Modulationssignal über-

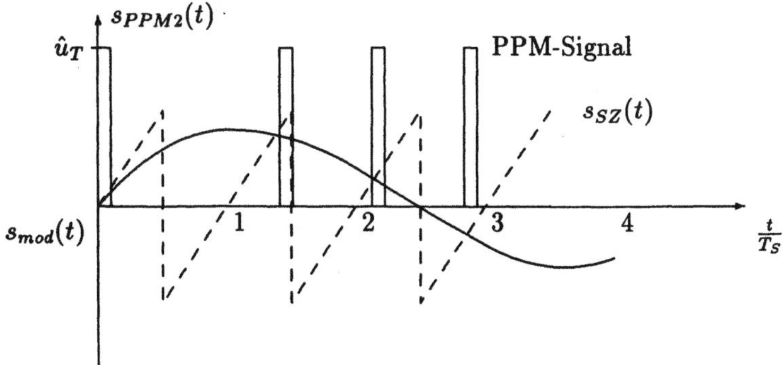

Abb. 7.11: Pulsphasenmodulation 2. Art

einstimmt und löst zu diesem Zeitpunkt einen Generator für einen rechteckförmigen Impuls aus. Bei der PPM 2. Art treten die Impulse zu den Zeitpunkten

$$t_n = nT_S + \alpha_{mod} \cdot s_{mod}(t_n) \tag{7.33}$$

auf. Diese Gleichung ist nicht elementar nach t_n auflösbar, da t_n von der Amplitude des Modulationssignals zum Zeitpunkt t_n abhängt. Für ein sinusförmiges Modulationssignal gilt demzufolge

$$t_n = nT_S + \alpha_{mod} \cdot A \cdot \cos(\omega_{mod}t_n) \quad . \tag{7.34}$$

Man kann sich die Impulse eines PPM-Signals 2. Art durch Impulse erzeugt denken, die bei einem von negativen zu positiven Werten stattfindenden Nulldurchgang eines zeitkontinuierlich phasenmodulierten Signals entstehen. Für ein solches Signal mit sinusförmigem Modulationssignal

$$s_{PM}(t) = A_c \cos(\omega_c t + \eta \cos(\omega_{mod}t)) \tag{7.35}$$

muß dann

$$\omega_c t_n + \eta \cos(\omega_{mod}t_n) = 2n\pi \tag{7.36}$$

gelten, woraus sich

$$t_n = \frac{n2\pi}{\omega_c} - \frac{\eta}{\omega_c}\cos(\omega_{mod}t_n) \tag{7.37}$$

ergibt. Ein Vergleich mit Gl. (7.34) liefert

$$T_S = \frac{2\pi}{\omega_c} \tag{7.38}$$

und

$$\alpha_{PPM} \cdot A = -\frac{\eta}{\omega_c} \quad . \tag{7.39}$$

Der Zeithub $\alpha_{PPM} \cdot A$ ist demzufolge proportional dem Phasenhub eines zeitkontinuierlichen Phasenmodulationssignals mit der Trägerfrequenz ω_c. Hierdurch ist eine weitere Möglichkeit zur Erzeugung eines PPM-Signals 2. Art gegeben.

Auch für die PPM 2. Art ist kein allgemeingültiger Ausdruck bekannt, der das Spektrum eines pulsphasenmodulierten Signals als Funktion des Modulationssignalsspektrums in expliziter Form angibt. Nur mit Hilfe der Bessel-Funktionen kann für ein sinusförmiges Modulationssignal das Spektrum eines PPM-Signals berechnet werden. Geht man von einer modulierten Folge von Diracimpulsen aus mit

$$s_{PPM2}(t) = \sum_{n=-\infty}^{\infty} \delta(t - t_n) \quad , \tag{7.40}$$

so ergibt sich daraus eine Gleichung, deren rechte Seite unabhängig von t_n ist. Hierbei nutzt man, daß die Taylorreihenentwicklung einer Funktion $f(t)$ um eine Nullstelle auf den Ausdruck

$$\delta(t - t_n) = |\dot{f}(t)| \cdot \delta(f(t)) \tag{7.41}$$

führt. Mit

$$f(t) = t - nT_S - \alpha_{PPM} \cdot s_{mod}(t) \tag{7.42}$$

erhält man anstelle von Gl. (7.40)

$$s_{PPM2}(t) = \sum_{n=-\infty}^{\infty} |1 - \alpha_{PPM} \cdot \dot{s}_{mod}(t)| \cdot \delta(t - nT_S - \alpha_{PPM} \cdot s_{mod}(t)) \quad . \qquad (7.43)$$

Verwendet man das Modulationssignal

$$s_{mod}(t) = A \cdot \cos(\omega_{mod} t) \quad , \qquad (7.44)$$

so ergibt sich

$$s_{PPM2}(t) = \sum_{n=-\infty}^{\infty} |1 + \alpha_{PPM} A \omega_{mod} \sin(\omega_{mod} t)| \cdot \delta(t - nT_S - \alpha_{PPM} \cdot A \cos(\omega_{mod} t)), \qquad (7.45)$$

das sich umschreiben läßt in

$$s_{PPM2}(t) = |1 + \alpha_{PPM} A \omega_{mod} \sin(\omega_{mod} t)| \cdot \frac{1}{T_S} \sum_{n=-\infty}^{\infty} e^{jn\omega_s(t - \alpha_{PPM} \cdot A \cos(\omega_{mod} t))} \quad . \qquad (7.46)$$

Der maximale Zeithub $T_S/2$ führt zusammen mit der Annahme $\omega_{mod} \ll \omega_s$ zu

$$\alpha_{PPM} \cdot A \omega_{mod} < 1 \quad . \qquad (7.47)$$

Der Betrag in Gl. (7.46) kann deshalb aufgelöst werden, und mit Gl. (7.26) erhält man

$$s_{PPM2}(t) = (1 + \alpha_{PPM} A \omega_{mod} \sin(\omega_{mod} t)) \cdot \frac{1}{T_S} \cdot$$

$$\sum_{n=-\infty}^{\infty} \sum_{k=-\infty}^{\infty} (-1)^k J_k(n\omega_s \alpha_{PPM} A) \cdot e^{j(n\omega_s + k\omega_{mod})t} \cdot e^{jk\frac{\pi}{2}} \quad . \qquad (7.48)$$

Die Spektrallinien können mit Hilfe dieser Gleichung bestimmt werden. Für Rechteckimpulse der Dauer T_i müssen alle Spektrallinien mit $T_i \mathrm{si}(\omega T_i/2)$ gewichtet werden. Das sich ergebende Spektrum ähnelt dem Spektrum einer PPM 1. Art. Im Basisband ($n = 0$) existiert nur der Gleichanteil und eine Spektrallinie bei $\omega = \omega_{mod}$, da $J_k(0) = 0$ ist für alle $k \neq 0$. Somit läßt sich das Modulationssignal durch Tiefpaßfilterung aus dem PPM-Signal zurückgewinnen, ohne vorher eine Umwandlung in ein PAM-Signal vorzunehmen. Durch Anwendung des Faltungssatzes im Frequenzbereich auf Gl. (7.48) läßt sich das Spektrum eines PPM-Signals 2. Art berechnen. Für eine Rechteckimpulsfolge und ein sinusförmiges Modulationssignal erhält man den Ausdruck

$$S_{PPM2}(\omega) = \frac{T_i}{T_S} \cdot \mathrm{si}\left(\frac{\omega T_i}{2}\right) \cdot \sum_{n=-\infty}^{\infty} \sum_{k=-\infty}^{\infty} e^{jk\frac{3}{2}\pi} \cdot J_k(\eta \omega_s \alpha_{PPM} A) \cdot$$

$$\left(2\pi \delta(\omega - n\omega_s - k\omega_{mod}) + \right.$$

$$\left. \frac{n\pi}{j}(\delta(\omega - n\omega_s - (k+1)\omega_{mod}) - \delta(\omega - n\omega_s - (k-1)\omega_{mod})) \right) \quad . \qquad (7.49)$$

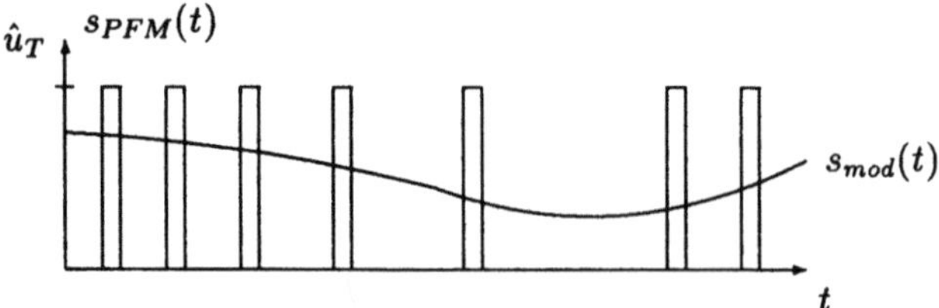

Abb. 7.12: Modulatorausgangssignal bei einer Pulsfrequenzmodulation

Der Vollständigkeit halber sei hier noch die Pulsfrequenzmodulation (PFM) erwähnt, bei der aufgrund des durch die Integration gegebenen Zusammenhangs zwischen Phase und Frequenz der Zeithub bei einem sinusförmigen Modulationssignal umgekehrt proportional zur Modulationsfrequenz ist. Damit ist bei höheren Modulationsfrequenzen ein weitaus kleinerer Zeithub als bei einer Pulsphasenmodulation verbunden. Die PFM läßt sich in eine PPM überführen, wenn dazu das modulierende Signal um 90° in seiner Phase gedreht wird. Wie bei den Winkelmodulationsverfahren kann man auch bei dem modulierten Signal, wenn man ein sinusförmiges Modulationssignal benutzt, nicht erkennen, ob es durch eine Pulsphasen- oder eine Pulsfrequenzmodulation entstanden ist.

Eine qualitative Darstellung eines pulsfrequenzmodulierten Signals ist in Abb. 7.12 wiedergegeben. Auffallend ist, daß bei einer Mittelwertbildung über $s_{PFM}(t)$, wie sie näherungsweise durch eine Tiefpaßfilterung vorgenommen wird, das Ergebnis für große Modulationssignalamplituden größere Werte annimmt als für kleinere Modulationssignalamplituden, da in diesem Fall die Impulse einen größeren zeitlichen Abstand zueinander besitzen. Es ist deshalb möglich, durch Filterung des Signals mit einem an die Abtastfrequenz angepaßten Tiefpaß eine Demodulation des PFM-Signals durchzuführen.

Möchte man den Frequenzhub wie bei der Frequenzmodulation konstant halten, so wird dieser durch die niedrigste Modulationsfrequenz bestimmt und ist deswegen entsprechend klein. Dies führt jedoch zu einem weitaus kleineren Zeithub des modulierten Signals als bei der PPM, weswegen für Übertragungen die PPM der PFM vorgezogen wird.

7.3   Die Pulsdauermodulation

Ein Modulationsverfahren, das kein Analogon in der Gruppe der zeitkontinuierlichen Modulationsverfahren besitzt, ist die Pulsdauermodulation (PDM). Hierbei ist die Dauer eines Rechteckimpulses proportional zum Amplitudenwert des abgetasteten Modulationssignals. Man kann in Abhängigkeit von der Art der Beeinflussung eines Rechteckimpulses drei verschiedene Modulationsarten unterscheiden:

1. Die zeitliche Lage von Vorder- und Rückflanke eines Rechteckimpulses ändert sich symmetrisch.

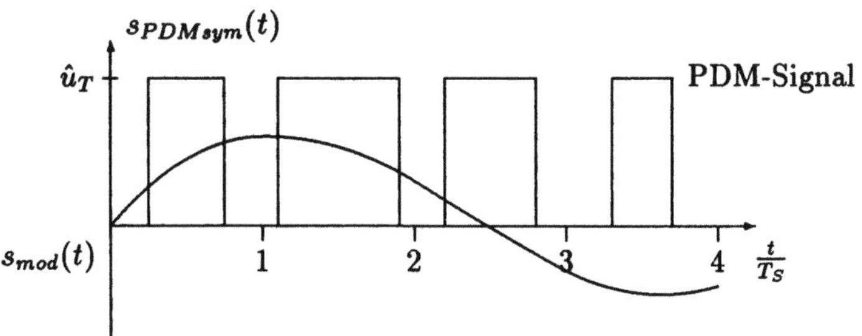

Abb. 7.13: Symmetrisch modulierte Pulsdauermodulation

2. Nur die zeitliche Lage der Rückflanke eines Rechteckimpulses ändert sich.
3. Nur die zeitliche Lage der Vorderflanke eines Rechteckimpulses ändert sich.
Das in dieser Aufzählung zuerst genannte Modulationsverfahren wird als symmetrisch modulierte PDM, das zweite Verfahren als rückflankenmodulierte PDM und das dritte Verfahren als vorderflankenmodulierte PDM bezeichnet.

Zunächst soll die symmetrisch modulierte PDM betrachtet werden. Hier ist es naheliegend, die Dauer eines Rechteckimpulses mit $T_S/2$ festzulegen, solange kein Modulationssignal am Modulator anliegt. Die maximale Impulsdauer T_{imax} entspricht dann der Abtastperiodendauer T_S, die minimale Dauer T_{imin} ist Null. Ein Beispiel für ein derartiges Signal ist in Abb. 7.13 skizziert. Die Vorderflanken der Rechteckimpulse treten zu den Zeitpunkten

$$t_{1n} = nT_S + \frac{T_S}{2} - T_{PDM}(1 + \alpha_{PDM}s_{mod}(nT_S)) \tag{7.50}$$

auf, wobei die Konstante $T_{PDM} \leq T_S/4$ ist und die Umsetzkonstante α_{PDM} an den Betrag des Maximalwertes des Modulationssignals angepaßt ist, um eine Übersteuerung zu vermeiden. Entsprechend treten die Rückflanken zu den Zeitpunkten

$$t_{2n} = nT_S + \frac{T_S}{2} + T_{PDM}(1 + \alpha_{PDM}s_{mod}(nT_S)) \tag{7.51}$$

auf. Mit Hilfe der Sprungfunktion

$$s(t) = \begin{cases} 1 & \text{für } t \geq 0 \\ 0 & \text{sonst} \end{cases} \tag{7.52}$$

läßt sich das symmetrisch modulierte PDM-Signal beschreiben als

$$s_{PDMsym}(t) = \hat{u}_T \cdot \sum_{n=-\infty}^{\infty} s(t - t_{1n}) - s(t - t_{2n}) \quad , \tag{7.53}$$

woraus sich die Fouriertransformierte

$$S_{PDMsym}(\omega) = \frac{\hat{u}_T}{j\omega} \sum_{n=-\infty}^{\infty} \left(e^{-j\omega t_{1n}} - e^{-j\omega t_{2n}} \right) \tag{7.54}$$

ergibt. Eine Berechnung des Spektrums in Abhängigkeit vom Modulationssignal ist hier, vergleichbar zur Pulsphasenmodulation, nur für ein sinusförmiges Modulationssignal

$$s_{mod}(t) = A \cdot \cos \omega_{mod} t \tag{7.55}$$

möglich. Mit $\alpha_{PDM} = 1/A$ erhält man für die zeitliche Lage der beiden Rechteckflanken

$$t_{1n} = nT_S + \frac{T_S}{2} - T_{PDM}(1 + \cos(\omega_{mod} nT_S)) \tag{7.56}$$

und

$$t_{2n} = nT_S + \frac{T_S}{2} + T_{PDM}(1 + \cos(\omega_{mod} nT_S)) \quad . \tag{7.57}$$

Setzt man diese Werte in Gl. (7.54) ein, so ergibt sich

$$S_{PDMsym}(\omega) = \frac{\hat{u}_T}{j\omega} \sum_{n=-\infty}^{\infty} \left(e^{-j\omega(nT_S + \frac{T_S}{2} - T_{PDM})} \cdot e^{j\omega T_{PDM} \cos(\omega_{mod} nT_S)} \right.$$
$$\left. - e^{-j\omega(nT_S + \frac{T_S}{2} + T_{PDM})} \cdot e^{-j\omega T_{PDM} \cos(\omega_{mod} nT_S)} \right) \quad . \tag{7.58}$$

Mit Hilfe der Bessel-Funktionen aus Gl. (5.241) läßt sich Gl. (7.58) umschreiben in

$$S_{PDMsym}(\omega) = \frac{\hat{u}_T}{j\omega} \sum_{n=-\infty}^{\infty} \sum_{k=-\infty}^{\infty} \left(J_k(\omega T_{PDM}) e^{-j\omega(nT_S + \frac{T_S}{2} - T_{PDM})} \cdot \right.$$
$$\left. e^{jk(\omega_{mod} nT_S + \frac{\pi}{2})} - (-1)^k J_k(\omega T_{PDM}) e^{-j(\omega(nT_S + \frac{T_S}{2} + T_{PDM}) - k(\omega_{mod} nT_S + \frac{\pi}{2}))} \right) \quad . \tag{7.59}$$

Hieraus wird durch Einsetzen von Gl. (7.28)

$$S_{PDMsym}(\omega) = \frac{2\pi\hat{u}_T}{j\omega T_S} \sum_{n=-\infty}^{\infty} \sum_{k=-\infty}^{\infty} \left(e^{j\omega T_{PDM}} - (-1)^k \cdot e^{-j\omega T_{PDM}} \right) \cdot$$
$$e^{-j(\omega \frac{T_S}{2} - k\frac{\pi}{2})} \cdot J_k(\omega T_{PDM}) \cdot \delta(\omega - k\omega_{mod} - n\omega_S) \quad . \tag{7.60}$$

Im Abstand der Modulationsfrequenz treten diskrete Spektrallinien auf, die mit der Bessel-Funktion gewichtet sind. Diese Gruppe von Spektrallinien wiederholt sich zudem noch im Abstand der Abtastfrequenz ω_S. Für eine verzerrungsfreie Demodulation muß das empfangene Signal zunächst in ein PAM-Signal umgewandelt werden.

In Abb. 7.14 ist zu erkennen, daß die Signale, die zur Erzeugung einer Pulsphasenmodulation notwendig sind, auch zur Generierung einer rückflankenmodulierten PDM eingesetzt werden können. Gestrichelt gezeichnet ist das Summensignal, das sich aus einem Sägezahnsignal mit der Periodendauer T_S und dem durch ein Abtast- und Halteglied verarbeiteten Modulationssignal zusammensetzt. Bei der rückflankenmodulierten PDM startet der Rechteckimpulsgenerator beim Wechsel des Summensignals von negativen zu positiven Werten und stoppt zum Zeitpunkt des darauffolgenden Nulldurchgangs. Die Vorderflanke der Impulse tritt zu den Zeitpunkten

$$t_{1n} = n \cdot T_S \tag{7.61}$$

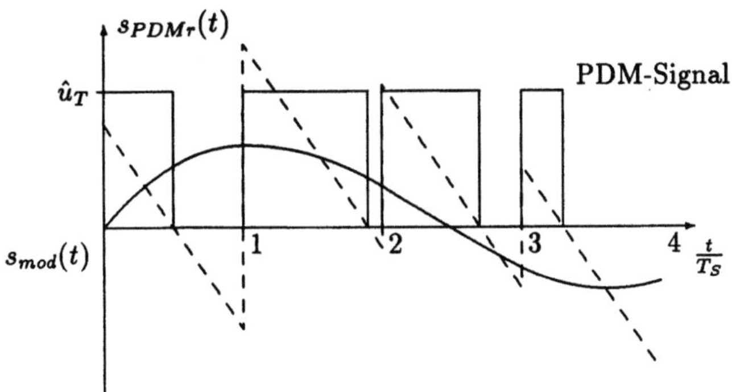

Abb. 7.14: Rückflankenmodulierte Pulsdauermodulation

auf, die Rückflanke bei

$$t_{2n} = nT_S + T_{PDM}(1 + \alpha_{PDM} s_{Mod}(nT_S)) \quad . \tag{7.62}$$

Im Gegensatz zur symmetrisch modulierten PDM kann hier die Konstante T_{PDM} Werte kleiner als oder gleich $T_S/2$ annehmen. Das Signal im Zeitbereich kann durch Gl. (7.53) beschrieben werden, sein Spektrum durch Gl. (7.54). Für ein sinusförmiges Modulationssignal nach Gl. (7.55) lauten die Zeitpunkte, zu denen die Rechteckflanken auftreten,

$$t_{1n} = n \cdot T_S \tag{7.63}$$

und

$$t_{2n} = nT_S + T_{PDM}(1 + \cos(\omega_{mod} nT_S)) \quad . \tag{7.64}$$

Mit der gleichen Vorgehensweise, durch die Gl. (7.60) berechnet wurde, erhält man für das Spektrum einer rückflankenmodulierten PDM mit sinusförmigem Modulationssignal den Ausdruck

$$S_{PDMr}(\omega) = \frac{\hat{u}_T 2\pi}{j\omega T_S}\left[\sum_{n=-\infty}^{\infty} \delta(\omega - n\omega_S) - \sum_{n=-\infty}^{\infty} \sum_{k=-\infty}^{\infty} e^{-j(\omega T_{PDM} - k\frac{\pi}{2})} \cdot \right.$$
$$\left. (-1)^k J_k(\omega T_{PDM}) \delta(\omega - n\omega_S - k\omega_{mod}) \right] \quad , \tag{7.65}$$

der Gl. (7.60) ähnlich ist. Auch hier muß für eine verzerrungsfreie Demodulation das Signal zunächst in ein PAM-Signal umgesetzt werden.

Um die Kausalität zu wahren, treten bei der vorderflankenmodulierten PDM die Vorderflanken der Rechteckimpulse zu den Zeitpunkten

$$t_{1n} = (n + 1)T_S - T_{PDM}(1 + \alpha_{PDM} s_{mod}(nT_S)) \quad , \tag{7.66}$$

die Rückflanken zu den Zeitpunkten

$$t_{2n} = (n + 1) \cdot T_S \tag{7.67}$$

auf. Da die Dauer der Rechteckimpulse für die rückflanken- wie für die vorderflanken-modulierte PDM bei gleichem Modulationssignal gleichlang ist, kann man sich die vorderflankenmodulierte PDM aus einer rückflankenmodulierten PDM entstanden denken, deren Impulse um die Periodendauer T_S verzögert und an den Zeitpunkten nT_S zeitlich gespiegelt wurden. Für das Spektrum eines vorderflankenmodulierten PDM-Signals bedeutet dies, daß es betragsmäßig mit dem Spektrum einer rückflankenmodulierten PDM übereinstimmt, in der Phase aber gedreht ist:

$$S_{PDMv}(\omega) = \frac{\hat{u}_T 2\pi}{j\omega T_S} e^{-j\omega T_S} \left[\sum_{n=-\infty}^{\infty} \sum_{k=-\infty}^{\infty} e^{j(\omega T_{PDM}+k\frac{\pi}{2})} \cdot \right.$$

$$\left. J_k(\omega T_{PDM})\delta(\omega - n\omega_S - k\omega_{mod}) - \sum_{n=-\infty}^{\infty} \delta(\omega - n\omega_S) \right] \quad . \quad (7.68)$$

Auch dieses Signal muß zur Demodulation zunächst in ein PAM-Signal umgesetzt werden.

7.4 Pulspositionsmodulation und Rauschen

Bei den Verfahren Pulsphasen- , Pulsfrequenz- und Pulsdauermodulation werden die Rechteckimpulse durch das Modulationssignal auf der Zeitachse positioniert, weswegen der aus der amerikanischen Literatur stammende Begriff „Pulspositionsmodulation" als Sammelbegriff für alle drei Verfahren verwendet und in der Fachliteratur mit „PPM" abgekürzt wird. Aus dem Kontext ergibt es sich dann, ob mit dieser Abkürzung die Pulspositions- oder die Pulsphasenmodulation gemeint ist. In diesem Abschnitt wird jedoch mit der Abkürzung „PPM", wie bisher auch, die Pulsphasenmodulation bezeichnet.

Im folgenden soll der Einfluß von thermischem Rauschen, das sich additiv auf dem Übertragungskanal dem pulspositionsmodulierten Signal überlagert, auf das demodulierte Signal untersucht werden. Als Gütekriterium dient der Geräuschspannungsabstand. Das Rauschsignal wird mathematisch als Schmalbandrauschen nach Gl. (4.88) beschrieben; es besitzt ein konstantes Leistungsdichtespektrum der Größe N_0. Bei allen Pulspositionsmodulationsverfahren muß zur Demodulation die Lage der Rechteckimpulse, aus denen sich die Pulsfolge zusammensetzt, auf der Zeitachse bekannt sein. Zu diesem Zweck wird das empfangene Signal mit einem Schwellwert verglichen. Übersteigt die Momentanamplitude den Schwellwert, so ist damit die Vorderflanke des Impulses detektiert. Das anschließende Unterschreiten des Schwellwertes legt die zeitliche Position der Rückflanke fest. Besitzt die Übertragungsstrecke eine unendliche Bandbreite, so besitzen die Impulsflanken eine unendliche Steilheit, so daß sich das additive Rauschsignal nicht störend bei der Demodulation bemerkbar macht. Dem Pulspositionsdemodulator ist jedoch, wie in Abb. 7.15 gezeigt, ein ideales Tiefpaßfilter vorgeschaltet, dessen Bandbreite durch die Formel von Carson nach Gl. (5.126) gegeben ist, da die Spektren aller Pulspositionsmodulationsverfahren durch die Bessel-Funktionen bestimmt werden. Aufgrund des Tiefpaßfilters besitzen die Impulse nur

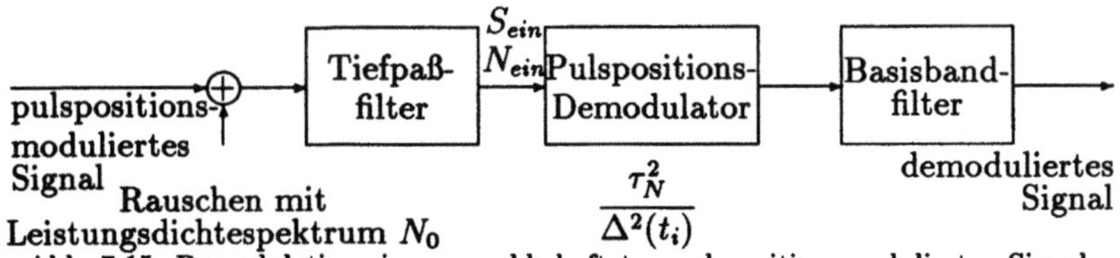

Abb. 7.15: Demodulation eines rauschbehafteten pulspositionsmodulierten Signals

noch eine endliche Flankensteilheit, so daß das Rauschsignal die Impulsdetektion derart stören kann, wie es in Abb. 7.16 skizziert ist. Der zeitliche Fehler $\Delta(t_i)$ ist abhängig von der Rauschamplitude $n(t_i)$, der Impulsamplitude $\hat{u}_T$ und der Flankenanstiegszeit T_A. Der Zusammenhang zwischen diesen Größen ist durch

$$\frac{\Delta(t_i)}{T_A} = \frac{n(t_i)}{\hat{u}_T} \tag{7.69}$$

gegeben. Der mittlere quadratische Fehler ist demzufolge

$$\overline{\Delta^2(t_i)} = \left(\frac{T_A}{\hat{u}_T}\right)^2 \cdot \overline{n^2(t_i)} \quad . \tag{7.70}$$

Für einen stationären Rauschprozeß ist dies gleichbedeutend mit

$$\overline{\Delta^2(t_i)} = \left(\frac{T_A}{\hat{u}_T}\right)^2 \cdot N_0 B_C \quad , \tag{7.71}$$

wobei B_C die Carson-Bandbreite bezeichnet. Mit dem Zeitgesetz der Nachrichtentechnik (Gl. (3.56)) beträgt die Anstiegszeit T_A in Abhängigkeit von der Bandbreite

$$T_A = \frac{1}{B_C} \quad , \tag{7.72}$$

so daß sich für den mittleren quadratischen Fehler

$$\overline{\Delta^2(t_i)} = \frac{N_0}{\hat{u}_T^2 B_C} \tag{7.73}$$

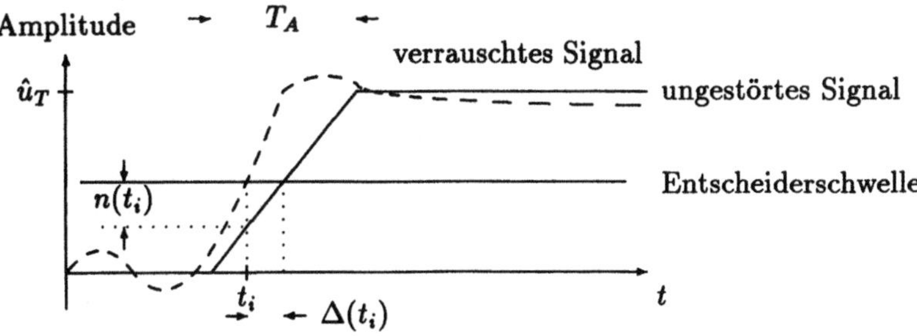

Abb. 7.16: Demodulation eines verrauschten, pulspositionsmodulierten Signals

ergibt. Diese Größe wird auch mittlerer quadratischer Störhub genannt. Die Position eines Impulses innerhalb einer Abtastperiodendauer T_S läßt sich als

$$\tau = \tau_1 + \tau_2 \cdot s_{mod\,n}(t) \tag{7.74}$$

angeben. $s_{mod\,n}(t)$ ist hierbei das auf den Betrag des Maximalwertes des Modulationssignals normierte Signal; τ_2 bezeichnet für PPM und PFM den maximalen Zeithub, sowie für die PDM die maximal mögliche Änderung der Impulsbreite. Die mittlere Impulsdauer beträgt τ_1. Somit ergibt sich ein mittlerer quadratischer Nutzsignalhub von

$$\tau_N^2 = \tau_2^2 \cdot \overline{s_{mod\,n}^2(t)} \quad . \tag{7.75}$$

Für die mittlere Impulsdauer τ_1 bei einer Abtastperiodendauer von T_S berechnet sich die mittlere Signalleistung zu

$$S_{ein} = \frac{\tau_1}{T_S} \cdot \hat{u}_T^2 \tag{7.76}$$

und die Rauschleistung zu

$$N_{ein} = N_0 \cdot B_C \quad . \tag{7.77}$$

Der mittlere quadratische Fehler aus Gl. (7.70) kann mit Hilfe der beiden letzten Gleichungen umgeschrieben werden in

$$\overline{\Delta^2(t_i)} = \frac{N_{ein}\tau_1}{S_{ein}T_SB_C^2} = \frac{N_0\tau_1}{S_{ein}T_SB_C} \quad . \tag{7.78}$$

Das Verhältnis von Nutzsignal- zu Störsignalhub beträgt dann

$$\frac{\tau_N^2}{\overline{\Delta^2(t_i)}} = \frac{\tau_2^2\overline{s_{mod\,n}^2(t)}T_SS_{ein}B_C}{N_0\tau_1} \quad . \tag{7.79}$$

Besitzt das Modulationssignal die einseitige Bandbreite B_{mod}, so erhält man aus Gl. (7.79)

$$\frac{\tau_N^2}{\overline{\Delta^2(t_i)}} = \frac{\tau_2^2\overline{s_{mod\,n}^2(t)}T_SB_C2B_{mod}^2}{\tau_1B_{mod}} \cdot \frac{S_{ein}}{N_02B_{mod}} \quad . \tag{7.80}$$

Wie bei der Frequenzmodulation (s. Gl. (5.170)) ist also eine Störabstandsverbesserung durch Vergrößerung der Übertragungsbandbreite zu erreichen. Bei der Herleitung von Gl. (7.80) wurde die Tatsache ausgenutzt, daß bei einem großen Geräuschspannungsabstand am Demodulatoreingang Rauschsignal und moduliertes Signal in guter Näherung unabhängig voneinander sind und damit auch Nutzsignal- und Störsignalhub. Deswegen gilt Gl. (7.80) nur für einen großen Geräuschspannungsabstand am Empfängereingang.

Bei allen Pulsmodulationsverfahren sind nicht nur rechteckförmige Impulse einsetzbar. Andere Impulsformen können ebenfalls benutzt werden, die dann sinnvollerweise derart gewählt werden, daß eine Anpassung des Spektrums des modulierten Signals an die Charakteristik der Übertragungsstrecke erfolgt.

8 Die Pulscodemodulation

Die Mehrzahl der Signale, die in der Nachrichtenverarbeitung von Bedeutung sind, liegen in analoger Form vor. Zur digitalen Signalverarbeitung ist es deshalb notwendig, das Analogsignal in ein wert- und zeitdiskretes Signal umzuwandeln. Diese Aufgabe erfüllt die Pulscodemodulation (PCM), wozu zwei Verarbeitungsschritte durchzuführen sind, wie es in Abb. 8.1 gezeigt ist. Das bandbegrenzte Analogsignal wird durch einen Abtaster, dessen Periodendauer T_S aufgrund der Abtastung im Zeitbereich durch die im Analogsignal maximal auftretende Frequenz bestimmt ist, in ein zeitdiskretes Signal umgewandelt. Hierzu kann eine Pulsamplitudenmodulation aus Kapitel 7.1 eingesetzt werden. In einem weiteren Verarbeitungsschritt entsteht aus dem abgetasteten Signal ein Digitalsignal. Hierbei werden die wertkontinuierlichen Abtastwerte durch Werte aus einem endlichen Zeichenvorrat repräsentiert. Dieser Schritt wird Quantisierung oder Diskretisierung genannt. Anschließend werden die quantisierten Werte codiert, d. h. , es wird eine eindeutige Zuordnung hergestellt zwischen den quantisierten Werten und einer Darstellung dieser Werte durch Elemente aus einem weiteren Zeichenvorrat. Dieser wird derart gewählt, daß eine günstige Weiterverarbeitung des Digitalsignals ermöglicht wird. Da man die zur Verfügung stehenden Zeichen auch als Alphabet bezeichnet, erlaubt die Codierung eine Zuordnung zwischen den Zeichen verschiedener Alphabete. Unter der Stufenzahl eines Codes versteht man die Anzahl der zur Verfügung stehenden unterschiedlichen und einander ausschließenden Zeichen eines Alphabets. Häufig benutzt man zur Codierung einen Binärcode, dessen Alphabet nur aus zwei Zeichen besteht, die meist als „0“ und „1“ geschrieben werden. Mit Hilfe dieser beiden Codeelemente lassen sich Codewörter bilden, wobei bei einem n-stelligen Code genau n Codeelemente das Codewort erzeugen. Demzufolge lassen sich mit einem n-stelligen Binärcode 2^n unterschiedliche Codewörter erzeugen. Der Binärcode besitzt die für Übertragungszwecke wichtige Eigenschaft, daß im Empfänger nur zwei Codeelemente voneinander unterschieden werden müssen, wodurch die Störsicherheit der Übertragung erhöht wird. Als Pseudoeinheit für die bei der Binärcodierung notwen-

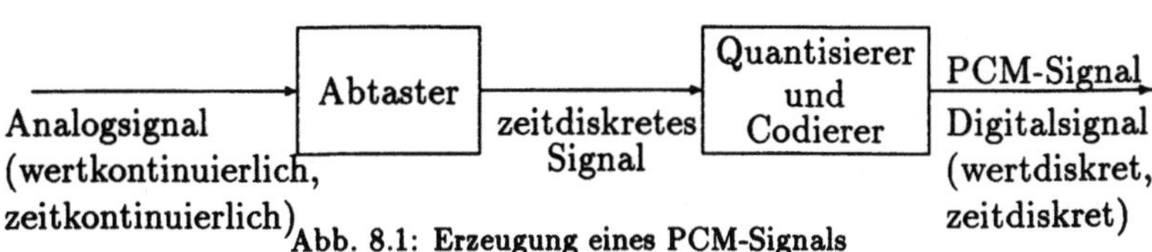

Abb. 8.1: Erzeugung eines PCM-Signals

dige Anzahl von Codeelementen zur Beschreibung eines quantisierten Wertes wird die Bezeichnung „bit" gebraucht. Darüberhinaus hat es sich im deutschsprachigen Raum eingebürgert, die beiden den Binärcode bildenden Codeelemente als Bits zu bezeichnen, wobei diese Bezeichnung auch für die physikalische Repräsentation der Codeelemente benutzt wird. Werden die Bits eines Codewortes zeitlich sequentiell übertragen (serielle Datenübertragung), so muß die Bitdauer so festgelegt werden, daß ein Codewort innerhalb einer Abtastperiodendauer übertragen werden kann.

8.1 Generierung eines PCM-Signals

Die Pulscodemodulation wird in Abb. 8.1 durch zwei aufeinanderfolgende Verarbeitungsschritte dargestellt, die nahelegen, daß dafür auch zwei Geräte benötigt werden. Dies ist jedoch nicht der Fall. Beide Verarbeitungsschritte finden innerhalb eines Bausteins statt, der als Analog-Digital-Umsetzer (A/D-Umsetzer) bezeichnet wird. Beachtet man die Einhaltung des Abtasttheorems im Zeitbereich, so kann bei einem bandbegrenzten Eingangssignal aus dem Ausgangssignal des Abtasters in Abb. 8.1 das ursprüngliche Analogsignal ohne Verzerrungen wiedergewonnen werden. Die Quantisierung ist jedoch ein nichtumkehrbarer Prozeß, der gleichbedeutend ist mit einer Verfälschung des Originalsignals. Wandelt man das PCM-Signal mit Hilfe eines D/A-Umsetzers wieder in ein Analogsignal um, so wird eine Differenz zwischen Originalsignal und wiedergewonnenem Analogsignal bestehen. Diese Differenz läßt sich verringern, indem die Anzahl der zur Verfügung stehenden Codewörter vergrößert wird. Dies erlaubt eine Verfeinerung der Quantisierung, wobei der die Differenz hervorrufende Quantisierungsfehler vermindert wird.

Für die Quantisierung wird der Quantisierungsbereich, innerhalb dessen das analoge Eingangssignal liegt, in eine bestimmte Anzahl von Quantisierungsintervallen eingeteilt. Als Beispiel wurden in Abb. 8.2 acht Intervalle ausgewählt. Das vom Abtaster gelieferte PAM-Signal erzeugt am Quantisiererausgang einen Signalverlauf, der dadurch bestimmt ist, daß der abgetastete Amplitudenwert des Analogsignals innerhalb eines Quantisierungsintervalls auf dessen Mittelwert abgebildet wird. Ohne die Quantisierung könnte aus dem im Sender z. B. durch eine PAM abgetasteten Signal im Empfänger das Analogsignal wieder fehlerfrei rekonstruiert werden. Deshalb bezeichnet man als Quantisierungsfehler die Differenz zwischen dem nach der Abtastung vorhandenen Signal $s_{PAM}(t)$ und dem quantisierten Signal $s_{quant}(t)$. In Abb. 8.2 ist das Eingangssignal des A/D-Umsetzers mit $s_{ana}(t)$ bezeichnet. Das Quantisierungsfehlersignal

$$\epsilon(t) = s_{PAM}(t) - s_{quant}(t) = s_{ana}(nT_S) - s_{quant}(nT_S) \tag{8.1}$$

kann demzufolge bei einer Stufenhöhe des Quantisierungsintervalls von q nie Werte größer als $q/2$ annehmen.

Der Quantisierungsfehler ist zwar ein prinzipiell bedingter Nachteil der Pulscodemodulation, die Quantisierung ist jedoch von Nutzen im Hinblick auf Störungen, die auf dem Übertragungsweg das PCM-Signal beeinflussen. Sind die Störamplituden kleiner als $q/2$, so wird aufgrund einer Schwellwertentscheidung auf der Empfängerseite die

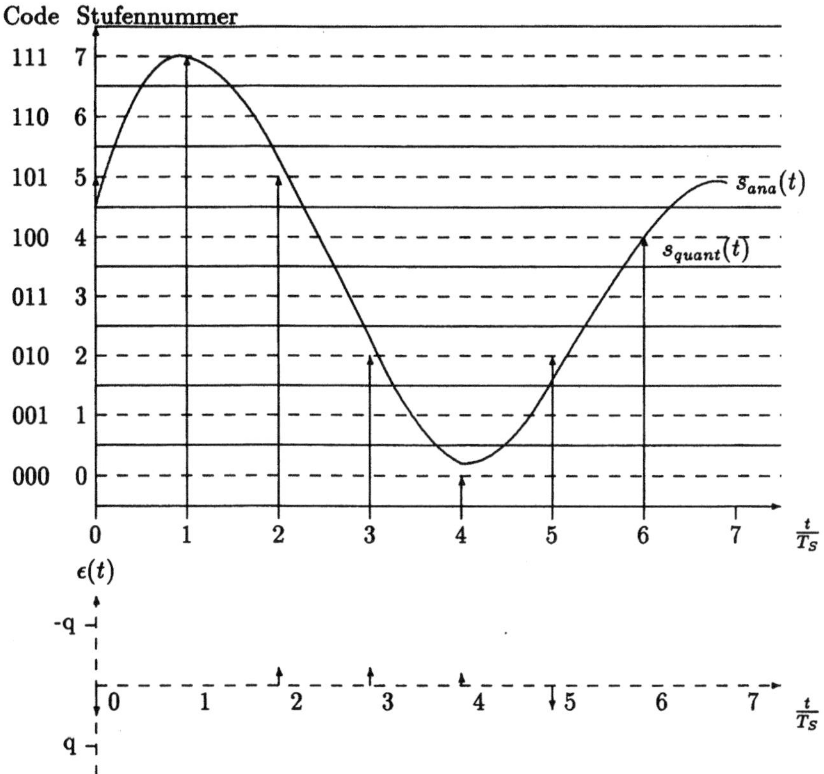

Abb. 8.2: Quantisierung eines Signals mit dazugehörigem Quantisierungsfehler $\epsilon(t)$

Information über die gesendete Stufennummer bzw. Amplitudengröße nicht verfälscht werden. Dadurch wird die Wirkung des Störsignals auf die Rekonstruierbarkeit der zu übertragenden Signalform vollständig eliminiert. Für eine Übertragung über größere Entfernungen bedeutet dies, daß man die Strecke in mehrere Abschnitte unterteilen kann, deren Längen derart gewählt sind, daß die innerhalb der einzelnen Abschnitte auftretenden Störungen so klein sind, daß sie durch Demodulation und anschließende erneute Modulation vollständig unterdrückt werden können. Eine solche Einrichtung wird Regenerativverstärker genannt. Im Gegensatz hierzu addieren sich die Wirkungen von Störungen bei wertkontinuierlichen Modulationsverfahren innerhalb der einzelnen Übertragungsabschnitte auf.

Für das in Abb. 8.2 gezeigte Beispiel treten nacheinander die Stufennummern 5, 7, 5, 2, 0, 2 und 4 auf. Jede der acht möglichen Stufennummern ist durch 3 Bits darstellbar. Wählt man zur Übertragung eine Signalform, bei der das Codeelement „0" durch eine Amplitude $-V$ und das Codeelement „1" durch die Amplitude V charakterisiert wird, so erhält man für die oben genannten, zu übertragenden Stufennummern den in Abb. 8.3 gezeigten Signalverlauf $s(t)$. Die Bitdauer T_b beträgt hierbei

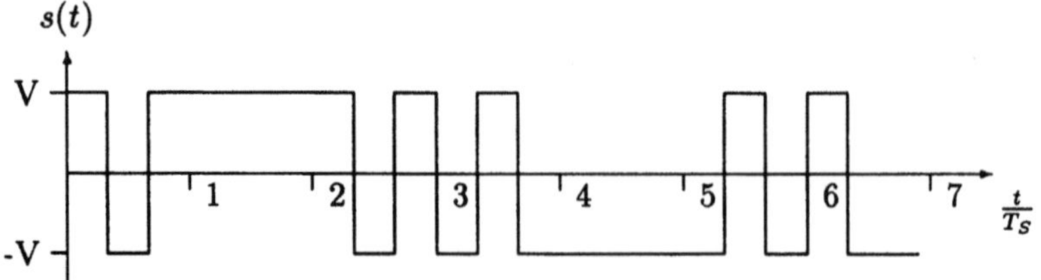

Abb. 8.3: Signalverlauf für das Beispiel aus Bild 8.2

$$T_b = \frac{T_S}{3} \quad . \tag{8.2}$$

Die Abtastperiodendauer wird in diesem Zusammenhang auch als Rahmendauer bezeichnet, da ein Codewort innerhalb der Zeitdauer T_S übertragen wird. Im Empfänger muß eine Bitsynchronisation stattfinden, um das empfangene Signal fehlerfrei decodieren zu können.

Aus dem bisher Besprochenen läßt sich schließen, daß der störende Einfluß des Quantisierungsfehlers $\epsilon(t)$ auf die Reproduzierbarkeit des Signals auf der Empfängerseite sich mit kleiner werdendem Quantisierungsintervall q vermindert. Der mittlere quadratische Fehler als Maß für die Quantisierungsgeräuschleistung beträgt

$$N_{quant} = \sum_{l=1}^{m} \int_{s_{quant\,l} - \frac{q}{2}}^{s_{quant\,l} - \frac{q}{2}} p(s_{PAM}) \cdot (s_{PAM} - s_{quant\,l})^2 \, ds_{PAM} \quad . \tag{8.3}$$

Hierbei gibt $p(s_{PAM})$ die Amplitudendichteverteilung des abgetasteten Analogsignals an; $s_{quant\,l}$ ist der Ausgangswert des Quantisierers im l-ten Quantisierungsintervall. Die Stufenweite aller m Quantisierungsintervalle besitzt den Wert q. Für die Mehrzahl der Signale ist die Amplitudendichteverteilung des PAM-Signals keine Konstante. Ist jedoch die Anzahl der Quantisierungsstufen so groß, daß die Stufenweite klein ist im Vergleich zum Spitzenaussteuerbereich des PAM-Signals, so gilt in guter Näherung, daß $p(s_{PAM})$ innerhalb eines Quantisierungsintervalls konstant ist. Bezeichnet man mit p_l den konstanten Wert für $p(s_{PAM})$ im l-ten Quantisierungsintervall, so läßt sich in Gl. (8.3) die Amplitudendichteverteilung vor das Integral ziehen. Ersetzt man außerdem in jedem Summanden die Differenz durch

$$x = s_{PAM} - s_{quant\,l} \quad , \tag{8.4}$$

so wird aus Gl. (8.3)

$$N_{quant} = \sum_{l=1}^{m} p_l \cdot \int_{-\frac{q}{2}}^{\frac{q}{2}} x^2 \, dx = \sum_{l=1}^{m} p_l \cdot \frac{q^3}{12} \quad . \tag{8.5}$$

Das Produkt $p_l \cdot q$ gibt die Wahrscheinlichkeit dafür an, daß sich das PAM-Signal im l-ten Quantisierungsintervall befindet. Da in Gl. (8.5) über alle m Quantisiererstufen aufaddiert wird, entspricht dies der Wahrscheinlichkeit dafür, daß sich das PAM-Signal innerhalb des Gesamtaussteuerbereiches des Quantisierers befindet. Ist der Quantisierer an das Eingangssignal angepaßt, so ergibt sich für die Summe

$$\sum_{l=1}^{m} p_l \cdot q = 1 \quad . \tag{8.6}$$

Damit wird aus Gl. (8.5)

$$N_{quant} = \frac{q^2}{12} \quad . \tag{8.7}$$

Die Quantisierungsgeräuschleistung ist unabhängig von der Wahrscheinlichkeitsverteilung des PAM-Signals. Diese Größe bezieht man nun auf die Signalleistung des am Eingang des Abtasters anliegenden Analogsignals. Ist dieses Signal über den gesamten Quantisierungsbereich gleichverteilt, so erhält man für die Signalleistung als Funktion der Größen m und q den Ausdruck

$$S = \frac{1}{mq} \int_{-\frac{mq}{2}}^{\frac{mq}{2}} y^2 \, \mathrm{d}y = \frac{m^2 q^2}{12} \quad . \tag{8.8}$$

Nun läßt sich ein Quantisierungsgeräuschspannungsabstand definieren als

$$\frac{S}{N_{quant}} = m^2 \quad . \tag{8.9}$$

Aufgrund des benutzten Binärcodes gilt außerdem

$$m = 2^n \quad , \tag{8.10}$$

wodurch man für Gl. (8.9) den Ausdruck

$$\frac{S}{N_{quant}} = 2^{2n} = 4^n \tag{8.11}$$

erhält. Hieraus kann man ablesen, daß die Vergrößerung des Binärcodewortes um 1 Bit - was eine Verdoppelung der Anzahl der Quantisierungsintervalle zur Folge hat - eine Verbesserung des Quantisierungsgeräuschspannungsabstandes um 6 dB erbringt. Der für diese Rechnung zu Grunde gelegte Quantisierer wird als linearer Quantisierer bezeichnet, da alle Quantisierungsintervalle die gleiche Stufenhöhe besitzen. Häufig wird Gl. (8.11) bereits in Dezibel angegeben:

$$10 \lg \frac{S}{N_{quant}} = 6n \, \mathrm{dB} \quad . \tag{8.12}$$

Bezieht man die Quantisierungsgeräuschleistung auf die Leistung eines sinusförmigen Signals, so erhält man mit

$$S = 2^{2n-3} \cdot q^2 \tag{8.13}$$

und Gl. (8.7)

$$10 \lg \frac{S}{N_{quant}} = (6n + 1,8) \, \mathrm{dB} \quad . \tag{8.14}$$

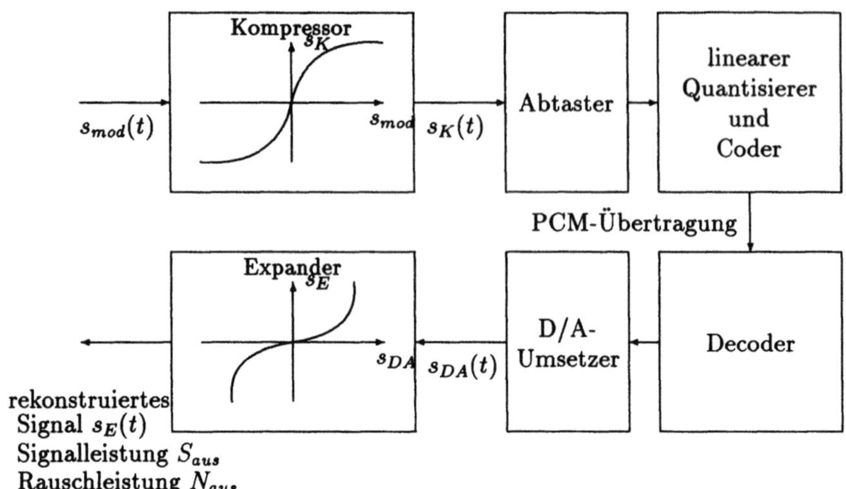

Abb. 8.4: Momentanwert-Kompandierung zur Verbesserung des Geräuschspannungsabstandes

8.2   Kompandierung eines PCM-Signals

Bei der Berechnung des Quantisierungsgeräuschspannungsabstandes wird davon ausgegangen, daß der Quantisierungsbereich voll ausgenutzt wird. Dies ist jedoch sehr häufig nicht der Fall, so daß bei kleinen Amplitudenwerten des Modulationssignals der Quantisierungsgeräuschspannungsabstand sinkt. Beträgt die Momentanamplitude des Modulationssignals $1/2^k$ der Maximalamplitude, so sinkt der Quantisierungsgeräuschspannungsabstand um $6k$ dB. Da für eine große Anzahl von Modulationssignalklassen (Sprache, Musik, Bewegtbild etc.) Fehler bei kleinen Amplitudenwerten des Modulationssignals störender als bei großen Modulationssignalwerten empfunden werden und viele Signale eine Amplitudendichteverteilung besitzen, in der häufig kleine Amplitudenwerte auftreten, ist es naheliegend, in deren Bereich feiner zu quantisieren als für den Bereich großer Werte. Dies führt zu einer nichtlinearen oder ungleichförmigen Quantisierung.

Ein nichtlinearer Quantisierer kann dadurch realisiert werden, daß eine Kompression der Signalwerte vor der linearen Quantisierung stattfindet. Dies geschieht mit Hilfe einer nichtlinearen Kompressor-Kennlinie, durch die kleine Amplitudenwerte auf der Sendeseite angehoben werden. Nach der Übertragung findet auf der Empfangsseite eine Expandierung statt mit einer zur Kompressor-Kennlinie inversen Kennlinie. Die Kompression und Expandierung der Momentanwerte wird zusammenfassend auch als Kompandierung bezeichnet. Das Blockschaltbild eines entsprechenden Übertragungssystems ist in Abb. 8.4 wiedergegeben. In modernen Geräten sind Kompressor und Expander nicht mehr dem PCM-System vor- bzw. nachgeschaltet, sondern ihre Wirkung spiegelt sich in einer ungleichförmigen Quantisierung und einer speziellen Decodierung wider. Da es auf der Empfangsseite einen zur Quantisierung inversen Vorgang nicht gibt, wird das empfangene Codewort mit Hilfe einer Codeworttabelle in ein neues Codewort umgewandelt, wobei die Codeworttabelle die Charakteristik des Expanders berücksichtigt.

Zur mathematischen Herleitung der Kompressorkennlinie geht man von der Forderung aus, den Geräuschspannungsabstand am Expanderausgang über einen möglichst großen Aussteuerbereich konstant zu halten:

$$\left(\frac{S}{N}\right)_{aus} \stackrel{!}{=} \text{konst.} \tag{8.15}$$

Durch den Kompressor werden die Momentanwerte des Modulationssignals verzerrt, auf der Empfangsseite durch den Expander wieder entzerrt, so daß die Signalleistung auf der Sendeseite S_{ein} der Signalleistung auf der Empfangsseite entspricht. Für ein mittelwertfreies Modulationssignal bedeutet dies

$$S_{ein} = S_{aus} = \int\limits_{-\infty}^{\infty} p(s_{mod}) s_{mod}^2 \, ds_{mod} \quad . \tag{8.16}$$

Geht man davon aus, daß die Geräuschleistung N, die durch die Quantisierung bei der PCM und durch Rauschen auf der Übertragungsstrecke erzeugt wird, klein ist gegenüber der Nutzleistung, so ist zur Geräuschleistungberechnung die durch das Geräusch verursachte Verzerrung des Momentanwertes mit der Steigung der Expanderkennlinie in diesem Punkt zu multiplizieren. Bezeichnet man die Kompressorkennlinie mit

$$s_K = s_K(s_{mod}) \quad , \tag{8.17}$$

so erhält man für die Rauschleistung am Expanderausgang

$$N_{aus} = N \int\limits_{-\infty}^{\infty} p(s_{mod}) \cdot \left(\frac{ds_{mod}}{ds_K}\right)^2 ds_{mod} \quad . \tag{8.18}$$

Damit für alle Wahrscheinlichkeitsdichtefunktionen $p(s_{mod})$ Gl. (8.11) erfüllt werden kann, muß

$$s_{mod}^2 \cdot \left(\frac{ds_K}{ds_{mod}}\right)^2 = \text{konst.} \tag{8.19}$$

sein. Die Auflösung dieser Differentialgleichung liefert für die Kompressorkennlinie

$$s_K = a_0 + b_0 \ln s_{mod} \quad , \tag{8.20}$$

und für die Expanderkennlinie

$$s_E = e^{\frac{s_K - a_0}{b_0}} \quad . \tag{8.21}$$

Mit der Normierung

$$s_K(s_{mod} = 1) = 1 \tag{8.22}$$

führt dies zu

$$s_K = 1 + b_0 \ln s_{mod} \tag{8.23}$$

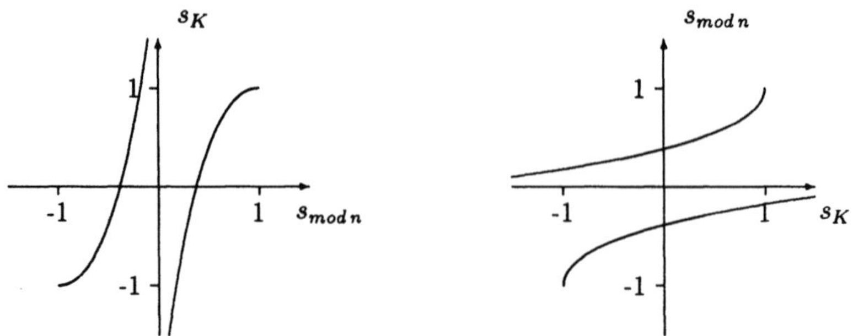

Abb. 8.5: Kompressor- und Expanderkennlinie für konstanten Geräuschspannungsabstand bei normiertem Modulationssignal

und

$$s_E = e^{\frac{s_K - 1}{b_0}} \quad . \tag{8.24}$$

Abb. 8.5 zeigt, daß beide Kurven nicht durch den Nullpunkt führen, weswegen sich ein konstanter Geräuschspannungsabstand für kleine Amplituden des Modulationssignals nicht erreichen läßt. Hier behilft man sich, indem man im Bereich $-1/A \leq s_{mod} \leq 1/A$ die beiden Kurvenzweige durch eine Gerade verbindet, die durch den Nullpunkt führt und deren Steigung für $s_{mod} = 1/A$ mit der Steigung der Kennlinie aus Gl. (8.23) übereinstimmt. Aus diesen Bedingungen ergibt sich

$$b_0 = \frac{1}{1 + \ln A} \quad . \tag{8.25}$$

Nun läßt sich die Kompressorkennlinie beschreiben durch

$$s_K = \begin{cases} -\frac{1 + \ln(-A s_{mod})}{1 + \ln A} & -1 \leq s_{mod} < -\frac{1}{A} \\ \frac{A s_{mod}}{1 + \ln A} & -\frac{1}{A} \leq s_{mod} < \frac{1}{A} \\ \frac{1 + \ln(A s_{mod})}{1 + \ln A} & \frac{1}{A} \leq s_{mod} \leq 1 \end{cases} \tag{8.26}$$

Durch die Versteilerung der Kompressorkennlinie um den Faktor $\frac{A}{1 + \ln A}$ erhält man einen Kompandierungsgewinn. Als Kompressionsfaktor R_K bezeichnet man die Größe

$$R_K = \frac{ds_K}{ds_{mod}}\Big|_{s_{mod}=0} = \frac{A}{1 + \ln A} \quad . \tag{8.27}$$

In der Praxis arbeitet man mit dem Wert

$$A = 87,56 \quad , \tag{8.28}$$

woraus sich ein Kompandierungsgewinn von

$$G_{R_K} = 20 \lg R_K = 24 \, \text{dB} \tag{8.29}$$

ergibt. Der Wert für A wurde so gewählt, daß sich eine Kompressorkennlinie realisieren läßt, die 13 Quantisierungsintervalle besitzt und Gl. (8.26) hinreichend genau annähert.

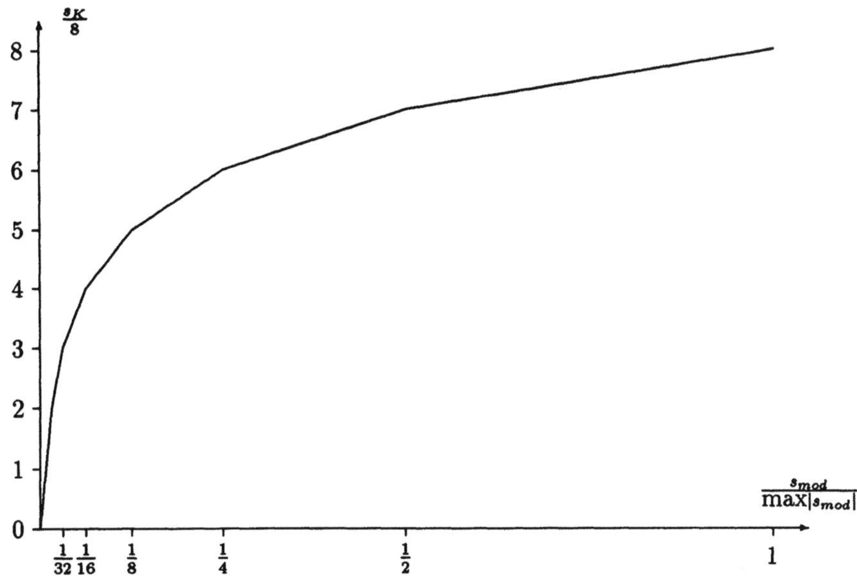

Abb. 8.6: Kompressorkennlinie bei A-Kompandierung

Der positive Ast dieser Kennlinie ist in Abb. 8.6 wiedergegeben. Er ist dadurch gekennzeichnet, daß sich für Eingangswerte größer als 1/64 der Maximalamplitude die Steigung der Kennlinie in jedem Segment halbiert, wodurch eine einfache digitale Realisierung der Kennlinie ermöglicht wird. Die Begrenzung des linearen Bereichs auf 1/64 der Maximalamplitude entspricht zwar nicht genau dem Wert $1/A$, sie erleichtert jedoch wegen der Zweierpotenz die Kennlinienrealisierung. Die Steigung der Kennlinie in jedem Segment ist ein Maß für die erreichte Auflösungserhöhung in Bezug auf eine lineare Quantisierung mit 2^n Amplitudenstufen, für die n Bits benötigt werden. Aus Tabelle 8.1 ist ablesbar, daß für große Signalamplituden ein Störabstandsverlust und für

Tabelle 8.1: Auflösungserhöhung durch nichtlineare Quantisierung

Eingangsintervall	Steigung	Auflösung im Vergleich zur linearen Quantisierung in bit
$0 \ldots \frac{1}{64}$	16	$n+4$
$\frac{1}{64} \cdots \frac{1}{32}$	8	$n+3$
$\frac{1}{32} \cdots \frac{1}{16}$	4	$n+2$
$\frac{1}{16} \cdots \frac{1}{8}$	2	$n+1$
$\frac{1}{8} \cdots \frac{1}{4}$	1	n
$\frac{1}{4} \cdots \frac{1}{2}$	$\frac{1}{2}$	$n-1$
$\frac{1}{2} \ldots 1$	$\frac{1}{4}$	$n-2$

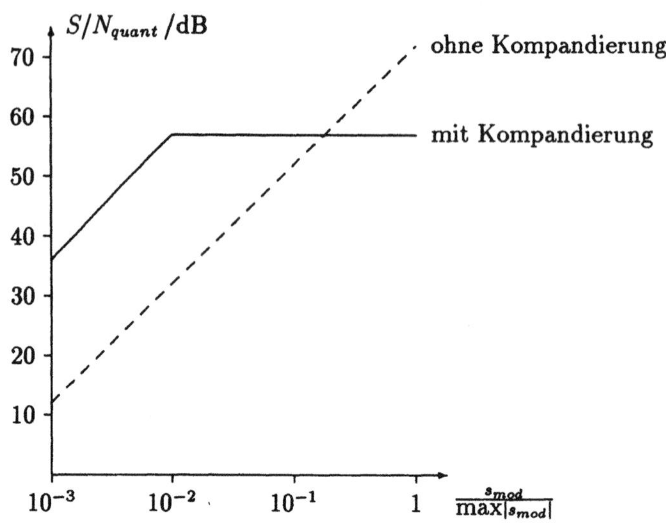

Abb. 8.7: Einfluß der Kompandierung auf den Geräuschspannungsabstand

kleine Signalamplituden ein Störabstandsgewinn auftritt. Für eine Datenübertragung
mit $n = 8$ bit für jedes Codewort wirkt sich die Kompandierung für kleine Signalwerte
wie eine PCM-Codierung mit 12 bit aus. Im Bereich der Maximalaussteuerung sinkt
jedoch die Auflösung dann auf 6 bit ab.

Die Auswirkungen der Kompandierung auf den Quantisierungsgeräuschspannungsabstand als Funktion der Momentanamplitude lassen sich aus Abb. 8.7 ablesen. Die
gestrichelte Linie gibt den Quantisierungsgeräuschspannungsabstand bei einer linearen
Quantisierung mit 12 bit nach Gl. (8.12) an. Berücksichtigt man die ideale Kompressorkennlinie, so erhält man im linearen Kennlinienbereich einen Kompandierungsgewinn
von 24 dB. Für Momentanwerte größer oder gleich $1/A$ ist der Quantisierungsgeräuschspannungsabstand konstant und beträgt in diesem Fall ca. 57 dB. Beide Kurven schnei-
den sich für den auf einen Maximalwert von 1 für s_{mod} normierten Fall bei $s_{mod} = \frac{1}{1+\ln A}$.
Für größere Amplitudenwerte tritt dementsprechend ein Kompandierungsverlust auf.

Neben der hier vorgestellten A-Kompandierung gibt es noch die μ-Kompandierung
mit

$$s_K = \frac{\ln(1 + \mu s_{mod})}{\ln(1 + \mu)} \quad , s_{mod} > 0 \,. \tag{8.30}$$

Mit

$$\mu = 255 \tag{8.31}$$

ergibt sich ein Kompressionsfaktor

$$R_K = 64 \quad . \tag{8.32}$$

Die μ-Kompandierung wird hauptsächlich in den USA verwendet.

Die beiden Kompressorkennlinien aus Gl. (8.26) und Gl. (8.30) sorgen dafür, daß
der Quantisierungsgeräuschspannungsabstand über einen weiten Aussteuerbereich hinweg konstant bleibt. Da sie für die Kompandierung analoger Signale ausgelegt sind,

geben sie keine Hinweise darauf, wie eine ungleichförmige Quantisiererkennlinie unter Berücksichtigung einer vorzugebenden Optimierungsbedingung auszusehen hat.

8.3 Der Max-Lloyd-Algorithmus

Max [30] und Lloyd [31] beschäftigten sich Ende der 50er Jahre mit der Frage, wie eine Quantisiererkennlinie auszulegen ist, um das Quantisierungsgeräusch für eine vorgegebene Amplitudendichtefunktion $p(s_{mod})$ des Eingangssignals zu minimieren. Für eine fixierte Anzahl m an Quantisiererausgangswerten $s_{quant\,i}$ führt diese Fragestellung für ein Eingangssignal mit dem Momentanwert s_{mod} auf die Optimierungsbedingung

$$\sum_{i=1}^{m} \int_{s_{mod\,i}}^{s_{mod\,i+1}} (s_{mod} - s_{quant\,i})^2 p(s_{mod})\, ds_{mod} \overset{!}{=} \text{Min.} \tag{8.33}$$

Ein Eingangssignal, das zwischen den Werten $s_{mod\,i}$ und $s_{mod\,i+1}$ liegt, produziert das Quantisiererausgangssignal $s_{quant\,i}$. Vergleichbar zur Bestimmung der Fourierkoeffizienten eines periodischen Zeitsignals erhält man durch Differenzieren von Gl. (8.33) nach $s_{mod\,i}$ und $s_{quant\,i}$ die notwendigen Bedingungen zur Minimierung der Gleichung. Diese führen zu den Ausdrücken

$$s_{mod\,i} = \frac{s_{quant\,i} + s_{quant\,i+1}}{2} \quad i = 2,\ldots,m \tag{8.34}$$

und

$$\int_{s_{mod\,i}}^{s_{mod\,i+1}} (s_{mod} - s_{quant\,i}) \cdot p(s_{mod})\, ds_{mod} = 0 \quad i = 1,\ldots,m\,. \tag{8.35}$$

Dies bedeutet, daß die Grenze $s_{mod\,i}$ zwischen zwei Quantisierungsintervallen durch das arithmetische Mittel von $s_{quant\,i}$ und $s_{quant\,i+1}$ bestimmt wird. Außerdem ist $s_{mod\,i}$ nach Gl. (8.35) der Schwerpunkt der Fläche unter dem Integral über $p(s_{mod})$ zwischen den Grenzen $s_{mod\,i}$ und $s_{mod\,i+1}$. Aufgelöst nach dem Quantisiererausgangssignal erhält man

$$s_{quant\,i} = \frac{\displaystyle\int_{s_{mod\,i}}^{s_{mod\,i+1}} p(s_{mod}) \cdot s_{mod}\, ds_{mod}}{\displaystyle\int_{s_{mod\,i}}^{s_{mod\,i+1}} p(s_{mod})\, ds_{mod}} \quad i = 1,\ldots,m\,. \tag{8.36}$$

In den meisten für die Praxis interessanten Fällen besitzt das Eingangssignal keine Gleichverteilung der Amplituden, so daß Gl. (8.35) ein System nichtlinearer Gleichungen bildet, das numerisch gelöst werden muß. Mit den Grenzen $s_{mod\,1} = -\infty$ und $s_{mod\,m+1} = \infty$ lassen sich mit einem korrekten Wert für $s_{quant\,1}$ die darauffolgenden $s_{mod\,i}$ und $s_{quant\,i}$ bestimmen. Wenn $s_{quant\,1}$ der Schwerpunkt der Fläche von $p(s_{mod})$ zwischen $s_{mod\,1}$ und $s_{mod\,2}$ ist, so muß der sich zuletzt ergebende Wert $s_{quant\,m}$ der Schwerpunkt der Fläche von $p(s_{mod})$ zwischen $s_{mod\,m}$ und $s_{mod\,m+1}$ sein. Wählt man einen beliebigen

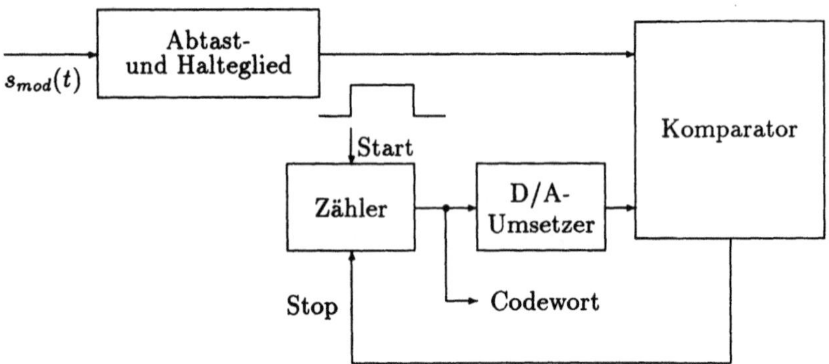

Abb. 8.8: Schaltungsbeispiel zur Zählmethode

Startwert für $s_{quant\,1}$, so dient die Berechnung des Wertes $s_{quant\,m}$ als Überprüfung für die Richtigkeit des Startwertes. Stimmt $s_{quant\,m}$ nicht mit dem Schwerpunkt der letzten Teilfläche unter $p(s_{mod})$ überein, so muß die Berechnung mit einem geänderten Startwert neu durchgeführt werden.

Der hier beschriebene Algorithmus wird häufig zur Optimierung von Quantisierer-kennlinien eingesetzt, wobei man eine Verteilungsdichtefunktion der Eingangsdaten vorgibt. In der digitalen Bildsignalverarbeitung sind beispielsweise die AC-Koeffizienten einer zweidimensionalen diskreten Cosinus-Transformation, die zur Quelldatenreduktion häufig eingesetzt wird [5], in guter Näherung Laplace-verteilt. Man bestimmt aus unterschiedlichen Bildvorlagen Mittelwert und Varianz der Verteilung und optimiert mit Hilfe dieser Werte die Quantisierung der Koeffizienten.

8.4 Codierverfahren

Mit Hilfe der Codierverfahren wird ein Analogsignal in ein Codewort der Länge N Bit umgesetzt. Es gibt hierzu drei grundsätzliche Methoden: die Zählmethode („step-at-a-time"), die Iterationsmethode („bit-at-a-time") und die direkte Methode („word-at-a-time").

Bei der Zählmethode existiert ein Vergleichsnormal, das dem Abstand zwischen zwei Amplitudenstufen entspricht. Dieses Normal wird so oft aufaddiert, bis der Wert der Abtastprobe erreicht ist. Ein Schaltungsbeispiel dafür ist in Abb. 8.8 aufgezeichnet. Ein Abtast- und Halteglied stellt für die Dauer der Codierung den Abtastwert zur Verfügung. Liegt der Abtastwert am Ausgang des Abtast- und Halteglieds vor, so wird ein Binärzähler gestartet und kontinuierlich hochgezählt. Dessen Ausgangssignal wird in ein Analogsignal umgesetzt, das in einem Komparator mit dem Abtastwert vergli-chen wird. Übersteigt das in ein Analogsignal umgesetzte Codewort den Abtastwert, so wird der Zähler angehalten. An seinem Ausgang kann dann das Codewort abgenom-

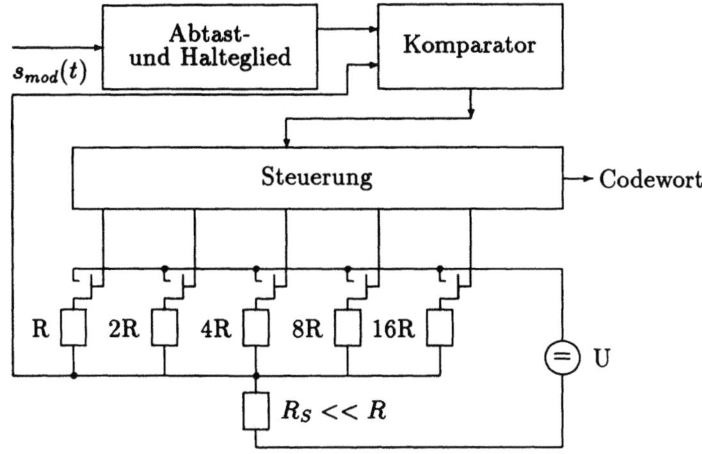

Abb. 8.9: Schaltungsbeispiel zur Iterationsmethode

men werden. Für eine Codierung mit N Bit pro Codewort müssen $2^N - 1$ Vergleiche durchgeführt werden.

Bei der Iterationsmethode existieren zur Darstellung eines Codeworts mit n Bit n Normale. Man beginnt die Codierung mit dem größten Normal und entscheidet, ob das dazugehörige Bit (most significant bit) den Wert „0" oder „1" annehmen muß, um den Analogwert nicht zu überschreiten. In gleicher Weise verfährt man mit dem nächstkleineren Normal und entscheidet, ob die Summe der angelegten Normale den Analogwert überschreitet oder nicht. Diese Vorgehensweise setzt man fort, bis alle Normale in den Entscheidungsprozeß einbezogen sind. Die Größen der Normale verhalten sich aufgrund der Binärcodierung wie $2^0 : 2^1 : 2^2 : \ldots : 2^{N-1}$. Ein Wägecodierer, der nach dieser Codiermethode arbeitet, ist in Abb. 8.9 für eine Codewortlänge von 5 Bit wiedergegeben. Man benötigt hierzu zwar n Normale, dafür aber auch nur n Vergleichsschritte zur Codeworterzeugung.

Bei der direkten Methode existiert für jede der 2^{N-1} Amplitudenstufen ein Normal, so daß man in einem Schritt durch Vergleich der Normale mit dem Abtastwert feststellen kann, welches Normal zur Codierung benutzt werden muß.

Welches Codierverfahren man einsetzt, wird von den Gegebenheiten abhängen, die die Codierung begleiten. Die Anzahl der notwendigen Normale ist ein Maß für den erforderlichen technischen Aufwand; die Anzahl der durchzuführenden Vergleichsschritte ein Maß für die erreichbare Verarbeitungsgeschwindigkeit. Die hier vorgestellten Codierverfahren lassen sich auch kombinieren; Beispiele dazu findet man in [11].

8.5 Übertragung von PCM-Signalen

Nachdem auf den vorangegangenen Seiten die unterschiedlichen Vorgehensweisen zur Erzeugung eines Codewortes aus einem Abtastwert vorgestellt wurden, soll nun untersucht werden, wie ein solches Codewort übertragen werden kann und welche Anforderungen dabei an Sender und Empfänger zu stellen sind.

Überträgt man ein Codewort durch zeitlich aufeinanderfolgende Codeelemente und wählt hierzu ein Non-return-to-zero(NRZ)-Format aus, wie es in Abb. 8.3 dargestellt ist, so läßt sich für diese Kurvenform unter der Annahme, daß die einzelnen Codeelemente statistisch unabhängig voneinander sind, das Leistungsdichtespektrum einer Zufallsfolge von Codeelementen unter Zuhilfenahme von Gl. (4.54) berechnen, wobei in diesem Fall für die Signaldauer T_S die Bitdauer T_b einzusetzen ist. Man erhält somit

$$S_{PCM}(\omega) = V^2 T_b \mathrm{si}^2(\frac{\omega T_b}{2}) \quad . \tag{8.37}$$

Aufgrund der si-Funktion existieren Leistungsanteile des Signals bei allen Frequenzen. Man benötigt zur exakten Rekonstruktion auf der Empfängerseite eine unendlich große Übertragungsbandbreite. Diese Forderung kann jedoch von keiner in der Praxis vorkommenden Übertragungsstrecke erfüllt werden, zumal man sich beim Entwurf eines Übertragungssystems darum bemüht, die zur Übertragung notwendige Bandbreite möglichst gering zu halten. Filtert man das PCM-Signal durch ein Tiefpaßfilter, so reduziert sich hierdurch die notwendige Übertragungsbandbreite, wobei sich jedoch die Kurvenform der einzelnen Impulse verändert. Die zu einem Einzelimpuls gehörende Kurvenform verbreitert sich über die Zeitdauer T_b hinaus und überlagert sich mit den entsprechend veränderten Kurvenformen der zeitlich davor- und dahinterliegenden Bits. Dieser Vorgang wird Intersymbolinterferenz genannt. Er tritt jedesmal auf, wenn ein PCM-Signal bandpaßbegrenzt wird. Addiert sich nun noch Rauschen zu dieser veränderten Kurvenform, so steigt die Wahrscheinlichkeit dafür, daß der Empfänger ein Bit inkorrekt decodiert und damit einen Bitfehler verursacht. Hier läßt sich nun die Eigenschaft des PCM-Signals einsetzen, daß zu seiner Decodierung, im Gegensatz zu den analogen Modulationsverfahren, die Kurvenform im Empfänger nicht exakt rekonstruiert zu werden braucht. Es genügt, wenn der Empfänger sein Eingangssignal im dem durch die Bitdauer vorgegebenen Bittakt periodisch abtastet und mit Hilfe einer Entscheiderschwelle eine Aussage darüber trifft, welches Codeelement gesendet wurde.

Nyquist schlug ein Verfahren vor, mit dem Intersymbolinterferenz vermieden werden kann und das als Nyquist-Kriterium bekannt ist. Die Überlegungen hierzu gehen von einer Datenübertragungsstrecke aus, bei der das Codeelement „1" durch einen positiven Diracimpuls und das Codeelement „0" durch einen negativen Diracimpuls gekennzeichnet ist. Überträgt man die zu einem Digitalsignal gehörende Folge von Diracimpulsen über einen idealen Tiefpaß mit der Grenzfrequenz $f_g = \frac{1}{2T_b}$, so ist am Tiefpaßausgang ein si-Impuls vorhanden, dessen Polarität von dem gesendeten Codeelement abhängt. Für eine Datenfolge „1 1 0 1" sind die sich überlagernden si-Funktionen in Abb. 8.10 skizziert. Aus dem Ausgangssignal $s_{TP}(t)$ ist ablesbar, daß der ideale Tiefpaß zur Datenübertragung eingesetzt werden kann, da er eine Intersymbolinterferenz vermeidet. Tastet man nämlich $s_{TP}(t)$ zu den Zeitpunkten $t_n = n T_b$ ab, so trägt zu diesen Zeitpunkten nur eine si-Funktion zum Abtastwert bei, da die zu den anderen Bits gehörenden si-Funktionen eine Nullstelle aufweisen. Umgekehrt läßt sich daraus schliessen, daß eine interferenzfreie Datenübertragung mit einer Periodendauer von T_b über einen Kanal mit einer kleineren Bandbreite als $B = 1/T_b$ nicht möglich ist. Abgesehen von der Tatsache, daß ein idealer Tiefpaß technisch nicht realisierbar ist, ist er weiterhin

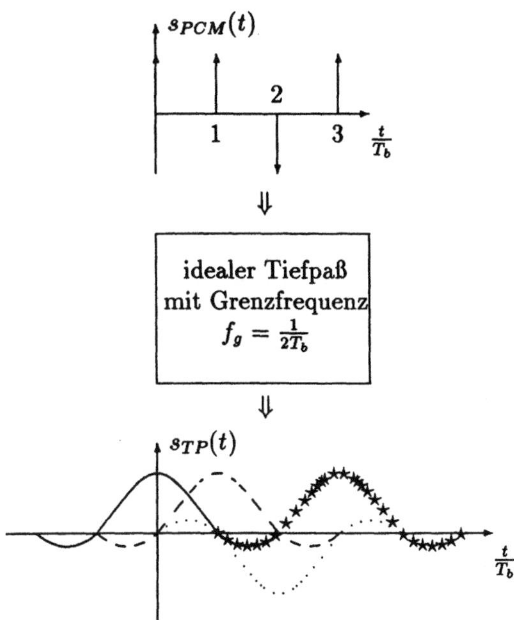

Abb. 8.10: Datenübertragung über einen idealen Tiefpaß

für eine Datenübertragung nicht gut geeignet, da der Abtastzeitpunkt im Empfänger sehr genau eingehalten werden muß. Liegt dieser auch nur gering neben dem idealen Zeitpunkt t_n, so stören die Vor- und Nachschwinger der übrigen si-Funktionen den Abtastwert extrem stark. Zur Beurteilung der dadurch auftretenden Störungen zieht man das sogenannte Augenmuster heran. Es entsteht, indem man die empfangenen Impulse am Ausgang der Übertragungsstrecke oszillographiert, wobei die Ablenkzeit des Oszilloskops der Bitdauer oder einem Vielfachen davon entspricht. Hierdurch werden alle Impulse innerhalb der gewählten Ablenkzeit übereinandergeschrieben. Mit der Ablenkzeit $2T_b$ erhält man ein Augenmuster, das für ein Filter, welches in diesem Fall kein idealer Tiefpaß ist, qualitativ in Abb. 8.11 wiedergegeben ist. Die vertikale Augenöff-

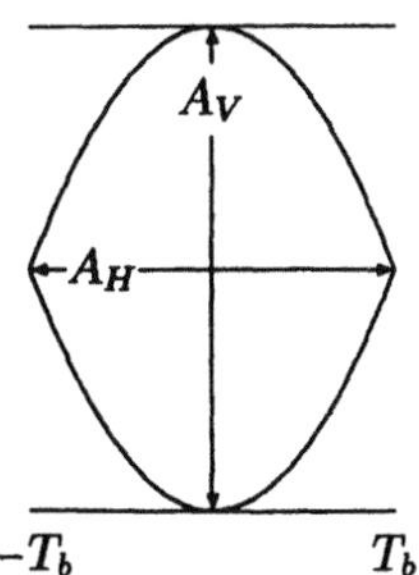

Abb. 8.11: Qualitative Darstellung eines Augenmusters

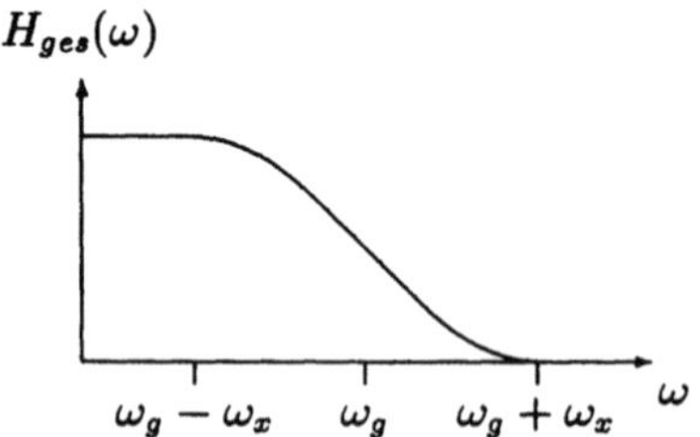

$$H_{ges}(\omega)$$

Abb. 8.12: Nyquist-Filter mit cosinusförmiger Flanke

nung A_V ist ein Maß für den Abstand der den beiden Codeelementen zugeordneten Kurvenformen. Sie sollte möglichst groß sein, um unproblematisch zwischen beiden Codeelementen unterscheiden zu können. Die horizontale Augenöffnung A_H erlaubt eine Aussage darüber, wie weit man von den optimalen Abtastzeitpunkten nT_b abweichen darf, ohne die exakte Decodierung zu gefährden. Für den idealen Tiefpaß stellt sich hier heraus, daß aufgrund der unendlich vielen Vor- und Nachschwinger der übrigen si-Funktionen die horizontale Augenöffnung zu einem infinitesimal schmalen Schlitz entartet, wohingegen die vertikale Augenöffnung maximal groß ist. Dies bedeutet, daß eine Übertragung über einen idealen Tiefpaß praktisch nicht durchzuführen ist, da die Abtastzeitpunkte extrem genau eingehalten werden müssen. Nyquist beschäftigte sich nun mit dem Problem, wie die Übertragungsfunktion des idealen Tiefpasses abzuändern sei, damit sich das Augenmuster in horizontaler Richtung öffnet, die erwünschte Eigenschaft der Nulldurchgänge der Impulsantwort zu den Abtastzeitpunkten im Empfänger aber erhalten bleibt. Hierzu muß zu der Übertragungsfunktion des idealen Tiefpasses eine Übertragungsfunktion addiert werden, die punktsymmetrisch zur Grenzfrequenz des idealen Tiefpasses ist. Nyquist schlug für die sich damit ergebende Gesamtübertragungsfunktion folgende Frequenzcharakteristik vor:

$$H_{ges}(\omega) = H_{idTP}(\omega) + H_Z(\omega)$$

$$= \begin{cases} 1 & \omega = 0, \ldots, \omega_g - \omega_x \\ \frac{1}{2}\left(1 + \cos\left(\frac{\pi}{2}\frac{\omega - (\omega_g - \omega_x)}{\omega_x}\right)\right) & \omega = \omega_g - \omega_x, \ldots, \omega_g + \omega_x \\ 0 & \omega > \omega_g + \omega_x \end{cases} \quad . \quad (8.38)$$

Die Übertragungsfunktion ist in Abb. 8.12 wiedergegeben; das Filter wird als Nyquist-Filter bezeichnet. Die maximale horizontale Augenöffnung erreicht man mit $\omega_x = \omega_g$, wodurch der $\cos^2$-Frequenzgang

$$H_{ges}(\omega) = \cos^2\left(\frac{\pi}{4}\frac{\omega}{\omega_g}\right) \quad , 0 \leq \omega \leq 2\omega_g \tag{8.39}$$

entsteht, der allerdings im Vergleich zum Bandbreitebedarf des idealen Tiefpasses die doppelte Bandbreite benötigt. In der Praxis arbeitet man mit Werten für ω_x zwischen $0,2 \cdot \omega_g$ und ω_g. Mit wachsenden Werten für ω_x verringert sich die Steigung der Impulsantwort $h_{ges}(t)$ zu den Zeitpunkten $t_n = nT_b$ für $n \geq 1$, so daß eine Abweichung vom idealen Abtastzeitpunkt die Decodierung des Abtastwertes immer weniger störend beeinflußt.

Die Berechnung des Nyquist-Filters geht von einer Datenübertragung aus, bei der Diracimpulse gesendet werden. Es stellt sich nun die Frage, wie das Filter bei der Übertragung einer anderen Impulsform gewählt werden muß, um für den Frequenzgang das Nyquist-Kriterium wieder zu erfüllen. Besitzt die Impulsform die Fouriertransformierte $S_i(\omega)$, so muß die Bedingung

$$S_i(\omega) \cdot H(\omega) = H_{ges}(\omega) \tag{8.40}$$

erfüllt werden. Demzufolge ist bei einer Datenübertragung mit der Impulsform $s_i(t)$ als sogenanntes Formfilter ein Filter mit der Übertragungsfunktion

$$H(\omega) = \frac{H_{ges}(\omega)}{S_i(\omega)} \tag{8.41}$$

einzusetzen, um für die gesamte Übertragungsstrecke wieder einen Nyquist-Frequenzgang zu erhalten.

In Bezug auf die am Empfängereingang erwünschte Intersymbolinterferenzfreiheit läßt sich auch die Frage stellen, welche Impulsform hierzu unter der Annahme einer idealen Übertragungsstrecke nötig ist. Im Gegensatz zur oben angegebenen Herleitung zur Erfüllung des Nyquist-Kriteriums werden hierbei die Rollen von übertragenem Signal und Kanalcharakteristik gegeneinander ausgetauscht, was aufgrund der Multiplikation von Kanalübertragungsfunktion und Fouriertransformierter des Sendesignals, deren Rücktransformierte das Empfangssignal bildet, erlaubt ist. Beschreibt man das Sendesignal durch

$$s_{PCM}(t) = \sum_{n=-\infty}^{\infty} a_n \cdot s_i(t - nT_b) \quad , \tag{8.42}$$

so wird das Nyquist-Kriterium von allen Impulsformen erfüllt, deren mit der Bitdauer T_b periodisch wiederholtes Energiedichtespektrum aufsummiert eine Konstante ergibt:

$$\sum_{n=-\infty}^{\infty} |S_i(f - \frac{n}{T_b})|^2 = T_b \quad . \tag{8.43}$$

Eine ausführliche Herleitung dieser Gleichung findet man in [20]. Aus dieser Gleichung kann man schließen, daß alle Impulsformen, die auf $|f| < 1/T_b$ frequenzbegrenzt sind und deren Energiedichtespektrum einen zur Frequenz $\frac{1}{2T_b}$ punktsymmetrischen Verlauf besitzt, das Nyquist-Kriterium erfüllen. Weiterhin wird Gl. (8.43) auch von allen Impulsformen erfüllt, die sich aus der Fourierrücktransformation des Nyquist-Filters nach Gl. (8.38) ergeben.

8.6 Pulscodemodulation und Rauschen

Solange eine Übertragung von PCM-Signalen frei von Störeinflüssen ist, kann auf der Empfängerseite die gesendete Bitfolge fehlerfrei decodiert werden und zwar durch Abtasten des Sendesignals nach Gl. (8.42) mit der Periodendauer T_b und durch einen

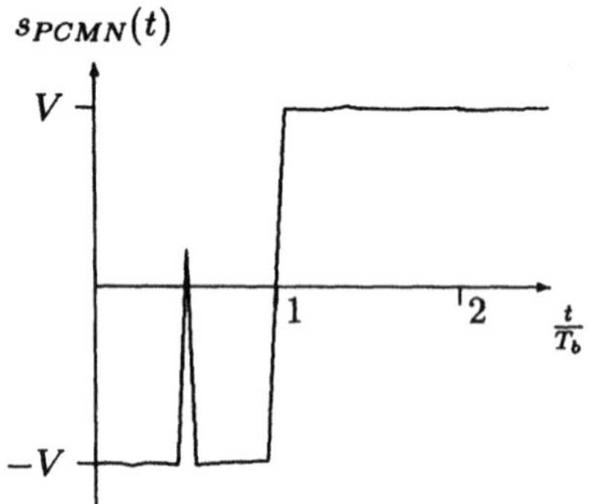

Abb. 8.13: Beispiel für ein durch Rauschen gestörtes PCM-Signal

anschließenden Vergleich mit einem Schwellenwert, dessen Größe durch die den Codeelementen zugeordnete Impulsform $s_i(t)$ bestimmt wird. Man geht hierbei von der
Voraussetzung aus, daß die zeitliche Dauer der Impulsform mit der Periodendauer T_b
übereinstimmt. Durch den Faktor a_n in Gl. (8.42), der durch das zu übertragende Codeelement festgelegt wird, ergeben sich bei der Binärcodierung zwei verschiedene Impulsformen $s_1(t)$ und $s_2(t)$. Für eine bipolare Übertragung nach Abb. 8.3 gilt $a_n \in \{-1, 1\}$,
und man erhält die Impulsformen

$$s_1(t) = V \quad , 0 \le t < T_b \tag{8.44}$$

und

$$s_2(t) = -V \quad , 0 \le t < T_b. \tag{8.45}$$

Eine unipolare PCM-Übertragung ergibt sich durch $a_n \in \{0, 1\}$.

Wird nun die Datenübertragung durch additives gaußverteiltes Rauschen gestört,
so kann am Empfängereingang beispielsweise ein Signalverlauf auftreten, wie er in
Abb. 8.13 skizziert ist. Tastet der Empfänger das Signal zum Zeitpunkt $t = T_b/2$ ab
und liegt die Entscheiderschwelle zur Decodierung bei $s_{PCMN}(t) = 0$, so tritt ein Bitfehler auf. Da zur Decodierung des empfangenen Signals dieses nicht exakt rekonstruiert
werden muß, stellt sich die Frage, ob durch eine Vorfilterung des Empfangssignals die
Wahrscheinlichkeit einer Abtastung, die zu einer fehlerbehafteten Decodierung führt,
minimiert werden kann. Dies ist möglich, wenn man eine Empfängerstruktur zugrunde
legt, wie sie in Abb. 8.14 gezeigt ist. Die Impulsantwort $h(t)$ des Filters ist hierbei noch
zu bestimmen. Das rauschbehaftete Empfangssignal läßt sich, abhängig vom übertragenen Codeelement, beschreiben als

$$s_{PCMN}(t) = s_1(t) + n(t) \quad , 0 \le t < T_b \tag{8.46}$$

oder als

$$s_{PCMN}(t) = s_2(t) + n(t) \quad , 0 \le t < T_b. \tag{8.47}$$

Das Filterausgangssignal wird abgetastet und nimmt, je nach der gesendeten Impulsform, den Wert $s_{h1}(T_b)$ oder $s_{h2}(T_b)$ an. Unter der Annahme $s_{h1}(T_b) < s_{h2}(T_b)$ wird

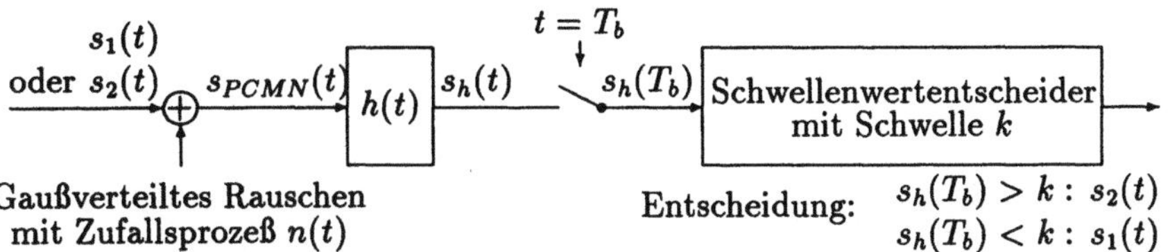

Abb. 8.14: PCM-Empfänger zur Decodierung eines rauschbehafteten Eingangssignals

anschließend entschieden, daß $s_1(t)$ gesendet wurde, wenn $s_h(T_b)$ kleiner als der Schwellenwert k ist. Andernfalls wird auf $s_2(t)$ entschieden. Bezeichnet man mit $n_h(t)$ das gefilterte Rauschsignal $n(t)$, so tritt dann ein Decodierfehler (Bitfehler) auf, wenn $s_1(t)$ gesendet wurde, aber der Ausdruck $s_h(T_b) = s_{h1}(T_b) + n_h(T_b)$ größer als die Schwelle k ist. Wurde $s_2(t)$ gesendet, so entsteht ein Bitfehler für $s_h(T_b) = s_{h2}(T_b) + n_h(T_b) < k$. Da $n_h(t)$ durch die lineare Filterung eines gaußverteilten Zufallsprozesses entsteht, ist $n_h(t)$ wiederum gaußverteilt mit einem Leistungsdichtespektrum

$$S_{n_h}(\omega) = |H(\omega)|^2 \cdot N(\omega) \quad . \tag{8.48}$$

$n_h(t)$ ist ein mittelwertfreier, stationärer Prozeß mit der Varianz

$$\sigma^2 = \frac{1}{2\pi} \int\limits_{-\infty}^{\infty} |H(\omega)|^2 N(\omega)\,\mathrm{d}\omega \quad . \tag{8.49}$$

$N(\omega)$ ist hierbei das zu $n(t)$ gehörende Rauschleistungsdichtespektrum. Da $n_h(t)$ stationär ist, stellt der abgetastete Rauschanteil $N = n_h(T_b)$ eine mittelwertfreie Zufallsvariable mit der Varianz σ^2 dar. Ihre Wahrscheinlichkeitsdichtefunktion lautet

$$p_N(\eta) = \frac{1}{\sqrt{2\pi\sigma^2}} \mathrm{e}^{-\frac{\eta^2}{2\sigma^2}} \quad . \tag{8.50}$$

Unter der Annahme, daß $s_1(t)$ gesendet wurde, ist das abgetastete Signal $S = s_h(T_b) = s_{h1}(T_b) + N$ ebenfalls gaußverteilt mit der Varianz σ^2 und dem Mittelwert $s_{h1}(T_b)$. Entsprechend gilt für die Annahme, daß $s_2(t)$ gesendet wurde, $S = s_h(T_b) = s_{h2}(T_b) + N$. Auch diese Zufallsvariable ist gaußverteilt mit der Varianz σ^2 und dem Mittelwert $s_{h2}(T_b)$. Die bedingte Wahrscheinlichkeitsdichtefunktion, daß ein Wert S abgetastet wird, wenn $s_1(t)$ übertragen wurde, bezeichnet man mit $p(S|s_1(t))$ und die entsprechende Funktion unter der Annahme, daß $s_2(t)$ gesendet wurde, mit $p(S|s_2(t))$. Beide Funktionen sind in Abb. 8.15 eingezeichnet, zusammen mit einer Entscheiderschwelle k.

Wurde $s_1(t)$ übertragen, so tritt ein Bitfehler mit der Wahrscheinlichkeit

$$P(\text{Fehler}|s_1(t)) = \int\limits_{k}^{\infty} \frac{1}{\sqrt{2\pi\sigma^2}} \mathrm{e}^{-\frac{(S-s_{h1}(T_b))^2}{2\sigma^2}}\,\mathrm{d}S \tag{8.51}$$

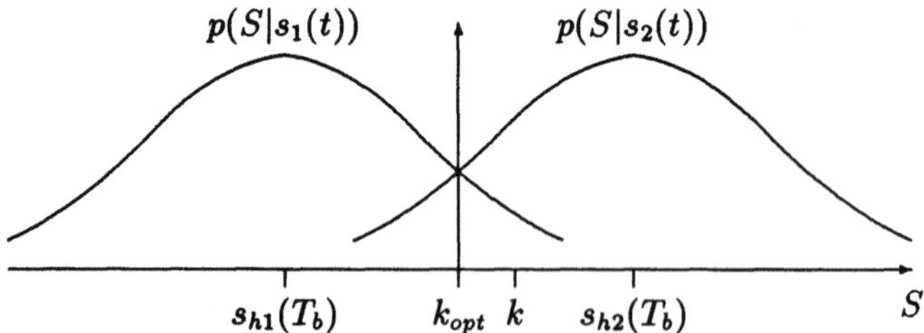

Abb. 8.15: Bedingte Wahrscheinlichkeitsfunktionen für das Filterausgangssignal zum Zeitpunkt $t = T_b$

auf. Entsprechend gilt für die Wahrscheinlichkeit einer Fehlentscheidung unter der Annahme, daß $s_2(t)$ gesendet wurde:

$$P(\text{Fehler}|s_2(t)) = \int\limits_{-\infty}^{k} \frac{1}{\sqrt{2\pi\sigma^2}} e^{-\frac{(S-s_{h2}(T_b))^2}{2\sigma^2}}\, dS \quad . \tag{8.52}$$

Unter der Voraussetzung, daß die a-priori-Wahrscheinlichkeit für beide Codeelemente gleich groß ist, ergibt sich die mittlere Bitfehlerwahrscheinlichkeit

$$P_b = \frac{1}{2}P(\text{Fehler}|s_1(t)) + \frac{1}{2}P(\text{Fehler}|s_2(t)) \quad . \tag{8.53}$$

Eine Minimierung dieser Bitfehlerwahrscheinlichkeit ist möglich durch Verändern der Lage der Entscheiderschwelle k und durch optimale Wahl der Impulsantwort $h(t)$. Aus der Optimierungsbedingung

$$\frac{dP_b}{dk} = 0 \tag{8.54}$$

erhält man

$$k_{opt} = \frac{1}{2}\left(s_{h1}(T_b) + s_{h2}(T_b)\right) \quad , \tag{8.55}$$

das aufgrund der Symmetrie der beiden bedingten Wahrscheinlichkeitsdichtefunktionen mit dem Schnittpunkt der beiden Funktionen übereinstimmt. Setzt man Gl. (8.55) in Gl. (8.53) ein, so ergibt sich die Bitfehlerwahrscheinlichkeit

$$P_b = \frac{1}{2}\text{erfc}\left(\frac{s_{h2}(T_b) - s_{h1}(T_b)}{2\sqrt{2\sigma^2}}\right) \quad . \tag{8.56}$$

Da die komplementäre „error function" mit wachsender Differenz zwischen den Abtastwerten $s_{h2}(T_b)$ und $s_{h1}(T_b)$ sinkt, ist es sinnvoll, das Filter $h(t)$ so auszulegen, daß der Ausdruck

$$a = \frac{s_{h2}(T_b) - s_{h1}(T_b)}{\sigma} \tag{8.57}$$

maximiert wird. Mit der Differenz

$$d(t) = s_{h2}(t) - s_{h1}(t) \tag{8.58}$$

stellt sich nun die Aufgabe, $h(t)$ so zu bestimmen, daß a maximal wird. Dies ist gleichbedeutend mit der Maximierung von

$$a^2 = \frac{d^2(T_b)}{\sigma^2} = \frac{d^2(t)}{E^2\{n_h(t)\}}\Big|_{t=T_b} \quad . \tag{8.59}$$

Das Differenzsignal $d(t)$ läßt sich durch die Übertragungsfunktion $H(\omega)$ und die Fouriertransformierte $D(\omega)$ der Funktion $d(t)$ ausdrücken als

$$d(t) = \frac{1}{2\pi} \int\limits_{-\infty}^{\infty} H(\omega) \cdot D(\omega) e^{j\omega t}\, d\omega \quad . \tag{8.60}$$

Mit $t = T_b$ und mit Gl. (8.49) erhält man somit den Ausdruck

$$a^2 = \frac{|\int\limits_{-\infty}^{\infty} H(\omega) \cdot D(\omega) e^{j\omega T_b}\, d\omega|^2}{2\pi \int\limits_{-\infty}^{\infty} |H(\omega)|^2 N(\omega)\, d\omega} \quad , \tag{8.61}$$

der mit Hilfe der Schwarzschen Ungleichung maximiert werden kann. Für beliebige komplexe Funktionen $X(\omega)$ und $Y(\omega)$ liefert diese Ungleichung den Zusammenhang

$$\Big|\int\limits_{-\infty}^{\infty} X(\omega)Y(\omega)\, d\omega\,\Big|^2 \le \int\limits_{-\infty}^{\infty} |X(\omega)|^2\, d\omega \int\limits_{-\infty}^{\infty} |Y(\omega)|^2\, d\omega \quad . \tag{8.62}$$

Das Gleichheitszeichen gilt dabei, wenn

$$X(\omega) = KY^*(\omega) \tag{8.63}$$

erfüllt ist. Mit den Substitutionen

$$X(\omega) = H(\omega) \cdot \sqrt{N(\omega)} \tag{8.64}$$

und

$$Y(\omega) = \frac{D(\omega)}{\sqrt{N(\omega)}} e^{j\omega T_b} \tag{8.65}$$

läßt sich Gl. (8.61) umschreiben in

$$a^2 = \frac{1}{2\pi} \frac{|\int\limits_{-\infty}^{\infty} X(\omega)Y(\omega)\, d\omega\,|^2}{\int\limits_{-\infty}^{\infty} |X(\omega)|^2\, d\omega}$$

$$\le \frac{1}{2\pi} \int\limits_{-\infty}^{\infty} |Y(\omega)|^2\, d\omega \quad . \tag{8.66}$$

Diese Ungleichung nimmt ihren größten Wert an, wenn das Gleichheitszeichen angewendet werden kann. Mit Gl. (8.63) gilt deshalb für die optimale Übertragungsfunktion

$$H_{opt}(\omega) = \frac{K D^*(\omega)}{N(\omega)} \mathrm{e}^{-j\omega T_b} \quad . \tag{8.67}$$

Dieses führt zu

$$a_{max}^2 = \frac{1}{2\pi} \int\limits_{-\infty}^{\infty} \frac{|D(\omega)|^2}{N(\omega)} \, \mathrm{d}\omega \quad . \tag{8.68}$$

Besitzt das gaußverteilte Rauschsignal ein weißes Leistungsdichtespektrum

$$N(\omega) = N_0 \quad , \tag{8.69}$$

so bezeichnet man das Optimalfilter als „matched filter" oder signalangepaßtes Filter, da dann die Übertragungsfunktion

$$H_{opt}(\omega) = \frac{K}{N_0} D^*(\omega) \mathrm{e}^{-j\omega T_b} \tag{8.70}$$

lautet und somit an das Spektrum des Differenzsignals $d(t)$ angepaßt ist. Die Impulsantwort ergibt sich aus der Fourierrücktransformierten zu

$$\begin{aligned}
h_{opt}(t) &= \frac{K}{2\pi N_0} \int\limits_{-\infty}^{\infty} D^*(\omega) \mathrm{e}^{j\omega(t-T_b)} \, \mathrm{d}\omega \\
&= \frac{K}{2\pi N_0} d(T_b - t) \\
&= \frac{K}{2\pi N_0} \left(s_2(T_b - t) - s_1(T_b - t) \right) \quad . \tag{8.71}
\end{aligned}$$

Das Optimalfilter im Empfänger filtert das rauschbehaftete Eingangssignal durch zwei parallel geschaltete Filter, deren Impulsantworten zeitgespiegelt zu den zeitbegrenzten Funktionen $s_1(t)$ und $s_2(t)$ sind. Die Differenz beider Filterausgangssignale wird abgetastet und zur Bitfehlerminimierung mit der Schwelle k_{opt} verglichen. Diese Vorgehensweise ist in Abb. 8.16 wiedergegeben.

Im rauschfreien Fall erscheint bei Senden der Impulsform $s_i(t)$ am Ausgang eines signalangepaßten Filters das Signal

$$\begin{aligned}
s_{i\,matched}(t) &= \frac{K}{2\pi N_0} s_i(t) \star s_i(T_b - t) \\
&= \frac{K}{2\pi N_0} \int\limits_{-\infty}^{\infty} s_i(\tau) \cdot s_i(\tau + t - T_b) \, \mathrm{d}\tau \quad . \tag{8.72}
\end{aligned}$$

Um zu einer physikalischen Deutung des Integrals in Gl. (8.72) zu gelangen, muß man berücksichtigen, daß die Impulsformen $s_i(t)$ zeitbegrenzt und damit auch energiebegrenzt sind. Ein Ausdruck für die spektrale Energiedichte eines solchen Signals wurde

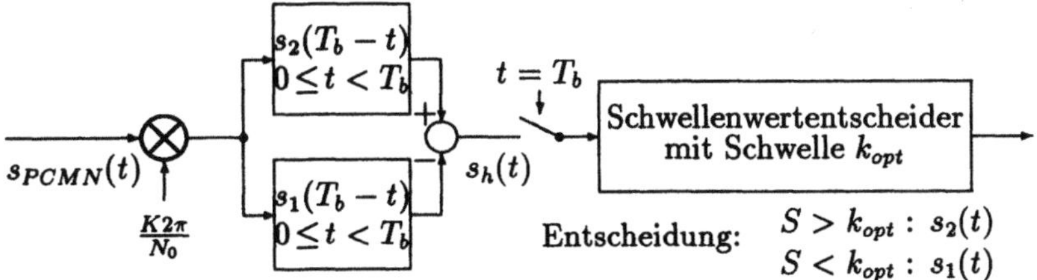

Abb. 8.16: Signalangepaßte Filterung eines rauschbehafteten PCM-Signals für weißes gaußverteiltes Rauschen

bereits in Gl. (3.52) hergeleitet. Bildet man die Fourierrücktransformierte dieser Gleichung, so erhält man

$$R^E(t) = \mathcal{F}^{-1}\left\{F(\omega) \cdot F(-\omega)\right\} \quad , \tag{8.73}$$

das sich unter Zuhilfenahme von Gl. (3.55) und Gl. (3.67) weiter aufteilen läßt in

$$
\begin{aligned}
R^E(t) &= \mathcal{F}^{-1}\left\{F(\omega)\right\} \star \mathcal{F}^{-1}\left\{F(-\omega)\right\} \\
&= f(t) \star f(-t) \\
&= \int\limits_{-\infty}^{\infty} f(\tau) \cdot f(t + \tau)\, \mathrm{d}\tau \quad .
\end{aligned}
\tag{8.74}
$$

In Anlehnung an die Autokorrelationsfunktion eines ergodischen Zufallsprozesses, die sich aus der Fourierrücktransformation eines Leistungsdichtespektrums ergibt, bezeichnet man $R^E(t)$ als Autokorrelationsfunktion eines energiebegrenzten Signals, worauf der Index E hinweist. Damit läßt sich Gl. (8.72) schreiben als

$$s_{i\,matched}(t) = \frac{K}{2\pi N_0} R^E(t - T_b) \quad . \tag{8.75}$$

Das Ausgangssignal eines signalangepaßten Filters besteht demzufolge aus der mit einem konstanten Faktor gewichteten und um die Bitdauer T_b verschobenen Autokorrelationsfunktion des Eingangssignals. Der zum Abtastzeitpunkt $t = T_b$ gebildete Abtastwert besitzt die Größe

$$s_{i\,matched}(T_b) = \frac{K}{2\pi N_0} R^E(0) \quad . \tag{8.76}$$

Man erkennt, daß $R^E(t)$ in seinem Maximum abgetastet wird und dieser Wert nach Gl. (3.51) der Signalenergie entspricht.

Die Größe a^2 als Maß für den Geräuschspannungsabstand am Ausgang eines signalangepaßten Filters hängt, wie man aus Gl. (8.68) erkennen kann, nur von der Energie des Differenzsignals $d(t)$ und der Größe des Leistungsdichtespektrums N_0 ab. Die Kurvenform des Signals $d(t)$ geht nicht in die Berechnung mit ein. Ein kausales, signalangepaßtes Filter läßt sich realisieren, wenn die Bitdauer T_b größer oder gleich der zeitlichen Dauer des Differenzsignals $d(t)$ ist. Für zeitbegrenzte Signale läßt sich durch

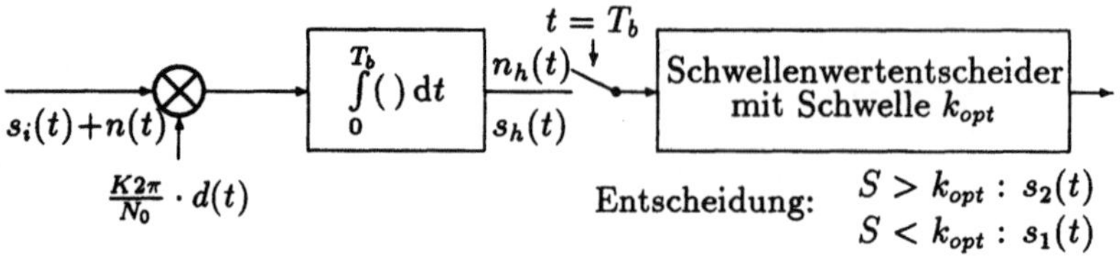

Abb. 8.17: Korrelationsfilterempfang eines rauschbehafteten PCM-Signals für weißes gaußverteiltes Rauschen

eine zeitliche Verzögerung immer ein kausales, signalangepaßtes Filter verwirklichen. Da nur die Betragsquadratsfunktion von $D(\omega)$ in die Größe a^2_{max} eingeht, wird dadurch der Geräuschspannungsabstand nicht verschlechtert.

Der Nutzsignalanteil des Ausgangssignals des Optimalfilters lautet

$$s_h(t) = \frac{K}{2\pi N_0} s_i(t) \star d(T_b - t) \quad , \tag{8.77}$$

wobei $s_i(t)$ entweder $s_1(t)$ oder $s_2(t)$ ist. Das gefilterte Rauschsignal liefert einen Anteil

$$n_h(t) = \frac{K}{2\pi N_0} n(t) \star d(T_b - t) \quad . \tag{8.78}$$

Da sowohl $s_i(t)$ als auch das Differenzsignal $d(t)$ auf $0 \leq t < T_B$ zeitbegrenzt ist, ergibt sich für die Faltung aus Gl. (8.77)

$$s_h(t) = \frac{K}{2\pi N_0} \int_0^{T_b} s_i(\tau) \cdot d(T_b - t + \tau)\,d\tau \quad , \tag{8.79}$$

was für $t = T_b$ zu

$$s_h(T_b) = \frac{K}{2\pi N_0} \int_0^{T_b} s_i(\tau) \cdot d(\tau)\,d\tau \tag{8.80}$$

führt. Entsprechend erhält man

$$n_h(T_b) = \frac{K}{2\pi N_0} \int_0^{T_b} n(\tau) \cdot d(\tau)\,d\tau \quad . \tag{8.81}$$

Aus beiden Gleichungen ergibt sich eine weitere Realisierungsmöglichkeit für ein Optimalfilter, wenn das PCM-Signal durch weißes gaußverteiltes Rauschen gestört ist. Das dazugehörige Blockschaltbild ist in Abb. 8.17 wiedergegeben. Man spricht hier von einem Korrelationsfilterempfang, da durch Multiplikation und anschließende Integration die um die Zeitdauer T_b verschobene Korrelierte zwischen dem Mustersignal $d(t)$ und dem Empfangssignal $s_{PCMN}(t)$ bestimmt wird.

Korrelationsfilterung und signalangepaßte Filterung sind also nicht zwei verschiedene Techniken, die zufälligerweise das gleiche Resultat liefern, sondern sie dienen als zwei unterschiedliche Realisierungsmöglichkeiten für das Optimalfilter $h_{opt}(t)$. Die Bitfehlerwahrscheinlichkeit für einen Empfänger mit Korrelationsfilter oder signalangepaßtem Filter lautet mit Hilfe von Gl. (8.68)

$$P_b = \frac{1}{2}\text{erfc}\left(\frac{a_{max}}{2\sqrt{2}}\right) \tag{8.82}$$

mit

$$a_{max} = \sqrt{\frac{1}{2\pi N_0}\int\limits_{-\infty}^{\infty}|D(\omega)|^2\,\mathrm{d}\omega} \quad . \tag{8.83}$$

Durch Einsetzen von Gl. (3.52) läßt sich a_{max}^2 durch die Differenz der beiden Impulsformen ausdrücken:

$$\begin{aligned}
a_{max}^2 &= \frac{1}{N_0}\int\limits_{-\infty}^{\infty}[s_2(t)-s_1(t)]^2\,\mathrm{d}t \\
&= \frac{1}{N_0}\int\limits_{-\infty}^{\infty}\left[s_2^2(t)+s_1^2(t)-2s_1(t)s_2(t)\right]\,\mathrm{d}t \\
&= \frac{1}{N_0}[E_2+E_1-2E_{12}] \quad .
\end{aligned} \tag{8.84}$$

E_1 bzw. E_2 bezeichnet hier die Energie der Signale $s_1(t)$ bzw. $s_2(t)$. Zur Minimierung der Bitfehlerwahrscheinlichkeit soll Gl. (8.84) einen möglichst großen Wert annehmen. Wurde zur Übertragung eine Signalform $s_1(t)$ mit der Energie E_1 ausgewählt und soll $s_2(t)$ die gleiche Energie wie $s_1(t)$ besitzen, so ist die Signalform

$$s_2(t) = -s_1(t) \tag{8.85}$$

optimal, da sie die Gleichung (8.84) und damit zugleich den Geräuschspannungsabstand maximiert. Mit der Bezeichnung

$$E_s = E_1 = E_2 = -E_{12} \tag{8.86}$$

wird Gl. (8.84) zu

$$a_{max}^2 = \frac{4E_s}{N_0} \quad , \tag{8.87}$$

und man erhält aus Gl. (8.82)

$$P_b = \frac{1}{2}\text{erfc}\left(\sqrt{\frac{E_s}{2N_0}}\right) \tag{8.88}$$

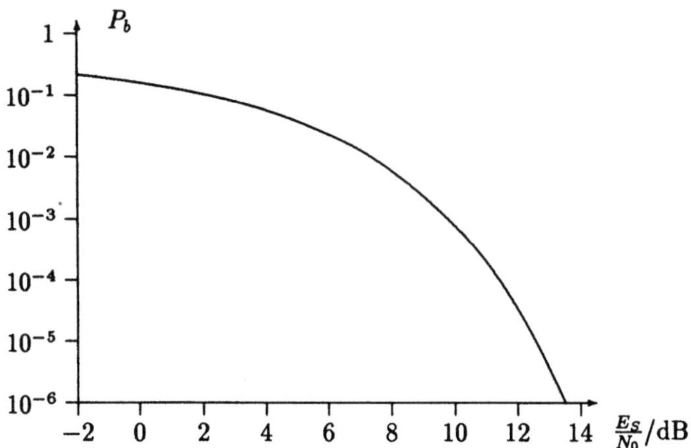

Abb. 8.18: Bitfehlerwahrscheinlichkeit eines Optimalempfängers nach Gl. (8.88)

als Bitfehlerwahrscheinlichkeit eines „matched filter"- oder Korrelationsfilterempfängers, an dessen Eingang ein durch weißes gaußverteiltes Rauschen mit der konstanten spektralen Leistungsdichte N_0 gestörtes PCM-Signal anliegt. Dabei erfüllen die zur Übertragung der beiden Codeelemente benutzten Impulsformen die Gl. (8.85) und besitzen die Signalenergie E_s. Man erkennt, daß die Bitfehlerwahrscheinlichkeit allein von der Signalenergie und nicht von der Kurvenform des Signals abhängt. Der zu Gl. (8.88) gehörende Graph ist in Abb. 8.18 gezeichnet. Die Bitfehlerwahrscheinlichkeit nimmt im Bereich $E_s/N_0 > 5\,\text{dB}$ rasch ab. Dieses Verhalten bezeichnet man als Schwelleneffekt. Für große Störungen läuft P_b asymptotisch gegen 0,5. Mit dieser Empfängerstruktur kann demzufolge die mittlere Bitfehlerwahrscheinlichkeit auch bei sehr ungünstigen Empfangsbedingungen nicht größer als 50% sein. Bei später noch zu behandelnden Modulationsverfahren ist es nicht immer möglich, die Impulsenergie für beide Codeelemente gleich groß zu wählen. Deswegen wird hier der allgemeingültige Ausdruck für die Bitfehlerwahrscheinlichkeit angegeben:

$$P_b = \frac{1}{2}\text{erfc}\left(\sqrt{\frac{E_1 + E_2 - 2E_{12}}{8N_0}}\right) \quad . \tag{8.89}$$

Bei der Herleitung der Bedingungen für einen Optimalempfänger wurde davon ausgegangen, daß sich das Sendesignal aus den zeitbegrenzten Signalfunktionen $s_1(t)$ und $s_2(t)$ zusammensetzen läßt. Solche Funktionen besitzen jedoch ein unendlich ausgedehntes Spektrum, das durch einen Kanal mit endlicher Bandbreite nur verzerrt übertragen werden kann. Benutzt man deswegen zur Übertragung der Codeelemente Nyquist-Impulse, die eine endliche Bandbreite besitzen und intersymbolinterferenzfrei sind (s. Gl. (8.43)), so gilt für diese Impulse

$$s_i(nT_b) = 0 \quad , \forall n \neq 0 . \tag{8.90}$$

Da die zeitliche Dauer dieser Impulse länger als die Bitdauer T_b ist, stören bei einem Korrelationsempfänger die Vor- und Nachschwinger der nicht zu dem auszuwertenden

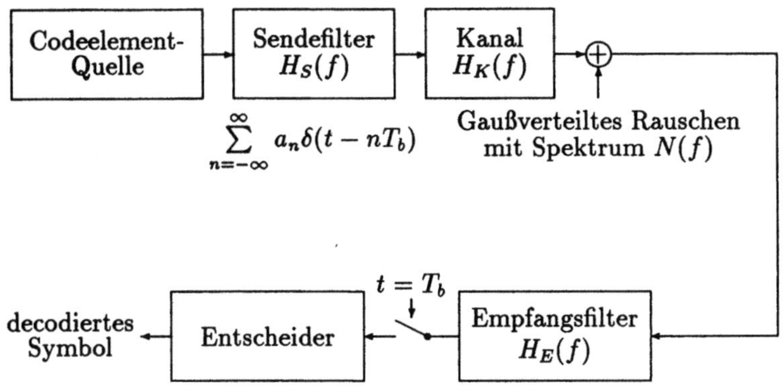

Abb. 8.19: PCM-Übertragung über einen bandbegrenzten Kanal

Zeitintervall gehörenden Impulsantworten die optimale Decodierung. Man kann jedoch auch hier eine Optimierung durchführen, wobei man von dem Blockschaltbild in Abb. 8.19 ausgeht. Während bei der Berechnung des Optimalempfängers nur das Empfangsfilter optimiert wurde, führt man nun für eine vorgegebene Kanalübertragungsfunktion $H_K(f)$ eine gemeinsame Optimierung von Sende- und Empfangsfilter durch mit dem Ziel, die Bitfehlerwahrscheinlichkeit am Entscheiderausgang zu minimieren. Als Nebenbedingung muß dabei die Gleichung

$$H_N(f) = H_S(f) \cdot H_K(f) \cdot H_E(f) \tag{8.91}$$

erfüllt werden. Hiermit wird gefordert, daß der Gesamtfrequenzgang aus Sendefilter, Kanal und Empfangsfilter einen Nyquist-Frequenzgang aufweist. Die Codeelementquelle liefert dabei Symbole a_n mit $a_n \in \{-1, 1\}$, so daß die vom Sendefilter abgegebenen Signalformen $s_1(t)$ und $s_2(t)$ bereits Gl. (8.85) berücksichtigen. Dies führt bei Festlegung einer Signalform für ein Codeelement zu einer minimalen Bitfehlerwahrscheinlichkeit. Die Optimierung verläuft vergleichbar zu der Rechnung, durch die die Übertragungsfunktion des signalangepaßten Filters bestimmt wurde. Als Ergebnis erhält man

$$|H_S(f)|_{opt} = \frac{1}{K} \sqrt[4]{N(f)} \cdot \sqrt{\frac{|H_N(f)|}{|H_K(f)|}} \tag{8.92}$$

und

$$|H_E(f)|_{opt} = \frac{K}{\sqrt[4]{N(f)}} \cdot \sqrt{\frac{|H_N(f)|}{|H_K(f)|}} \quad , \tag{8.93}$$

wobei K eine beliebig zu wählende Konstante ist. Eine ausführliche Herleitung dieser Gleichungen findet man in [32, 33]. Man erkennt, daß ein beliebiger Phasenverlauf beider Filter zugelassen ist, da nur der Betrag der Übertragungsfunktionen zur Minimierung der Bitfehlerwahrscheinlichkeit beiträgt. In einem häufig betrachteten Fall geht man davon aus, daß die Übertragungsfunktion $H_K(f)$ innerhalb der Übertragungsbandbreite des Sendefilters konstant den Wert H_0 besitzt und das Rauschsignal ein konstantes Leistungsdichtespektrum der Größe N_0 aufweist. Unter diesen Voraussetzungen gilt

$$|H_E(f)|_{opt} \sim |H_S(f)|_{opt} \sim \sqrt{H_N(f)} \quad , \tag{8.94}$$

wodurch Sende- und Empfangsfilter je zur Hälfte zur Erzeugung des Nyquist-Frequenzganges beitragen. Die damit verbundene Bitfehlerwahrscheinlichkeit entspricht der eines Optimalfilterempfängers nach Gl. (8.88).

Die bisherigen Betrachtungen zu einem rauschbehafteten PCM-Signal am Eingang eines Empfängers bezogen sich nur auf die Bestimmung der Bitfehlerwahrscheinlichkeit. Innerhalb eines Übertragungssystems, wie es beispielsweise in Abb. 8.4 dargestellt ist, bewirkt ein falsches Decoderausgangssignal einen Fehler in der anschließenden D/A-Umsetzung. Es hängt von der Position des falsch decodierten Bits innerhalb des Codewortes ab, wie stark sich dieser Fehler im Analogsignal auswirkt.

Bei der nun folgenden Herleitung eines Ausdrucks für den Geräuschspannungsabstand im Empfänger nach der D/A-Umsetzung wird davon ausgegangen, daß die Bitfehlerwahrscheinlichkeit am Ausgang des Entscheiders unterhalb von 10^{-4} liegt. Bei einer Wortlänge von 7 oder 8 Bit ist dann die Wahrscheinlichkeit sehr gering, daß zwei oder mehr Bitfehler pro Codewort auftreten. Deswegen kann in der weiteren Rechnung davon ausgegangen werden, daß ein Codewort durch maximal einen Bitfehler gestört wird. Tritt ein Bitfehler in einem Codewort auf, so hat dies zur Folge, daß sich zu dem fehlerfrei rekonstruierten Analogsignal für die Abtastperiodendauer T_S ein Impuls mit einer konstanten Amplitude addiert, deren Größe von der Position des falsch decodierten Bits innerhalb des PCM-Codeworts abhängt. Ist das letzte Bit des Codeworts (least significant bit) falsch decodiert worden, so entspricht der dadurch verursachte Fehler ϵ der Größe des Quantisierungsintervalls q. Ist dagegen das erste Bit des Codeworts (most significant bit) fehlerbehaftet, so ist der dadurch verursachte Fehler ϵ gleich $2^{N-1} \cdot q$, wobei N die Codewortlänge bezeichnet. Unter der Annahme, daß die Position des fehlerbehafteten Bits innerhalb eines Codewortes gleichverteilt ist, erhält man als Fehlervarianz

$$\begin{aligned}
\overline{\epsilon^2} &= \frac{1}{N}(q^2 + (2q)^2 + \cdots + (2^{N-1}q)^2) \\
&= \frac{2^{2N}-1}{3N} \cdot q^2 \quad .
\end{aligned} \tag{8.95}$$

Mit der Bitfehlerwahrscheinlichkeit P_b ist der mittlere Abstand zwischen zwei aufeinanderfolgenden fehlerbehafteten Bits $1/P_B$ Bit. Da im Abstand der Abtastperiodendauer T_S ein neues Codewort mit N Bit Länge entsteht, ist der mittlere zeitliche Abstand zwischen falsch decodierten Codewörtern

$$T_\epsilon = \frac{T_S}{N \cdot P_b} \quad . \tag{8.96}$$

Mit Hilfe von Gl. (4.44) erhält man als Ausdruck für die spektrale Leistungsdichte

$$S_\epsilon(f) = \frac{N \cdot P_b \cdot \overline{\epsilon^2}}{T_S} \quad . \tag{8.97}$$

Für ein an die Abtastperiodendauer T_S angepaßtes Basisbandfilter errechnet man eine durch thermisches Rauschen verursachte Basisbandrauschleistung von

$$N_\epsilon = \int\limits_{-\frac{T_S}{2}}^{\frac{T_S}{2}} S_\epsilon(f)\,\mathrm{d}f = \frac{\left(2^{2N}-1\right)\cdot q^2 \cdot P_b}{3T_S^2} \quad . \tag{8.98}$$

Mit Gl. (8.8) und Gl. (8.10) beträgt die Leistung des Analogsignals

$$S = \frac{2^{2N}\cdot q^2}{12T_S^2} \quad , \tag{8.99}$$

wobei eine Gleichverteilung des Analogsignals über den Quantisiererbereich angenommen wird. Der Geräuschspannungsabstand am Ausgang des D/A-Umsetzers ergibt sich deswegen zu

$$\frac{S}{N_\epsilon} = \frac{2^{2N}}{4\cdot\left(2^{2N}-1\right)P_b} \quad , \tag{8.100}$$

der sich für $N > 2$ zu

$$\frac{S}{N_\epsilon} \approx \frac{1}{4P_b} \tag{8.101}$$

vereinfachen läßt. Berücksichtigt man darüberhinaus die Quantisierungsgeräuschleistung aus Gl. (8.7), dann erhält man einen Gesamtgeräuschspannungsabstand von

$$\frac{S}{N_\epsilon + N_q} = \frac{\frac{2^{2N}q^2}{12T_S^2}}{\frac{2^{2N}q^2 P_b}{3T_S^2} + \frac{q^2}{12T_S^2}}$$

$$= \frac{2^{2N}}{1 + 2^{2N}\cdot 4P_b} \quad . \tag{8.102}$$

Treten Bitfehler sehr selten auf, so überwiegt der Quantisierungsgeräuschspannungsabstand, der nach Gl. (8.11) berechnet wird. Für ein Codewort mit z. B. N=8 Bit beträgt er 48 dB. Bei einer Bitfehlerwahrscheinlichkeit von $P_b = 10^{-4}$ sinkt dieser Wert auf ca. 34 dB. Der Geräuschspannungsabstand aus Gl. (8.102) ist als Funktion der Bitfehlerwahrscheinlichkeit in Abb. 8.20 aufgetragen. Für Bitfehlerwahrscheinlichkeiten kleiner als 10^{-6} dominiert das Quantisierungsgeräusch, so daß es sinnvoll ist, bei Übertragungsstrecken, die eine derart geringe Bitfehlerwahrscheinlichkeit erlauben, eine Kompandierung des Signals vorzunehmen, um die Quantisierungsgeräuschleistung zu vermindern und damit den Geräuschspannungsabstand im Basisband zu erhöhen.

8.7 Die Differenzpulscodemodulation

Bestehen zwischen den Abtastwerten eines Modulationssignals statistische Bindungen, so kann man eine Vorhersage des aktuellen, zu übertragenden Abtastwertes mit dem Ziel durchführen, nur noch die Differenz zwischen dem Vorhersagewert (Prädiktionswert)

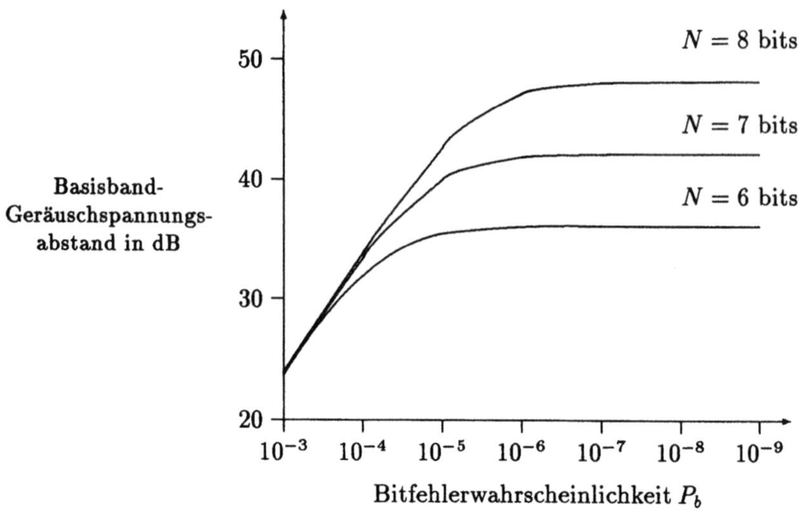

Abb. 8.20: Geräuschspannungsabstand in einem PCM-System am Empfängerausgang

und dem aktuellen Abtastwert zu übertragen. Dieses Signalverarbeitungsverfahren bezeichnet man als Differenzpulscodemodulation (DPCM). Führt man die Differenzbil-
dung im Analogbereich durch, so ergibt sich für einen DPCM-Sender ein Blockschaltbild, wie es in Abb. 8.21 wiedergegeben ist. Das Differenzsignal zwischen Eingangs- und
D/A-umgesetztem Prädiktionssignal wird gebildet, abgetastet und anschließend quantisiert und codiert. Das digitale Differenzsignal bildet zusammen mit dem Prädiktorausgangssignal das Eingangssignal des Prädiktors, das im Idealfall mit dem Eingangssignal des DPCM-Senders übereinstimmt. Um für die Vorhersage von den in der Praxis
gegebenen Ungenauigkeiten von D/A-Umsetzer und Abtaster unabhängig zu werden,
arbeitet man häufig mit einem digitalen DPCM-System, dessen Eingangssignal bereits
aus Codewörtern besteht, die aus Abtastung und anschließender linearer Quantisierung
des Modulationssignals entstanden sind. Ein entsprechendes Blockschaltbild zur Signalverarbeitung im Sender und im Empfänger findet man in Abb. 8.22. Im Sender wird der
Prädiktionsfehler d mit Hilfe eines im allgemeinen nichtlinearen Quantisierers quanti-

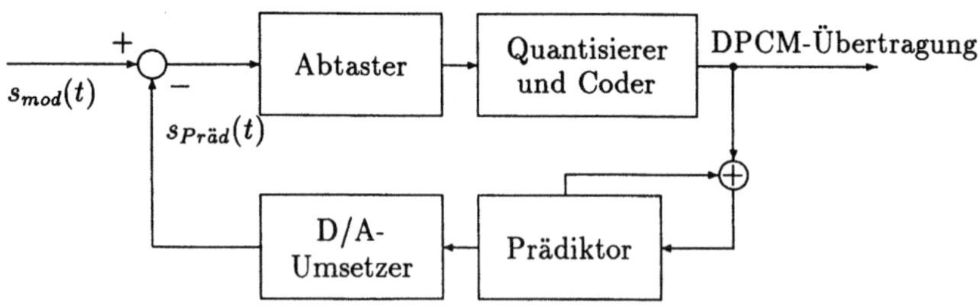

Abb. 8.21: Sendeteil eines DPCM-Systems mit Signaldifferenzbildung im Analogbereich

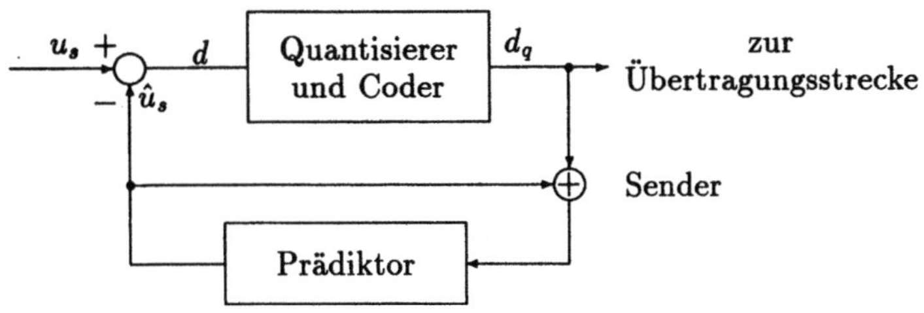

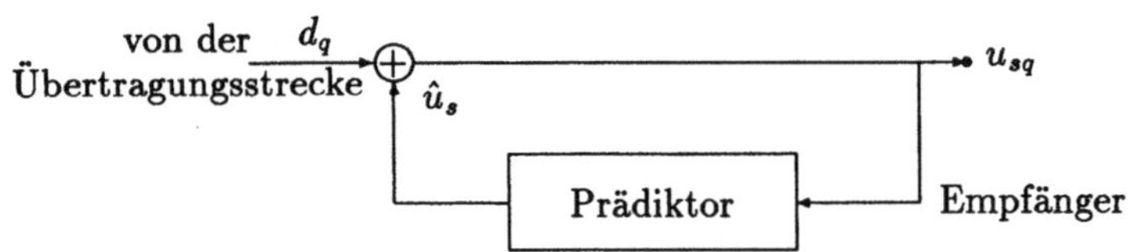

Abb. 8.22: Blockschaltbild eines digitalen DPCM-Systems

siert. Dieser ist meist so ausgelegt, daß er den mittleren quadratischen Fehler zwischen d und d_q minimiert (s. Kapitel 8.3). Im Empfänger addiert man das Prädiktorausgangssignal $\hat{u}_s$ zu dem quantisierten Prädiktionsfehler d_q und erhält so das Ausgangssignal u_{sq}. Man erkennt, daß die durch den Quantisierer verursachten Verzerrungen im Sender rückgekoppelt werden, so daß beide Prädiktoren den Schätzwert $\hat{u}_s$ als Ausgangssignal liefern. Dies ist für die Rekonstruktion des Signals im Empfänger von Wichtigkeit. Aufgrund des Quantisierers im Sendeteil des Übertragungssystems unterscheidet sich das Empfängerausgangssignal vom Sendereingangssignal um den Quantisiererfehler

$$\epsilon_q = d - d_q = u_s - u_{sq} \quad . \tag{8.103}$$

Ein DPCM-System führt eine Redundanzreduktion durch und erlaubt, daß das zu übertragende Signal d_q mit weniger Bit pro Codewort beschrieben werden kann als das entsprechende Eingangssignal bei einer PCM-Übertragung. Die Optimierung des Prädiktors hängt davon ab, wie die vorhergehenden Abtastwerte das aktuelle Ausgangssignal des Prädiktors beeinflussen. Im einfachsten Fall gehen die vorhergehenden $M-1$ Codewörter gewichtet in die Bildung des Schätzwertes $\hat{u}_s$ ein:

$$\hat{u}_{sM} = \sum_{i=1}^{M-1} a_i u_{sM-i} \quad . \tag{8.104}$$

Hierbei bezeichnen die Indizes der Codewörter ihre zeitliche Abhängigkeit zueinander, wobei als Zeiteinheit die Abtastperiodendauer T_S gewählt ist; u_{sl} ist also eine verkürzte Schreibweise für das zeitdiskrete Signal $u_s(lT_S)$.

Eine Optimierung der Prädiktorkoeffizienten unter der Annahme des kleinsten mittleren quadratischen Fehlers führt zu der Forderung

$$\sigma_d^2 = \mathrm{E}\left\{(u_{sM} - \hat{u}_{sM})^2\right\} = \mathrm{E}\left\{\left(u_{sM} - \sum_{i=1}^{M-1} a_i u_{sM-i}\right)^2\right\} \overset{!}{=} \mathrm{Min.} \quad . \tag{8.105}$$

Die Prädiktionskoeffizienten, die diese Forderung erfüllen, erhält man durch das Bilden der partiellen Ableitungen von Gl. (8.105) nach den Koeffizienten a_i mit anschließendem Nullsetzen des durch die Ableitung entstandenen Ausdrucks:

$$\frac{d\sigma_d^2}{da_i} = -2E\left\{\left(u_{sM} - \sum_{l=1}^{M-1} a_l u_{sM-l}\right) \cdot u_{sM-i}\right\} = 0 \quad , i = 1, \ldots, M-1 . \qquad (8.106)$$

Die optimalen Prädiktionskoeffizienten lassen sich aus Gl. (8.106) bestimmen, wenn die Autokorrelierte $E\{u_{sM}u_{sM-i}\}$ bekannt ist. Der mittlere quadratische Fehler beträgt dann

$$\sigma_d^2 = E\{u_{sM}^2\} - a_1 E\{u_{sM-1}u_{sM}\} - \cdots - a_{M-1} E\{u_{s1}u_{sM}\} \quad . \qquad (8.107)$$

Für bestimmte Klassen von Modulationssignalen ist die Autokorrelationsfunktion bekannt, so daß mit deren Hilfe die Optimalkoeffizienten bestimmt werden können.

Neben dem hier vorgestellten eindimensionalen Prädiktor, der seine Vorhersage aufgrund eines eindimensionalen Eingangssignals trifft, existieren auch zwei- und dreidimensionale Prädiktoren. Diese werden bevorzugt bei der Übertragung von Bildern eingesetzt, wobei zur Vorhersage des Luminanz- und des Chrominanzwertes eines Bildelements (Pixel) die räumliche Lage der benachbarten Pixel berücksichtigt wird (zweidimensionale Prädiktion). Zur DPCM-Codierung einer Bildsequenz können darüberhinaus zur Vorhersage eines Pixelwertes noch Pixelwerte aus vorangegangenen Bildern herangezogen werden, man spricht dann von einer dreidimensionalen Prädiktion.

Der Einfluß eines durch Rauschen auf der Übertragungsstrecke entstandenen Bitfehlers auf die Decodierung im Empfänger läßt sich allgemeingültig nicht vorhersagen. Bei einer PCM-Übertragung wird dadurch ein Codewort falsch decodiert. Allerdings wirkt sich dieses nicht auf die Decodierung nachfolgender Codewörter aus. Bei einer DPCM-Übertragung hingegen wird das gestörte Codewort aufgrund des rückgekoppelten Prädiktors im Empfänger noch zur Vorhersage weiterer Schätzwerte benutzt. Dieses führt zu einer fehlerhaften Decodierung der nachfolgenden Eingangsdaten. Man versucht, den Einfluß solch falsch decodierter Codewörter gering zu halten, indem weit von der Position des aktuell zu schätzenden Codewortes liegende Codewörter für die Vorhersage geringer gewichtet werden als Codewörter aus der unmittelbaren Umgebung. Allgemein läßt sich für eine gestörte DPCM-Übertragung sagen, daß ein gestörtes Codewort zu einem unerwünschten Fehlverhalten des Prädiktors führt. Hierdurch entstehen Folgefehler; man spricht in diesem Zusammenhang auch von einer Fehlerschleppe. Wie schnell diese Folgefehler abklingen, hängt vom übertragenen DPCM-Signal und von der Struktur des Prädiktors ab.

Um den Einfluß von Störungen auf den Decoder gering zu halten, wendet man häufig eine Hybrid-DPCM an, bei der nicht nur DPCM-Codewörter, sondern, innerhalb einer vorgegebenen Rahmendauer, auch PCM-Codewörter übertragen werden. Hierdurch werden mit erhöhter Wahrscheinlichkeit dem Prädiktor im Empfänger unverfälschte Codewörter zur Schätzung zur Verfügung gestellt. Der Aufbau eines solchen Empfängers ist dann allerdings nicht mehr so einfach wie im Falle der DPCM, da dem Empfänger z. B. durch Senden eines speziell vereinbarten Codewortes bekannt gemacht werden muß, ob das zu decodierende Signal ein DPCM-Signal oder ein PCM-Signal ist.

Es soll hier noch einmal daran erinnert werden, daß eine DPCM-Übertragung die Korrelation zwischen den Abtastwerten des zu übertragenden Modulationssignals aus-

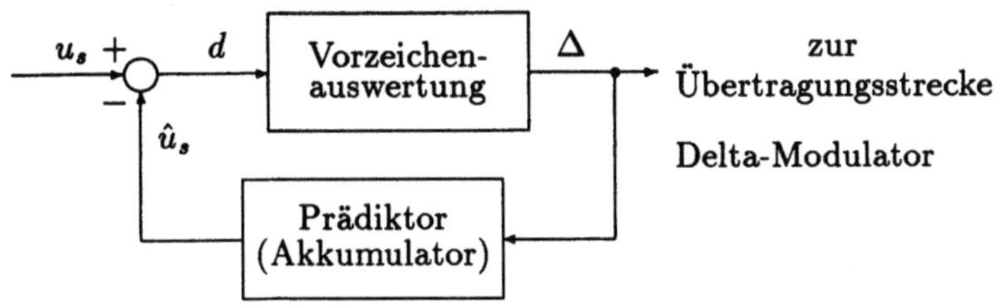

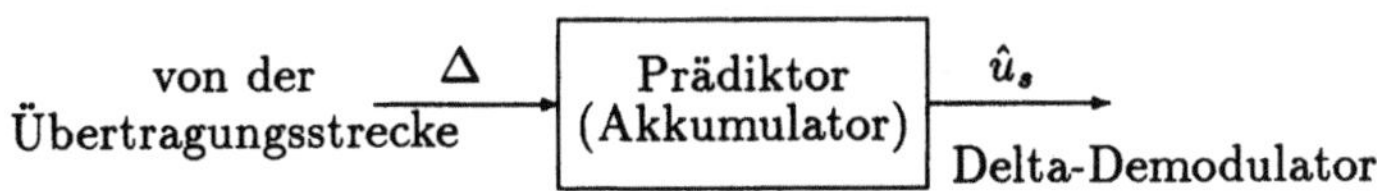

Abb. 8.23: Blockschaltbild eines Deltamodulationssystems

nutzt. Deswegen benötigt das DPCM-Signal weniger Bit pro Codewort als das entsprechende PCM-Signal. Für vollständig unkorrelierte Eingangsdaten ist eine DPCM unrentabel, da dann für das Differenzsignal ein Quantisierungsbereich zur Verfügung gestellt werden muß, der doppelt so groß sein muß wie der Quantisierungsbereich für ein PCM-Signal, da das Differenzsignal auch negative Werte annehmen kann. Man benötigte in diesem Fall zur Codierung ein Bit mehr als bei einer PCM-Übertragung. Für die meisten Nachrichten jedoch, die eine Redundanz enthalten, erlaubt die DPCM eine Kompression der Codewortlänge um den Faktor 2.

8.8 Die Deltamodulation

Bei der Deltamodulation handelt es sich um eine Differenzpulscodemodulation, deren Codewortlänge nur 1 Bit beträgt. Pro Abtastwert wird ein Bit übertragen, dessen Wertigkeit davon abhängt, ob die Differenz zwischen Eingangs- und Prädiktionssignal postiv oder negativ ist. Damit ergibt sich für den Sendeteil eines Deltamodulationssystems ein einfacher Aufbau, der in Abb. 8.23 wiedergegeben ist. Der Quantisierer, der für eine DPCM-Übertragung notwendig ist, wird durch einen Baustein ersetzt, der das Vorzeichenbit des Differenzsignals d auswertet. In Abhängigkeit von diesem Ergebnis liefert der Prädiktor ein Ausgangscodewort, das aus dem eine Abtastdauer vorher erzeugten Codewort durch Subtraktion oder Addition eines vorgegebenen Betrags entsteht. Die Genauigkeit der damit erreichbaren Approximation hängt von der Größe des eingesetzten Korrekturbetrags ab. Das Ausgangssignal des Vorzeichenauswerters wird übertragen und dient auf der Empfängerseite zur Bestimmung des Schätzwertes $\hat{u}_s$. Demzufolge läßt sich der Empfänger eines Deltamodulationssystems durch einen Akkumulator realisieren.

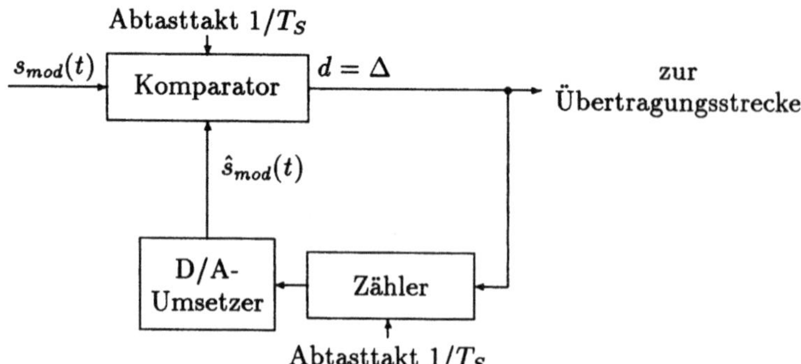

Abb. 8.24: Deltamodulator mit Differenzsignalbildung im Analogbereich

Da nur die Information übertragen wird, ob der Schätzwert kleiner oder größer ist als der aktuelle Eingangssignalwert, ist es auch möglich, die Differenzsignalbildung im Analogbereich durchzuführen. Dadurch entsteht ein Deltamodulator, wie er in Abb. 8.24 als Blockschaltbild skizziert ist. Ein mit der Abtastfrequenz getakteter Komparator liefert das ein Bit lange Codewort Δ, das wiederum über einen Digitalzähler mit vorgegebener Schrittweite das Eingangssignal eines D/A-Umsetzers bestimmt. Dessen Ausgang liefert das Schätzsignal $\hat{s}_{mod}(t)$.

Anhand des in Abb. 8.24 dargestellten Deltamodulators lassen sich zwei für die Deltamodulation typische Verhaltensweisen aufzeigen. In Abb. 8.25 ist ein Modulationssignal $s_{mod}(t)$ skizziert mit dem dazugehörigen Demodulatorausgangssignal $\hat{s}_{mod}(t)$, das sich nur mit einer fest eingestellten Schrittweite S ändern kann. Da angenommen wurde, daß der Zähler für $t < 0$ auf Null steht, nähert sich zunächst kontinuierlich das Signal $\hat{s}_{mod}(t)$ dem Eingangssignal $s_{mod}(t)$ an. Mit sehr großer Wahrscheinlichkeit liegt der Pegel des Modulationssignals gerade so, daß er nicht durch eine ganzzahlige Anzahl von Schrittweiten S approximiert werden kann. Dies führt zu einem Oszillieren des Schätzsignals $\hat{s}_{mod}(t)$ um das Eingangssignal $s_{mod}(t)$. Dieser Vorgang wird in der englischsprachigen Fachliteratur als „Hunting" bezeichnet. Weiterhin kann es passieren, daß bei schnellen Pegeländerungen des Modulationssignals das Signal $\hat{s}_{mod}(t)$ nicht mehr nachfolgen kann, da es sich pro Abtastschritt nur um die Schrittweite S ändern

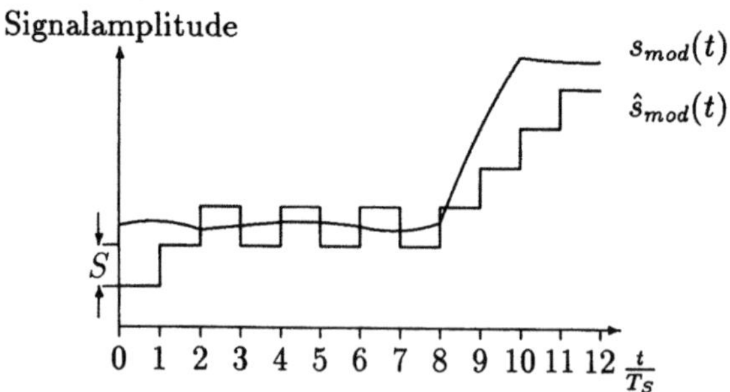

Abb. 8.25: Vergleich zwischen Ein- und Ausgangssignal eines Deltamodulationssystems

kann. Dies hat zur Folge, daß das Fehlersignal $s_{mod}(t) - \hat{s}_{mod}(t)$ zeitweise weitaus größere Werte als $S/2$ annehmen kann, und es bewirkt eine schlechte Signalrekonstruktion im Empfänger. Für eine vorgegebene Schrittweite S, die durch das zulässige Quantisierungsrauschen bestimmt wird, ist das Ausgangssignal sowohl eine Funktion der zulässigen Änderungsgeschwindigkeit und damit der Abtastfrequenz als auch eine Funktion des Eingangssignalspektrums. Eine Verdoppelung der Abtastfrequenz hat eine Verdoppelung der zulässigen Änderungsgeschwindigkeit zur Folge und erlaubt im Eingangssignal das Auftreten von Signalfrequenzanteilen, die maximal doppelt so groß im Vergleich zu der Maximalfrequenz sind, die bei einfacher Abtastfrequenz noch rekonstruiert werden kann.

Eine Abschätzung, wie die Abtastfrequenz $1/T_S$ und ein Modulationssignal mit der einseitigen Bandbreite B_{mod} bei der Deltamodulation zusammenhängen, ist mit Hilfe des Zeitgesetzes der Nachrichtentechnik aus Gl. (3.94) möglich. Im Deltamodulator ist mit einer vorgegebenen Schrittweite S und dem Abtasttakt $1/T_S$ eine maximale Steigung

$$\dot{\hat{s}}_{mod\,max}(t) = \frac{S}{T_S} \tag{8.108}$$

nachbildbar. Mit Gl. (3.94) ist eine Abschätzung der Anstiegszeit des Modulationssignals durch

$$T = \frac{1}{2B_{mod}} \tag{8.109}$$

möglich. Bei einem Dynamikbereich des Modulationssignals von $S_{mod\,max}$ hat dies eine maximale Steigung von

$$\dot{s}_{mod\,max}(t) = \frac{S_{mod\,max}}{T} = S_{mod\,max} \cdot 2B_{mod} \tag{8.110}$$

zur Folge. Gleichsetzen von Gl. (8.108) und Gl. (8.110) führt auf

$$\frac{S}{T_S} = S \cdot f_S = S_{mod\,max} \cdot 2B_{mod} \quad . \tag{8.111}$$

Wäre nun

$$f_S = 2B_{mod} \quad , \tag{8.112}$$

so müßte

$$S = S_{mod\,max} \tag{8.113}$$

sein, was unakzeptable Quantisierungsverzerrungen zur Folge hätte. Man wählt deswegen den Abtasttakt f_S so, daß er weitaus größer als $2B_{mod}$ ist. Als Beispiel sei hier ein Modulationssignal vorgegeben mit einer Bandbreite von $B_{mod} = 3$ kHz, das für eine PCM-Übertragung mit 2^8 Stufen quantisiert werden soll. Bei einer linearen Quantisierung beträgt demzufolge die Größe eines Quantisierungsintervalls

$$q = \frac{S_{mod\,max}}{2^8} \quad . \tag{8.114}$$

Aufgrund der Signalbandbreite ist es möglich, mit einer Abtastfrequenz von $f_S = 2B_{mod} = 6$ kHz zu arbeiten. Erlaubt man den gleichen Quantisierungsfehler bei einer Deltamodulation, so führt dies nach Gl. (8.111) zu einer Abtastfrequenz von

$$f_S = \frac{S_{mod\,max} \cdot 2B_{mod} \cdot 2^8}{S_{mod\,max}} = 1536\,\text{kHz} . \tag{8.115}$$

Dieser Wert läßt erkennen, insbesondere in bezug auf die benötigte Übertragungsbandbreite, daß die Deltamodulation nicht immer eine praktische Alternative zur PCM-Übertragung darstellt. Vorteilhaft jedoch ist die einfach zu realisierende Empfängerschaltung und die Tatsache, daß die Übertragung des Codewortes nicht unbedingt mehr synchron zum Abtasttakt erfolgen muß, da das Codewort hier nur aus einem Bit besteht, während bei einer PCM-Übertragung immer eine Wortsynchronisation zur Decodierung auf der Empfängerseite notwendig ist.

In [16] wird ein Ausdruck für den Geräuschspannungabstand am Ausgang eines Deltamodulationssystems berechnet, wobei davon ausgegangen wird, daß der Quantisierungsfehler $\Delta(t) = s_{mod}(t) - \hat{s}_{mod}(t)$ innerhalb des Intervalls $-S \ldots S$ gleichverteilt ist. Dies bedeutet zugleich, daß die Abtastfrequenz so hoch gewählt ist, daß das Schätzsignal $\hat{s}_{mod}(t)$ der Steigung des Eingangssignals genügend genau folgen kann und damit der Zusammenhang aus Gl. (8.111) gültig ist. Das Leistungsdichtespektrum des Quantisierungsfehlersignals ist konstant und besitzt den Wert

$$S_\Delta(f) = \frac{S^2}{6f_S} \quad , -f_S \leq f \leq f_S \quad , \tag{8.116}$$

so daß am Ausgang eines Basisbandfilters mit der einseitigen Bandbreite B_{mod} die Quantisierungsgeräuschleistung

$$N_q = \frac{S^2 B_{mod}}{3 f_S} \tag{8.117}$$

beträgt. Eine Abschätzung der Ausgangssignalleistung geschieht durch den Ansatz eines sinusförmigen Modulationssignals mit der Amplitude A und der Frequenz $f = B_{mod}$, die der oberen Grenzfrequenz des Basisbandes entspricht. Man erhält damit für die Signalleistung aus Gl. (8.108) den Ausdruck

$$S_{aus} = \frac{S^2 f_S^2}{8\pi^2 B_{mod}^2} \quad . \tag{8.118}$$

Der Geräuschspannungsabstand am Ausgang des Deltamodulationssystems ist somit gegeben durch

$$\frac{S_{aus}}{N_q} = \frac{3}{8\pi^2} \left(\frac{f_S}{B_{mod}} \right)^3 \quad . \tag{8.119}$$

Es sei nochmals darauf hingewiesen, daß die Abtastfrequenz f_S hierbei derart gewählt ist, daß der Quantisierungsfehler nicht über den Bereich $-S \ldots S$ hinausgeht.

Interessant ist noch ein Vergleich des in Gl. (8.119) bestimmten Geräuschspannungsabstands mit dem eines PCM-Signals. Besitzt das Modulationssignal wiederum die einseitige Bandbreite B_{mod}, tastet man gemäß dem Abtasttheorem mit $f_S = 2B_{mod}$ ab und codiert jeden Abtastwert mit N Bits, so beträgt die PCM-Bitrate

$$f_{b\,PCM} = 2B_{mod}N \quad . \tag{8.120}$$

Bei der Deltamodulation dagegen beträgt die Bitrate

$$f_{b\,DM} = f_S = \frac{1}{T_S} \quad . \tag{8.121}$$

Bei einem bandbegrenzten Übertragungskanal kann bekanntlich Intersymbolinterferenz
auftreten (s. Kapitel 8.5), deren Größe vom Verhältnis der übertragenen Bitrate zur
Kanalbandbreite abhängig ist. Soll die Intersymbolinterferenz für PCM und Deltamodulation sich gleich stark auf die Demodulation auswirken, so muß man davon ausgehen,
daß in einem bandbegrenzten Kanal beide Verfahren mit der gleichen Bitrate arbeiten:

$$f_b = f_{b\,PCM} = f_{b\,DM} = 2B_{mod}N \quad .$$

(8.122)

Einsetzen dieser Gleichung in Gl. (8.11) führt zu

$$\left(\frac{S_{aus}}{N_q}\right)_{PCM} = 2^{\frac{f_b}{B_{mod}}} \quad ,$$

(8.123)

und für die Deltamodulation ergibt sich

$$\left(\frac{S_{aus}}{N_q}\right)_{DM} = \frac{3}{\pi^2}N^3 \quad .$$

(8.124)

Man erkennt, daß bei Ausnutzung der durch die Kanalbandbreite vorgegebenen Da-
tenrate die Deltamodulation immer einen schlechteren Geräuschspannungsabstand am
Empfängerausgang zur Folge hat als dies bei einer PCM-Übertragung der Fall ist.
Man muß bei diesem Vergleich jedoch berücksichtigen, daß die Annahme, unter der
die Berechnung der Signalenergie bei der Deltamodulation stattgefunden hat, nicht
sehr realistisch ist. Man findet kaum Nachrichtensignale, deren Energie bei der oberen
Grenzfrequenz des von den Signalen beanspruchten Frequenzbereichs konzentriert ist.
Insofern basiert die Berechnung von Gl. (8.119) auf einer extrem kritischen Annahme,
die allerdings den Vorteil besitzt, mathematisch noch einfach handhabbar zu sein. Es
wird dabei in Kauf genommen, eine pessimistische Abschätzung für den Geräuschspannungsabstand am Ausgang des Deltamodulationssystems zu erhalten. Genauere Berechnungen hängen von der Energieverteilung des zu übertragenden Signals ab, wobei
man häufig für höhere Spektralanteile des Modulationssignals, die nur noch eine geringe Energie besitzen, nicht mehr auf der Erfüllung von Gl. (8.111) besteht. Aussagen
darüber, wie die Schrittweite S bei vorgegebener Statistik des Modulationssignals zu
wählen ist, um den Geräuschspannungabstand am Empfängerausgang zu maximieren,
findet man in [34, 35].
Erwähnt werden soll hier noch, daß es auch eine adaptive Deltamodulation gibt, bei
der die Schrittweite S in Abhängigkeit des Verhaltens des Modulationssignals verändert
werden kann. Bei diesem Verfahren wird das Modulatoreingangsignal über einen bestimmten Zeitraum hinweg analysiert, und ein geeigneter Algorithmus sorgt für die
Festlegung einer bestimmten Schrittweite, wobei mehrere Optimierungskriterien in die
Entscheidungsfindung einfliessen können. Meist regelt man die Schrittweite derart,
daß bei großen Pegeländerungen des Modulationssignals die Schrittweite vergrößert
wird, um dem Eingangssignal schneller folgen zu können. Für kleine Signalamplituden wählt man dagegen eine geringe Schrittweite, um das Quantisierungsgeräusch klein
zu halten. Zur exakten Demodulation im Empfänger muß diesem mitgeteilt werden,
welche Schrittweiten zur Schätzwertbildung im Sender benutzt wurden. Es besteht
die Möglichkeit, diese Information als PCM-Codewort zu übertragen. Diese Zusatz-
information verschlechtert jedoch gerade bei der Deltamodulation das Verhältnis von

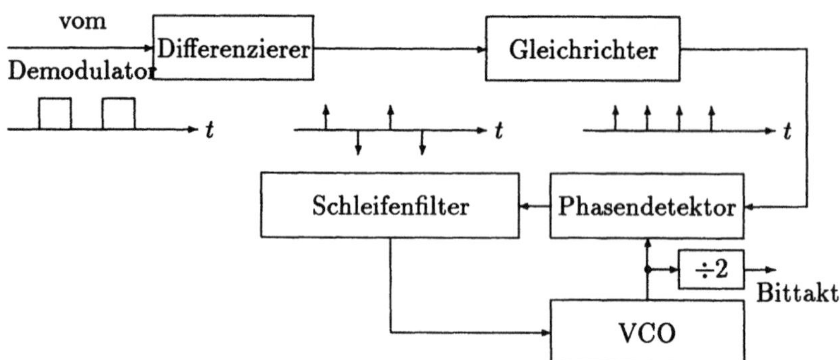

Abb. 8.26: Bittaktrückgewinnung aus dem demodulierten Empfangssignal

Nutzdatenrate zu Zusatzinformationsdatenrate so sehr, daß man auf diese Möglichkeit verzichten sollte. Sinnvoller ist es, die Schrittweitensteuerung mit in den Empfänger einzubauen, so daß aufgrund der empfangenen Codewörter der Empfänger die im Sender getroffenen Entscheidungen nachvollziehen kann. Dies hat keinen erhöhten Entwicklungsaufwand zur Folge, da bei allen rückgekoppelten Deltamodulationssystemen der im Empfänger eingesetzte Demodulator bereits in der Rückkoppelschleife des Senders enthalten ist, wie man in Abb. 8.23 erkennen kann.

8.9 Bitsynchronisation

Zur fehlerfreien Demodulation eines PCM- oder DPCM-Codewortes ist es unbedingt notwendig, das empfangene Codewort phasenrichtig und bittaktfrequenzgenau abzutasten, bevor es dem Schwellwertentscheider zugeleitet wird (s. Abb. 8.14). Dieser als Bitsynchronisation bezeichnete Vorgang kann durch drei unterschiedliche Methoden realisiert werden. Die einfachste Methode besteht darin, die Bittaktfrequenz durch einen Referenztaktgeber sowohl dem Sender als auch dem Empfänger zur Verfügung zu stellen. Weiterhin besteht die Möglichkeit, neben dem Codewort ein separates Synchronisationssignal mitzuübertragen. Dieses Signal wird in der englischsprachigen Fachliteratur häufig als „pilot clock" bezeichnet. Die dritte und aufwendigste Möglichkeit sieht eine Ableitung der Bittaktfrequenz aus dem Empfangssignal vor, weswegen man von einer Selbstsynchronisation des Empfängers spricht. Das Blockschaltbild einer solchen Schaltung zur kohärenten Bittaktrückgewinnung ist in Abb. 8.26 wiedergegeben. Das demodulierte PCM-Signal wird differenziert und anschließend gleichgerichtet. Dieses Signal ist das Eingangssignal einer Phasenregelschleife, deren Arbeitsweise bereits in Kapitel 5.2.6 beschrieben wurde (s. Abb. 5.46). Aufgrund der Gleichrichtung liefert der spannungsgesteuerte Oszillator (VCO) ein phasensynchrones Ausgangssignal mit der doppelten Bittaktfrequenz, so daß nach einer Frequenzteilung das Bittaktsignal zur Steuerung des Abtasters in Abb. 8.14 zur Verfügung steht. Es existiert eine Vielzahl von

Varianten für dieses hier nur kurz beschriebene Verfahren zur Bittaktrückgewinnung. Einen guten Überblick findet man in [36].

8.10 Codewortsynchronisation

Die bereits bei der Bitsynchronisation aufgeführten Methoden können auch zur Codewortsynchronisation benutzt werden. Möglich ist der Einsatz eines Referenztaktgebers, der Gebrauch eines separaten Synchronisationssignals oder die Verwendung eines selbstsynchronisierenden Codes.

Verwendet man ein separates Synchronisationssignal, so kann man dieses Signal über einen anderen als den für die Datenübertragung genutzten Kanal senden oder den gleichen Kanal dafür benutzen. Im zweiten Fall benutzt man sehr häufig eine zwischen Sender und Empfänger festgelegte Codewortsequenz, die als sogenannter Prefix jedem Datenwort vorangestellt wird. Bei beiden Methoden muß zur Wortsynchronisation ein Teil der Sendeleistung eingesetzt werden. Wo dies nicht mehr tragbar erscheint, muß auf selbstsynchronisierende Codes zurückgegriffen werden. Um eine fehlerhafte Demodulation zu vermeiden, müssen diese Codes derart aufgebaut sein, daß ein beliebiges zeitliches Verschieben des Codewortrahmens, der Beginn und Ende des Codeworts kennzeichnet, zu keinem anderen im Alphabet definierten Codewort führen kann. Ist dies gewährleistet, so ergibt sich das korrekte, zu demodulierende Codewort im Empfänger durch Vergleich der zeitverschobenen empfangenen Datensequenz mit allen Codewörtern des Alphabets, das im Empfänger vorliegen muß. Die zeitliche Verschiebung der empfangenen Sequenz wird dann so festgelegt, daß diese Sequenz eine maximale Korrelation mit einem im Alphabet vorkommenden Codewort aufweist. Die Konstruktion derartiger Alphabete ist sehr zeitaufwendig; eine Einführung in diesen Problemkreis findet man in [2].

Die bei der Bit- und Codewortsynchronisation eingesetzten Methoden zur Selbstsynchronisation hängen von der Signalform ab, die zur Übertragung der beiden Codeelemente eingesetzt wird. Bei einer PCM-Übertragung unterstellt man gewöhnlicherweise ein NRZ-Format, wie es in Abb. 8.3 skizziert wurde. Dieses Signal besitzt nach Gl. (8.37) ein kontinuierliches Leistungsdichtespektrum, das keinen Anteil bei $f = 1/T_b$ aufweist. Die Bittaktfrequenz ist demzufolge nicht im Leistungsdichtespektrum vorhanden, weswegen zur Erzeugung eines diskreten Spektralanteils das demodulierte Signal in Abb. 8.26 durch die Gleichrichtung zunächst nichtlinear verarbeitet werden muß, um eine diskrete Spektrallinie bei der doppelten Trägerfrequenz zu erzeugen. Die zur Bittakt- und Worttaktsynchronisation eingesetzten Verfahren sind jeweils an die zur Übertragung benutzte Signalform angepaßt, was die Vielzahl an unterschiedlichen Methoden verständlich macht. Die mathematische Behandlung dieser Verfahren geschieht mit Hilfe der statistischen Signaltheorie, wobei als Ausgangspunkt die Autokorrelationsfunktion bzw. das Leistungsdichtespektrum des am Eingang der Synchronisationsschaltung anliegenden Signals benutzt wird. Eine vollständige mathematische Beschreibung wird dabei häufig durch nichtlineare Netzwerke extrem erschwert oder sogar unmöglich gemacht. Grundlegende Zusammenhänge zwischen den Leistungsdichtespektren am Ein- und Ausgang einer Nichtlinearität sind in [12] und in [13] beschrieben.

9 Modulation eines sinusförmigen Trägers durch ein digitales Modulationssignal

Bei den bisher behandelten Modulationsverfahren wurde entweder ein sinusförmiges oder ein pulsförmiges Trägersignal durch ein Analogsignal moduliert. Da ein PCM-Signal im allgemeinen ein Leistungsdichtespektrum besitzt, dessen Maximum bei $\omega = 0$ liegt, ist eine PCM-Übertragung nur über einen Kanal mit Tiefpaßcharakteristik möglich. Fast alle in der Praxis benutzten Übertragungskanäle besitzen jedoch eine Bandpaßcharakteristik, so daß für eine Übertragung das PCM-Signal in einen anderen Frequenzbereich umgesetzt werden muß. Prinzipiell werden zur Modulation die bekannten Verfahren AM, FM und PM eingesetzt, wobei jedoch wegen der Binärcodierung, im Gegensatz zu einem analogen Modulationssignal, die Signalparameter Amplitude, Frequenz und Phase nur noch wertdiskret auftreten. Beeinflussen die Codeelemente die Trägeramplitude, so spricht man von einer Amplitudenumtastung (Amplitude Shift Keying (ASK)). Ändert sich die Trägerfrequenz in Abhängigkeit vom Digitalsignal, so handelt es sich um eine Frequenzumtastung (Frequency Shift Keying (FSK)). Bei der Phasenumtastung (Phase Shift Keying (PSK)) beeinflussen die Codeelemente die Trägerphase.

Diese Modulationsverfahren dienen dazu, das PCM-Signal an die Übertragungseigenschaften des Nachrichtenkanals anzupassen. Auf der Empfangsseite ist neben der Bittaktrückgewinnung auch eine Trägerrückgewinnung zur korrekten Decodierung notwendig.

9.1 Die Amplitudenumtastung

Bei der Amplitudenumtastung überträgt man die beiden Codeelemente „0“ und „1“ mit Hilfe der beiden Signalformen

$$s_1(t) = 0 \quad , 0 \leq t < T_b \tag{9.1}$$

und

$$s_2(t) = A \cdot \cos \omega_c t \quad , 0 \leq t < T_b, \tag{9.2}$$

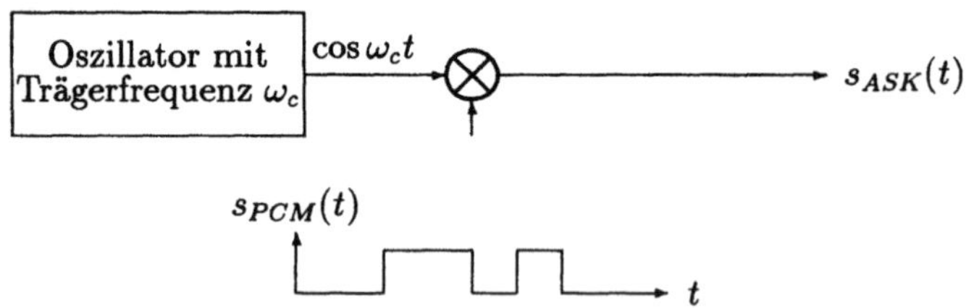

Abb. 9.1: Blockschaltbild eines ASK-Modulators

so daß das Modulatorausgangssignal als

$$s_{ASK}(t) = \sum_{n=-\infty}^{\infty} a_n s(t - nT_b)\cos\omega_c t \quad , a_n \in \{0,1\} \tag{9.3}$$

mit

$$s(t) = \begin{cases} A & 0 \le t < T_b \\ 0 & \text{sonst} \end{cases} \tag{9.4}$$

geschrieben werden kann. Der Sender eines solchen Übertragungssystems besteht aus einem kontinuierlich laufenden Oszillator, dessen Ausgangssignal in Abhängigkeit von a_n auf die Übertragungsstrecke durchgeschaltet wird oder nicht. Das Blockschaltbild eines ASK-Modulators ist in Abb. 9.1 wiedergegeben. Das Basisbandsignal

$$s_{PCM}(t) = \sum_{n=-\infty}^{\infty} a_n s(t - nT_b) \tag{9.5}$$

wird mit dem Trägersignal multipliziert, wodurch der Gleichanteil des Leistungsdichtespektrums $S_{PCM}(\omega)$ nach Gl. (3.61) zur Trägerfrequenz ω_c hin verschoben wird und dadurch das Spektrum des Modulatorausgangssignals $S_{ASK}(\omega)$ bildet. Das Leistungsdichtespektrum $S_{PCM}(\omega)$ besitzt einen kontinuierlichen Anteil, der durch Gl. (4.50) und einen diskreten Anteil, der durch Gl. (4.49) berechnet werden kann. Treten beide Codeelemente gleichwahrscheinlich auf und sind sie statistisch unabhängig voneinander, so erhält man

$$S_{PCM\,kon}(\omega) = \frac{A_2 T_b}{4} \cdot \text{si}^2\left(\frac{\omega T_b}{2}\right) \tag{9.6}$$

und

$$S_{PCM\,dis}(0) = \frac{A^2}{4} \quad . \tag{9.7}$$

Zur Berechnung des Ausgangssignalspektrums geht man von der Signaldarstellung

$$x_c(t) = x(t) \cdot A\cos(\omega_c t + \varphi) \tag{9.8}$$

aus, wobei $x(t)$ das Datensignal und $A\cos(\omega_c t + \varphi)$ das Trägersignal bezeichnet. Ist die Trägerphase φ gleichverteilt und sind $x(t)$ und φ statistisch unabhängig voneinander, so erhält man die Autokorrelierte

$$R_{x_c}(\tau) = \frac{A^2}{2} R_x(\tau)\cos\omega_c\tau \quad , \tag{9.9}$$

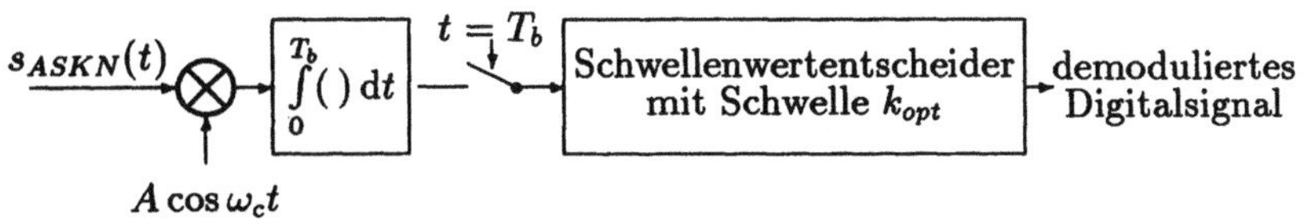

$$s_{ASKN}(t) \otimes \xrightarrow{} \boxed{\int_0^{T_b} (\ ) \, \mathrm{d}t} \xrightarrow{t\,=\,T_b} \boxed{\begin{array}{c}\text{Schwellenwertentscheider}\\ \text{mit Schwelle } k_{opt}\end{array}} \xrightarrow{} \begin{array}{c}\text{demoduliertes}\\ \text{Digitalsignal}\end{array}$$

$$A \cos \omega_c t$$

Abb. 9.2: Korrelationsempfänger für ein rauschbehaftetes ASK-Signal

aus der sich mit Gl. (3.61) das Leistungsdichtespektrum

$$S_{x_c}(\omega) = \frac{A^2}{4}\left(S_x(\omega - \omega_c) + S_x(\omega + \omega_c)\right) \tag{9.10}$$

bestimmen läßt. Somit ergibt sich für das Spektrum des Modulatorausgangssignals

$$S_{ASK\,kon}(\omega) = \frac{A^2 T_b}{16}\left(\mathrm{si}^2\left((\omega - \omega_c)\frac{T_b}{2}\right) + \mathrm{si}^2\left((\omega + \omega_c)\frac{T_b}{2}\right)\right) \quad, \tag{9.11}$$

wobei zusätzlich diskrete Spektrallinien existieren mit

$$S_{ASK\,dis}(\omega_c) = S_{ASK\,dis}(-\omega_c) = \frac{A^2}{16} \quad . \tag{9.12}$$

Eine kohärente Demodulation im Empfänger ist demzufolge möglich, da das modulierte Signal einen diskreten Spektralanteil bei der Trägerfrequenz ω_c besitzt, aus dem ein Referenzsignal zur Demodulation mit Hilfe eines Bandpasses oder eines Phasenregelkreises erzeugt werden kann.

9.1.1 ASK-Modulation und Rauschen

Bereits in Kapitel 8.6 wurde eine Empfängerstruktur hergeleitet, die für ein Störsignal mit weißem gaußverteilten Rauschen und einer konstanten Leistungsdichte N_0, das sich dem Sendesignal additiv überlagert, die Bitfehlerwahrscheinlichkeit minimiert. Die Empfängerstruktur ist aus Abb. 8.17 erkennbar. Bei der Herleitung dieser Schaltung war nur von den beiden bei einer Binärcodierung auftretenden Signalformen $s_1(t)$ und $s_2(t)$ ausgegangen worden, ohne diese näher zu spezifizieren. Wie sich später herausstellte, ist für die Bestimmung der Bitfehlerwahrscheinlichkeit nicht die Signalform, sondern die Signalenergie des Differenzsignals der beiden Signalformen maßgebend. Es ist demzufolge naheliegend, für ein amplitudenumgetastetes Signal einen solchen Korrelationsempfänger einzusetzen, da er in Bezug auf die Bitfehlerwahrscheinlichkeit einen Optimalempfänger darstellt. Das Blockschaltbild eines solchen Empfängers zur ASK-Demodulation ist in Abb. 9.2 wiedergegeben. Das rauschbehaftete ASK-Signal wird mit $A \cos \omega_c t$ multipliziert, über eine Bitdauer integriert und das Integratorausgangssignal im Schwellenwertentscheider mit der optimalen Schwelle

$$k_{opt} = \frac{A^2 T_b}{4} \tag{9.13}$$

verglichen. Die Bitfehlerwahrscheinlichkeit des Empfängers ergibt sich aus Gl. (8.82) bzw. Gl. (8.89) zu

$$P_{b\,ASK\,koh} = \frac{1}{2}\mathrm{erfc}\sqrt{\frac{A^2 T_b}{16 N_0}}\quad.$$

(9.14)

Die Amplitudenumtastung benötigt, um die gleiche Bitfehlerwahrscheinlichkeit wie bei einer PCM-Übertragung mit

$$s_2(t) = -s_1(t)$$

(9.15)

zu erreichen, einen um 3 dB höheren Geräuschspannungsabstand. Hierbei sei die vom Sender aufzubringende mittlere Energie

$$E = \frac{1}{2}(E_1 + E_2)$$

(9.16)

für beide Modulationsverfahren gleich. Gl. (9.14) gibt die Bitfehlerwahrscheinlichkeit für den Korrelationsempfänger an, der zur Klasse der kohärenten Empfänger gehört, bei der für die Demodulation die Phasenlage des Multiplikationssignals $A\cos\omega_c t$ exakt eingehalten werden muß. Die Auswirkung auf die Bitfehlerwahrscheinlichkeit, wenn das Korrelationssignal einen konstanten Phasenfehler φ aufweist, läßt sich folgendermaßen bestimmen: Der Phasenversatz wirkt sich nur bei der Übertragung der Signalform $s_2(t)$ aus, da dann am Ausgang des Integrators zum Abtastzeitpunkt das Signal

$$s_{aus\,Int}(T_b) = \int\limits_0^{T_b} s_2(t) \cdot A\cos(\omega_c t + \varphi)\,\mathrm{d}t = \frac{A^2 T_b}{2} \cdot \cos\varphi$$

(9.17)

anliegt, wobei vorausgesetzt ist, daß der Signalanteil bei der doppelten Trägerfrequenz nichts zum Integratorausgangssignal beiträgt. Im Vergleich zum Integratorausgangssignal bei perfekter Phasenlage ist das Signal um den Faktor $\cos\varphi$ reduziert. Die Bitfehlerwahrscheinlichkeit des Empfängers verschlechtert sich demzufolge bei einem festen Phasenversatz von φ des Korrelationssignals auf den Wert

$$P_{b\,ASK} = \frac{1}{2}\sqrt{\frac{A^2 T_b}{16}\cos^2\varphi}\quad.$$

(9.18)

Gerade im steilen Bereich der Bitfehlerwahrscheinlichkeitskurve (s. Abb. 8.18) wirkt sich eine nichtoptimale Trägerrückgewinnung, die einen Phasenfehler φ zur Folge hat, extrem negativ auf die resultierende Bitfehlerwahrscheinlichkeit aus.

Neben dem kohärenten Empfangsprinzip kann man bei der Amplitudenumtastung auch einen nichtkohärenten Empfänger einsetzen, der, angelehnt an die Amplitudenmodulation, einen Hüllkurvendemodulator benutzt. Das Blockschaltbild eines solchen Empfängers ist in Abb. 9.3 wiedergegeben. Im folgenden soll die Bitfehlerwahrscheinlichkeit dieses Empfängers berechnet werden. Man erwartet ein schlechteres Verhalten als bei einem Korrelationsempfänger, da die Empfängerstruktur nicht die zu den beiden Codeelementen gehörende Signalform zur Auswertung ausnutzt. Das Vorfilter besteht hierbei aus einem idealen Bandpaß.

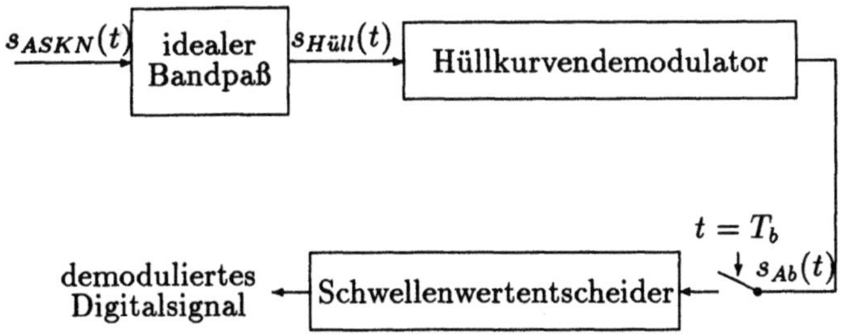

Abb. 9.3: Blockschaltbild eines nichtkohärenten ASK-Empfängers

Ausgangspunkt der folgenden Betrachtung ist ein durch Amplitudenumtastung moduliertes Signal, dem sich weißes gaußverteiltes Rauschen, das ein konstantes Leistungsdichtespektrum der Größe N_0 besitzt, additiv überlagert. Das am Empfängereingang anliegende Signal ist demnach entweder

$$s_{ASKN}(t) = S_{1N}(t) = n(t) \quad 0 \leq t < T_b \tag{9.19}$$

oder

$$s_{ASKN}(t) = s_{2N}(t) = A \cos \omega_c t + n(t) \quad 0 \leq t < T_b \quad . \tag{9.20}$$

Da das Spektrum des modulierten Signals aus dem Leistungsdichtespektrum des Binärsignals durch Verschieben um die Trägerfrequenz ω_c hervorgeht, ist das Bandpaßfilter so ausgelegt, daß das Nutzsignal ohne bemerkbare Verzerrung ausgefiltert werden kann. Zieht man Gl. (9.11) zur Abschätzung der notwendigen Bandpaßbandbreite heran, so erkennt man, daß der Leistungsanteil des modulierten Signals für diejenigen Frequenzen vernachlässigt werden kann, die oberhalb der Frequenz liegen, bei der das Leistungsdichtespektrum seine erste Nullstelle aufweist. Demzufolge muß das Bandpaßfilter nur eine einseitige Bandbreite von

$$B_{BP} = \frac{2}{T_b} \tag{9.21}$$

besitzen. Das rauschbehaftete Ausgangssignal des Bandpasses läßt sich wiederum mit Hilfe von gaußverteiltem Schmalbandrauschen (s. Kapitel 4.3.1) beschreiben durch

$$\begin{aligned} s_{Hüll}(t) &= A_i \cos \omega_c t + n_c(t) \cos \omega_c t - n_s(t) \sin \omega_c t \\ &= x(t) \cos \omega_c t - n_s(t) \sin \omega_c t \quad . \end{aligned} \tag{9.22}$$

Es wurde hierbei ein neuer Zufallsprozeß

$$x(t) = A_i + n_c(t) \tag{9.23}$$

eingeführt. Wurde $s_2(t)$ gesendet, so ist $A_i = A$, andernfalls ist $A_i = 0$. Aufgrund des anschließenden Hüllkurvendemodulators ist es sinnvoll, Gl. (9.22) durch Betrag und Phase darzustellen:

$$s_{Hüll}(t) = A_{ges}(t) \cdot \cos(\omega_c t + \varphi(t)) \quad . \tag{9.24}$$

Hierbei ist

$$A_{ges}^2(t) = x^2(t) + n_s^2(t) \tag{9.25}$$

und

$$\varphi(t) = \arctan \frac{n_s(t)}{x(t)} \quad . \tag{9.26}$$

Da zum Zeitpunkt $t = T_b$ das Ausgangssignal des Hüllkurvendemodulators abgetastet wird, um es mit einem Schwellenwert vergleichen zu können, muß zur Berechnung der Bitfehlerwahrscheinlichkeit die Verteilungsdichtefunktion $p(A_{ges})$ des Signals $s_{Ab}(t)$ bestimmt werden. Diese wird davon abhängig sein, welche Signalform, $s_1(t)$ oder $s_2(t)$, gesendet wird.

Die Geräuschleistung innerhalb der Bandpaßbandbreite ist

$$N = 2B_{BP}N_0 \quad . \tag{9.27}$$

Für den Fall $A_i = 0$ wird die Einhüllende des Rauschsignals bestimmt, die nach [13] rayleigh-verteilt ist:

$$p(A_{ges}|A_i = 0) = \begin{cases} \frac{A_{ges}}{N} e^{-\frac{A_{ges}^2}{2N}} & A_{ges} \geq 0 \\ 0 & \text{sonst} \end{cases} \tag{9.28}$$

mit dem Erwartungswert

$$\mathrm{E}\{A_{ges}|A_i = 0\} = \sqrt{\frac{\pi N}{2}} \quad . \tag{9.29}$$

Ist dagegen $A_i = A >> \sqrt{N}$, so ist A_{ges} näherungsweise gaußverteilt mit dem Mittelwert A und der Varianz N.

Die weitere Berechnung von $p(A_{ges})$ berücksichtigt, daß die Zufallsvariablen $x = A + n_c$ und n_s gaußverteilt und unabhängig voneinander sind, da n_c und n_s unkorreliert sind. Beide Variablen besitzen die Varianz N, x besitzt den Mittelwert A, und n_s den Mittelwert 0. Die Verbundwahrscheinlichkeitsdichtefunktion $p(x, n_s)$ berechnet sich nach Gl. (4.80) zu

$$p(x, n_s) = \frac{1}{2\pi N} e^{-\frac{(x-A)^2 + n_s^2}{2N}} \quad . \tag{9.30}$$

Definiert man nun unter Berücksichtigung von Gl. (9.25)

$$x = A_{ges} \cos \varphi \tag{9.31}$$

und

$$n_s = A_{ges} \sin \varphi \quad , \tag{9.32}$$

so läßt sich Gl. (9.30) in Polarkoordinaten darstellen, und mit der Beziehung

$$A_{ges} \, dA_{ges} \, d\varphi = dx \, dn_s \tag{9.33}$$

ändert sich Gl. (9.30) zu

$$p(A_{ges}, \varphi) = \frac{A_{ges}}{2\pi N} e^{-\frac{A_{ges}^2 - 2A_{ges}A\cos\varphi + A^2}{2N}} \quad , A_{ges} \geq 0, |\varphi| < \pi \, . \tag{9.34}$$

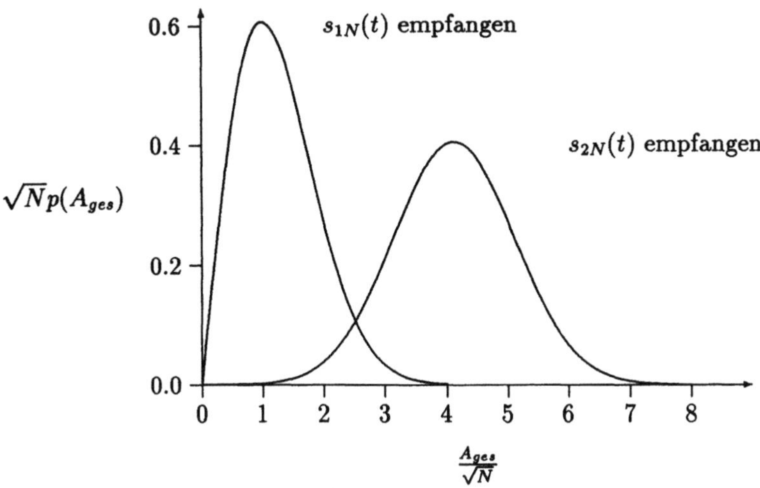

Abb. 9.4: Rice-Verteilung der Amplitude des Signals $s_{Ab}(t)$ bei einer nichtkohärenten ASK-Demodualtion

Die neuen Zufallsvariablen A_{ges} und φ sind aufgrund des gemischten Terms im Zähler der Exponentialfunktion nicht mehr statistisch unabhängig voneinander. Die für den Abtastvorgang interessierende Verteilungsdichtefunktion $p(A_{ges})$ erhält man durch Integration über φ:

$$
\begin{aligned}
p(A_{ges}) &= \frac{A_{ges}}{N} \mathrm{e}^{-\frac{A_{ges}^2+A^2}{2N}} \int\limits_{-\pi}^{\pi} \frac{1}{2\pi} \mathrm{e}^{\frac{A_{ges}A\cos\varphi}{N}} \,\mathrm{d}\varphi \\
&= \frac{A_{ges}}{N} \mathrm{e}^{-\frac{A_{ges}^2+A^2}{2N}} I_0\left(\frac{A_{ges}A}{N}\right) \quad , A_{ges} \geq 0\,,
\end{aligned}
\qquad (9.35)
$$

wobei $I_0(n)$ eine Abkürzung für das nicht geschlossen lösbare Integral in Gl. (9.35) ist und als modifizierte Bessel-Funktion erster Art und nullter Ordnung bezeichnet wird. Diese Funktion ist nicht mit der Besselfunktion $J_0(n)$ zu verwechseln.

Die Wahrscheinlichkeitsverteilungsdichte in Gl. (9.35) ist als Rice[1]-Verteilung bekannt [13]. Ihre Kurvenform ändert sich mit dem Verhältnis A/N. Zu der empfangenen Signalform $s_{1N}(t)$ gehört eine Verteilung mit $A/N = 0$. Diese Verteilung, sowie eine Verteilung für den Fall, daß $s_{2N}(t)$ mit $A/N > 1$ empfangen wurde, ist in Abb. 9.4 wiedergegeben. Man erkennt, daß für $A/N = 0$ die Rice-Verteilung in eine Rayleigh-Verteilung übergeht und für $A/N > 1$ die Gaußverteilung eine gute Approximation darstellt. Bevor aufgrund dieser Verteilungsdichtefunktion die Bitfehlerwahrscheinlichkeit berechnet werden kann, muß zunächst der optimale Schwellenwert k_{opt} bestimmt werden. Dieser liegt wiederum, wie bei einer PCM-Übertragung im Basisband, im Schnittpunkt der beiden Verteilungsfunktionen aus Abb. 9.4 unter der Annahme, daß beide Codeelemente gleich wahrscheinlich auftreten. Dieser Schnittpunkt ist aber abhängig

---

[1]S. Rice, amerik. Mathematiker ($\star$ 1907)

vom Geräuschspannungsabstand und liegt für dessen große Werte sehr nahe bei $A/2$. Somit ist eine Abschätzung für die Fehlerwahrscheinlichkeit für den Fall, daß $s_1(t)$ gesendet wurde

$$P(\text{Fehler}|s_1(t)) = \int_{\frac{A}{2}}^{\infty} \frac{A_{ges}}{N} e^{-\frac{A_{ges}^2}{2N}} \, dA_{ges}$$

$$= e^{-\frac{A^2}{8N}} \quad . \tag{9.36}$$

Entsprechend erhält man für die Wahrscheinlichkeit des Auftretens eines Bitfehlers, unter der Voraussetzung, daß $s_2(t)$ gesendet wurde, bei Approximation der Rice-Verteilung durch eine Gaußverteilung

$$P(\text{Fehler}|s_2(t)) = \int_{-\infty}^{\frac{A}{2}} \frac{1}{\sqrt{2\pi N}} e^{-\frac{(A_{ges}-A)^2}{2N}} \, dA_{ges} \quad . \tag{9.37}$$

Hierbei wurde die Integration von $-\infty$ bis $A/2$ anstelle von 0 bis $A/2$ durchgeführt. Der hierdurch entstehende Fehler ist jedoch bei großem Geräuschspannungsabstand vernachlässigbar. Mit Hilfe der komplementären „error function" läßt sich Gl. (9.37) schreiben als

$$P(\text{Fehler}|s_2(t)) = \frac{1}{2}\text{erfc}\left(\frac{1}{\sqrt{2}}\sqrt{\frac{A^2}{4N}}\right) \quad . \tag{9.38}$$

Die Größe $\frac{A^2}{4N}$ ist das Verhältnis von mittlerer Signalleistung zu mittlerer Rauschleistung und wird im folgenden mit z abgekürzt. Somit erhält man für die Bitfehlerwahrscheinlichkeit den Ausdruck

$$P_{b\,ASK} = \frac{1}{2}P(\text{Fehler}|s_1(t)) + \frac{1}{2}P(\text{Fehler}|s_2(t)) \quad . \tag{9.39}$$

Da für große Argumente die komplementäre „error function" angenähert werden kann durch

$$\text{erfc}(x) \approx \sqrt{\frac{2}{\pi}} \frac{e^{-\frac{x^2}{2}}}{x} \quad , \tag{9.40}$$

ergibt sich für Gl. (9.39)

$$P_{b\,ASK} \approx \frac{1}{2}\frac{e^{-\frac{z}{4}}}{\sqrt{\pi z}} + \frac{1}{2}e^{-\frac{z}{2}} \quad , \tag{9.41}$$

das sich für große Werte des mittleren Geräuschspannungsabstands weiter vereinfachen läßt zu

$$P_{b\,ASK} \approx \frac{1}{2}e^{-\frac{z}{2}} \quad , z \gg 1$$

$$\approx \frac{1}{2}e^{-\frac{E}{8N_0}} \quad , \tag{9.42}$$

wobei E wiederum die mittlere vom Sender aufzubringende Energie für die Signalformen $s_1(t)$ und $s_2(t)$ bezeichnet. Bei kohärenter Demodulation erhält man aus Gl. (9.14)

$$P_{b\,ASK\,koh} = \frac{1}{2}\text{erfc}\left(\sqrt{\frac{E}{4N_0}}\right) \quad . \tag{9.43}$$

Die Berechnung der Bitfehlerwahrscheinlichkeit unter Berücksichtigung der Rice-Verteilung nach Gl. (9.35) ist mathematisch sehr aufwendig. Die hierbei notwendige Integration ist zwar durch partielle Integration geschlossen lösbar, man erhält jedoch dabei einen Summanden über eine unendliche Anzahl modifizierter Bessel-Funktionen $I_m(n)$. Da in die Variable n der Geräuschspannungsabstand miteingeht, entscheidet dessen Größe, ab welchem Term man die unendliche Reihe abbrechen darf, ohne dadurch einen zu großen Fehler zu erzeugen. Weiterhin muß zur Bestimmung der minimalen Bitfehlerwahrscheinlichkeit der Schwellenwertentscheider auf den Wert gesetzt werden, der dem Schnittpunkt von Rayleigh- und Rice-Verteilung entspricht, wobei wiederum vorausgesetzt ist, daß beide Codeelemente gleichwahrscheinlich auftreten. In der Approximation wurde von der Konstanten $A/2$ ausgegangen, die für große Geräuschspannungsabstände eine gute Näherung darstellt. In Wirklichkeit ist dieser Wert jedoch vom aktuellen Geräuschspannungsabstand abhängig und liegt oberhalb von $A/2$.

Zur exakten Berechnung der Bitfehlerwahrscheinlichkeit bei nichtkohärenter Demodulation muß zunächst der vom Geräuschspannungsabstand abhängige Schnittpunkt der beiden Dichteverteilungsfunktionen berechnet werden, damit die Bitfehlerwahrscheinlichkeit minimal wird. Ausgangspunkt der Rechnung ist die ausführlich geschriebene Gl. (9.39), wobei x den gesuchten Schnittpunkt bezeichnet:

$$P_{b\,ASK} = \frac{1}{2}\left(\int\limits_{x}^{\infty} \frac{A_{ges}}{N} e^{-\frac{A_{ges}^2}{2N}}\, \mathrm{d}A_{ges} + \int\limits_{0}^{x} \frac{A_{ges}}{N} e^{-\frac{A^2+A_{ges}^2}{2N}} I_0\!\left(\frac{AA_{ges}}{N}\right) \mathrm{d}A_{ges} \right) \quad . \tag{9.44}$$

Der Minimalwert für diese Gleichung ergibt sich durch die Forderung

$$\frac{\mathrm{d}P_{b\,ASK}}{\mathrm{d}x} \overset{!}{=} 0 \quad , \tag{9.45}$$

wobei für die optimale Schwelle x_{opt} die Gleichung

$$e^{\frac{A^2}{2N}} = I_0\left(\frac{Ax_{opt}}{N}\right) \tag{9.46}$$

zu lösen ist. Der optimale Schwellenwert ist eine Funktion von A^2/N, weswegen er für jeden Wert des Geräuschspannungsabstands neu berechnet werden muß. Für große Werte des Geräuschspannungsabstands erhält man mit der Näherung

$$I_0(y) = e^{y} \tag{9.47}$$

den Schwellenwert

$$x_{opt} = \frac{A}{2} \quad . \tag{9.48}$$

Dies rechtfertigt die Vorgehensweise in den vorangegangenen Absätzen, als optimalen Schwellenwert, unabhängig vom Geräuschspannungsabstand, den Wert $A/2$ einzusetzen.

Zur Berechnung der Bitfehlerwahrscheinlichkeit können nun die beiden Integrale in Gl. (9.44) gelöst werden. Für das Integral über die Rayleigh-Dichteverteilungsfunktion erhält man

$$\int\limits_{x_{opt}}^{\infty} \frac{A_{ges}}{N} e^{-\frac{A_{ges}^2}{2N}}\, \mathrm{d}A_{ges} = e^{-\frac{x_{opt}^2}{2N}} \quad . \tag{9.49}$$

Das zweite Integral ist lösbar mit Hilfe der Marcumschen Q-Funktion [37, 38]:

$$Q(a,b) = \int_b^\infty t e^{-\frac{t^2+a^2}{2}} I_0(at)\,dt$$

$$= 1 - \int_0^b t e^{-\frac{t^2+a^2}{2}} I_0(at)\,dt \quad . \tag{9.50}$$

Mit der neuen Variablen

$$z = \frac{A_{ges}}{\sqrt{N}} \tag{9.51}$$

und der Konstanten

$$a = \frac{A}{\sqrt{N}} \tag{9.52}$$

läßt sich das Integral über die Rice-Dichteverteilungsfunktion in eine Q-Funktion umschreiben, und man erhält

$$\int_0^{x_{opt}} \frac{A_{ges}}{N} e^{-\frac{A^2+A_{ges}^2}{2N}} I_0(\frac{A A_{ges}}{N})\,dA_{ges} = 1 - Q\left(\frac{A}{\sqrt{N}}, \frac{x_{opt}}{\sqrt{N}}\right) \quad . \tag{9.53}$$

Somit ergibt sich aus Gl. (9.44)

$$P_{b\,ASK} = \frac{1}{2}\left(e^{-\frac{x_{opt}^2}{2N}} + 1 - Q\left(\frac{A}{\sqrt{N}}, \frac{x_{opt}}{\sqrt{N}}\right)\right) \quad . \tag{9.54}$$

Eine andere Darstellung benutzt wegen des Zusammenhangs

$$1 - Q(a,b) = e^{-\frac{a^2+b^2}{2}} \sum_{m=1}^\infty \left(\frac{b}{a}\right)^m I_m(ab) \tag{9.55}$$

in der Schreibweise für Gl. (9.54) einen Summanden, der sich aus einer unendlichen Reihe modifizierter Bessel-Funktionen ergibt:

$$P_{b\,ASK} = \frac{1}{2}\left(e^{-\frac{x_{opt}^2}{2N}} + e^{-\frac{A^2+x_{opt}^2}{2N}} \cdot \sum_{m=1}^\infty \left(\frac{x_{opt}}{A}\right)^m I_m\left(\frac{x_{opt}A}{N}\right)\right) . \tag{9.56}$$

In Abb. 9.5 sind die Bitfehlerwahrscheinlichkeiten für kohärente und nichtkohärente Demodulation als Funktion von $E/N_0 = A^2/N$ zusammengestellt. Für die nichtkohärente Demodulation nach Abb. 9.3 benötigt man im Vergleich zur kohärenten Demodulation für gleiche Bitfehlerwahrscheinlichkeit einen um ca. 3,5 dB größeren Geräuschspannungsabstand. Eingezeichnet ist auch die Bitfehlerwahrscheinlichkeitskurve nach Gl. (9.39), wobei die Entscheiderschwelle fest auf $A/2$ gelegt wurde. Erwartungsgemäß liefert diese Gleichung bei gleichem Geräuschspannungsabstand eine etwas größere Bitfehlerwahrscheinlichkeit im Vergleich zu der exakten Lösung für nichtkohärente Demodulation mit adaptiver Schwellenwertfestlegung.

Eine kohärente Demodulation eines ASK-Signals ist wegen der Bandpaßcharakteristik der Signalform $s_2(t)$ sehr anfällig gegenüber einer zeitlichen Verschiebung des

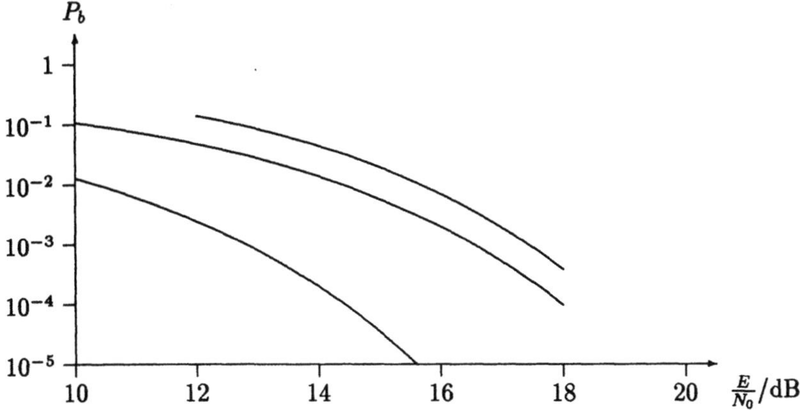

Abb. 9.5: Bitfehlerwahrscheinlichkeit für kohärente und nichtkohärente ASK-Demodulation

Abtastzeitpunktes. Der Grund dafür liegt darin, daß nach Gl. (8.75) am Ausgang des signalangepaßten Filters die Autokorrelationsfunktion des Signals abgetastet wird (s. Abb. 8.16). In Abb. 9.6 sind die Signalform $s_2(t)$ und die dazugehörige Autokorrelationsfunktion $R_{s2}^E(t)$ wiedergegeben. Man erkennt, daß die Autokorrelationsfunktion mit der Trägerfrequenz ω_c oszilliert, weswegen schon eine geringe zeitliche Verschiebung des Abtastzeitpunktes zu einer starken Degradation des Signals am Schwellenwertentscheidereingang führt. Aus diesem Grund führt man häufig bei der ASK-Demodulation eine nichtkohärente Demodulation mit Hilfe eines Hüllkurvendemodulators durch. Eine Verbesserung der Bitfehlerwahrscheinlichkeit ist jedoch zu erwarten, wenn man die Einhüllende der Autokorrelationsfunktion abtastet, da diese unempfindlicher gegenüber zeitlichen Schwankungen ist als die Autokorrelationsfunktion selbst. Hierzu müssen in Abb. 5.9 die idealen Tiefpässe hinter den Multiplizierern durch signalangepaßte Filter ersetzt werden. Das Blockschaltbild eines solchen Hüllkurvendemodulators ist in Abb. 9.7 wiedergegeben. Es sei hier ausdrücklich darauf hingewiesen, daß mit einer Schaltung nach Abb. 9.7 die Einhüllende der Autokorrelationsfunktion $R_{s2}^E(t)$ abge-

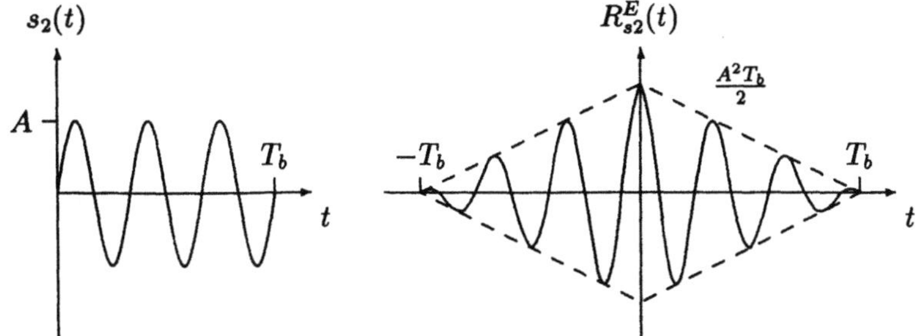

Abb. 9.6: Signal $s_2(t)$ und dazugehörige Autokorrelationsfunktion

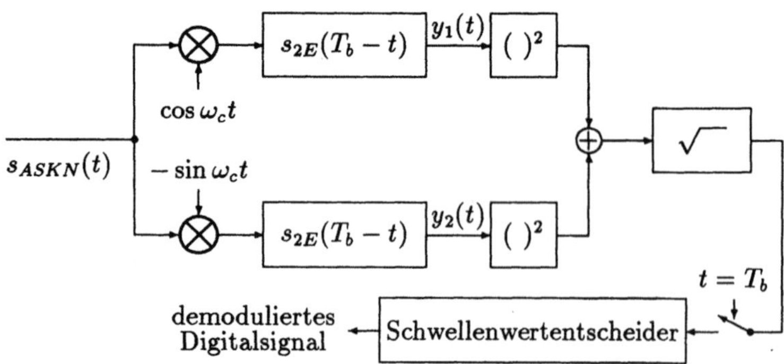

Abb. 9.7: Blockschaltbild eines Hüllkurvendemodulators für ASK-Signale mit signalangepaßter Filterung

tastet wird, wohingegen in der in Abb. 9.3 gezeigten Schaltung die Einhüllende des rauschbehafteten Eingangssignals abgetastet wird.

Ist dem Eingangssignal aus Abb. 9.7 weißes gaußverteiltes Rauschen mit der konstanten Rauschleistungsdichte N_0 additiv überlagert, so ergeben sich die Signale an den Filterausgängen zum Abtastzeitpunkt $t = T_b$ aus Gl. (9.22) bei Senden der Signalform $s_2(t)$ zu

$$y_1(T_b) = E_2 + n_1(T_b) \tag{9.57}$$

und

$$y_2(T_b) = n_2(T_b) \quad . \tag{9.58}$$

Beides sind gaußverteilte Zufallsvariablen, die unterschiedliche Erwartungswerte, aber die gleiche Varianz besitzen. Zur Berechnung der Dichteverteilungsfunktion am Eingang des Schwellenwertentscheiders werden, wie in der zu Abb. 9.3 durchgeführten Rechnung, Polarkoordinaten eingeführt, und man erhält mit der mittleren Sendenergie $E = E_2/2$ eine Rice-Verteilung

$$p(r|s_2(t)) = \frac{r}{2N_0} e^{-\frac{r^2 + 4E^2}{4N_0}} I_0\left(\frac{rE}{N_0}\right) \quad , r \geq 0 . \tag{9.59}$$

Entsprechend liegt am Eingang des Schwellenwertentscheiders in Abb. 9.7 bei Empfang des rauschbehafteten Signals $s_1(t)$ eine Rayleigh-Verteilung

$$p(r|s_1(t)) = \frac{r}{2N_0} e^{-\frac{r^2}{4N_0}} \tag{9.60}$$

an. Die optimale Schwelle x_{opt} des Schwellenwertentscheiders ist vom Verhältnis von mittlerer Signalenergie zur Rauschleistungsdichte abhängig und ergibt sich durch Lösen der transzendenten Gleichung

$$I_0\left(\frac{x_{opt}E}{N_0}\right) = e^{\frac{E^2}{N_0}} \quad . \tag{9.61}$$

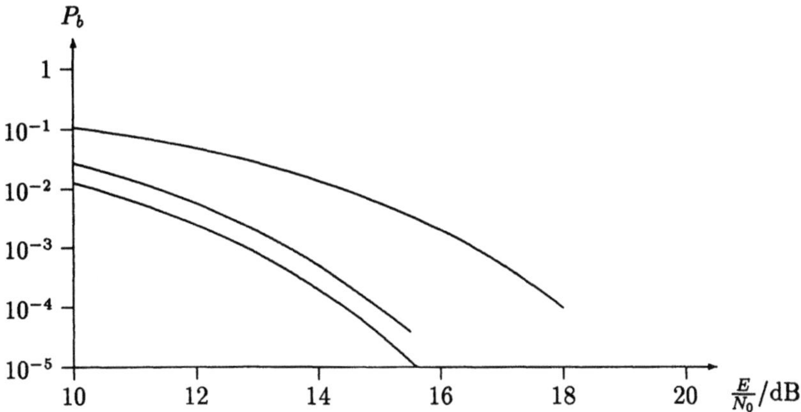

Abb. 9.8: Bitfehlerwahrscheinlichkeit für kohärente, signalangepaßte nichtkohärente und nichtkohärente ASK-Demodulation

Die minimale Bitfehlerwahrscheinlichkeit beträgt damit, ähnlich im Aussehen wie
Gl. (9.44),

$$
P_{b\,ASK} = \frac{1}{2}\left(\int\limits_{x_{opt}}^{\infty}\frac{r}{2N_0}\mathrm{e}^{-\frac{r^2}{4N_0}}\,\mathrm{d}r + \int\limits_{0}^{x_{opt}}\frac{r}{2N_0}\mathrm{e}^{-\frac{r^2+4E^2}{4N_0}}I_0(\frac{rE}{N_0})\,\mathrm{d}r\right)\quad. \tag{9.62}
$$

Das zweite Integral auf der rechten Seite dieser Gleichung läßt sich mit Hilfe der Marcumschen Q-Funktion lösen, und somit ergibt sich für die Bitfehlerwahrscheinlichkeit
bei Hüllkurvendemodulation eines ASK-Signals mit signalangepaßten Filtern

$$
P_{b\,ASK} = \frac{1}{2}\left(\mathrm{e}^{-\frac{x_{opt}^2}{4N_0}} + \mathrm{e}^{-\frac{4E^2+x_{opt}^2}{4N_0}}\cdot\sum_{m=1}^{\infty}\left(\frac{x_{opt}}{2E}\right)^m I_m\left(\frac{x_{opt}E}{N_0}\right)\right). \tag{9.63}
$$

Die Bitfehlerwahrscheinlichkeiten aus Gl. (9.14), Gl. (9.63) und Gl. (9.56) sind in
Abb. 9.8 als Funktion von E/N_0 gegenübergestellt. Die signalangepaßte, nichtkohärente
Demodulation benötigt für die gleiche Bitfehlerwahrscheinlichkeit, wie sie von der
kohärenten Demodulation erreicht wird, ein um ungefähr 1 dB höheres E/N_0-Verhält-
nis und weist gegenüber der nichtkohärenten ASK-Demodulation nach Abb. 9.3 einen
Störabstandsgewinn von ca. 3 dB auf. Wegen der erhöhten Unempfindlichkeit der
signalangepaßten, nichtkohärenten Demodulation gegenüber zeitlichen Schwankungen
des Abtastzeitpunktes wird diese Demodulationsmethode häufig der kohärenten Demodulation vorgezogen. Man muß jedoch beachten, daß sie bei Wahl der Signalformen
als

$$
s_1(t) = -s_2(t) \tag{9.64}
$$

nicht mehr einsetzbar ist. Die Realisierung des signalangepaßten Filters kann Schwierigkeiten bereiten, insbesondere bei hohen Datenraten. Das Filter besitzt einen si-förmigen
Frequenzgang und kann durch einen idealen Integrator, der über eine Bitdauer T_b integriert, ersetzt werden. Dieser wird, nachdem der Abtastvorgang stattgefunden hat, im

Idealfall in unendlich kurzer Zeit wieder entladen. Da der Entladevorgang in der Realität jedoch immer eine endliche Zeitspanne benötigt, steht nicht die gesamte Bitdauer zur Integration zur Verfügung, was zu einer Degradation des maximalen Geräuschspannungsabstands am Integratorausgang und damit zu einer Verschlechterung der Bitfehlerwahrscheinlichkeit führt. Der erzielbare Geräuschspannungsabstand am Integratorausgang hängt linear von der zur Verfügung stehenden Integrationszeit ab, so daß ein Störabstandsverlust von 1 dB auftritt, wenn 20% der Bitdauerzeitspanne zur Entladung des Integrators benötigt werden.

Zusammenfassend läßt sich sagen, daß zur Demodulation eines rauschbehafteten amplitudenumgetasteten Signals wegen der hohen Empfindlichkeit des kohärenten Demodulators gegenüber einer Verschiebung des Abtastzeitpunktes häufig auf eine signalangepaßte nichtkohärente Demodulation nach Abb. 9.7 zurückgegriffen wird. Möchte man darüberhinaus die Schwierigkeiten bei der Realisierung des signalangepaßten Filters vermeiden, so besteht noch die Möglichkeit, eine Demodulation nach Abb. 9.3 mit Bandpaßfilterung durchzuführen. Der Verlust gegenüber der kohärenten Demodulation beträgt hierbei ungefähr 3,5 dB.

9.2   Die Frequenzumtastung

Bei der Frequenzumtastung (FSK) werden die beiden zu übertragenden Codeelemente „0" und „1" durch unterschiedliche Frequenzen repräsentiert. Man setzt dafür die beiden Signalformen

$$s_1(t) = A\cos(\omega_o t + \Omega t) \quad , 0 \leq t < T_b \tag{9.65}$$

und

$$s_2(t) = A\cos(\omega_o t - \Omega t) \quad , 0 \leq t < T_b \tag{9.66}$$

ein. Eine der beiden Signalformen wird während der Bitdauer T_b gesendet, so daß das Modulatorausgangssignal eine konstante Einhüllende und entweder die Frequenz $\omega_o + \Omega$ oder die Frequenz $\omega_o - \Omega$ besitzt, wobei Ω eine konstante Frequenzabweichung von der Mittenfrequenz ω_o darstellt. Für die beiden dadurch definierten Trägerfrequenzen benutzt man die Abkürzungen

$$\omega_H = \omega_o + \Omega \tag{9.67}$$

und

$$\omega_L = \omega_o - \Omega \quad . \tag{9.68}$$

Mit Hilfe dieser beiden Gleichungen läßt sich das Modulatorausgangsignal durch

$$s_{FSK}(t) = \sum_{n=-\infty}^{\infty} a_n s(t - nT_b)\cos\omega_H t + \bar{a}_n s(t - nT_b)\cos\omega_L t, \quad a_n \in \{0,1\} \tag{9.69}$$

beschreiben. $s(t)$ wurde bereits in Gl. (9.4) definiert. a_n ist ein Faktor, der in Abhängigkeit des zu übertragenden Codeelements den Wert 0 oder 1 annimmt und diesen für die

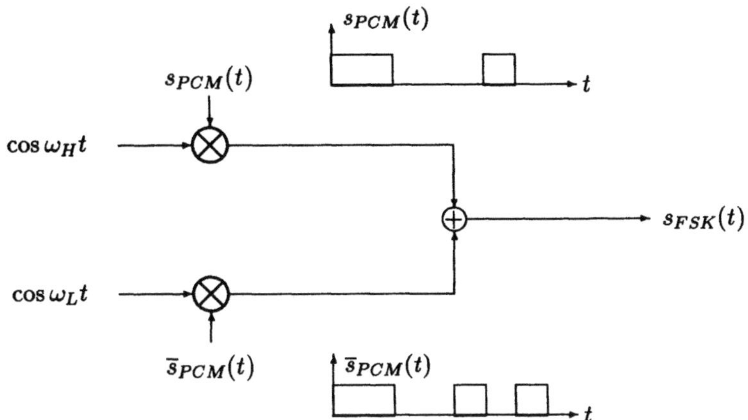

Abb. 9.9: Blockschaltbild eines FSK-Modulators

Bitdauer T_b beibehält; $\bar{a}_n$ bezeichnet den zu a_n komplementären Wert. Ändert sich a_n von 1 auf 0, so ändert sich $\bar{a}_n$ von 0 auf 1. Entsprechendes gilt für einen Wechsel von a_n von 0 auf 1. Damit wird sichergestellt, daß zu jedem Zeitpunkt entweder a_n oder $\bar{a}_n$ den Wert 1 besitzt. Demzufolge beträgt die Trägerfrequenz des generierten Signals entweder ω_H oder ω_L. Aus Gl. (9.69) ist das Blockschaltbild eines FSK-Modulators herzuleiten. Es ist in Abb. 9.9 wiedergegeben, wobei berücksichtigt wurde, daß die Summe $\sum_{n=-\infty}^{\infty} a_n s(t - nT_b)$ nach Gl. (8.42) durch ein PCM-Signal dargestellt werden kann.

Eine Aussage über das Spektrum eines frequenzumgetasteten Signals ergibt sich aus der Tatsache, daß die FSK als amplitudenumgetastetes Signal aufgefaßt werden kann, das zwei Trägerfrequenzen besitzt, von denen jeweils nur eine auf den Modulatorausgang durchgeschaltet wird. Somit erhält man für den kontinuierlichen Anteil des Leistungsdichtespektrums mit Hilfe von Gl. (9.11)

$$
\begin{aligned}
S_{FSK\,kon}(\omega) \;=\; & \frac{A^2 T_b}{16}\left(\operatorname{si}^2\left((\omega - \omega_H)\frac{T_b}{2}\right) + \operatorname{si}^2\left((\omega + \omega_H)\frac{T_b}{2}\right)\right.\\
& \left. + \operatorname{si}^2\left((\omega - \omega_L)\frac{T_b}{2}\right) + \operatorname{si}^2\left((\omega + \omega_L)\frac{T_b}{2}\right)\right) \quad .
\end{aligned}
\tag{9.70}
$$

Diskrete Spektrallinien existieren bei den beiden Trägerfrequenzen:

$$
S_{FSK\,dis}(\omega_H) = S_{FSK\,dis}(-\omega_H) = S_{FSK\,dis}(\omega_L) = S_{FSK\,dis}(-\omega_L) = \frac{A^2}{16} \quad .
\tag{9.71}
$$

Eine kohärente Demodulation im Empfänger ist demzufolge möglich, da das modulierte Signal diskrete Spektralanteile bei beiden Trägerfrequenzen besitzt. Mit Hilfe zweier Bandpässe oder Phasenregelkreise kann das zur Demodulation notwendige Referenzsignal $s_2(t) - s_1(t)$ aus dem Empfangssignal gewonnen werden. Die bei den Trägerfrequenzen vorhandenen Spektralanteile sind für positive Frequenzen in Abb. 9.10 skizziert.

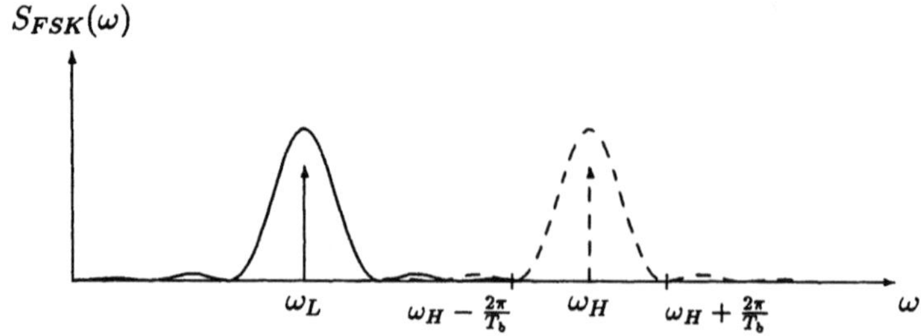

Abb. 9.10: Zusammensetzung des Leistungsdichtespektrums eines frequenzumgetasteten Signals aus den Spektren zweier ASK-Signale

9.2.1 FSK-Modulation und Rauschen

Vergleichbar zur ASK-Übertragung kann im Empfänger eine kohärente oder eine nicht-kohärente Demodulation durchgeführt werden. Für die kohärente Demodulation wurde bereits in Kapitel 8.6 eine Empfängerstruktur hergeleitet, die für ein Störsignal aus weißem gaußverteiltem Rauschen mit der konstanten Leistungsdichte N_0, das sich dem Sendesignal additiv überlagert, die Bitfehlerwahrscheinlichkeit minimiert. Das Blockschaltbild eines solchen Empfängers für ein FSK-Signal ist in Abb. 9.11 wiedergegeben. Es läßt sich direkt aus Abb. 8.17 herleiten. Das rauschbehaftete FSK-Signal wird mit dem Referenzsignal $d(t) = s_2(t) - s_1(t)$ multipliziert, über eine Bitdauer integriert und das Integratorausgangssignal im Schwellenwertentscheider mit einer noch zu bestimmenden optimalen Schwelle k_{opt} verglichen. Unter der Annahme, daß der Kehrwert der Trägerfrequenzen klein gegenüber der Bitdauer ist, berechnet man das Integratorausgangssignal zum Zeitpunkt $t = T_b$ für beide Signalformen und erhält mit Gl. (8.55) die optimale Schwelle

$$k_{opt} = 0 \quad . \tag{9.72}$$

Zur Berechnung der Bitfehlerwahrscheinlichkeit kann wieder Gl. (8.89) benutzt werden, die hier nochmals wiedergegeben wird:

$$P_b = \frac{1}{2}\mathrm{erfc}\left(\sqrt{\frac{E_1 + E_2 - 2E_{12}}{8N_0}}\right) \quad . \tag{9.73}$$

Wegen der beiden Signalformen $s_1(t)$ und $s_2(t)$ kann unmöglich die Annahme

$$s_1(t) = -s_2(t) \tag{9.74}$$

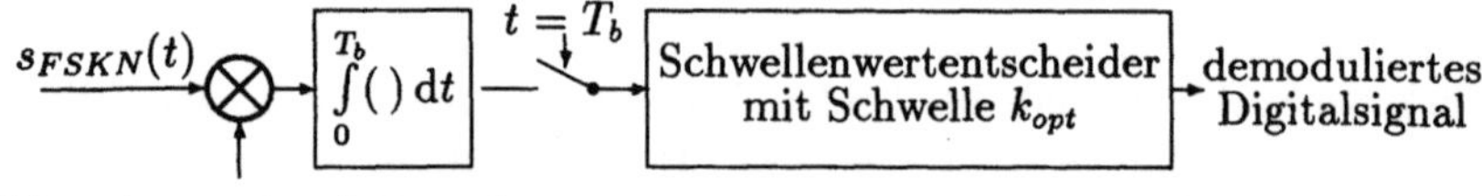

$$d(t) = A\cos\omega_L t - A\cos\omega_H t$$

Abb. 9.11: Korrelationsempfänger für ein rauschbehaftetes FSK-Signal

erfüllt werden, so daß die Bitfehlerwahrscheinlichkeit immer größer als

$$P_b = \frac{1}{2}\mathrm{erfc}\left(\sqrt{\frac{E_1}{2N_0}}\right)$$ (9.75)

sein muß. Der Term E_{12} in Gl. (9.73) kann jedoch minimiert werden. Dazu berechnet man

$$E_{12} = \int_0^{T_b} A\cos((\omega_o + \Omega)t) \cdot A\cos((\omega_o - \Omega)t)\,\mathrm{d}t$$ (9.76)

und erhält unter der Annahme $\omega_o \gg \Omega$ das Resultat

$$E_{12} = \frac{A^2}{4\Omega}\sin(2\Omega T_b) \quad .$$ (9.77)

Zur Minimierung von Gl. (9.73) muß auch Gl. (9.77) minimal werden, was für

$$2\Omega T_b = \frac{3\pi}{2}$$ (9.78)

erfüllt ist. Unter dieser Bedingung erhält man

$$E_{12} = -\frac{A^2 T_b}{3\pi} \quad ,$$ (9.79)

und mit

$$E_1 = E_2 = E = \frac{A^2 T_b}{2}$$ (9.80)

ergibt sich aus Gl. (9.73)

$$P_{b\,FSK} \approx \frac{1}{2}\mathrm{erfc}\left(\sqrt{0,3 \cdot \frac{E}{N_0}}\right) \quad .$$ (9.81)

Aus Gl. (9.77) läßt sich weiterhin ablesen, daß für eine Orthogonalität zwischen beiden Signalformen die Bedingung

$$2\Omega T_b = m\pi \quad , m = 1, 2, \ldots$$ (9.82)

erfüllt sein muß. Dann erhält man eine Bitfehlerwahrscheinlichkeit, die der eines amplitudenumgetasteten Signals entspricht:

$$P_{b\,FSKkoh} = \frac{1}{2}\mathrm{erfc}\left(\sqrt{\frac{E}{4N_0}}\right) \quad .$$ (9.83)

Das Blockschaltbild eines nichtkohärenten FSK-Demodulators ist in Abb. 9.12 wiedergegeben. Am Eingang des Empfängers liegt das rauschbehaftete, frequenzumgetastete Signal $s_{FSKN}(t)$ an, wobei angenommen ist, daß der Frequenzversatz Ω so groß gewählt ist, daß die beiden Signale $s_1(t)$ und $s_2(t)$ unterschiedliche Frequenzbereiche belegen. Aus Abb. 9.10 läßt sich ablesen, daß aufgrund der gewählten Signalform

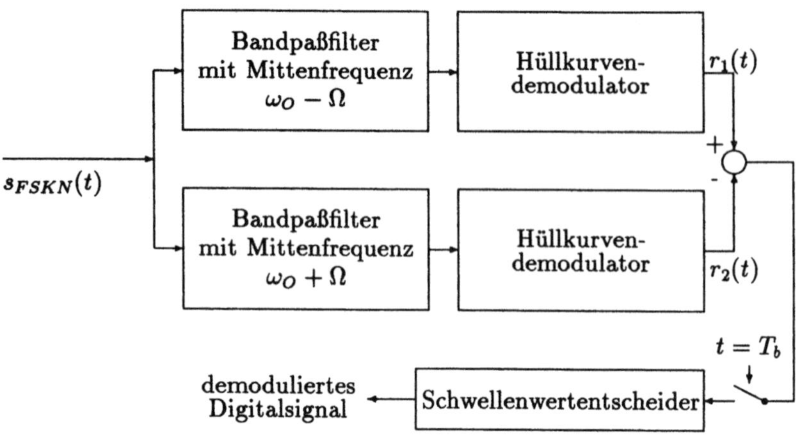

Abb. 9.12: Blockschaltbild eines nichtkohärenten FSK-Demodulators

die Überlappung der beiden Spektren bei einer Frequenzdifferenz der beiden Mittenfrequenzen von $\omega_H - \omega_L = 2\pi/T_b$ nur noch gering ist, so daß man beide Signalformen eindeutig voneinander unterscheiden kann. Die einseitige Bandbreite eines derartigen FSK-Signals beträgt demzufolge

$$B_{FSK} = \frac{4}{T_b} \quad . \tag{9.84}$$

Da sich der Modulator in Abb. 9.12 aus zwei parallel geschalteten, nichtkohärenten ASK-Demodulatoren zusammensetzt, berechnet sich die Bitfehlerwahrscheinlichkeit mit Hilfe der in Kapitel 9.1 vorgestellten Methoden.

Unter der Annahme, daß das Signal $s_1(t)$ gesendet wurde, gehorcht die Amplitude des Hüllkurvendemodulatorausgangssignals $r_1(t)$ aufgrund des gaußverteilten Rauschsignals $n(t)$ einer Rice-Verteilung, und man erhält nach Gl. (9.35) die Amplitudendichteverteilung

$$p(r_1) = \frac{r_1}{N} \mathrm{e}^{-\frac{r_1^2 + A^2}{2N}} I_0\left(\frac{Ar_1}{N}\right) \quad , r_1 \geq 0 \, . \tag{9.85}$$

Die Rauschleistung N in einem der Filterzweige bestimmt sich aus der Bandpaßbandbreite und der konstanten Rauschleistungsdichte N_0 zu

$$N = \frac{4N_0}{T_b} \quad . \tag{9.86}$$

Das Ausgangssignal des unteren Hüllkurvendemodulators resultiert allein vom Rauschsignal her, so daß für die Amplitudendichteverteilung die Rayleigh-Verteilung nach Gl. (9.28) gilt:

$$p(r_2) = \frac{r_2}{N} \mathrm{e}^{-\frac{r_2^2}{2N}} \quad , r_2 \geq 0 \, . \tag{9.87}$$

Eine Fehlentscheidung im anschließenden Schwellenwertentscheider entsteht, wenn zum Abtastzeitpunkt $t = T_b$ die Amplitude des unteren Hüllkurvendemodulators $r_2(T_b)$ größer ist als die Amplitude $r_1(T_b)$ des oberen:

$$P(\text{Fehler}|s_1(t)) = \int\limits_0^\infty p(r_1) \int\limits_{r_1}^\infty p(r_2)\,\mathrm{d}r_2\,\mathrm{d}r_1 \quad . \tag{9.88}$$

Aufgrund der Schaltungssymmetrie gilt

$$P(\text{Fehler}|s_1(t)) = P(\text{Fehler}|s_2(t)) \quad , \tag{9.89}$$

so daß Gl. (9.88) die mittlere Bitfehlerwahrscheinlichkeit unter der Vorraussetzung angibt, daß beide Codeelemente gleichwahrscheinlich auftreten. Das innere Integral in Gl. (9.88) liefert den Beitrag

$$\int\limits_{r_1}^\infty \frac{r_2}{N} \mathrm{e}^{-\frac{r_2^2}{2N}}\,\mathrm{d}r_2 = \mathrm{e}^{-\frac{r_1^2}{2N}} \quad . \tag{9.90}$$

Damit berechnet sich die Bitfehlerwahrscheinlichkeit bei nichtkohärenter Demodulation zu

$$P_{bFSK} = \int\limits_0^\infty \frac{r_1}{N} \mathrm{e}^{-\left(\frac{r_1^2}{N}+\frac{A^2}{2N}\right)} I_0\left(\frac{Ar_1}{N}\right)\,\mathrm{d}r_1 \quad . \tag{9.91}$$

Dieses Integral läßt sich mit Hilfe der Marcumschen Q-Funktion aus Gl. (9.50) lösen. Mit der neuen Variablen

$$t = r_1\sqrt{\frac{2}{N}} \tag{9.92}$$

und der Konstanten

$$\alpha = \frac{A}{\sqrt{2N}} \tag{9.93}$$

entsteht aus Gl. (9.91)

$$P_{bFSK} = \frac{1}{2}\mathrm{e}^{-\frac{\alpha^2}{2}} Q(\alpha,0) \quad . \tag{9.94}$$

Aufgrund der Eigenschaft

$$Q(\alpha,0) = \int\limits_0^\infty t I_0(\alpha t)\mathrm{e}^{-\left(\frac{\alpha^2+t^2}{2}\right)}\,\mathrm{d}t = 1 \tag{9.95}$$

berechnet sich die Bitfehlerwahrscheinlichkeit bei nichtkohärenter Demodulation eines FSK-Signals zu

$$\begin{aligned} P_{bFSK} &= \frac{1}{2}\mathrm{e}^{-\frac{A^2}{4N}} \\ &= \frac{1}{2}\mathrm{e}^{-\frac{E}{8N_0}} \quad . \end{aligned} \tag{9.96}$$

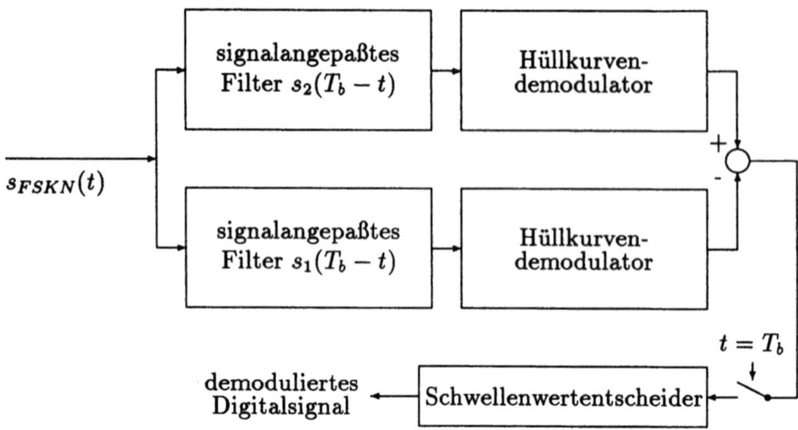

Abb. 9.13: Blockschaltbild eines signalangepaßten FSK-Hüllkurvendemodulators

Eine Verringerung der Bitfehlerwahrscheinlichkeit läßt sich, vergleichbar zur Vorgehensweise bei der Amplitudenumtastung (s. Kapitel 9.1.1), dadurch erreichen, daß eine signalangepaßte Hüllkurvendemodulation durchgeführt wird. Aus Abb. 9.13 ist zu erkennen, daß dazu die beiden Bandpaßfilter aus Abb. 9.12 durch signalangepaßte Filter ersetzt werden. Da durch die signalangepaßte Filterung der Geräuschspannungsabstand vor dem Schwellenwertentscheider durch Minimierung der Rauschleistung maximiert wird, läßt sich die Bitfehlerwahrscheinlichkeit dieses Demodulatortyps dadurch berechnen, daß die äquivalente Rauschbandbreite der signalangepaßten Filter bestimmt wird. Diese beträgt $2/T_b$ und mit $E = A^2 T_b/2$ ergibt sich aus Gl. (9.96) die Bitfehlerwahrscheinlichkeit des signalangepaßten FSK-Hüllkurvendemodulators zu

$$P_{b\,FSK} = \frac{1}{2} e^{-\frac{E}{4N_0}} \tag{9.97}$$

Die Bitfehlerwahrscheinlichkeiten aus Gl. (9.81), Gl. (9.96) und Gl. (9.97) sind in Abb. 9.14 als Funktion von E/N_0 gegenübergestellt. Die Bitfehlerwahrscheinlichkeit eines kohärenten FSK-Demodulators ist erwartungsgemäß geringer als die eines nichtkohärenten Demodulators. Dieser wird allerdings wegen seines einfachen Aufbaus häufig zur Demodulation eingesetzt.

9.2.2 Frequenzumtastung mit kontinuierlichem Phasenverlauf

Das Modulatorausgangssignal aus Gl. (9.69) kann in Abhängigkeit von den beiden gewählten Trägerfrequenzen und der zu übertragenden Datenrate einen kontinuierlichen oder einen diskontinuierlichen Phasenverlauf besitzen. Für die Übertragung über bandbegrenzte Kanäle bevorzugt man einen kontinuierlichen Phasenverlauf, da dadurch die

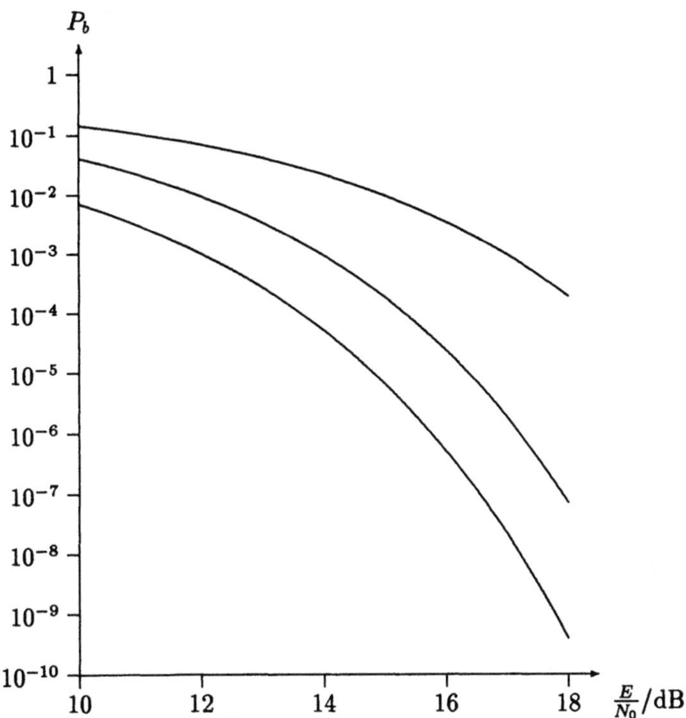

Abb. 9.14: Bitfehlerwahrscheinlichkeit für kohärente, nichtkohärente signalangepaßte und nichtkohärente FSK-Demodulation

hohen Frequenzanteile im Leistungsdichtespektrum des FSK-Signals reduziert werden.
Dieser ist gewährleistet, wenn die beiden Signalformen $s_1(t)$ und $s_2(t)$ eine ganzzahlige
Anzahl von Schwingungen innerhalb der Bitdauer T_b ausführen, wozu die Gleichungen

$$\frac{\omega_H T_b}{2\pi} = K_H \qquad (9.98)$$

und

$$\frac{\omega_L T_b}{2\pi} = K_L \qquad (9.99)$$

erfüllt werden müssen. K_H und K_L sind hierbei beliebige, ganzzahlige Konstanten.
Zur Minimierung der Signalbandbreite genügt es, unter Berücksichtigung der beiden
letzten Gleichungen, die Frequenzablage Ω zu minimieren. Mit $K_H - K_L = 1$ führt die
Signalform $s_1(t)$ innerhalb einer Bitdauer eine Schwingung mehr aus als $s_2(t)$, und man
erhält für die Frequenzablage

$$2\Omega = \omega_H - \omega_L = \frac{2\pi}{T_b} \quad . \qquad (9.100)$$

Hierdurch sind beide Signalformen nach Gl. (9.82) orthogonal zueinander, wodurch die
Bitfehlerwahrscheinlichkeit bei kohärenter Demodulation minimiert wird.

Ein FSK-Modulator mit kontinuierlichem Phasenverlauf läßt sich durch einen spannungsgesteuerten Oszillator (VCO) realisieren, an dessen Eingang ein PCM-Signal nach Gl. (8.42) anliegt. Das Oszillatorausgangssignal kann dann in Anlehnung an Gl. (5.212) in der Form

$$s_{FSK}(t) = A \cdot \cos\left(\omega_o t + \Omega \int\limits_{-\infty}^{t} s_{PCM}(\tau)\,\mathrm{d}\tau\right) \tag{9.101}$$

geschrieben werden; es besitzt einen kontinuierlichen Phasenverlauf.

Durch Gl. (9.100) ist die minimal mögliche Frequenzablage Ω gegeben, wenn die beiden Trägerfrequenzsignale im FSK-Modulator direkt mit dem PCM-Signal und dem dazugehörigen komplementären Signal multipliziert werden, wie es in Abb. 9.9 dargestellt ist. Erlaubt man dagegen eine Vorverarbeitung des PCM-Signals, so läßt sich eine minimale Frequenzablage von

$$\Omega = \frac{\pi}{2T_b} \tag{9.102}$$

erreichen, was der Hälfte des Wertes aus Gl. (9.100) entspricht. Dazu wird der zu übertragende Datenstrom in zwei Datenströme aufgeteilt, wobei der eine die Bits mit gerader Numerierung und der andere diejenigen mit ungerader Numerierung enthält. Weiterhin wird die Bitdauer in den einzelnen Datenströmen gegenüber der ursprünglichen Bitdauer verdoppelt, so daß in jedem Datenstrom die Symboldauer $T_s = 2T_b$ beträgt. Vor der Multiplikation mit den beiden Trägerfrequenzsignalen werden beide Datenströme miteinander verknüpft, und es entsteht ein Modulatorausgangssignal, das sich, vergleichbar zur FSK, aus zwei Signalformen mit der jeweiligen Bitdauer T_b zusammensetzt. Die Signalform mit der Trägerfrequenz ω_H führt dabei innerhalb einer Bitdauer eine halbe Schwingung mehr aus als das Signal mit der Trägerfrequenz ω_L in der gleichen Zeitspanne. Das Modulatorausgangssignal ist phasenkontinuierlich, und da durch Gl. (9.102) die kleinstmögliche Frequenzablage bestimmt ist, bei der beide Signalformen noch orthogonal zueinander sind, - was eine kohärente Demodulation erlaubt -, bezeichnet man dieses Verfahren als „Minimum Shift Keying" (MSK). Eine ausführliche Einleitung hierzu findet man in [16].

9.3   Die Phasenumtastung

Bei der Phasenumtastung (PSK) werden die beiden zu übertragenden Codeelemente „0" und „1" durch zwei sinusförmige Signalformen mit konstanter Amplitude und Frequenz repräsentiert, wobei jedoch die Phase der beiden Signalformen sich um 180° voneinander unterscheidet. Somit stehen zur Digitalübertragung die beiden Signale

$$s_1(t) = A\cos\omega_c t \quad , 0 \leq t < T_b \tag{9.103}$$

und

$$\begin{aligned} s_2(t) &= A\cos(\omega_c t + \pi) \\ &= -A\cos\omega_c t \quad , 0 \leq t < T_b \end{aligned} \tag{9.104}$$

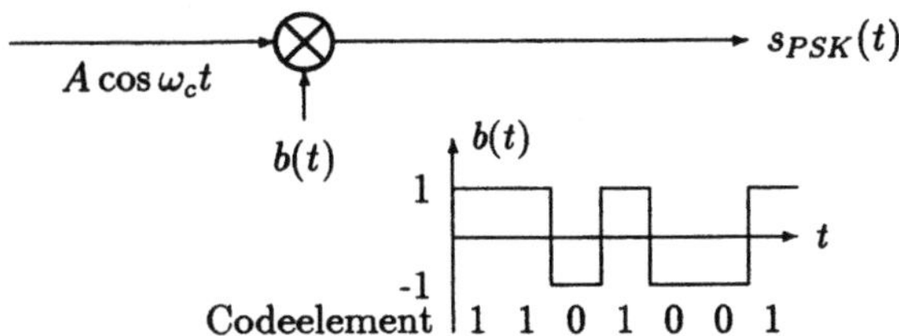

Abb. 9.15: Blockschaltbild eines PSK-Modulators

zur Verfügung. Das Modulatorausgangssignal läßt sich durch

$$s_{PSK}(t) = \sum_{n=-\infty}^{\infty} a_n s(t - nT_b) A \cos \omega_c t \qquad (9.105)$$

beschreiben, wobei a_n ein Faktor ist, der in Abhängigkeit des zu übertragenden Codeelementes für die Bitdauer T_b den Wert 1 oder -1 annimmt. Aus diesem Ausdruck läßt sich ein Blockschaltbild eines PSK-Modulators herleiten. Es ist in Abb. 9.15 wiedergegeben, wobei berücksichtigt wurde, daß die Summe $b(t) = \sum_{n=-\infty}^{\infty} a_n s(t - nT_b)$ nach Kapitel 8.6 ein bipolares PCM-Signal beschreibt.

Das Spektrum des Modulatorausgangssignals ergibt sich mit Hilfe von Gl. (9.10) zu

$$S_{PSK}(\omega) = \frac{A^2 T_b}{4} \left(\text{si}^2 \left((\omega - \omega_c)\frac{T_b}{2} \right) + \text{si}^2 \left((\omega + \omega_c)\frac{T_b}{2} \right) \right) \quad . \qquad (9.106)$$

Es besitzt die gleiche Form wie der kontinuierliche Anteil des ASK-Spektrums aus Gl. (9.11), beinhaltet jedoch keine diskreten Frequenzanteile, weswegen zur Erzeugung eines Referenzsignals, wie es zur kohärenten Demodulation benötigt wird, eine nichtlineare Signalverarbeitung stattfinden muß. Da man die Phasenumtastung auch als eine Amplitudenmodulation mit unterdrücktem Träger auffassen kann, bei der für das Modulationssignal zwei diskrete Zustände möglich sind, läßt sich zur Trägerrückgewinnung die in Abb. 5.14 dargestellte Methode einsetzen.

9.3.1 PSK-Modulation und Rauschen

Im folgenden soll der Einfluß von thermischem Rauschen, das sich additiv auf dem Übertragungskanal dem phasenumgetasteten Signal überlagert, auf die Demodulation des Digitalsignals untersucht werden. Das Rauschsignal ist gaußverteilt, mittelwertfrei und besitzt ein konstantes Leistungsdichtespektrum der Größe N_0. Da die zu übertragende Information bei der Phasenumtastung durch die Trägersignalphase repräsentiert wird, kann nur eine kohärente Demodulation zur Wiedergewinnung der Codeelemente eingesetzt werden. Hierfür wurde bereits in Kapitel 8.6 eine Empfängerstruktur hergeleitet, die für das oben beschriebene Rauschsignal die Bitfehlerwahrscheinlichkeit minimiert. Das Blockschaltbild eines an die PSK angepaßten Empfängers ist in Abb. 9.16 wiedergegeben. Das rauschbehaftete PSK-Signal

Abb. 9.16: Korrelationsempfänger für ein rauschbehaftetes PSK-Signal

$$s_{PSKN}(t) = s_i(t) + n(t) \quad , i \in \{1,2\} \tag{9.107}$$

wird mit dem Referenzsignal $d(t)$ multipliziert, das Ergebnis über eine Bitdauer integriert und das abgetastete Integratorausgangssignal im Schwellenwertentscheider mit der optimalen Schwelle

$$k_{opt} = 0 \tag{9.108}$$

verglichen. Bei der Phasenumtastung ist Gl. (8.85) erfüllt, und man erhält mit der Bezeichnung

$$E = E_1 = E_2 = -E_{12} \tag{9.109}$$

für die Berechnung der Bitfehlerwahrscheinlichkeit den Ausdruck

$$P_{b\,PSK} = \frac{1}{2}\mathrm{erfc}\left(\sqrt{\frac{E}{2N_0}}\right) \quad , \tag{9.110}$$

der dem für die Bitfehlerwahrscheinlichkeit bei einer bipolaren PCM-Übertragung entspricht (s. Gl. (8.88)). Die Phasenumtastung bei kohärenter Demodulation weist im Vergleich zur Amplitudenumtastung bezüglich der Bitfehlerwahrscheinlichkeit einen Störabstandsgewinn von 3 dB auf.

9.3.2 Die differentielle Phasenumtastung

Die im vorhergehenden Abschnitt beschriebene Phasenumtastung benötigt bei synchroner Demodulation zur fehlerfreien Datenrückgewinnung ein Referenzsignal, das phasensynchron zum Trägersignal auf der Senderseite ist. Bei der Trägerrückgewinnungsschaltung im Empfänger werden durch das Quadrieren des Eingangssignals die Phasenlagen beider Signalformen auf Vielfache von 2π abgebildet. Hierdurch entsteht eine diskrete Spektrallinie bei der doppelten Trägerfrequenz, die mittels eines Bandpasses herausgefiltert wird. Durch die anschließende Frequenzteilung erhält man wieder eine Trägerschwingung mit der Frequenz ω_c, die allerdings um den konstanten Phasenwinkel π verschoben sein kann. Ist dies der Fall, so führt der Schwellenwertentscheider permanent eine falsche Decodierung durch; der Datenstrom im Empfänger ist dann komplementär zum Datenstrom im Sender. Weiterhin kann es zu einer fehlerbehafteten Decodierung kommen, wenn das Eingangssignal, trotz phasenrichtiger Lage des Referenzsignals im Empfänger, durch Laufzeitverzögerungen im Übertragungskanal phasenverschoben am Eingang des Korrelationsempfängers anliegt. Die durch die hier beschriebenen Phasenunsicherheiten verursachten Fehler bei der Datenrückgewinnung lassen sich vermeiden,

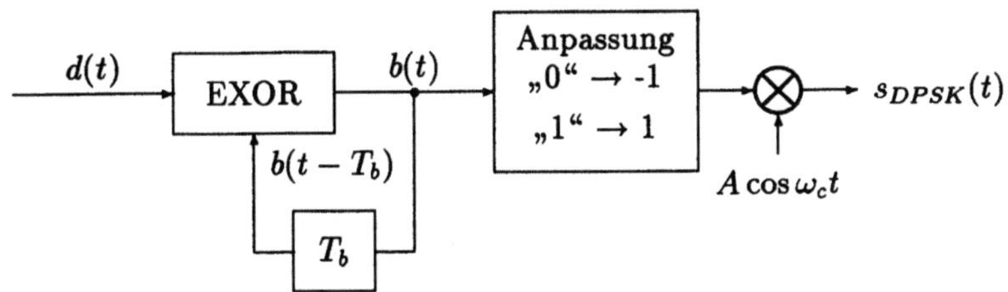

Abb. 9.17: Blockschaltbild eines DPSK-Modulators

indem die zu übertragende Information nicht in der absoluten Phasenlage des Trägersignals, sondern in der Phasendifferenz zwischen zwei aufeinanderfolgenden Signalformen übertragen wird. Ein solches Modulationsverfahren bezeichnet man als differentielle Phasenumtastung (DPSK).

Das Blockschaltbild eines DPSK-Modulators ist in Abb. 9.17 wiedergegeben. Zunächst werden die zu übertragenden Daten durch ein EXOR-Gatter vorverarbeitet, dessen Eingangssignale durch das Datensignal $d(t)$ und das um eine Bitdauer verzögerte Gatterausgangssignal $b(t - T_b)$ gebildet werden. Der Ausgang eines EXOR-Gatters liefert nur dann eine logische „1", wenn an beiden Eingängen unterschiedliche Daten anliegen. Mit Hilfe von Tabelle 9.1 läßt sich die Arbeitsweise des Gatters verdeutlichen. In der Tabelle sind die von den Datensignalen $d(t)$, $b(t - T_b)$ und $b(t)$ innerhalb einer Bitdauer T_b angenommenen logischen Werte eingetragen und mit d_n, b_{n-1} und b_n bezeichnet. Man erkennt, daß das Ausgangssignal $b(t)$ seinen logischen Zustand ändert, wenn $d(t)$ auf „1" liegt und seinen Zustand nicht ändert, sofern $d(t)$ den logischen Wert „0" repräsentiert. Es existiert keine feste Zuordnung zwischen den Datensequenzen d_n und b_n. So ist beispielsweise für $n = 3$ $d_3 = 1$ und $b_3 = 1$, wohingegen für $n = 8$ beide Signale unterschiedliche Werte annehmen. Fest ist jedoch der Zusammenhang, daß immer dann ein Wechsel in der Datensequenz b_n auftritt, wenn d_n den logischen Wert „1" annimmt. Entsprechend findet kein Wechsel für $d_n = 0$ statt. Das Ausgangssignal der Anpassungsschaltung nimmt in Abhängigkeit vom Datensignal $b(t)$ den konstanten Wert 1 oder -1 in jedem Bitintervall an und erzeugt durch Multiplikation mit dem Trägersignal $A \cos \omega_c t$ eine der beiden Signalformen. Für die Phase des Ausgangssignals $s_{DPSK}(t)$ bedeutet dies, daß sie ihren Wert um π verändert, wenn das zu übertragende Codelement eine „1" ist.

Bei der DPSK-Modulation wird die zu übertragende Information durch Phasenänderungen des modulierten Signals dargestellt, und insofern liegt es nahe, im Empfänger zur Decodierung die Signalformen zweier aufeinanderfolgender Bitintervalle miteinander zu vergleichen. Eine Methode zur Demodulation eines DPSK-Signals ist in Abb. 9.18

Tabelle 9.1: Beispiel zur Codierung eines DPSK-Signals

$\frac{t}{T_b} = n$	1	2	3	4	5	6	7	8	9
d_n	0	0	1	1	0	0	1	0	1
b_{n-1}	0	0	0	1	0	0	0	1	1
b_n	0	0	1	0	0	0	1	1	0

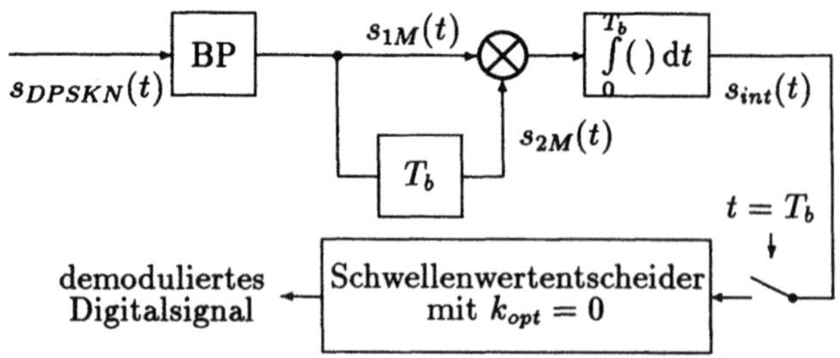

Abb. 9.18: Blockschaltbild eines DPSK-Demodulators

gezeigt. Im rauschfreien Fall ergibt sich am Integratorausgang unter der Annahme $\omega_c \gg 2\pi/T_b$ ein Signal der Größe $A^2 T_b/2$ oder $-A^2 T_b/2$ in Abhängigkeit davon, ob die am Empfängereingang anliegenden Signalformen in zwei aufeinanderfolgenden Bitintervallen gleich oder verschieden voneinander sind. Somit ergibt sich eine optimale Entscheiderschwelle von $k_{opt} = 0$.

Für die Berechnung der Bitfehlerwahrscheinlichkeit am Ausgang eines DPSK-Demodulators muß man berücksichtigen, daß bei der Übertragung des Codeelementes „0" zwei aufeinanderfolgende Signalformen gleich sind. Im rauschfreien Fall ergibt sich dadurch ein positiver Abtastwert am Integratorausgang in Abb. 9.18, so daß bei einem rauschbehafteten Signal dann ein Bitfehler auftritt, wenn $s_{int}(T_b)$ einen negativen Wert annimmt. Bei der Übertragung des Codeelementes „1" entsteht hingegen ein Bitfehler, wenn $s_{int}(T_b)$ einen positiven Wert besitzt. Da beide Bitfehlermöglichkeiten zum gleichen mathematischen Ausdruck führen, genügt es, vergleichbar zur Bitfehlerberechnung bei nichtkohärenter FSK-Demodulation, einen der beiden Fälle zu berechnen. Geht man davon aus, daß kein Phasenunterschied zwischen zwei aufeinanderfolgenden Signalformen existiert, so lassen sich die Signale an den beiden Multiplizierereingängen folgendermaßen beschreiben:

$$s_{1M}(t) = (A + x_1(t))\cos\omega_c t - y_1(t)\sin\omega_c t \quad , 0 \leq t < T_b \qquad (9.111)$$

und

$$s_{2M}(t) = (A + x_2(t))\cos\omega_c t - y_2(t)\sin\omega_c t \quad , 0 \leq t < T_b \qquad (9.112)$$

beziehungsweise

$$s_{1M}(t) = n_1(t)\cos\omega_c t - q_1(t)\sin\omega_c t \quad , 0 \leq t < T_b \qquad (9.113)$$

und

$$s_{2M}(t) = n_2(t)\cos\omega_c t - q_2(t)\sin\omega_c t \quad , 0 \leq t < T_b. \qquad (9.114)$$

$x_1(t)$, $y_1(t)$, $x_2(t)$ und $y_2(t)$ sind hierbei gaußverteilte Schmalbandprozesse, die ein Rauschsignal darstellen, das ein konstantes Leistungsdichtespektrum der Größe N_0 besitzt. Da der Schwellenwertentscheider eine Vorzeichendetektion ausführt, ist es für die weitere Rechnung hilfreich, diese beiden Gleichungen durch Betrag und Phase darzustellen. Man erhält folglich

$$s_{1M}(t) = r_1(t)\cos(\omega_c t + \varphi_1(t)) \qquad (9.115)$$

und

$$s_{2M}(t) = r_2(t)\cos(\omega_c t + \varphi_2(t)) \quad . \tag{9.116}$$

Nach Multiplikation und Integration, bei der die Signalanteile bei der doppelten Trägerfrequenz unterdrückt werden, liegt am Eingang des Schwellenwertentscheiders der Abtastwert

$$\begin{aligned}
s_{int}(T_b) &= r_1(T_b)r_2(T_b)\cos(\varphi_1(T_b) - \varphi_2(T_b)) \\
&= r_1(T_b)\cos\varphi_1(T_b) \cdot r_2(T_b)\cos\varphi_2(T_b) \\
&\quad + r_1(T_b)\sin\varphi_1(T_b) \cdot r_2(T_b)\sin\varphi_2(T_b) \\
&= n_1(T_b)n_2(T_b) + q_1(T_b)q_2(T_b)
\end{aligned} \tag{9.117}$$

an. Unter der Voraussetzung, daß das Codeelement „0" gesendet wurde, ist die Wahrscheinlichkeit dafür, daß ein Bitfehler auftritt, durch

$$P_b = P(n_1(T_b)n_2(T_b) + q_1(T_b)q_2(T_b) < 0) \tag{9.118}$$

gegeben. Zur Auswertung dieser Gleichung nutzt man die Ähnlichkeit der Signale $s_{1M}(t)$ und $s_{2M}(t)$ zu den Signalformen aus, die bei der Bitfehlerwahrscheinlichkeitsberechnung für nichtkohärente ASK-Demodulation auftreten. Deshalb spaltet man die im Argument der letzten Gleichung angegebene Zufallsvariable in zwei Zufallsvariable auf. Eine der Zufallsvariablen gehorcht hierbei einer Rice-Verteilung, die andere einer Rayleigh-Verteilung. Dies geschieht mit Hilfe der Substitutionen

$$\alpha = A + \frac{x_1(T_b) + x_2(T_b)}{2} \quad , \tag{9.119}$$

$$\beta = \frac{y_1(T_b) + y_2(T_b)}{2} \quad , \tag{9.120}$$

$$\gamma = \frac{x_1(T_b) - x_2(T_b)}{2} \quad \text{und} \tag{9.121}$$

$$\delta = \frac{y_1(T_b) - y_2(T_b)}{2} \quad . \tag{9.122}$$

Hierbei gilt der Zusammenhang

$$n_1(T_b)n_2(T_b) + q_1(T_b)q_2(T_b) = \alpha^2 + \beta^2 - \gamma^2 - \delta^2 \quad . \tag{9.123}$$

Damit läßt sich Gl. (9.118) umschreiben in

$$\begin{aligned}
P_b &= P(n_1(T_b)n_2(T_b) + q_1(T_b)q_2(T_b) < 0) \\
&= P(\alpha^2 + \beta^2 < \gamma^2 + \delta^2) \\
&= P(\sqrt{\alpha^2 + \beta^2} < \sqrt{\gamma^2 + \delta^2}) \quad ,
\end{aligned} \tag{9.124}$$

wobei Gl. (9.124) aufgrund der Monotonie der Wurzelfunktion gültig ist. Führt man durch

$$v = \sqrt{\alpha^2 + \beta^2} \tag{9.125}$$

und

$$w = \sqrt{\gamma^2 + \delta^2} \tag{9.126}$$

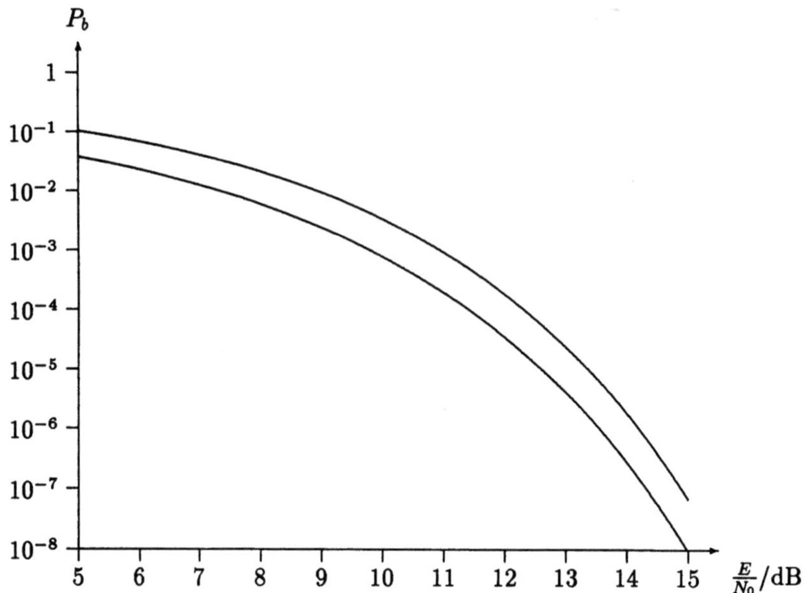

Abb. 9.19: Bitfehlerwahrscheinlichkeitskurven eines PSK- und eines DPSK-Demodulators

neue Zufallsvariable ein, so ist v die Zufallsvariable einer Rice-Verteilung und w diejenige einer Rayleigh-Verteilung. Die Bitfehlerwahrscheinlichkeit bei einer DPSK-Demodulation berechnet sich mit Hilfe von Gl. (9.124) zu

$$P_{b\,DPSK} = P(v < w) = \int\limits_{0}^{\infty} \int\limits_{v}^{\infty} p(w)\,\mathrm{d}w\,p(v)\,\mathrm{d}v \quad . \tag{9.127}$$

Diese Gleichung besitzt die gleiche Form wie Gl. (9.88), mit deren Hilfe die mittlere Bitfehlerwahrscheinlichkeit bei nichtkohärenter FSK-Demodulation berechnet wurde. Demzufolge verläuft die weitere Rechnung parallel zur Rechnung in Kapitel 9.2.1 und liefert das Ergebnis

$$P_{b\,DPSK} = \frac{1}{2}\mathrm{e}^{-\frac{E}{2N_0}} \quad . \tag{9.128}$$

Die Bitfehlerwahrscheinlichkeiten für PSK- und DPSK-Modulation sind in Abb. 9.19 als Funktion von E/N_0 gegenübergestellt. Für eine Bitfehlerwahrscheinlichkeit von 10^{-4} benötigt ein DPSK-Verfahren einen um 1 dB größeren Geräuschspannungsabstand als ein PSK-Verfahren. Da man im DPSK-Empfänger keine Trägerrückgewinnungsschaltung zur Bereitstellung des kohärenten Referenzsignals benötigt, wird dieser Verlust häufig in Kauf genommen. Für eine Übertragung mit variabler Datenrate ist die DPSK wegen der an die Bitdauer T_b angepaßten Verzögerung im Empfänger nicht geeignet.

9.4 Mehrstufige Modulationsverfahren

Bei den bisher behandelten Modulationsverfahren zur Übertragung von Digitalsignalen wurde den beiden in einem Binärcode vorkommenden Codeelementen je eine Signalform zugeordnet, deren Dauer der Bitdauer T_b entspricht. Da die Signalformen eine rechteckförmige Einhüllende besitzen, wird das Leistungsdichtespektrum des Modulatorausgangssignals durch die si^2-Funktion bestimmt, weshalb der Bandbreitebedarf derartiger Verfahren umgekehrt proportional zur Bitdauer ist. Die einfachste Möglichkeit zur Verringerung des Bandbreitebedarfs besteht in einer Vergrößerung der Bitdauer, was jedoch eine Verringerung der übertragbaren Datenrate zur Folge hat. Für Fälle, in denen dies nicht möglich ist, weil dadurch beispielsweise das Abtasttheorem verletzt wird, liegt es nahe, k aufeinanderfolgende Bits zu einem Codewort zusammenzufassen und für jede der dabei möglichen $M = 2^k$ Kombinationen eine Signalform der Dauer $T_s = k \cdot T_b$ bereitzustellen. Die Größe T_s bezeichnet man in diesem Zusammenhang als Symboldauer. Die hierbei benutzten Signalformen entstehen dadurch, daß Amplitude, Phase oder Frequenz eines Trägersignals M verschiedene Werte annehmen können. Entsprechend existieren M-stufige ASK-, PSK- und FSK-Verfahren. Die bisher besprochenen Verfahren stellen mit $M = 2$ einen Sonderfall dieser mehrstufigen Verfahren dar. Weiterhin wird als kombiniertes Verfahren die Quadraturamplitudenmodulation (QAM) eingesetzt, wobei durch das Codewort sowohl die Amplitude als auch die Phase des Trägersignals verändert wird.

Aufgrund der Mehrstufigkeit dieser Verfahren wird die mathematisch korrekte Berechnung der Symbol- bzw. der Bitfehlerwahrscheinlichkeit bei einem rauschbehafteten Empfängereingangssignal erschwert. Insbesondere bei der Quadraturamplitudenmodulation können Signalformen auftreten, die nur noch auf numerischem Weg eine Bestimmung der Fehlerwahrscheinlichkeit erlauben. Um trotzdem einen Einblick in das Verhalten der QAM zu erhalten, und um einen Vergleich mit den restlichen Modulationsverfahren durchführen zu können, arbeitet man häufig mit Approximationsverfahren, die so ausgelegt werden, daß sie einen analytischen Ausdruck zur Bestimmung der oberen Schranke der Fehlerwahrscheinlichkeit liefern. Unterschiedliche Vorgehensweisen hierzu findet man in [16, 26, 25, 39, 40].

9.4.1 Die mehrstufige Amplitudenumtastung

Bei der mehrstufigen Amplitudenumtastung (MASK) werden die zu übertragenden Codewörter durch M unterschiedliche Signalformen

$$s_i(t) = A_i \cos \omega_c t \quad 0 \leq t < T_s \quad i = 1, \ldots, M \tag{9.129}$$

repräsentiert. Da wegen des Binärcodes die Anzahl an unterschiedlichen Signalformen geradzahlig ist, wählt man die diskreten Amplitudenwerte derart, daß

$$A_i = (2i - 1 - M) \cdot A \quad i = 1, \ldots, M \tag{9.130}$$

gilt. Unter der Annahme. daß alle Codewörter gleichwahrscheinlich auftreten, besitzt das Spektrum des Modulatorausgangssignals keinen diskreten Anteil, sondern nur

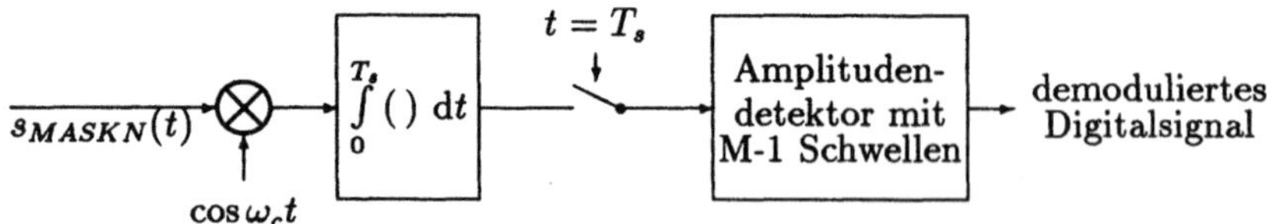

Abb. 9.20: Blockschaltbild eines MASK-Demodulators

eine kontinuierliche Komponente, deren Form dem Leistungsdichtespektrumsanteil eines ASK-Signals nach Gl. (9.6) entspricht, wobei jedoch die Bitdauer T_b durch die Symboldauer T_s ersetzt wird.

Wird ein mehrstufiges amplitudenumgetastetes Signal im Übertragungskanal durch weißes gaußverteiltes Rauschen gestört, so läßt sich durch eine signalangepaßte Filterung die Symbolfehlerwahrscheinlichkeit minimieren. Eine hierauf basierende Schaltung ist in Abb. 9.20 wiedergegeben. Das rauschbehaftete Signal

$$s_{MASKN}(t) = \sum_{n=-\infty}^{\infty} s_i(t - nT_s) + n(t) \quad i \in \{1,\dots,M\} \tag{9.131}$$

durchläuft einen Korrelator, dann wird dessen Ausgangssignal am Ende der Symboldauer abgetastet, und diese gaußverteilte Zufallsvariable wird in einem Amplitudendetektor mit den M möglichen diskreten Amplitudenwerten verglichen. So wird das Codewort derjenigen Amplitudenstufe erzeugt, in deren Entscheidungsintervall der durch Rauschen gestörte Amplitudenwert liegt. Unter der Annahme, daß alle Amplitudenstufen gleichwahrscheinlich auftreten, entsteht dann ein Symbolfehler, wenn die Rauschamplitude zum Abtastzeitpunkt einen Wert annimmt, der größer ist als die Hälfte der Distanz zweier benachbarter Amplitudenstufen. Sendet man jedoch eine der beiden betragsmäßig größten Amplitudenstufen, so kann ein Symbolfehler nur bei einseitigem Unterschreiten bzw. Überschreiten eines Grenzwertes entstehen. Da aufgrund der symmetrischen Anordnung der Amplitudenstufen die einseitige Überschreitungswahrscheinlichkeit halb so groß ist wie die doppelte, erhält man als Ausdruck für die Symbolfehlerwahrscheinlichkeit

$$\begin{aligned}
P_{s\,MASK} &= \frac{M-1}{M} P\left(|U - A_i| > \frac{AT_s}{2}\right) \\
&= \frac{M-1}{M} \frac{2}{\sqrt{2\pi\sigma^2}} \int_{\frac{AT_s}{2}}^{\infty} e^{-\frac{x^2}{2\sigma^2}}\,dx \quad,
\end{aligned} \tag{9.132}$$

wobei U die zum Abtastzeitpunkt auftretende Zufallsvariable bezeichnet. Nach Berechnung der Varianz für eine konstante Rauschleistungsdichte der Größe N_0 ergibt sich

$$P_{s\,MASK} = \frac{M-1}{M}\,\text{erfc}\left(\sqrt{\frac{A^2 T_s}{4N_0}}\right) \quad. \tag{9.133}$$

Die in jedem Symbolintervall übertragene Leistung ist abhängig von der übertragenen Amplitudenstufe. Um, wie bei den bisher behandelten Verfahren, die Fehlerwahrschein-

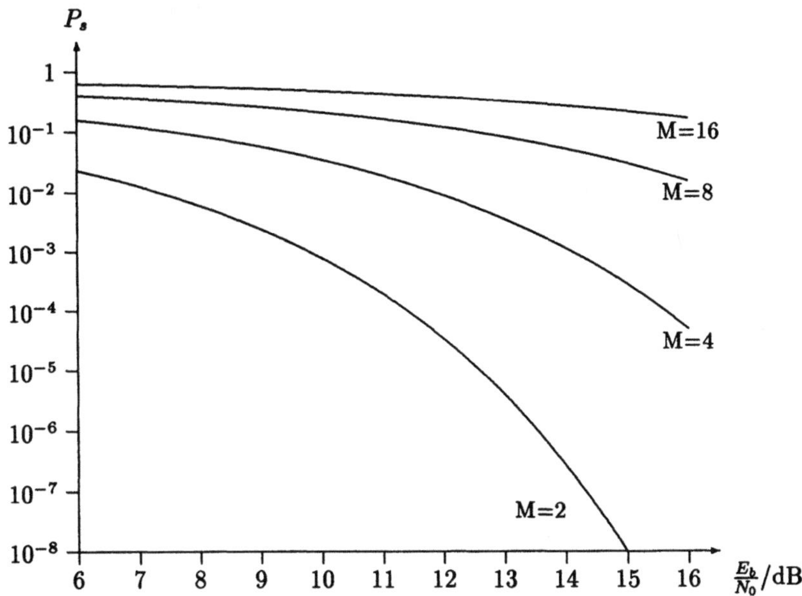

Abb. 9.21: Symbolfehlerwahrscheinlichkeit bei mehrstufiger Amplitudenumtastung

lichkeit durch die mittlere Sendeenergie ausdrücken zu können, berechnet man den quadratischen Erwartungswert über alle Amplitudenstufen. Sind diese gleichverteilt nach Gl. (9.130), so erhält man

$$E\{A_i^2\} = \frac{M^2 - 1}{3} \cdot A^2 \quad , \tag{9.134}$$

und damit eine mittlere Symbolenergie von

$$E_s = \frac{M^2 - 1}{6} A^2 T_s \quad . \tag{9.135}$$

Setzt man diesen Wert in den Ausdruck in Gl. (9.133) ein, so ergibt sich für die Symbolfehlerwahrscheinlichkeit bei einer rauschbehafteten M-stufigen Amplitudenumtastung

$$P_{s\,MASK} = \frac{M - 1}{M} \text{erfc}\left(\sqrt{\frac{3E_s}{2(M^2 - 1)N_0}} \right) \quad . \tag{9.136}$$

Berücksichtigt man, daß bei diesem Modulationsverfahren k Bits zu einem Symbol zusammengefaßt werden, so läßt sich diese Gleichung umschreiben in

$$P_{s\,MASK} = \frac{M - 1}{M} \text{erfc}\left(\sqrt{\frac{3kE_b}{2(M^2 - 1)N_0}} \right) \quad . \tag{9.137}$$

Die Symbolfehlerwahrscheinlichkeit als Funktion von E_b/N_0 ist in Abb. 9.21 für verschiedene Werte von M aufgetragen. Für $M = 2$ entspricht die Symbolfehlerwahrscheinlichkeit der Bitfehlerwahrscheinlichkeit. Für eine vierstufige Amplitudenumtastung beträgt

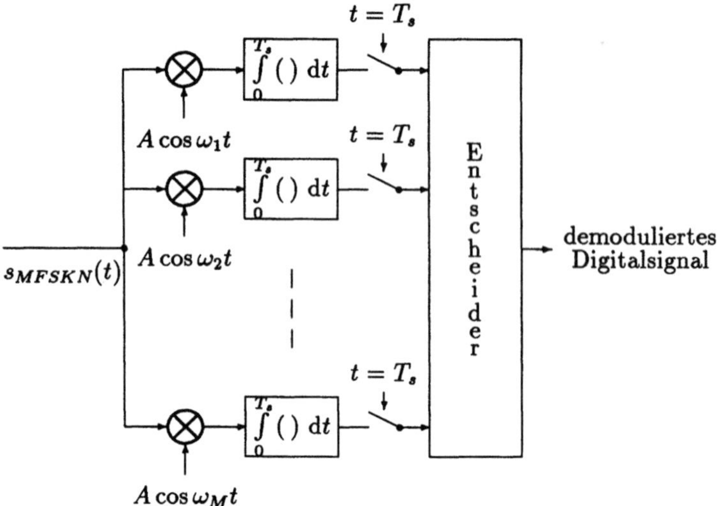

Abb. 9.22: Blockschaltbild eines signalangepaßten MFSK-Demodulators

der Verlust gegenüber einer zweistufigen ungefähr 4 dB. Für eine große Anzahl von Amplitudenstufen vergrößert sich der Verlust bei einer Verdoppelung der Stufenanzahl auf ca. 6 dB.

9.4.2 Die mehrstufige Frequenzumtastung

Bei der mehrstufigen Frequenzumtastung (MFSK) werden die zu übertragenden Codewörter durch M unterschiedliche Signalformen

$$s_i(t) = A \cos \omega_i t \quad 0 \leq t < T_s \quad i = 1, \ldots, M \tag{9.138}$$

repräsentiert. Für die weitere Betrachtung dieses Modulationsverfahrens wird davon ausgegangen, daß die Signalformen orthogonal zueinander sind, wozu in Erweiterung der Gl. (9.100) die Bedingung

$$|\omega_l - \omega_m| = \frac{n2\pi}{T_s} \quad l, m \in \{1, \ldots, M\}, l \neq m \tag{9.139}$$

erfüllt sein muß.

Wird ein mehrstufiges frequenzumgetastetes Signal durch weißes gaußverteiltes Rauschen im Übertragungskanal gestört, so läßt sich durch eine signalangepaßte Filterung, wie in Abb. 9.22 skizziert, die Symbolfehlerwahrscheinlichkeit minimieren. Für jede Signalform des rauschbehafteten MFSK-Signals

$$s_{MFSKN}(t) = \sum_{n=-\infty}^{\infty} s_i(t - nT_s) + n(t) \quad i \in \{1, \ldots, M\} \tag{9.140}$$

steht ein Korrelator zur Verfügung, dessen Ausgangssignal am Ende der Symboldauer abgetastet und in einem Entscheider mit den restlichen $M - 1$ Abtastwerten verglichen wird. Unter der Annahme, daß die Signalform $s_1(t)$ gesendet wurde, ist die am Ausgang des Korrelators zum Abtastzeitpunkt vorhandene Zufallsvariable S_1 gaußverteilt mit dem Erwartungswert m und der Varianz σ^2:

$$p(S_1) = \frac{1}{\sqrt{2\pi\sigma^2}} e^{-\frac{(S_1-m)^2}{2\sigma^2}} \quad . \tag{9.141}$$

Die Zufallsvariablen an den Ausgängen der restlichen Korrelatoren sind ebenfalls gaußverteilt, aber mittelwertfrei:

$$p(S_l) = \frac{1}{\sqrt{2\pi\sigma^2}} e^{-\frac{S_l^2}{2\sigma^2}} \quad , l = 2,\ldots,M. \tag{9.142}$$

Aufgrund der Orthogonalität der Signalformen sind alle Zufallsvariable statistisch unabhängig voneinander. Der Entscheider sucht die größte aller Zufallsvariablen heraus und liefert an seinem Ausgang dasjenige Codewort, das der entsprechenden Signalform zugeordnet ist.

Zum Zwecke der Bestimmung der Symbolfehlerwahrscheinlichkeit soll zunächst die Wahrscheinlichkeit bestimmt werden, daß der Demodulator nach Abb. 9.22 sich für das korrekte Codewort entscheidet. Unter der oben getroffenen Annahme ist dies durch die Wahrscheinlichkeit P_{ok} gegeben, daß die Zufallsvariable S_1 größer ist als alle übrigen Zufallsvariable:

$$P_{ok} = \int\limits_{-\infty}^{\infty} P(S_2 < S_1, S_3 < S_1, \ldots, S_M < S_1 | S_1) p(S_1) \, dS_1 \quad . \tag{9.143}$$

Der Ausdruck $P(S_2 < S_1, S_3 < S_1, \ldots, S_M < S_1 | S_1)$ bezeichnet hierbei die bedingte Wahrscheinlichkeit, daß die Zufallsvariablen S_2 bis S_M kleiner als S_1 sind, unter der Voraussetzung, daß die Signalform $s_1(t)$ gesendet wurde. Da alle Zufallsvariable statistisch unabhängig voneinander sind, läßt sich dieser Ausdruck durch das Produkt von $M-1$ bedingten Wahrscheinlichkeiten der Form

$$
\begin{aligned}
P(S_l < S_1 | S_1) &= \int\limits_{-\infty}^{S_1} p(S_l) \, dS_l \quad l = 2,\ldots,M \\
&= \frac{1}{\sqrt{2\pi\sigma^2}} \int\limits_{-\infty}^{S_1} e^{-\frac{S_l^2}{2\sigma^2}} \, dS_l
\end{aligned}
\tag{9.144}
$$

ausdrücken. Somit erhält man aus Gl. (9.143)

$$P_{ok} = \frac{1}{\sqrt{2\pi\sigma^2}} \int\limits_{-\infty}^{\infty} \left[\frac{1}{\sqrt{2\pi\sigma^2}} \int\limits_{-\infty}^{S_1} e^{-\frac{S_l^2}{2\sigma^2}} \, dS_l \right]^{M-1} \cdot e^{-\frac{(S_1-m)^2}{2\sigma^2}} \, dS_1 \, . \tag{9.145}$$

Das innere Integral läßt sich mit Hilfe der „error function" lösen. Dadurch ändert sich die letzte Gleichung in

$$P_{ok} = \frac{1}{\sqrt{2\pi\sigma^2}} \int\limits_{-\infty}^{\infty} \left[\frac{1}{2} + \frac{1}{2}\mathrm{erf}\left(\frac{S_1}{\sqrt{2\sigma^2}} \right) \right]^{M-1} \cdot e^{-\frac{(S_1-m)^2}{2\sigma^2}} \, dS_1 \, . \tag{9.146}$$

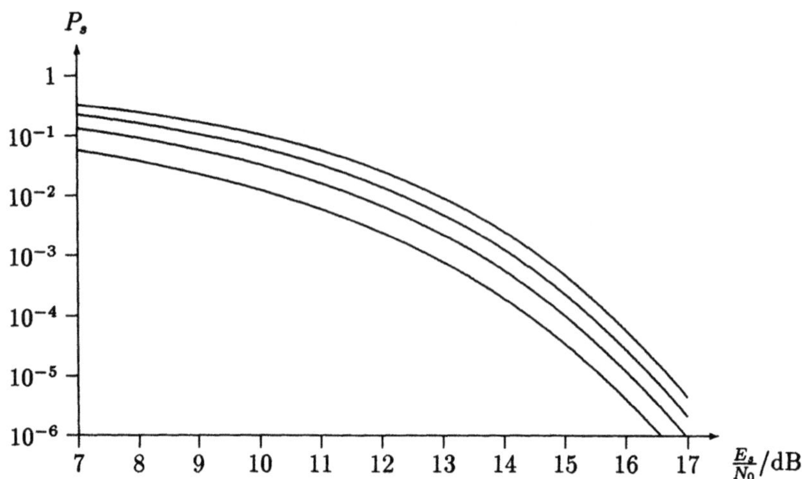

Abb. 9.23: Symbolfehlerwahrscheinlichkeit bei mehrstufiger Frequenzumtastung (v. u. n. o. $M = 2, 4, 8, 16$)

Nach einer Variablensubstitution und der Bestimmung

$$\frac{m}{\sigma} = \sqrt{\frac{E_s}{N_0}} \quad , \tag{9.147}$$

wobei E_s die mittlere Symbolenergie bezeichnet, ergibt sich

$$P_{ok} = \frac{1}{\sqrt{2\pi}} \int_{-\infty}^{\infty} \left[\frac{1}{2} + \frac{1}{2}\mathrm{erf}\left(\frac{x}{\sqrt{2}}\right) \right]^{M-1} \cdot e^{-\frac{(x-\sqrt{\frac{E_s}{N_0}})^2}{2}} \, dx \quad . \tag{9.148}$$

Dieses Integral ist für $M > 2$ nur noch numerisch zu lösen. Da sich der gleiche Ausdruck auch für die Wahrscheinlichkeit ergibt, daß bei Senden einer der restlichen Signalformen eine korrekte Entscheidung im Empfänger getroffen wird, ist die mittlere Symbolfehlerwahrscheinlichkeit bei einer mehrstufigen Frequenzumtastung mit orthogonalen Signalformen durch

$$P_{s\,MFSK} = 1 - P_{ok} \tag{9.149}$$

gegeben. Diese Gleichung ist als Funktion von E_s/N_0 für verschiedene, mehrstufige frequenzumgetastete Modulationsverfahren in Abb. 9.23 wiedergegeben.

Häufig wünscht man sich nach der Berechnung einer Symbolfehlerwahrscheinlichkeit eine Aussage darüber, wie groß die dazugehörige Bitfehlerwahrscheinlichkeit ist. Hierzu bestimmt man mit Hilfe der Kombinatorik einen Ausdruck, der angibt, wie groß die mittlere Anzahl von fehlerhaften Bits in einem k Bit langen Codewort ist. Tritt ein Symbolfehler auf, so wird anstelle des gesendeten Codewortes auf eines der restlichen $M - 1$ Codewörter erkannt. Sind alle Symbolfehler gleichwahrscheinlich und statistisch unabhängig voneinander, so treten sie mit der Wahrscheinlichkeit

$$\frac{P_s}{2^k - 1} = \frac{P_s}{M - 1} \tag{9.150}$$

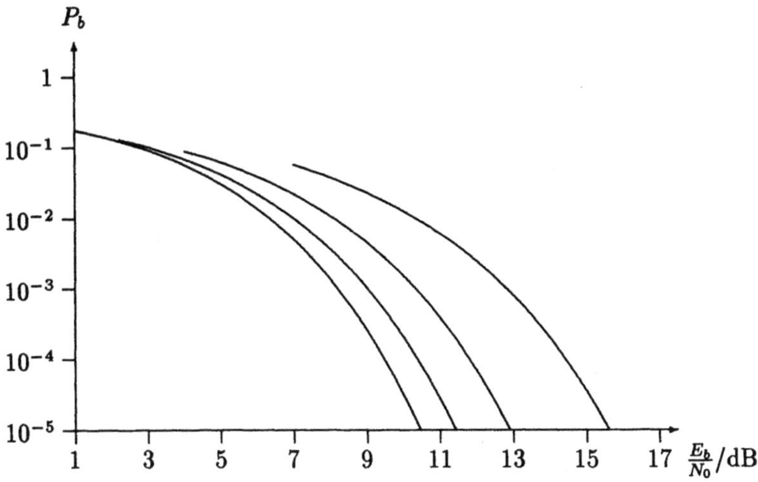

Abb. 9.24: Bitfehlerwahrscheinlichkeit bei mehrstufiger Frequenzumtastung(v. l. n. r. $M = 16, 8, 4, 2$)

auf. Weiterhin existieren $\binom{k}{n}$ verschiedene Möglichkeiten, n fehlerhafte Bits in einem k Bit langen Codewort anzuordnen. Die mittlere Anzahl von Bitfehlern in einem Codewort beträgt demzufolge

$$\sum_{i=1}^{k} i \binom{k}{i} \cdot \frac{P_s}{M-1} = k \cdot \frac{2^{k-1}}{2^k - 1} \cdot P_s \quad . \tag{9.151}$$

Die mittlere Bitfehlerwahrscheinlichkeit ergibt sich aus dieser Gleichung durch Division durch k als

$$P_b = \frac{2^{k-1}}{2^k - 1} \cdot P_s \quad . \tag{9.152}$$

Mit Hilfe der letzten Gleichung läßt sich aus Gl. (9.149) die mittlere Bitfehlerwahrscheinlichkeit für eine mehrstufige Frequenzumtastung zu

$$P_{b\,MFSK} = \frac{2^{k-1}}{2^k - 1} \cdot P_{s\,MFSK} \tag{9.153}$$

berechnen. In Abb. 9.24 ist die mittlere Bitfehlerwahrscheinlichkeit, ausgehend von den Symbolfehlerwahrscheinlichkeitskurven in Abb. 9.23, als Funktion von E_b/N_0 aufgetragen. Man erkennt in dieser Darstellung, daß es für eine vorgegebene Bitfehlerwahrscheinlichkeit günstig ist, ein höherstufiges Verfahren einzusetzen, da hierbei die mittlere aufzubringende Energie pro Bit geringer ist als bei einer niederstufigen Frequenzumtastung. Dies ist verständlich, wenn man sich vergegenwärtigt, daß sich die mittlere Symbolenergie mit wachsender Stufenzahl nicht vergrößert.

Eine Abschätzung für die Symbolfehlerwahrscheinlichkeit, die exakt nach Gl. (9.149) berechnet werden kann, läßt sich durchführen, wenn man die Fehlerwahrscheinlichkeit für den Fall ausrechnet, daß die Zufallsvariable S_1 mit einer der restlichen Variablen im Entscheider verglichen wird, wobei wiederum vorausgesetzt wird, daß die Signalform

$s_1(t)$ gesendet wurde. Diese Wahrscheinlichkeit ergibt sich aus der Bitfehlerwahrscheinlichkeit einer FSK nach Gl. (9.83), wenn man in dieser Gleichung die Bitenergie durch
die Symbolenergie ersetzt:

$$P_s = \frac{1}{2}\text{erfc}\left(\sqrt{\frac{E_s}{4N_0}}\right) \quad . \tag{9.154}$$

Bei einem M-stufigen Signal führt der Empfänger $M - 1$ Vergleiche zwischen S_1 und
den übrigen Zufallsvariablen durch. Da die gleiche Vorgehensweise auch bei Senden
einer der restlichen Signalformen $s_i(t)\, i = 2,\ldots,M$ stattfindet, ist eine obere Schranke
für die resultierende Symbolfehlerwahrscheinlichkeit durch

$$P_{s\,MFSK} \leq (M - 1)\cdot P_s \tag{9.155}$$

gegeben, und man erhält

$$P_{s\,MFSK} \leq \frac{M - 1}{2}\text{erfc}\left(\sqrt{\frac{E_s}{4N_0}}\right) \quad . \tag{9.156}$$

9.4.3   Die mehrstufige Phasenumtastung

Bei der mehrstufigen Phasenumtastung (MPSK) werden die zu übertragenden Codewörter durch M unterschiedliche Signalformen

$$s_i(t) = A\cos(\omega_c t + \theta_i + \varphi) \quad o \leq t < T_s \quad i = 1,\ldots,M \tag{9.157}$$

dargestellt, wobei φ eine konstante Anfangsphase bezeichnet und θ_i als Abkürzung für

$$\theta_i = \frac{2\pi}{M}(i - 1) \tag{9.158}$$

benutzt wird. Alle Signalformen haben die gleiche Energie

$$E_s = \frac{A^2 T_s}{2} \quad . \tag{9.159}$$

Formt man Gl. (9.157) mit Hilfe der trigonometrischen Beziehungen um, so entsteht
der Ausdruck

$$s_i(t) = A_i\cos\omega_c t - B_i\sin\omega_c t \tag{9.160}$$

mit

$$A_i = A\cos\left(\frac{2\pi}{M}(i - 1) + \varphi\right) \tag{9.161}$$

und

$$B_i = A\sin\left(\frac{2\pi}{M}(i - 1) + \varphi\right) \quad . \tag{9.162}$$

Damit läßt sich das Signal aus Gl. (9.160) durch zwei in Quadratur stehende Trägersignale beschreiben, deren Amplituden von der während der Symboldauer zu übertragenden Phase abhängen. Das sich für $M = 4$ und $\varphi = 0$ ergebende Modulationsverfahren

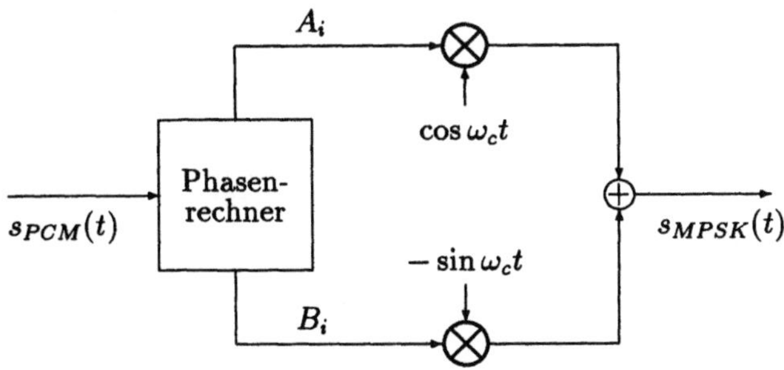

Abb. 9.25: Blockschaltbild eines MPSK-Modulators

bezeichnet man auch als Quadratur-PSK. Das Blockschaltbild eines MPSK-Modulators ist in Abb. 9.25 wiedergegeben. Das Eingangssignal wird durch ein PCM-Signal gebildet, wobei im Phasenrechner $k = \mathrm{ld}M$ aufeinanderfolgende Bits zu einem Codewort zusammengefaßt werden. Die diesem Codewort zugeordnete Phase wird bestimmt, aus der die Größen A_i und B_i berechnet werden. Diese modulieren die beiden Trägersignale. Das Modulatorausgangssignal entsteht durch Addition der Signale in den beiden Verarbeitungszweigen.

Liegt am Empfängereingang das durch weißes gaußverteiltes Rauschen gestörte Signal

$$s_{MPSKN}(t) = \sum_{n=-\infty}^{\infty} s_i(t - nT_s) + n(t) \tag{9.163}$$

an, so läßt sich durch eine signalangepaßte Filterung die Symbolfehlerwahrscheinlichkeit minimieren. Aus dem Blockschaltbild in Abb. 9.26 erkennt man, daß, vergleich-

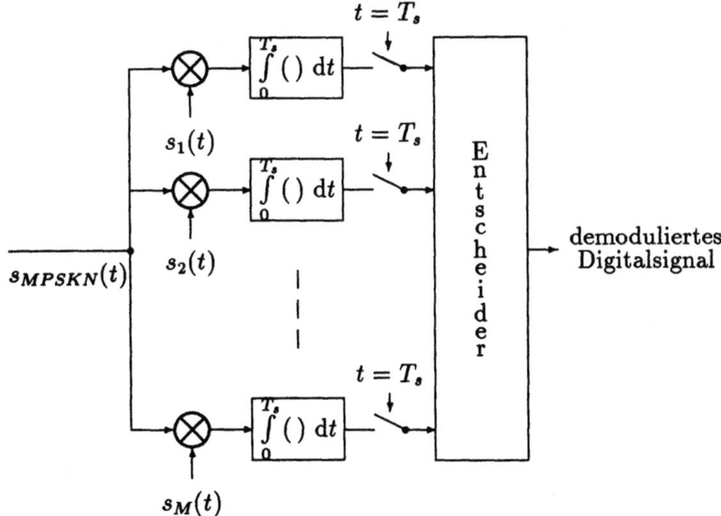

Abb. 9.26: Blockschaltbild eines signalangepaßten MPSK-Demodulators

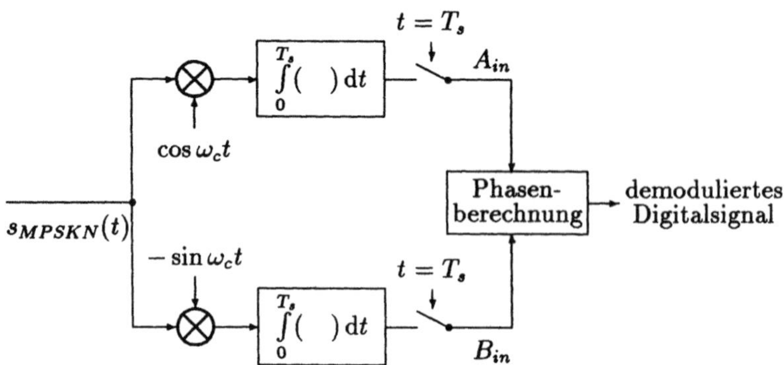

Abb. 9.27: Vereinfachte Realisierung des MPSK-Demodulators aus Bild 9.26

bar zur mehrstufigen Frequenzumtastung, für jede Signalform $s_i(t)$ ein Korrelator zur Verfügung steht. Dessen Ausgangssignal wird am Ende der Symboldauer abgetastet und in einem Entscheider mit den Abtastwerten der übrigen Korrelatoren verglichen. Die Varianz aller Zufallsvariablen am Entscheidereingang ist gleich groß, wohingegen der Erwartungswert des Abtastwertes bei Senden der Signalform $s_l(t)$ an dem dieser Signalform zugeordneten Korrelator den Wert E_s annimmt und der Erwartungswert in den übrigen Signalzweigen $E_s \cos(\theta_i - \theta_l)$, $i \in \{1, \ldots, M\}$, $i \neq l$ beträgt. Der Entscheider bestimmt demzufolge den größten aller Abtastwerte und liefert an seinem Ausgang das zu der entsprechenden Signalform gehörende Codewort. Die Berechnung der Symbolfehlerwahrscheinlichkeit anhand des Blockschaltbildes in Abb. 9.26 ist sehr aufwendig, da alle Zufallsvariable unterschiedliche Erwartungswerte besitzen. Eine Vereinfachung der Empfängerstruktur ist möglich, wenn man die Darstellung des Modulatorausgangssignals nach Gl. (9.160) berücksichtigt. Da die Phase des Empfangssignals über den Integrationszeitraum konstant ist, genügt es zur Realisierung eines signalangepaßten Empfängers, das Eingangssignal in zwei Quadraturkomponenten aufzuspalten, beide Komponenten über eine Symboldauer zu integrieren, abzutasten, die Momentanphase θ zu bestimmen und aus den dem Empfänger bekannten Phasenzuständen θ_i denjenigen herauszusuchen, dessen Abstand zur Momentanphase am geringsten ist. Ein entsprechend aufgebauter Demodulator ist in Abb. 9.27 skizziert.

Zur Bestimmung der Symbolfehlerwahrscheinlichkeit kann ohne Beschränkung der Allgemeinheit $\varphi = 0$ gesetzt werden. Das sich damit ergebende Phasenzustandsdiagramm des Modulatorausgangssignals ist am Beispiel einer 8PSK mit den entsprechenden Entscheiderschwellen in Abb. 9.28 aufgezeichnet, wobei die Kreuze den Endpunkt des Zeigers aus Gl. (9.157) für die verschiedenen Phasenlagen markieren. Hieraus läßt sich verallgemeinern, daß bei einer M-stufigen Phasenumtastung die Signalform $s_1(t)$ korrekt im Empfänger detektiert wird, wenn die durch das Rauschen gestörte Momentanphase zum Abtastzeitpunkt im Bereich $-\pi/M \leq \theta < \pi/M$ liegt. In diesem Fall besitzen die beiden gaußverteilten Zufallsvariablen aus Abb. 9.27 die gleiche Varianz σ^2 sowie die Erwartungswerte

$$m_A = \mathrm{E}\{A_{in}\} = \frac{A^2 T_s}{2} \tag{9.164}$$

und

$$m_B = \mathrm{E}\{B_{in}\} = 0 \quad . \tag{9.165}$$

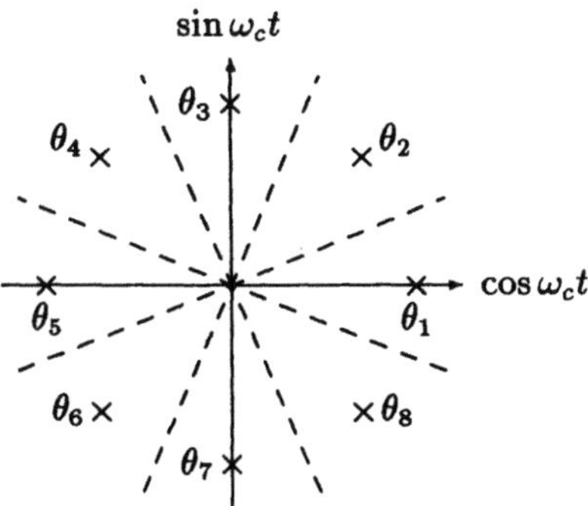

Abb. 9.28: Phasenzustandsdiagramm einer 8PSK mit Entscheiderschwellen

Die Verbundwahrscheinlichkeitsdichtefunktion beider Variablen beträgt

$$p(A_{in}, B_{in}) = \frac{1}{2\pi\sigma^2} e^{-\frac{(A_{in}-m_A)^2+B_{in}^2}{2\sigma^2}} \quad . \tag{9.166}$$

Ein Umschreiben der Zufallsvariablen in

$$r = \sqrt{A_{in}^2 + B_{in}^2} \tag{9.167}$$

und

$$\theta = \arctan \frac{B_{in}}{A_{in}} \tag{9.168}$$

führt auf die Verteilungsdichtefunktion

$$p(r,\theta) = \frac{r}{2\pi\sigma^2} e^{-\frac{r^2+m_A^2-2m_A r\cos\theta}{2\sigma^2}} \quad . \tag{9.169}$$

Integriert man diese Verteilungsdichtefunktion über die Variable r, so erhält man als Verteilungsdichtefunktion der Phase

$$p(\theta) = \frac{1}{2\pi} e^{-\frac{E_s}{2N_0}} \cdot \left[1 + \sqrt{\frac{2\pi E_s}{N_0}} \cos\theta \, e^{\frac{E_s}{2N_0}\cdot\cos^2\theta} \left(\frac{1}{2} + \frac{1}{2}\mathrm{erf}\left(\sqrt{\frac{E_s}{2N_0}} \cdot \cos\theta \right) \right) \right] \quad . \tag{9.170}$$

Die Wahrscheinlichkeit dafür, daß der Empfänger die Signalform $s_1(t)$ richtig detektiert, beträgt

$$P_{ok} = \int\limits_{-\frac{\pi}{M}}^{\frac{\pi}{M}} p(\theta)\, d\theta \quad . \tag{9.171}$$

Treten alle Signalformen gleichwahrscheinlich auf, so ergibt sich die Symbolfehlerwahrscheinlichkeit für ein durch weißes gaußverteiltes Rauschen gestörtes, M-stufiges phasenumgestastetes Signal zu

$$P_{s\,MPSKN} = 1 - P_{ok} \quad . \tag{9.172}$$

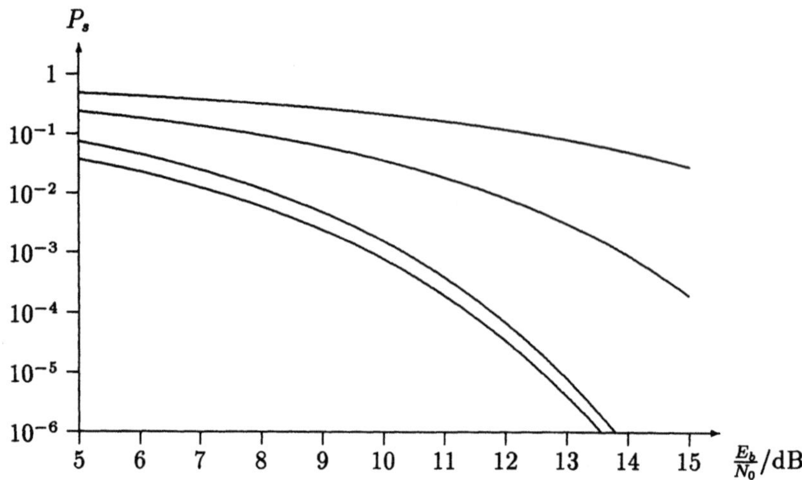

Abb. 9.29: Symbolfehlerwahrscheinlichkeit bei mehrstufiger Phasenumtastung
(v. u. n. o. $M = 2, 4, 8, 16$)

Diese Gleichung läßt sich durch numerische Integration lösen. Ergebnisse sind für verschiedene MPSK-Verfahren in Abb. 9.29 als Funktion von E_b/N_0 zusammengestellt.

Treten bei einem mehrstufigen phasenumgetasteten Modulationsverfahren alle Phasenzustände gleichwahrscheinlich auf, so besitzt dieses Signal ein kontinuierliches Leistungsdichtespektrum der Größe

$$S_{MPSK}(\omega) = \frac{A^2 T_s}{4} \left(\text{si}^2 \left((\omega - \omega_c)\frac{T_s}{2} \right) + \text{si}^2 \left((\omega + \omega_c)\frac{T_s}{2} \right) \right) \quad . \tag{9.173}$$

Definiert man die einseitige Bandbreite eines derartigen Signals über den Frequenzbereich $f_c - 1/T_s$ bis $f_c + 1/T_s$, so beträgt die Bandbreite

$$B = \frac{2}{T_s} = 2\frac{f_b}{k} = 2f_s \quad . \tag{9.174}$$

Demzufolge nimmt die Bandbreite mit wachsender Codewortlänge k ab.

9.4.4 Die Quadraturamplitudenmodulation

Bei den bisher betrachteten mehrstufigen Modulationsverfahren wird durch das Codewort einer der drei möglichen Parameter eines Trägersignals beeinflußt. Es liegt nun der Gedanke nahe, durch Kombination der drei in diesem Abschnitt bisher behandelten Verfahren eine Modulationsmethode zu entwickeln, die bei gleicher mittlerer Sendeleistung zu einer geringeren Symbolfehlerwahrscheinlichkeit führt als sie die Amplituden-, Frequenz- oder Phasenumtastung aufweist. Überlegungen hierzu führt man im Phasenzustandsdiagramm aus. Es besitzt den Vorteil, daß aufgrund der Orthogonalität zwischen Sinus- und Cosinusfunktion die zu einer Signalform gehörende Leistung direkt aus ihm abgelesen werden kann. Ein Beispiel für ein Phasenzustandsdiagramm

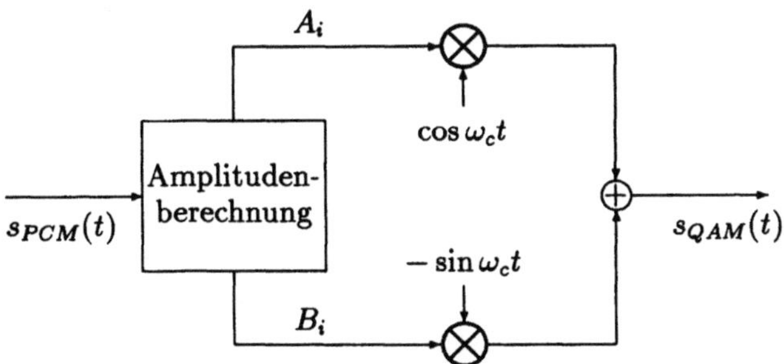

Abb. 9.30: Blockschaltbild eines QAM-Modulators

wurde anhand der 8PSK in Kapitel 9.4.3 wiedergegeben. In ihm markiert man den
Endpunkt des Trägersignalzeigers für alle innerhalb des Modulationsverfahrens auftretenden Signalformen. Darüberhinaus ist bei einem durch weißes gaußverteiltes Rauschen gestörten Signal der euklidische Abstand zwischen den Endpunkten ein Maß für
die Symbolfehlerwahrscheinlichkeit.

Bei der Quadraturamplitudenmodulation beeinflußt das Codewort sowohl die Phase
als auch die Amplitude des Trägersignals. Die hierbei benutzten Signalformen lassen
sich durch

$$s_i(t) = C_i \cos(\omega_c t + \theta_i) \quad 0 \le t < T_s, \quad i = 1, \ldots, M \tag{9.175}$$

darstellen. Mit Hilfe der trigonometrischen Beziehungen entsteht daraus

$$s_i(t) = A_i \cos \omega_c t - B_i \sin \omega_c t \tag{9.176}$$

mit

$$A_i = C_i \cos \theta_i \tag{9.177}$$

und

$$B_i = C_i \sin \theta_i \quad . \tag{9.178}$$

Die Signalformen bestehen demzufolge aus zwei in Quadratur stehenden Trägersignalen,
deren Amplituden durch die Größen A_i und B_i festgelegt werden. Deshalb bezeichnet
man dieses Modulationsverfahren als Quadraturamplitudenmodulation (QAM). Das
Blockschaltbild eines QAM-Modulators ist in Abb. 9.30 wiedergegeben. Das Empfangssignal, durch weißes gaußverteiltes Rauschen gestört, wird kohärent demoduliert,
wie in Abb. 9.31 zu sehen ist. Das Signal wird dabei in zwei Quadraturkomponenten aufgespalten. Diese werden über eine Symboldauer integriert und liefern nach dem
Abtasten rauschbehaftete Zufallsvariable A_{in} und B_{in}. In einem Vergleicher wird die euklidische Distanz zwischen den Variablen A_{in} und B_{in} und allen bei einer rauschfreien
Übertragung sich ergebenden Wertekombinationen berechnet und für das Codewort
entschieden, das die kleinste euklidische Distanz aufweist.

Die Komplexität der Symbolfehlerwahrscheinlichkeitsberechnung hängt von der
Lage der Zeigerendpunkte im Phasenzustandsdiagramm ab. Prinzipiell kann bei der
Quadraturamplitudenmodulation jeder Punkt im Zustandsdiagramm angenommen wer-
den. Es tritt dann jedoch die Schwierigkeit auf, die optimalen Entscheiderschwellen zur

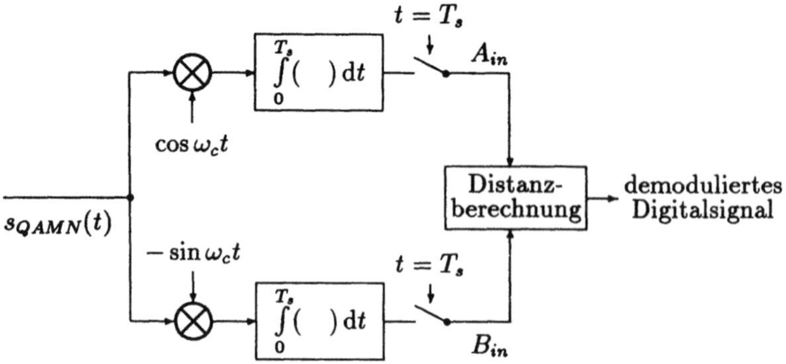

Abb. 9.31: Blockschaltbild eines QAM-Demodulators

Bestimmung der minimalen Symbolfehlerwahrscheinlichkeit zu berechnen. In Erweiterung der Gl. (8.71) wird dabei die Kurvenform der zu einem bestimmten Zustandspunkt gehörenden Entscheiderschwelle durch den euklidischen Abstand zwischen diesem Punkt und allen übrigen Zustandspunkten bestimmt. Hierdurch entstehen im allgemeinen Entscheiderschwellen, die nur noch eine numerische Bestimmung der Symbolfehlerwahrscheinlichkeit erlauben, da Gebietsintegrale mit komplizierter Berandung gelöst werden müssen. Man beschränkt sich deswegen bei der Quadraturamplitudenmodulation auf Signalformen, deren Zustandspunkte eine regelmäßige Struktur bilden. Ein entsprechendes Phasenzustandsdiagramm ist in Abb. 9.32 zu sehen, wobei die Zustandspunkte verschiedener QAM-Verfahren eingezeichnet sind. Man erkennt, daß für geradzahlige Werte von k ein symmetrisches Diagramm entsteht, das demjenigen entspricht, das bei der Überlagerung zweier separater MASK-Signale auf orthogonalen Trägersignalen entsteht. Da durch die kohärente Demodulation im Empfänger beide Signale wieder vollständig voneinander getrennt werden, läßt sich die Symbolfehlerwahrscheinlichkeit mit Hilfe der Ausdrücke bestimmen, die bei der mehrstufigen Amplitudenumtastung hergeleitet wurden. Hierbei muß man berücksichtigen, daß jedes der beiden Signale

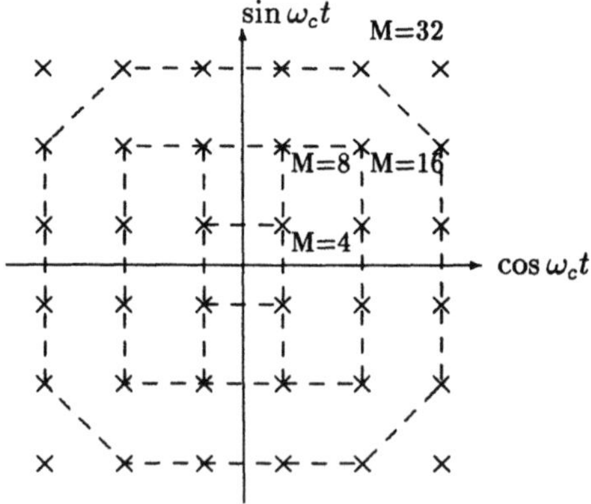

Abb. 9.32: Phasenzustandsdiagramm verschiedener QAM-Verfahren

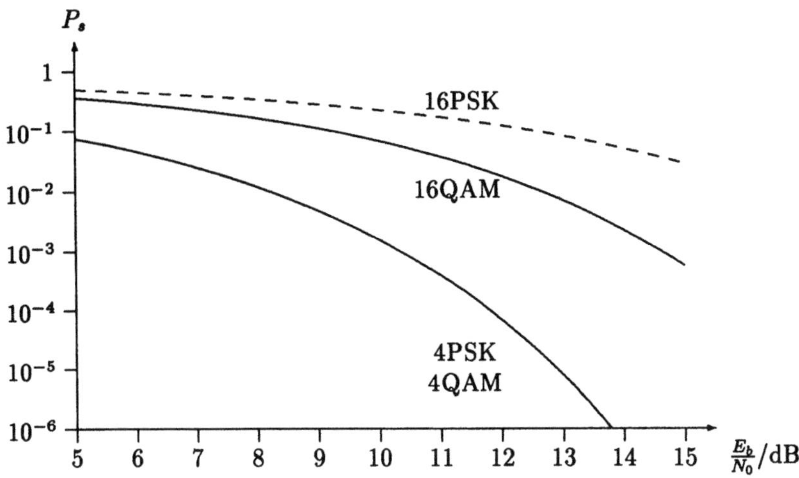

Abb. 9.33: Symbolfehlerwahrscheinlichkeit bei kombinierter Amplituden- und Phasenumtastung

mit $\sqrt{M}$ Signalformen zur Erzeugung eines M-stufigen QAM-Signals beiträgt, wobei sich dessen Leistung gleichmäßig auf beide Trägersignale aufteilt. Die Wahrscheinlichkeit dafür, daß bei einem M-stufigen QAM-Verfahren eine korrekte Entscheidung im Empfänger getroffen wird, beträgt

$$P_{ok} = \left(1 - P_{s\sqrt{M}ASK}\right)^2 \quad , \tag{9.179}$$

wobei $P_{s\sqrt{M}ASK}$ die Symbolfehlerwahrscheinlichkeit eines $\sqrt{M}$-stufigen amplitudenumgetasteten Signals bezeichnet. Diese ergibt sich aus Gl. (9.137) zu

$$P_{s\sqrt{M}ASK} = \left(1 - \frac{1}{\sqrt{M}}\right) \text{erfc}\left(\sqrt{\frac{3kE_b}{4(M-1)N_0}}\right) \quad . \tag{9.180}$$

Somit erhält man als Ausdruck für die Symbolfehlerwahrscheinlichkeit eines M-stufigen QAM-Verfahrens, wenn eine geradzahlige Anzahl von Bits zu einem Codewort zusammengefaßt werden,

$$P_{sMQAM} = 2P_{s\sqrt{M}ASK} - P_{s\sqrt{M}ASK}^2 \quad . \tag{9.181}$$

Für ungeradzahlige Werte von $k = \text{ld}\,M$ gilt diese Rechnung nicht. Es läßt sich jedoch eine Approximation durchführen, die für alle positiven Werte von k gilt. Hierzu benutzt man Gl. (9.181) und erhält in Verbindung mit Gl. (9.180)

$$P_{sMQAM} \leq 2\,\text{erfc}\left(\sqrt{\frac{3kE_b}{4(M-1)N_0}}\right) \quad . \tag{9.182}$$

Die Symbolfehlerwahrscheinlichkeit für ein 4- und ein 16-stufiges QAM-Verfahren ist in Abb. 9.33 aufgezeichnet, wobei zum Vergleich gestrichelt die Fehlerwahrscheinlichkeitskurven für eine 4PSK und eine 16PSK eingezeichnet sind. Man erkennt, daß das 16QAM-Verfahren einen Gewinn gegenüber dem 16PSK-Verfahren aufweist, wohingegen für $M = 4$ beide Verfahren identische Ergebnisse liefern.

Mit Hilfe des Phasenzustandsdiagramms läßt sich ein Vergleich durchführen, welche mittlere Sendeleistung bei einem PSK-Verfahren und einem QAM-Verfahren benötigt wird, damit beide Verfahren die gleiche Symbolfehlerwahrscheinlichkeit besitzen. Zur Vereinfachung der folgenden Rechnung wird angenommen, daß sich der Empfänger bei einer durch das Rauschen verursachten Fehlentscheidung für einen der Phasenzustandspunkte entscheidet, die in der direkten Nachbarschaft desjenigen Punktes liegen, für den im rauschfreien Fall entschieden werden würde. Es wird demzufolge implizit ein entsprechend großer Geräuschspannungsabstand am Empfängereingang vorausgesetzt. Damit ist bei einer QAM nach Abb. 9.32 der Abstand zwischen den Zustandspunkten, der mit a bezeichnet werde, ein Maß für die Symbolfehlerwahrscheinlichkeit. Um bei einem mehrstufigen phasenumgetasteten Signal die gleiche Fehlerwahrscheinlichkeit zu erzielen, muß der Abstand zwischen zwei benachbarten Zustandspunkten, die in diesem Fall auf einem Kreis um den Ursprung des Zustandsdiagramms liegen, ebenfalls a betragen. Für $M \geq 4$ ergibt sich in guter Näherung, daß der Kreisradius in Abhängigkeit von der Stufenzahl M dazu

$$r = \frac{a}{2\sin\left(\frac{\pi}{M}\right)} \tag{9.183}$$

betragen muß. Die Größe r^2 ist bei einem MPSK-Verfahren ein Maß für die mittlere Leistung. Für ein QAM-Signal mit M verschiedenen Signalformen läßt sich ein entsprechendes Maß d^2 für gerade Werte von k berechnen. Es lautet

$$d^2 = \frac{a^2}{6}(M - 1) \quad . \tag{9.184}$$

Das Verhältnis $G = r^2/d^2$ gibt das Verhältnis zwischen den mittleren Leistungen beider Verfahren an, die für die gleiche Symbolfehlerwahrscheinlichkeit aufgebracht werden müssen. Der Quotient

$$G = \frac{3}{2(M - 1)\sin^2\left(\frac{\pi}{M}\right)} \tag{9.185}$$

wird als Modulationsgewinn bezeichnet. Er beträgt für 16-stufige Verfahren 4,14 dB und bei 64-stufigen Verfahren bereits 9,95 dB. Dies bestätigt die zu Beginn dieses Abschnitts aufgestellte Vermutung, daß die Quadraturamplitudenmodulation im Vergleich zur Phasenumtastung bei gleicher mittlerer Sendeleistung zu einer geringeren Symbolfehlerwahrscheinlichkeit führt.

10 Grundlagen der Informationstheorie

Die durch einen Aufsatz von Shannon[1] im Jahre 1948 begründete Informationstheorie [41] beschäftigt sich mit der statistischen Beschreibung der Übertragung und Verarbeitung von Nachrichten. Ihre Ergebnisse und Vorgehensweisen können dazu benutzt werden, ein Nachrichtenübertragungssystem derart auszulegen, daß dieses sich unter gegebenen Randbedingungen im Vergleich zu anderen Auslegungen optimal verhält. Hierzu muß ein Optimierungskriterium festgelegt werden, um die unter den Randbedingungen erreichbare Optimalstruktur zu finden. In Anlehnung an Abb. 2.1 setzt sich ein Übertragungssystem in seiner einfachsten Form aus einer Nachrichtenquelle, einer Übertragungsstrecke und einer Nachrichtensenke zusammen. Die von der Nachrichtenquelle gelieferte Information gelangt dabei über einen gestörten Kanal zur Senke. Da im Regelfall das von der Quelle abgegebene Signal sowie das Störsignal im Kanal stochastisch sind, müssen statistische Beschreibungen bei der Behandlung auftretender Fragen angewendet werden. Drei Themengebiete, die einen Bezug zur Informationstheorie besitzen, werden im folgenden vorgestellt.

Zunächst soll eine der einfachsten Problemstellungen aus dem Gebiet der Informationstheorie behandelt werden. Hierbei sind in einem Übertragungssystem sowohl die Sender- als auch die Kanalstruktur vorgegeben, und es wird die Frage nach dem Optimalverhalten des Empfängers gestellt.

In Kapitel 9.4.2 wurde gezeigt, daß sich durch das Zusammenfassen aufeinanderfolgender Bits zu einem Codewort die Bitfehlerwahrscheinlichkeit bei festgelegtem Geräuschspannungsabstand verringern läßt. Es wird deshalb der Frage nachgegangen, ob die Fehlerwahrscheinlichkeit eines Übertragungssystems beliebig verkleinert werden kann und welche Bedingungen hierbei gegebenenfalls berücksichtigt werden müssen.

Zur Übertragung von Digitalsignalen werden in zunehmendem Maße Codierungs- und Modulationsverfahren miteinander kombiniert, um auf der Empfängerseite eine vorgegebene Fehlerwahrscheinlichkeit mit einem möglichst geringen Geräuschspannungsabstand zu erzielen. Ein Beispiel hierfür ist die Viterbi-Decodierung, deren Grundlagen zum Abschluß dieses Buches dargestellt werden.

---

[1]C. Shannon, amerik. Ingenieur und Mathematiker ($\star$ 1916)

10.1   Der Optimalempfänger

Für die Betrachtungen zur Struktur eines Optimalempfängers ist es sinnvoll, eine geeignete Darstellungsform für die bei den verschiedenen Modulationsverfahren benutzten Signalformen $s_i(t)$ zu finden. Gesucht wird hierbei ein Satz von Funktionen $\theta_j(t)$, der eine eindeutige Darstellung dieser Signalformen erlaubt. Hierfür eignen sich Funktionen, die über ein Intervall der Dauer T definiert sind und deren Integral über das Produkt zweier unterschiedlicher Funktionen verschwindet:

$$\int_T \theta_l(t)\theta_m(t)\,\mathrm{d}t = 0 \quad l \neq m\,. \tag{10.1}$$

Ein Satz von Funktionen, der diese Gleichung erfüllt, wird als orthogonal über dem Intervall der Dauer T bezeichnet. Diese Bezeichnung rührt daher, daß das Skalarprodukt zweier Vektoren den Wert Null annimmt, wenn beide Vektoren senkrecht (orthogonal) zueinander stehen [18]. Drückt man eine Signalform als Linearkombination der Basisfunktionen $\theta_j(t)$ aus, so erhält man den Zusammenhang

$$s_i(t) = \sum_{j=0}^{\infty} K_j\theta_j(t) \quad, \tag{10.2}$$

woraus aufgrund der Orthogonalität die Koeffizienten K_j bestimmt werden können. Multipliziert man Gl. (10.2) mit der Funktion $\theta_j(t)$ und integriert über die Intervalldauer T, so existiert auf der rechten Seite der Gleichung nur ein von Null verschiedener Summand, und es ergibt sich

$$\int_T s_i(t)\theta_j(t)\,\mathrm{d}t = K_j \int_T \theta_j^2(t)\,\mathrm{d}t \quad. \tag{10.3}$$

Auflösen nach K_j liefert

$$K_j = \frac{\int_T s_i(t)\theta_j(t)\,\mathrm{d}t}{\int_T \theta_j^2(t)\,\mathrm{d}t} \quad. \tag{10.4}$$

Sind die Basisfunktionen derart gewählt, daß

$$\int_T \theta_j^2(t)\,\mathrm{d}t = 1 \tag{10.5}$$

gilt, so spricht man von einem orthonormalen Satz von Basisfunktionen, wodurch sich Gl. (10.4) zu

$$K_j = \int_T s_i(t)\theta_j(t)\,\mathrm{d}t \tag{10.6}$$

vereinfacht.

Wenn es möglich ist, eine beliebige Funktion durch einen Satz von Basisfunktionen eindeutig zu beschreiben, so bezeichnet man diesen Satz als komplett. Hierzu gehören die trigonometrischen Funktionen der Fourierreihenentwicklung aus Kapitel 3.2. Der Darstellung aus Abb. 3.26 liegt nur die Orthogonalität zugrunde; die orthonormalen Funktionen dagegen sind $\sqrt{\frac{2}{T}}\cos n\omega_0 t$ und $\sqrt{\frac{2}{T}}\sin n\omega_0 t$, womit sich die Fourierreihendarstellung

$$f(t) = \frac{B_0}{\sqrt{2}} + \sum_{n=1}^{\infty} B_n \cos n\omega_0 t + \sum_{n=1}^{\infty} C_n \sin \omega_0 t \quad , \omega_0 = \frac{2\pi}{T} \tag{10.7}$$

mit

$$B_n = \sqrt{\frac{2}{T}} \int_T f(t) \cos n\omega_0 t \, dt \tag{10.8}$$

und

$$C_n = \sqrt{\frac{2}{T}} \int_T f(t) \sin n\omega_0 t \, dt \tag{10.9}$$

ergibt.

Mit Hilfe der Sinus- und Cosinusfunktionen läßt sich zwar eine beliebige Funktion, und damit auch eine beliebige Signalform $s_i(t)$, durch Basisfunktionen darstellen, es kann jedoch dabei eine unendliche Anzahl von Funktionen benötigt werden. Häufig möchte man jedoch eine endliche Anzahl von M Signalformen durch M Orthonormalfunktionen beschreiben. Hierzu ist das Gleichungssystem

$$\begin{aligned}
s_1(t) &= K_{11}\theta_1(t) &+ K_{12}\theta_2(t) &+ \cdots &+ K_{1M}\theta_M(t) \\
s_2(t) &= K_{21}\theta_1(t) &+ K_{22}\theta_2(t) &+ \cdots &+ K_{2M}\theta_M(t) \\
&\qquad\vdots \\
s_M(t) &= K_{M1}\theta_1(t) &+ K_{M2}\theta_2(t) &+ \cdots &+ K_{MM}\theta_M(t)
\end{aligned} \tag{10.10}$$

zu lösen, das auch in der Form

$$s_i(t) = \sum_{j=1}^{M} K_{ij}\theta_j(t) \quad , i = 1,\ldots,M \tag{10.11}$$

geschrieben werden kann. Das Gram-Schmidt-Verfahren gibt eine Rechenvorschrift an, um die Koeffizienten und die Funktionen der rechten Seite des Gleichungssystems zu bestimmen.

In einem ersten Schritt werden alle Koeffizienten bis auf K_{11} zu Null gesetzt. Man erhält damit

$$s_1(t) = K_{11}\theta_1(t) \quad . \tag{10.12}$$

Da $\theta_1(t)$ eine Orthonormalfunktion sein soll, gilt

$$\int_T s_1^2(t) \, dt = \int_T K_{11}^2 \theta_1(t) \, dt = K_{11} \quad , \tag{10.13}$$

woraus sich

$$\theta_1(t) = \frac{s_1(t)}{K_{11}} \tag{10.14}$$

als erste Orthonormalfunktion bestimmt.

In einem zweiten Schritt werden alle Koeffizienten bis auf die ersten beiden Koeffizienten der zweiten Gleichung zu Null gesetzt. Man erhält somit

$$s_2(t) = K_{21}\theta_1(t) + K_{22}\theta_2(t) \quad . \tag{10.15}$$

Multipliziert man beide Seiten der Gleichung mit $\theta_1(t)$ und integriert über das Orthogonalitätsintervall, so ergibt sich

$$K_{21} = \int_T s_2(t)\theta_1(t)\,\mathrm{d}t \quad . \tag{10.16}$$

Da nun K_{21} bekannt ist, läßt sich Gl. (10.15) umschreiben in

$$s_2(t) - K_{21}\theta_1(t) = K_{22}\theta_2(t) \quad . \tag{10.17}$$

Quadrieren und integrieren liefert

$$\int_T \left(s_2(t) - K_{21}\theta_1(t)\right)^2 \,\mathrm{d}t = K_{22}^2 \quad , \tag{10.18}$$

woraus sich

$$\theta_2(t) = \frac{1}{K_{22}}\left(s_2(t) - K_{21}\theta_1(t)\right) \tag{10.19}$$

berechnen läßt. Diese Vorgehensweise wird fortgesetzt, bis alle Koeffizienten und alle Basisfunktionen bestimmt sind. Die Basisfunktionen der k-ten Signalform $s_k(t)$ erfordern die Berechnung von k Koeffizienten und einer neuen Orthonormalfunktion $\theta_k(t)$. Die Koeffizienten ergeben sich zu

$$K_{kj} = \int_T s_k(t)\theta_j(t)\,\mathrm{d}t \quad j < k \tag{10.20}$$

und

$$K_{kk} = \sqrt{\int_T \left(s_k(t) - \sum_{j=1}^{k-1} K_{kj}\theta_j(t)\right)^2 \,\mathrm{d}t} \quad , \tag{10.21}$$

woraus man

$$\theta_k(t) = \frac{s_k(t) - \sum_{j=1}^{k-1} K_{kj}\theta_j(t)}{K_{kk}} \tag{10.22}$$

erhält. Sind alle Signalformen linear unabhängig voneinander, d. h. läßt sich keine der Signalformen durch eine Linearkombination der übrigen Signalformen ausdrücken, so lassen sich durch das Gram-Schmidt-Verfahren $L = M$ Orthonormalfunktionen bestimmen. Sind einige der Signalformen dagegen abhängig voneinander, so führt dieses Verfahren zu denjenigen $L < M$ Orthonormalfunktionen, die zur Beschreibung der Signalformen notwendig sind. Man bezeichnet L in diesem Zusammenhang als Dimension des Signalraumes, der durch die Signalformen definiert wird. Eine Beschreibung

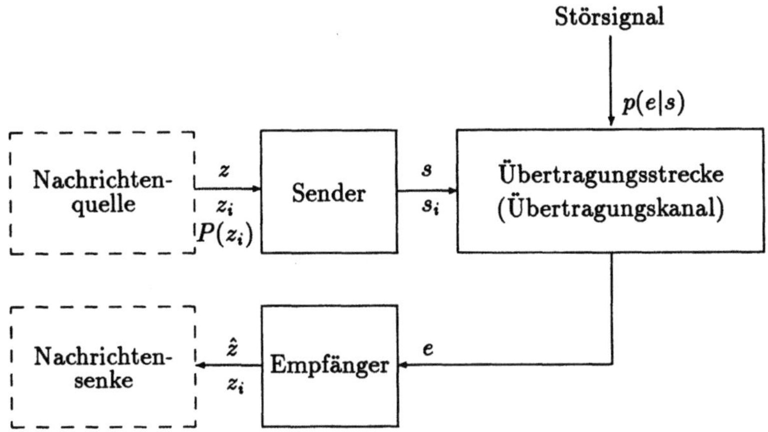

Abb. 10.1: Blockschaltbild eines Nachrichtenübertragungssystems

der Signalformen ist demzufolge eindeutig möglich, wenn die Basisfunktionen bekannt
sind. Für die folgenden Betrachtungen wird vorausgesetzt, daß alle Signalformen linear
unabhängig voneinander und die Basisfunktionen bekannt sind. Damit läßt sich eine
Signalform $s_i(t)$ durch den Vektor

$$s_i(t) = (K_{i1}\, K_{i2} \ldots K_{iM}) \tag{10.23}$$

darstellen. Hiervon wird in diesem Abschnitt wiederholt Gebrauch gemacht werden.

Die Betrachtungen zur Optimalstruktur eines Empfängers gehen von dem in
Abb. 10.1 gezeigten Nachrichtenübertragungssystem aus. Die Nachrichtenquelle besitzt
einen Zeichenvorrat z, der sich aus den unterschiedlichen Zeichen z_i zusammensetzt, die
von der Quelle mit der Wahrscheinlichkeit $P(z_i)$ geliefert werden. Der Sender besitzt
einen Satz von Signalformen s, aus dem die Signalform s_i gesendet wird, wenn an seinem Eingang das Zeichen z_i anliegt. Durch die Störung auf der Übertragungsstrecke
liegt am Empfängereingang ein Zufallsvektor e an, so daß durch die bedingte Wahr-
scheinlichkeit $P(e|s)$ die Charakteristik des gestörten Übertragungskanals beschrieben
wird. Die Aufgabe des Empfängers ist es nun, aus der Kenntnis der Übertragungs-
charakteristik $P(e|s)$, aus dem Wissen über die möglichen Signalformen s_i und mit
Hilfe der Auftretenswahrscheinlichkeit $P(z_i)$ herauszufinden, welches der Zeichen z_i mit
größter Wahrscheinlichkeit am Sendereingang während einer Symboldauer angelegen
hat. Liefert die Übertragungsstrecke einen Empfangsvektor $e = \epsilon$, so wird sich ein
Optimalempfänger für den Ausgangsvektor $\hat{z} = z_k$ entscheiden, wenn die Relation

$$P(z_k|\epsilon) > P(z_i|\epsilon) \quad i = 1, \ldots, M\,, i \neq k \tag{10.24}$$

erfüllt ist. Dies erweist sich als optimale Strategie, da die bedingte Wahrscheinlichkeit
für eine korrekte Entscheidung des Empfängers, dem der Vektor $e = \epsilon$ bekannt ist,
durch

$$P(\text{korrekt}|e = \epsilon) = P(z_k|e = \epsilon) \tag{10.25}$$

gegeben ist. Die Wahrscheinlichkeit für eine korrekte Entscheidung läßt sich mit Hilfe dieser Gleichung durch

$$P(\text{korrekt}) = \int\limits_{-\infty}^{\infty} P(\text{korrekt}|e = \epsilon) \cdot p(\epsilon)\,\mathrm{d}\epsilon \qquad (10.26)$$

ausdrücken. Da die Verteilungsdichtefunktion in diesem Ausdruck immer positiv ist, läßt sich die Wahrscheinlichkeit für eine korrekte Entscheidung im Empfänger maximieren, indem die bedingte Wahrscheinlichkeit $P(\text{korrekt}|e = \epsilon) = P(z_k|e = \epsilon)$ für jeden empfangenen Vektor ϵ maximiert wird. Sollten sich für zwei oder mehr Werte von z_i die gleichen bedingten Wahrscheinlichkeiten ergeben, so kann sich der Empfänger frei für eines dieser Zeichen entscheiden, ohne die Fehlerwahrscheinlichkeit dabei zu erhöhen.

Der Empfänger berechnet demzufolge für jedes mögliche Zeichen z_i die bedingte Wahrscheinlichkeit

$$P(z_i|e = \epsilon) = \frac{P(z_i) \cdot p(\epsilon|z_i)}{p(\epsilon)} \qquad . \qquad (10.27)$$

Aufgrund der eindeutigen Zuordnung zwischen z_i und s_i gilt

$$p(\epsilon|z_i) = p(\epsilon|s_i) \qquad . \qquad (10.28)$$

Da außerdem $p(\epsilon)$ unabhängig vom gesendeten Zeichen ist, wird ein Optimalempfänger sich dann für ein Zeichen $\hat{z} = z_k$ entscheiden, wenn der Ausdruck

$$P(z_i) \cdot p(\epsilon|s_i) \quad i = 1, \ldots, M \qquad (10.29)$$

für $i = k$ maximal ist. Ein Empfänger, der nur die Größe $p(\epsilon|s_i)$ maximiert, ohne die Auftretenswahrscheinlichekeit $P(z_i)$ zu berücksichtigen, wird Maximum-Likelihood-Empfänger genannt. Diese Vorgehensweise wird dann angewandt, wenn $P(z_i)$ dem Empfänger nicht bekannt ist. Eine minimale Fehlerwahrscheinlichkeit ist dann nur noch garantiert, wenn die Auftretenswahrscheinlichkeit für alle Zeichen gleich groß ist.

Der Vorteil der Vektorschreibweise wird deutlich, wenn man an die praktische Ausführbarkeit der Rechenvorschrift aus Gl. (10.29) denkt. Das Empfangssignal e läßt sich durch die Koordinaten der M Orthonormalfunktionen darstellen. Da die bedingte Dichteverteilungsfunktion $p(e|s)$ und die Größen $P(z_i)$ bekannt sind, läßt sich für jeden Punkt in diesem Orthonormalsystem Gl. (10.29) für alle Werte von i ausrechnen. Anschließend wird der größte dieser Werte herausgesucht und dadurch eine eindeutige Zuordnung zwischen diesem Punkt und dem mit größter Wahrscheinlichkeit gesendeten Zeichen hergestellt. Auf diese Weise entstehen M nichtüberlappende Entscheidungsgebiete G_i, die eindeutig einem Zeichen z_i zugeordnet sind. Die Berechnung der Gebietsgrenzen wird durch die Kanalcharakteristik, die Signalformen und die Auftretenswahrscheinlichkeit der Zeichen bestimmt und kann entsprechend kompliziert sein. Ein einfacher Fall, der hier betrachtet werden soll, ist der, bei dem die Störung im Kanal sich additiv dem Senderausgangssignal überlagert. Der Zufallsvektor e am Empfängereingang entsteht hierbei, indem zum Signalvektor s ein Rauschvektor n addiert wird:

$$e = s + n = (s_1 + n_1\, s_2 + n_2 \ldots s_M + n_M) \qquad . \qquad (10.30)$$

Aus dieser Gleichung ist ersichtlich, daß in Bezug auf Gl. (10.29) ein Empfangsvektor $e = \epsilon$ unter der Voraussetzung $s = s_i$ genau dann entsteht, wenn $n = \epsilon - s_i$ gilt. Die bedingte Verteilungsdichtefunktion $p(\epsilon|s_i)$ läßt sich demzufolge durch

$$p(\epsilon|s_i) = p(\epsilon - s_i|s_i) \quad i = 1,\ldots,M \tag{10.31}$$

bestimmen. Unter der Voraussetzung, daß Sende- und Rauschsignal statistisch unabhängig voneinander sind, gilt außerdem

$$p(\epsilon - s_i|s_i) = p(\epsilon - s_i) = p(n) \quad \forall i \quad . \tag{10.32}$$

Der im Empfänger zu berechnende Ausdruck aus Gl. (10.29) vereinfacht sich damit zu

$$P(z_i) \cdot p(\epsilon - s_i) \quad . \tag{10.33}$$

Für die weitere Rechnung muß die Verteilungsdichtefunktion $p(n) = p(\epsilon - s_i)$ bekannt sein. Ein mathematisch einfach zu behandelnder und praktisch wichtiger Fall ist derjenige, bei dem die M Komponenten des Rauschsignals statistisch unabhängig voneinander und mittelwertfrei sind. Besitzen sie die gleiche Varianz und sind außerdem gaußverteilt, so ergibt sich aus Gl. (4.83)

$$p(\epsilon - s_i) = \frac{1}{(2\pi\sigma^2)^{M/2}} e^{-\frac{1}{2\sigma^2}\sum_{j=1}^{M}(\epsilon_i - s_{ij})^2} \quad . \tag{10.34}$$

Da der Faktor $(2\pi\sigma^2)^{-M/2}$ unabhängig von i ist, wird der Optimalempfänger sich für $z = z_k$ entscheiden, wenn der Ausdruck

$$P(z_i) e^{-\frac{|\epsilon - s_i|^2}{2\sigma^2}} \tag{10.35}$$

für $i = k$ maximal ist. Es wurde hierbei berücksichtigt, daß im Exponenten des Ausdrucks die Summe über die quadratische Differenz der Komponenten als das Quadrat der euklidischen Distanz der Vektoren geschrieben werden kann. Die Maximierung dieser Gleichung ist aufgrund der Monotonie der Exponentialfunktion gleichbedeutend mit der Minimierung des Ausdrucks

$$|\epsilon - s_i|^2 - 2\sigma^2 \ln P(z_i) \quad . \tag{10.36}$$

Unter der Annahme, daß alle Zeichen gleichwahrscheinlich auftreten, wird der Optimalempfänger bei Empfang des Vektors ϵ sich für das Zeichen z_k entscheiden, wenn die euklidische Distanz zwischen ϵ und s_k kleiner ist als zu jedem anderen möglichen Sendevektor. Die Wahrscheinlichkeit für eine korrekte Entscheidung, unter der Voraussetzung, daß die Signalform $s_i(t)$ gesendet wurde, lautet nach Bestimmung des Entscheidungsgebietes

$$P(\text{korrekt}|z_i) = \int\limits_{G_i} p(\epsilon|s_i)\,d\epsilon \quad . \tag{10.37}$$

Für additives gaußverteiltes Rauschen liefert diese Gleichung

$$P(\text{korrekt}|z_i) = \frac{1}{(2\pi\sigma^2)^{M/2}} \int\limits_{G_i} e^{-\frac{|\epsilon - s_i|^2}{2\sigma^2}}\,d\epsilon \quad . \tag{10.38}$$

Für die Fehlerwahrscheinlichkeit ergibt sich somit

$$P(\text{Fehler}) = 1 - \sum_{i=1}^{M} P(z_i) \cdot P(\text{korrekt}|z_i) \quad . \tag{10.39}$$

Für den Aufbau eines Optimalempfängers ist es wünschenswert, den zu berechnenden Ausdruck aus Gl. (10.36) möglichst einfach zu realisieren. Schreibt man den zu minimierenden Ausdruck aus, so erhält man

$$|\epsilon|^2 - 2s_i \cdot \epsilon + |s_i|^2 - 2\sigma^2 \ln P(z_i) \quad . \tag{10.40}$$

Da die M Komponenten des Rauschsignals aus Gl. (10.34) statistisch unabhängig voneinander sind, ergibt sich mit der konstanten Rauschleistungsdichte N_0 für die Varianz $\sigma^2 = N_0$ und unter der Beachtung, daß $|\epsilon|^2$ unabhängig von i ist und damit aus der Minimierung herausgenommen werden kann

$$-2s_i \cdot \epsilon + |s_i|^2 - 2N_0 \ln P(z_i) \quad . \tag{10.41}$$

Eine Optimierung ist gleichbedeutend mit der Maximierung des Ausdrucks

$$s_i \cdot \epsilon + c_i \quad , \tag{10.42}$$

wobei c_i als Abkürzung für

$$c_i = 2N_0 \ln P(z_i) - |s_i|^2 \quad i = 1, \ldots, M \tag{10.43}$$

eingeführt wurde. Da die Bildung des Skalarproduktes aus Gl. (10.42) technisch einfacher durchzuführen ist als die Bestimmung des Betragsquadrates aus Gl. (10.36), berechnet ein Optimalempfänger den Ausdruck aus Gl. (10.42) für alle i und wählt aus den M Ergebnissen den größten Wert aus. Beschreibt man ein Signal durch die gewichtete Summe von Orthonormalfunktionen, so gilt für die j-te Komponente eines Signals $g(t)$ in Vektorschreibweise

$$g_j = \int_{-\infty}^{\infty} g(t)\theta_j(t)\,\mathrm{d}t \quad . \tag{10.44}$$

Für die Skalarproduktbildung in Gl. (10.42) ergibt sich somit

$$\begin{aligned}
s_i \cdot \epsilon &= \sum_{j=1}^{M} s_{ij}\epsilon_j \\
&= \sum_{j=1}^{M} s_{ij} \cdot \int_{-\infty}^{\infty} \epsilon(t)\theta_j(t)\,\mathrm{d}t \\
&= \int_{-\infty}^{\infty} \epsilon(t) \sum_{j=1}^{M} s_{ij}\theta_j(t)\,\mathrm{d}t \\
&= \int_{-\infty}^{\infty} \epsilon(t)s_i(t)\,\mathrm{d}t \quad .
\end{aligned} \tag{10.45}$$

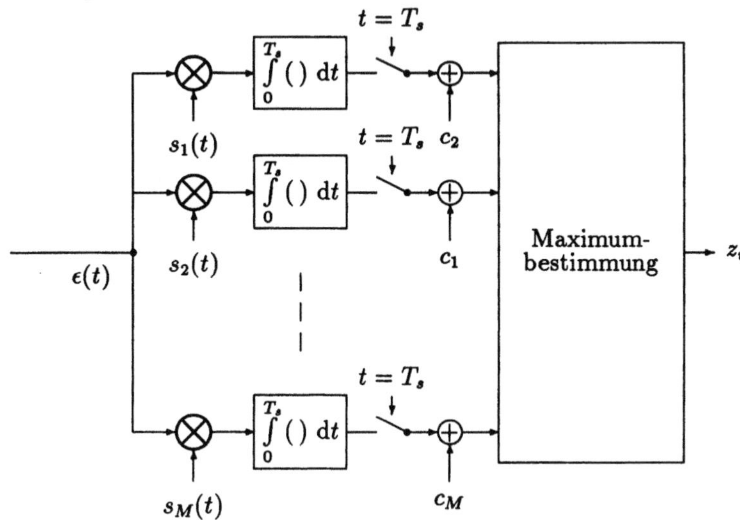

Abb. 10.2: Blockschaltbild eines Optimalempfängers für ein durch weißes gaußverteiltes Rauschen gestörtes Empfangssignal

Mit Hilfe dieser Gleichung läßt sich Gl. (10.42) umschreiben in

$$\int_{-\infty}^{\infty} \epsilon(t)s_i(t)\,\mathrm{d}t + c_i \quad . \tag{10.46}$$

Da $s_i(t)$ nur über den Zeitraum $0 \leq t < T$ von Null verschieden ist, erhält man

$$\int_{0}^{T} \epsilon(t)s_i(t)\,\mathrm{d}t + c_i \quad . \tag{10.47}$$

Das sich daraus ergebende Blockschaltbild eines Optimalempfängers ist in Abb. 10.2 wiedergegeben. Die Struktur dieses Empfängers ist bereits aus Kapitel 8.6 bekannt, in dem sich die signalangepaßte Filterung als optimale Methode zur Minimierung der Bitfehlerwahrscheinlichkeit bei einem verrauschten Eingangssignal erwies. Der Einsatz der signalangepaßten Filterung bzw. der Korrelationsfilterung macht demzufolge einen Empfänger zu einem Optimalempfänger. Der konstante Summand c_i braucht nicht berücksichtigt zu werden, wenn alle Signalformen gleiche Energie besitzen bzw. wenn bei einer Binärübertragung eine der Signalformen identisch Null ist.

10.2 Die Kanalkapazität

Bei der Betrachtung der MFSK-Verfahren in Kapitel 9.4.2 wurde gezeigt, daß durch das Zusammenfassen aufeinanderfolgender Bits zu einem Codewort sich die mittlere

Bitfehlerwahrscheinlichkeit mit wachsender Stufenanzahl immer weiter verringern läßt. Interessant in diesem Zusammenhang ist die Frage, ob sich durch Vergrößern der Stufenanzahl eine vorgegebene Fehlerwahrscheinlichkeit durch einen beliebig kleinen Geräuschspannungsabstand am Empfängereingang erreichen läßt. Für das MFSK-Verfahren kann man mit Hilfe von Gl. (9.156) eine Abschätzung durchführen. Mit

$$P_{s\,MFSK} \leq \frac{M-1}{2} \text{erfc}\left(\sqrt{\frac{E_s}{4N_0}}\right) < \frac{M}{2}\text{erfc}\left(\sqrt{\frac{E_s}{4N_0}}\right) \tag{10.48}$$

und der Approximation

$$\text{erfc}(\sqrt{x}) < e^{-x} \tag{10.49}$$

erhält man

$$\begin{aligned} P_{s\,MFSK} \quad &< \quad \frac{M}{2}e^{-\frac{E_s}{4N_0}} = \frac{2^k}{2}e^{-k\frac{E_b}{4N_0}} \\ &< \quad \frac{1}{2}e^{-k\left(\frac{E_b}{4N_0}-\ln 2\right)} \quad . \end{aligned} \tag{10.50}$$

Für $M \to \infty$ bzw. $k \to \infty$ nähert sich die Fehlerwahrscheinlichkeit exponentiell dem Wert Null an, solange das Verhältnis E_b/N_0 die Bedingung

$$\frac{E_b}{N_0} > 4\ln 2 \tag{10.51}$$

erfüllt, das gleichbedeutend ist mit $E_b/N_0 > 4{,}42$ dB. Diese relativ grobe Abschätzung liefert zwar nicht die kleinste untere Grenze für den Geräuschspannungsabstand; sie stellt aber eine nicht allzu schlechte Schätzung dar, da man aus Abb. 9.24 ablesen kann, daß man sich bereits bei einer 16FSK für Werte kleiner als 4,42 dB im näherungsweise konstanten Bereich der Fehlerwahrscheinlichkeitskurve befindet.

Eine vom eingesetzten Modulationsverfahren unabhängige Aussage darüber, ob die von einer Nachrichtenquelle gelieferte Datenrate über einen gestörten Kanal mit einer beliebig kleinen Fehlerwahrscheinlichkeit übertragen werden kann, liefert das Theorem von Shannon[41]. Dieses Theorem besteht aus den folgenden zwei Teilen:

1. Teil: Vorgegeben ist eine Nachrichtenquelle mit $M \gg 1$ Zeichen, die mit der Datenrate R generiert werden. Weiterhin besitzt die Übertragungsstrecke eine Kanalkapazität der Größe C. Solange die Bedingung

$$R \leq C$$

erfüllt ist, existiert ein Codierverfahren mit der Eigenschaft, daß die über einen gestörten Kanal übertragenen Zeichen im Empfänger mit einer beliebig kleinen Fehlerwahrscheinlichkeit decodiert werden können.

2. Teil: Vorgegeben ist eine Nachrichtenquelle mit $M \gg 1$ Zeichen, deren Datenrate R über einen Kanal mit der Kapazität C übertragen werden soll. Für den Fall

$$R > C$$

strebt die Fehlerwahrscheinlichkeit im Empfänger gegen Eins, unabhängig davon, welche Signalformen zur Übertragung eingesetzt werden.

Insbesondere ist der 1. Teil des Theorems bemerkenswert, da er eine prinzipiell fehlerfreie Übertragung der Quellzeichen über einen durch Rauschen gestörten Kanal erlaubt. Dieses Resultat ist überraschend, da bei dem in den vorangegangenen Kapiteln betrachteten gaußverteilten Rauschen - wenn auch mit geringer Wahrscheinlichkeit - unendlich große Störamplituden auftreten können. Es erscheint insofern plausibel, daß irgendwann während der Decodierung einer Nachricht ein Fehler auftritt. Das Theorem von Shannon sagt jedoch aus, daß dies bei einem geeignet gewählten Codierverfahren nicht der Fall zu sein braucht. Leider liefert es jedoch keine Aussage darüber, wie ein derartiges Codierverfahren zu konstruieren ist.

Erwähnt werden soll hier noch, daß es sich bei der Aussage von Shannon strenggenommen um kein Theorem handelt, da beide Teile mathematisch bewiesen werden können. Da die Beweisführung jedoch sehr langwierig und komplex ist [41], hat sich insbesondere bei Ingenieuren der Begriff „Theorem von Shannon" oder „Shannons Satz von der Kanalkapazität" eingebürgert.

Die Kanalkapazität einer durch gaußverteiltes Rauschen gestörten Übertragungsstrecke, eines sogenannten Gaußkanals, beträgt nach dem Theorem von Shannon-Hartley

$$C = \frac{B}{2}\mathrm{ld}\left(1 + \frac{S}{N}\right) \quad , \tag{10.52}$$

wobei B die zweiseitige Bandbreite eines idealen Tiefpasses oder Bandpasses, S die Signalleistung und N die Rauschleistung innerhalb der Kanalbandbreite bezeichnet. Für die Konfiguration eines Übertragungssystems ist dieses Theorem von Wichtigkeit, da viele Kanäle in guter Näherung Gaußkanäle sind und weiterhin Gl. (10.52) oft eine gute Abschätzung für die Übertragungskapazität von Kanälen darstellt, die durch eine andere als eine gaußverteilte Störung beeinträchtigt werden. Aus Gl. (10.52) ist ablesbar, daß eine bestimmte Kanalkapazität bei kleiner Übertragungsbandbreite einen großen

Geräuschspannungsabstand erfordert, wohingegen mit kleiner werdendem Geräuschspannungsabstand eine größere Übertragungsbandbreite erforderlich ist. Im Falle einer störfreien Übertragung mit unendlich großem Geräuschspannungsabstand ist die Kanalkapazität unendlich groß, sofern eine endliche Übertragungsbandbreite bereitgestellt wird. Bei einer störbehafteten Übertragung hingegen kann die Kanalkapazität durch Vergrößern der Bandbreite nicht unendlich groß werden, da die Rauschleistung proportional zur Übertragungsbandbreite anwächst. Bei vorgegebener Signalleistung erreicht die Kanalkapazität mit wachsender Bandbreite einen oberen Grenzwert. Mit $N = N_0 \cdot B$ erhält man

$$\lim_{B \to \infty} C = \lim_{B \to \infty} \frac{B}{2} \mathrm{ld}\left(1 + \frac{S}{N_0 B}\right)$$

$$= \frac{1}{2 \ln 2} \cdot \frac{S}{N_0} \quad . \tag{10.53}$$

Bei einem M-stufigen Modulationsverfahren mit $k = \mathrm{ld}\, M$ beträgt die Quelldatenrate

$$R = \frac{k}{T} \quad , \tag{10.54}$$

und damit ergibt sich für die Signalleistung

$$S = \frac{E_s}{T} = \frac{E_s R}{k} \quad . \tag{10.55}$$

Möchte man die maximal mögliche Kanalkapazität erreichen, so erhält man mit $E_b = E_s/k$ und $\lim_{B \to \infty} C = R$ als notwendiges E_b/N_0-Verhältnis

$$\frac{E_b}{N_0} = 2 \cdot \ln 2 \quad . \tag{10.56}$$

Für $E_b/N_0 > 1{,}4$ dB ist demzufolge prinzipiell eine fehlerfreie Nachrichtenübertragung möglich, vorausgesetzt, daß ein geeignetes Codierverfahren angewandt wird. Für eine praktische Realisierung solch eines Verfahrens kommt erschwerend hinzu, daß die zeitliche Dauer der dabei eingesetzten Signalformen gegen Unendlich streben muß, um eine fehlerfreie Decodierung zu gewährleisten. Wie weit die gängigen Übertragungsverfahren von diesem Grenzwert, der sogenannten Shannon-Grenze entfernt sind, läßt sich am Beispiel einer 4PSK-Modulation verdeutlichen. Nach Gl. (9.172) benötigt man für eine Fehlerwahrscheinlichkeit von $3 \cdot 10^{-8}$ ein E_b/N_0-Verhältnis von 15 dB. Schreibt man Gl. (10.52) mit $C = 1/T_b$ und $E_b = ST_b$ um in

$$\frac{C}{B} = \frac{1}{2} \mathrm{ld}\left(1 + \frac{E_b}{N_0} \frac{C}{B}\right) \quad , \tag{10.57}$$

so bezeichnet C/B die spektrale Effizienz des Übertragungsverfahrens. Bestimmt man für ein 4PSK-Signal die äquivalente Bandpaßbandbreite, so erhält man $C/B = 1$ bit/s/Hz. Ein Auflösen von Gl. (10.57) nach E_b/N_0 sagt dagegen für eine Übertragung mit beliebig kleiner Fehlerwahrscheinlichkeit einen Wert von $E_b/N_0 = 4{,}77$ dB voraus.

Der Einsatz von Fehlerschutzverfahren, die das Verhalten von Übertragungsverfahren bei niedrigem Geräuschspannungsabstand verbessern sollen, erlaubt es, ein Übertragungssystem in einem Fehlerbereich zu betreiben, der näher an der Shannon-Grenze liegt, wobei man bestrebt ist, den damit verbundenen Zuwachs an notwendiger Übertragungsbandbreite möglichst gering zu halten. Eine Einführung in die dabei benutzten Techniken findet man in [1, 2].

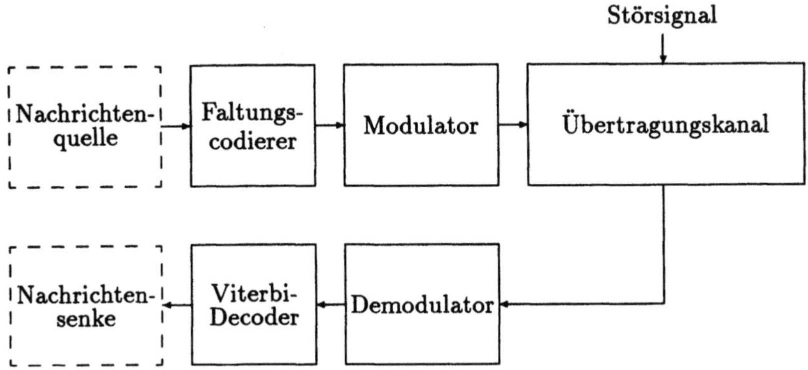

Abb. 10.3: Blockschaltbild eines Übertragungssystems mit Viterbi-Decoder

10.3 Die Viterbi-Decodierung

Bei den in Kapitel 9.4 behandelten M-stufigen Modulationsverfahren werden $k = \mathrm{ld}\,M$ von der Nachrichtenquelle gelieferte, aufeinanderfolgende Bits zu einem Codewort zusammengefaßt, wobei für jede der 2^k möglichen Kombinationen eine Signalform bereitgestellt wird. Treten auf der Übertragungsstrecke Störungen auf, so kann es bei der Decodierung im Empfänger zu Fehlentscheidungen kommen. Dies kann jedoch nur durch einen Vergleich zwischen den gesendeten und den empfangenen Codewörtern festgestellt werden. Diese Vorgehensweise wird häufig für das Austesten der Übertragungsqualität eines Kanals angewandt, wobei Sender und Empfänger sich in einem Gerät, dem Bitfehlerratenmeßplatz, befinden. Soll jedoch der Empfänger eine Nachricht erhalten, so ist die Quellinformation auf der Empfängerseite unbekannt. Da jedes der M möglichen Codewörter aus von der Quelle gelieferten Bits aufgebaut ist und demzufolge nur Quellinformation beinhaltet, kann der Empfänger nicht feststellen, ob eine Fehldecodierung aufgetreten ist oder nicht. Man spricht in diesem Fall von einem redundanzfreien Code. Durch das Vergrößern des zur Verfügung stehenden Zeichenvorrats hat man die Möglichkeit, aufgetretene Fehler zu erkennen oder sogar zu korrigieren; der zur Übertragung eingesetzte Code wird redundant, und es findet eine Kanalcodierung statt. Hierbei wird die von der Quelle gelieferte Nachricht dem Übertragungskanal derart angepaßt, daß die im Verlauf der Übertragung auftretenden Störungen eine möglichst geringe Auswirkung im Empfänger zur Folge haben. Die dabei eingesetzten Techniken faßt man unter dem Begriff „Fehlerschutzverfahren" zusammen. Man benutzt sowohl Blockcodes als auch Rekursivcodes. Bei Einsatz eines Blockcodes wird die Eingangsdatenfolge des Coders in Blöcke aufgeteilt, und jedem Block wird, unabhängig vom Inhalt vorangegangener Blöcke, ein Ausgabeblock zugeordnet. Bei Anwendung eines Rekursivcodes hängt jeder Ausgabeblock vom Inhalt vorangegangener Eingangsblöcke ab.

Zur Klasse der Rekursivcodes gehören die Faltungscodes, die bei der Viterbi-Decodierung auf der Sendeseite eingesetzt werden, womit sich für ein Übertragungssystem, das eine Viterbi-Decodierung beinhaltet, das in Abb. 10.3 gezeigte Blockschaltbild ergibt.

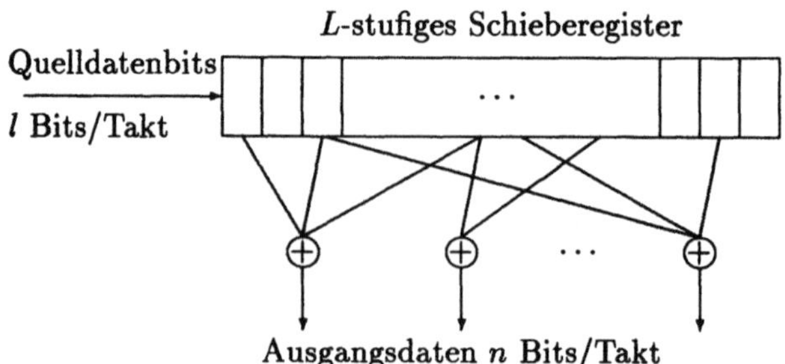

Abb. 10.4: Aufbau eines Faltungscodierers mit der Coderate l/n

Ein Faltungscodierer besteht aus einem mit Anzapfungen versehenen Schieberegister und zwei oder mehr EXOR-Gattern, deren Eingangssignal durch den Inhalt bestimmter Zellen des Schieberegisters gebildet wird. Der Name rührt daher, daß sich die Ausgangsdatenfolge durch die Faltung der Eingangsdatenfolge mit derjenigen Datenfolge ergibt, die die Impulsantwort des Faltungscodierers beschreibt. Der prinzipielle Aufbau eines derartigen Codierers ist in Abb. 10.4 wiedergegeben. Zu jedem Taktzeitpunkt laufen l Quelldatenbits in den Codierer ein, und die n Ausgangsdatenbits werden sequentiell abgetastet, wodurch ein n Bit langes Codewort entsteht. Da n Ausgangsdatenbits für l Quelldatenbits generiert werden, beträgt die Coderate l/n Quelldatenbits pro Codewort mit $l < n$. Der Zustand eines solchen Codierers ist durch den Inhalt der ersten $L - l$ Schieberegisterzellen bestimmt. Dieser Zustand legt zusammen mit den im nächsten Takt eingelesenen l Quelldatenbits das Ausgangscodewort fest. Ist das Schieberegister L Bits lang, so besitzt der Codierer 2^{L-l} unterschiedliche Zustände. Durch das Einlesen von l Quelldatenbits geht der Codierer von einem Zustand in einen anderen über. Wichtig ist hierbei, daß von einem vorgegebenen Zustand aus der Codierer im nächsten Takt nur einen von 2^l möglichen Zuständen annehmen kann. Diese Tatsache wird im Viterbi-Decoder ausgenutzt, um durch Störungen verursachte Bitfehler zu erkennen und möglicherweise zu korrigieren. Die Zustände eines Faltungscodierers lassen sich durch eine Liste beschreiben, wie sie in Tabelle 10.1 zusammengestellt ist. In diesem Beispiel wird von einem drei Bit langen Schieberegister ausgegangen, in das mit jedem Takt

Tabelle 10.1: Zustandsbeschreibung für einen 1/2-Faltungscodierer mit $L=3$

Anfangszustand	Eingangswort	Registerinhalt	Ausgangswort	Endzustand
00	0	000	00	00
00	1	100	11	10
01	0	001	11	00
01	1	101	00	10
10	0	010	01	01
10	1	110	10	11
11	0	011	10	01
11	1	111	01	11

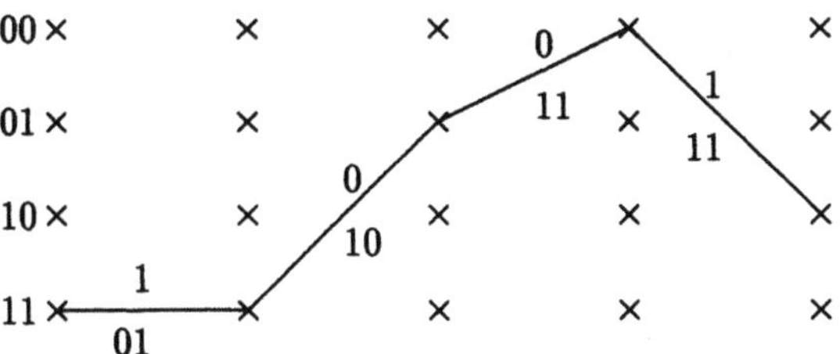

Abb. 10.5: Trellisdiagramm für die Übertragung der Bitfolge „1001" mit einem Faltungscodierer nach Tabelle 10.1

ein Bit neu eingelesen wird. Das erste Bit des Ausgangscodewortes ergibt sich durch die EXOR-Verknüpfung der ersten und dritten Registerzelle, das zweite Bit durch die Verknüpfung aller drei Zellen.

Eine Möglichkeit zur Beschreibung der Codiererzustände und der Zustandsübergänge als Funktion der Zeit bietet das Trellisdiagramm (trellis engl. Gitter), in dem die Zustände in der Vertikalen eingetragen werden und die Zeitachse horizontal verläuft. In ihm markiert eine Linie den Übergang zwischen zwei Zuständen, wobei Eingangs- und Ausgangsdatenwort an die Linie geschrieben werden. Die Codiererzustände sind durch Kreuze markiert. Ein Beispiel, das den Faltungscode aus Tabelle 10.1 benutzt, ist in Abb. 10.5 wiedergegeben, wobei die Quelldatenfolge „1001", ausgehend vom Zustand „11", übertragen wird.

Die Aufgabe des Viterbi-Decoders aus Abb. 10.3 ist es, aus den über die Übertragungsstrecke geschickten Daten diejenige Bitsequenz zu schätzen, die mit größter Wahrscheinlichkeit gesendet wurde. Ein Algorithmus hierzu wurde von Viterbi angegeben [42]; seine Arbeitsweise läßt sich am anschaulichsten durch Trellisdiagramme verdeutlichen. Für die Durchführung dieser Aufgabe sind dem Viterbi-Decoder die Zustände des Faltungscodierers und die Übergangsmöglichkeiten zwischen ihnen bekannt. In den folgenden Beispielen wird von dem durch Tabelle 10.1 beschriebenen Code ausgegangen, dessen Zustände „00" bis „11" der einfacheren Schreibweise wegen durch die Buchstaben a bis d gekennzeichnet werden. Da dem Viterbi-Decoder der Anfangszustand des Faltungscodierers nicht bekannt ist, trägt er zu jedem empfangenen Ausgangsdatenwort die möglichen Anfangs- und Endzustände in ein internes Trellisdiagramm ein. Er versucht dann, denjenigen zusammenhängenden Pfad durch das Diagramm zu finden, der mit größter Wahrscheinlichkeit der gesendeten Datenfolge entspricht. Ein Übertragungsfehler ist dann entdeckt, wenn ein empfangenes Codewort zu einem unerlaubten Zustandsübergang führt. Ab dem ersten Auftreten eines derartigen Fehlers müssen alle weiteren möglichen Pfade durch das Trellisdiagramm in der Wahrscheinlichkeitsbestimmung mitberücksichtigt werden.

Als Beispiel wird hier wieder die Sendebitfolge „1001" herangezogen, wobei im ungestörten Fall die Empfangscodewortfolge „01 10 11 11" im Decoder auszuwerten ist. Aus Abb. 10.6 ist zu entnehmen, daß das erste Codewort „01" sowohl durch einen Zustandsübergang c-b als auch durch den Übergang d-d verursacht werden kann. Im ersten Fall wäre eine „0" codiert worden, im zweiten Fall eine „1". Das im nächsten Takt folgende Codewort „10" kann einen Übergang d-b beschreiben, wohingegen aus

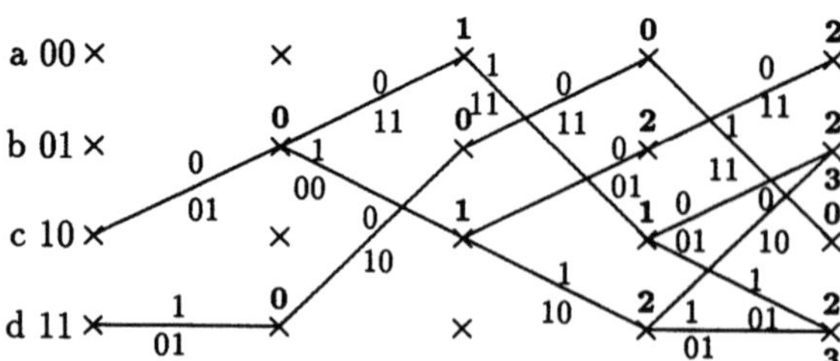

Abb. 10.6: Trellisdiagramm im Viterbi-Decoder für die empfangene Bitfolge „01 10 11 11"

dem Zustand b heraus kein derartiges Codewort gesendet werden kann. Wüßte der
Decoder, daß die Empfangscodewortfolge fehlerfrei ist, so könnte er für dieses Beispiel
bereits im zweiten Takt entscheiden, daß der Anfangszustand im Codierer der Zustand
d gewesen sein muß. Da diese Kenntnis aber auf der Empfängerseite nicht vorliegt,
trägt der Decoder beide möglichen Übergänge , um den Zustand b zu verlassen, in sein
Trellisdiagramm ein, bevor er das nächste Codewort auswertet. Damit ergibt sich, auch
bei auftretenden Übertragungsfehlern, folgende Strategie:

1. Wurde ein Codewort empfangen, das zu einem erlaubten Zustandsübergang führt, so
   wird dieser Übergang in das Trellisdiagramm eingetragen.

2. Wurde ein Codewort empfangen, das zu einem unerlaubten Zustandsübergang führt,
   so werden alle diejenigen Übergänge in das Trellisdiagramm eingetragen, mit denen
   der aktuelle Zustand erlaubterweise verlassen werden darf.

Die sich damit ergebenden Pfade sind im Trellisdiagramm in Abb. 10.6 eingetragen.
Man erkennt, daß ein Optimaldecoder erst nach Beendigung der Nachrichtenübertragung mit der Auswertung der einzelnen Pfade beginnen würde. Da die dafür notwendige
Speicherkapazität im Empfänger jedoch exponentiell mit der Anzahl der Codewörter
ansteigt, ist diese Vorgehensweise unpraktikabel, zumal dadurch die Decodierverzöge-
rung unerwünscht große Werte annehmen kann. Zu Beginn einer Übertragung spielt der
Speicherbedarf für das Trellisdiagramm im Decoder noch keine große Rolle. Aufgrund
der Schieberegisterlänge L ist es jedoch möglich, daß nach L/l Takten jeder der 2^{L-l}
Zustände von 2^l vorhergehenden Zuständen aus erreichbar ist, so daß für eine N bit
lange Nachricht 2^N Pfade abgespeichert werden müssen. Ein Viterbi-Decoder ist nun
dadurch gekennzeichnet, daß er die Wahrscheinlichkeit für jeden der 2^l möglichen Zustandsübergänge in einen bestimmten Zustand berechnet und für die weitere Rechnung
nur den Pfad heranzieht, der mit größter Wahrscheinlichkeit zur gesendeten Bitfolge
gehört. Auf diese Weise bleiben nach jeder Decoderentscheidung 2^{L-l} mögliche Pfade
übrig, wobei man die Pfadlänge so groß wie möglich wählt.

Als Kriterium, welche Pfade, die zu einem bestimmten Zustand führen, eliminiert
werden sollen, läßt sich die Anzahl der unterschiedlichen Bits zwischen den empfangenen
und den im Trellisdiagramm eingetragenen Codewörtern heranziehen, wobei diese über
die Pfadlänge aufaddiert wird. Für das oben angeführte Beispiel wurde die Anzahl der
unterschiedlichen Bits mit Fettdruck in Abb. 10.6 eingetragen. Die Summation endet
nach vier Takten; durch ein Rückwärtsverfolgen der Pfade im Trellisdiagramm lassen
sich die vier vom Viterbi-Algorithmus ausgesuchten Pfade leicht bestimmen. Sie sind

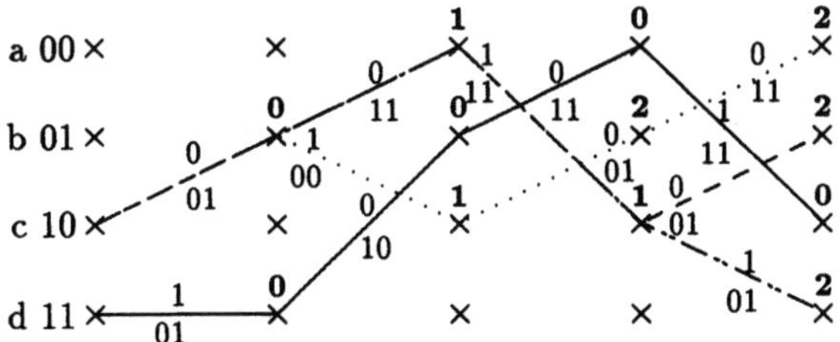

Abb. 10.7: Die vier vom Viterbi-Algorithmus ausgesuchten Pfade aus Bild 10.6

in Abb. 10.7 unterschiedlich gekennzeichnet. Jeder dieser Wege gibt den wahrscheinlichsten Pfad dafür an, daß zu einem gegebenen Zeitpunkt, hier nach vier Takten, ein bestimmter Codiererzustand angenommen wird. Man beachte, daß mit dieser Pfadauswahl noch keine Decodierung verbunden ist. Eine Möglichkeit wäre nun, demjenigen Pfad mit der geringsten Bitdiskrepanz zu folgen und somit vier Codewörter zu decodieren. Für das angegebene Beispiel würde dies zur richtigen, vom Sender ausgegebenen Bitfolge führen. Im Hinblick auf zukünftige Entscheidungen des Viterbi-Decoders ist dies jedoch nicht optimal, da damit die übrigen Pfade für den nächsten Decodierschritt nicht mehr zur Verfügung stehen, obwohl sie vielleicht zu einem Pfad mit minimaler Fehlerwahrscheinlichkeit beitragen könnten. Aus diesem Grund decodiert man nur das Codewort, das zu dem am weitesten in der Vergangenheit liegenden und im Trellisdiagramm des Decoders noch gespeicherten Zustandsübergang gehört und im Pfad mit der minimalsten Bitfehlerdifferenz liegt. Für das Beispiel ist dies der Übergang d-d mit dem Codiererausgangswort „1".

Der Viterbi-Decoder führt demzufolge in einem Takt die folgenden Schritte durch:

1. Aufstellen des Trellisdiagramms für die vorgesehene Speichertiefe.
2. Berechnung der aufsummierten Bitfehlerdifferenzen zwischen den Trellispfaden und der empfangenen Bitfolge.
3. Auswahl von 2^l Pfaden mit minimaler Bitfehlerdifferenz.
4. Decodierung des zeitlich am weitesten zurückliegenden Codewortes aus dem Pfad mit minimalster Bitfehlerdifferenz.

Aussagen über den durch dieses Verfahren erreichbaren Fehlerschutz sind nur noch über Rechnersimulationen möglich. Die Ergebnisse sind von der Anzahl der übertragenen Codewörter, der Coderate, der Registerlänge des Faltungscodierers und der Anzahl und der Länge der Trellispfade abhängig. Die Abweichungen von einem Optimaldecoder werden mit wachsender Pfadlänge immer geringer und sind praktisch vernachlässigbar, wenn die Pfadlänge vier- oder fünfmal der Größe L/l entspricht.

Gegenüber uncodierten Modulationsverfahren ist bei einer Bitfehlerwahrscheinlichkeit von 10^{-5} ein Gewinn von 4-6 dB im E_b/N_0-Verhältnis erreichbar, weswegen diese Decodierung oft bei Satellitenübertragungen eingesetzt wird [43]. Verschiedene Ergebnisse aus Rechnersimulationen findet man in [44, 43]; die theoretischen Grundlagen kann man in [2] nachlesen.

Literaturverzeichnis

[1] Blahut, R.: *Theory and Practice of Error Control Codes.* Addison-Wesley 1984.

[2] Viterbi, A. und Omura, J.: *Principles of Digital Communication and Coding.* McGraw-Hill Book Company 1979.

[3] Papoulis, A.: *Circuits and Systems, a Modern Approach.* Holt-Saunders 1980.

[4] Jayant, N. und Noll, P.: *Digital Coding of Waveforms.* Prentice Hall 1984.

[5] Clarke, R.: *Transform Coding of Images.* Academic Press 1985.

[6] Netravali, A. und Haskell, B.: *Digital Pictures-Representation and Compression.* Plenum Press 1988.

[7] Entenmann, W.: Optimierungsverfahren in der Nachrichtentechnik. *NTZ* Arbeitsblätter Heft 9/1982 – Heft 5/1983 (1982/1983).

[8] Marko, H.: *Methoden der Systemtheorie.* Springer 1982.

[9] Unbehauen, R.: *Systemtheorie.* Oldenbourg 1983.

[10] Byatt, W. und Karni, S.: *Mathematical Methods in Continous and Discrete Systems.* Holt-Saunders 1982.

[11] Hölzler, E. und Holzwarth, H.: *Pulstechnik.* Springer 1982.

[12] Papoulis, A.: *Probability, Random Variables and Stochastic Processes.* McGraw-Hill Book Company 1984.

[13] Davenport, W. und Root, W.: *An Introduction to the Theory of Random Signals and Noise.* IEEE Press 1987.

[14] Hänsler, E.: *Grundlagen der Theorie statistischer Signale.* Springer 1983.

[15] Gardiner, C.: *Handbook of Stochastic Methods.* Springer 1983.

[16] Taub, H. und Schilling, D.: *Principles of Communication Systems.* McGraw-Hill Book Company 1986.

[17] Morgenstern, G.: Zur Berechnung der spektralen Leistungsdichte von digitalen Basisband-Signalen. *Der Fernmelde-Ingenieur* 33 Heft 12 (1979).

[18] Bronstein, I. und Semendjajew, K.: *Taschenbuch der Mathematik.* Verlag Harri Deutsch 1977.

[19] Abramowitz, M. und Stegun, I.: *Handbook of Mathematical Functions.* Dover Publications 1965.

[20] Lüke, D.: *Signalübertragung.* Springer 1985.

[21] Costas, P: Synchronous Communications. *Proceedings of the IRE* 44 (1956), S. 1713–1718.

[22] Hancock, J.: *An Introduction to the Principles of Communication Theory.* McGraw-Hill Book Company 1961.

[23] Blachman, N. und McAlpine, G.:   The Spectrum of a High-Index FM Waveform: Woodward's Theorem Revisited. *IEEE Trans. on Communications* COM-17 (1969), S. 201–208.

[24] Best, R.: *Theorie und Anwendung des Phase-Locked Loops.* AT-Verlag 1981.

[25] Panter, P.: *Modulation, Noise and Spectral Analysis.* McGraw-Hill Book Company 1965.

[26] Sakrison, D.: *Communication Theory.* John Wiley & Sons 1968.

[27] Rice, S.: Noise in FM Receivers. In Rosenblatt, M. (Editor) *Proceedings Symposium of Time Series Analysis*, S. 375–424: John Wiley & Sons (1963).

[28] Rice, S.: Statistical Properties of a Sine Wave plus Random Noise. *Bell Syst. Tech. Journal* (1948), S. 109–157.

[29] Gardner, F.: *Phaselock Techniques.* John Wiley & Sons 1979.

[30] Max, J.: Quantizing for Minimum Distortion. *IEEE Trans. on Information Theory* (1960), S. 7–12.

[31] Lloyd, S.:   Least Squares Quantization in PCM.   *IEEE Trans. on Information Theory* IT-28 (1982), S. 129–137.

[32] Shanmugam, K.: *Digital and Analog Communication Systems.* John Wiley & Sons 1979.

[33] Söder, G. und Tröndle, K.: *Digitale Übertragungssysteme.* Springer 1985.

[34] Slepian, D.:   On Delta Modulation.   *Bell Syst. Tech. Journal* 51 (1972) Nr. 10, S. 2101–2136.

[35] Greenstein, L.: Slope Overload Noise in Linear Delta Modulators with Gaussian Inputs. *Bell Syst. Tech. Journal* 52 (1973) Nr. 3, S. 387–421.

[36] Lindsey, W. und Simon, M.: *Telecommunication Systems Engineering.* Prentice-Hall 1973.

[37] Marcum, J.:   A Statistical Theory of Target Detection by Pulsed Radar. *IEEE Trans. on Information Theory* IT-6 (1960), S. 59–144.

[38] Brennan, L. und Reed, S.:   A Recursive Method of Computing the Q Function. *IEEE Trans. on Information Theory* IT-11 (1965), S. 312–313.

[39] Stein, S. und Jones, J.: *Modern Communication Principles.* McGraw-Hill Book Company 1967.

[40] Proakis, J.: *Digital Communications.* McGraw-Hill Book Company 1983.

[41] Shannon, C.: A Mathematical Theory of Communications. *Bell Syst. Tech. Journal* (1948), S. 379–423 und S. 623–656.

[42] Viterbi, A.:   Error Bounds for Convolutional Codes and an Asymptotically Optimum Decoding Algorithm. *IEEE Trans. on Information Theory* IT-13 (1967), S. 260–269.

[43] Heller, J. und Jacobs, I.: Viterbi Decoding for Satellite and Space Communication. *IEEE Trans. on Communication Technology* COM-19 (1971), S. 835–848.

[44] Wiggert, D.: *Codes for Error Control and Synchronization.* Artech House 1988.

Sachverzeichnis

Zufallssignal, 39
    Leistungsdichtespektrum, 47
Zufallsvariable, 35, 39
    diskrete, 35, 37
    Erwartungswertberechnung, 38
    kontinuierliche, 35
    Momentenberechnung, 38
    Varianzberechnung, 38

Springer-Verlag und Umwelt

Als internationaler wissenschaftlicher Verlag sind wir uns unserer besonderen Verpflichtung der Umwelt gegenüber bewußt und beziehen umweltorientierte Grundsätze in Unternehmensentscheidungen mit ein.

Von unseren Geschäftspartnern (Druckereien, Papierfabriken, Verpackungsherstellern usw.) verlangen wir, daß sie sowohl beim Herstellungsprozeß selbst als auch beim Einsatz der zur Verwendung kommenden Materialien ökologische Gesichtspunkte berücksichtigen.

Das für dieses Buch verwendete Papier ist aus chlorfrei bzw. chlorarm hergestelltem Zellstoff gefertigt und im ph-Wert neutral.